内容简介

Mathematica 软件是最能体现计算机价值的科学计算软件，而运行于其上的 Wolfram 语言是最高层次科学计算语言。本书基于 Mathematica 12.3，全面介绍了 Mathematica 软件的高级编程技术。全书分为章：第 1 章为 Mathematica 基础，重点阐述 Mathematica 软件的入门操作；第 2 章为 Wolfram 语言经典程，讨论类似于 C 语言等高级语言的 Mathematica 编程方法；第 3 章为 Wolfram 语言列表，叙述了 Mathematica 软件最重要的数据类型列表的操作方法；第 4 章详细讨论 Wolfram 语言内置函数和自定义函数的用法；第 5 章为模块编程技术，分析 Mathematica 软件 4 种主要的模块编程技巧；第 6 章讨论了 Wolfram 语言字符串和数据集；第 7 章展示 Mathematica 软件强大的绘图和声音处理能力；第 8 章详细阐述 Mathematica 程序包的设计方法；第 9 章介绍 Mathematica 实现神经网络算法的技巧。

本书可作为高等院校工学、理学、艺术学和经济学等学科本科生和研究生学习 Mathematica 软件和 Wolfram 语言的入门教材，也可作为这些学科门类下设专业本科生和研究生及科研人员用于数据分析的参考书。

图书在版编目(CIP)数据

Mathematica 程序设计导论/张勇等编著. —北京：清华大学出版社，2022.3
(清华科技大讲堂)
ISBN 978-7-302-60217-0

Ⅰ. ①M… Ⅱ. ①张… Ⅲ. ①Mathematica 软件—程序设计 Ⅳ. ①TP317

中国版本图书馆 CIP 数据核字(2022)第 033297 号

责任编辑：赵 凯
封面设计：刘 键
责任校对：焦丽丽
责任印制：朱雨萌

出版发行：清华大学出版社
网 址：http://www.tup.com.cn，http://www.wqbook.com
地 址：北京清华大学学研大厦 A 座 **邮 编**：100084
社 总 机：010-83470000 **邮 购**：010-62786544
投稿与读者服务：010-62776969，c-service@tup.tsinghua.edu.cn
质量反馈：010-62772015，zhiliang@tup.tsinghua.edu.cn
课件下载：http://www.tup.com.cn，010-83470236
印 装 者：三河市君旺印务有限公司
经 销：全国新华书店
开 本：185mm×260mm **印 张**：19.5 **字 数**：475 千字
版 次：2022 年 4 月第 1 版 **印 次**：2022 年 4 月第 1 次印刷
印 数：1～1500
定 价：75.90 元

产品编号：095303-01

Mathematica 程序设计导论

张 勇 陈爱国 陈 伟 胡永生 唐颖军 吴文华 熊堂堂◎编著

清华大学出版社
北京

前言

Mathematica 在作者们的学习和科研中占据着核心地位。对于从事教学和科研的普通高校教师来说，Mathematica 软件是最有价值的软件，也是教学和科研工作的强有力助手。除了 Mathematica 软件之外，我们还经常使用 Visual Studio（C# 语言）和 RAD Studio（C++语言）两种编程开发环境，但都是为 Mathematica 软件服务。在 Mathematica 软件环境下使用 Wolfram 语言设计并测试好算法程序后，再借助于 C# 或 C++语言生成可执行工程软件。我们拟通过本书向和我们一样从事教学和科研工作的朋友们推荐 Mathematica 软件，同时向对高级程序设计和科学计算感兴趣的读者推荐 Wolfram 语言。

Mathematica 软件能做什么？在科学研究上，我们使用 Mathematica 软件实现图像的加密与解密算法、神经网络算法以及量子计算算法（一类有趣的复矩阵变换）；在教研活动上，我们在大学物理、高等数学、线性代数、概率论与数理统计、复变函数、数学物理方程、数学建模、信号与系统、数字信号处理、自动控制（还使用了 SystemModeler 软件）、数字图像处理和神经网络与机器学习等课程中，均借助 Mathematica 软件辅助教研，效果颇佳。总体来说，Mathematica 软件是一种称为 Wolfram 语言的高级计算机语言的工作平台，Wolfram 语言比其他计算机语言更容易实现各类算法，且以友好的方式呈现算法结果。C 语言被称为“过程化”语言，其按算法的实现流程进行程序设计，即过程化编程。C++和 C# 语言称为面向对象的语言，用类（一种数据结构）将算法的属性（即数据）和方法（即函数）封装起来，增强程序的健壮性。而 Wolfram 语言是一种函数式的语言，不同于 C 语言（由于 C 语言程序由一个 main 函数和其他若干功能函数组成，C 语言也称函数化语言），Wolfram 语言的“函数式”是指这种语言中，程序由函数实现，不但每个函数均可以独立运行得到相应的结果，而且函数可以“复合”调用执行复杂的功能。Wolfram 语言可视为一种“泛函化”的语言，并可称之为“数学语言”或“超级语言”。

Mathematica 软件诞生于 1988 年，创始人为科学家 Stephen Wolfram，而运行于 Mathematica 软件上的程序设计语言则以这位科学家的名字命名，称之为“Wolfram 语言”。目前，Mathematica 软件包括 6000 多个函数，涉及了物理学、数学、化学、生物学、信息科学、计算机科学、艺术学、宇宙学、建筑学和金融学等众多领域，这些函数的实现方法统称为 Wolfram 技术。Mathematica 软件在系统仿真领域的拓展软件称为 SystemModeler（SystemModeler 软件支持 Modelica 建模语言和 Wolfram 科学计算语言，为 Mathematica 软件的伴侣软件），Mathematica 软件和 SystemModeler 软件被公认为科学计算和建模仿真领域最先进的软件，在全球范围内推动了并继续推动着科学和技术的创新。可以说，Mathematica 软件是最能体现计算机价值的科学计算软件，而 Wolfram 语言是最高层次的科学计算语言。

多年来，Mathematica 软件已经成为物理学和数学领域的主要科研工具，而现在，Mathematica 软件和 Wolfram 技术也被广泛应用于信息科学、计算机科学、生命科学、社会科学和金融等学科领域的数据分析和工程计算。本书着眼于 Mathematica 软件的基本用法和 Wolfram 技术的基本技巧，面向拟使用 Mathematica 软件助力其学习和研究的大学生、研究生和科研工作人员。本书是一本自成体系的 Mathematica 教材。此外，对于初次接触 Mathematica 软件的读者，推荐《Mathematica 科学计算与程序设计》(西安电子科技大学出版社，2021 年)作为入门速成教材；对于信息安全研究人员，推荐《高级图像加密技术——基于 Mathematica》(西安电子科技大学出版社，2020 年)作为学习 Mathematica 软件应用于密码算法编程的参考书。这两本教材展示了 Wolfram 技术不但以优美的形式实现各式各样的算法，而且还将这些算法的结果呈现进一步升华，助力研究人员深入分析算法的本质和内涵。

全书基于 Mathematica 12.3，共分为 9 章。第 1 章为 Mathematica 基础，介绍了 Mathematica 软件的入门操作和基本数据类型，为后续章节的学习奠定基础。第 2 章为 Wolfram 语言经典编程，重点分析了经典分支语句和循环语句的实现方法，同时介绍了 Mathematica 软件中的关系运算符和逻辑运算符，并通过大量实例突出了经典编程方法的特点。第 3 章讨论了 Wolfram 语言中最重要的数据类型——列表，介绍了列表的构造方法和操作技巧。第 4 章阐述了 Mathematica 内置函数的用法以及自定义用户函数的技巧和方法，重点讨论了 Map 和 Apply 函数的用法。第 5 章详细阐述了 Wolfram 语言模块编程技术，对比分析了 4 种模块编程函数的用法，并讨论了并行编程方法。第 6 章详细介绍了字符串的操作方法，并讨论了规则、关联、数据集和模式匹配。第 7 章结合科技文献出版中对图形的要求，详细阐述了 Mathematica 软件的二维绘图、三维绘图和动画技术，并讨论了 Mathematica 软件的声音处理技术。第 8 章深入介绍了自定义程序包技术，讨论了编写程序包并将自定义函数及其说明文档添加到 Mathematica 软件中的方法，最后叙述了 Wolfram 自然语言输入和笔记本程序调试方法。第 9 章讨论了感知器和 BP 神经网络的实现方法，详细介绍了借助 Wolfram 语言实现神经网络学习和预测的程序设计技巧。

本书由国家自然科学基金(No. 61762043)、江西省自然科学基金(No. 20192BAB207022)和江西省教育厅科学技术研究重点项目(No. GJJ190249)资助出版，特此鸣谢。

本书由江西财经大学量子计算研究中心信息安全课题组编写。其中，江西财经大学陈爱国执笔第 1 章、唐颖军执笔第 2 章、吴文华执笔第 3 章、陈伟执笔第 4 章、熊堂堂执笔第 6 章、张勇执笔第 7～9 章；滨州学院胡永生教授执笔第 5 章。全书由张勇统稿、定稿。作者张勇感谢导师陈天麒教授、洪时中教授和汪国平教授对其科研工作和学术研究的长期指导，他们对科学的热爱和对作者的鼓励是作者从事科研工作的巨大精神支柱；感谢其爱人贾晓天老师在烦琐的资料检索和整理工作方面所做的细致工作，为其节省了大量学习时间。全体作者感谢 Wolfram Research 公司杨圣汇老师的悉心指导，为本书的写作清除了技术困难和障碍；感谢清华大学出版社赵凯老师对本书写作和出版的支持。

本书极力呈现 Mathematica 软件对于大学生和各领域教研人员的重要性，但限于作者们的知识水平，书中难免有缺漏之处，恳请同行专家、学者和读者朋友不吝赐教。

作　者

2022 年 2 月

于江西财经大学枫林园

源码

教学大纲

第1章 Mathematica基础

本章从认识 Mathematica 软件开始，逐步展示 Mathematica 软件独特的编程和应用模式，在此基础上，详细介绍 Mathematica 软件的基本数据类型和内置函数的用法。

1.1 认识 Mathematica

全面了解 Mathematica 软件的最好去处为 Wolfram 官网（www. wolfram. com），这里不但动态公布最新版本 Mathematica 软件的进展情况，而且集成了 Wolfram 技术最丰富的文本和视频学习与研究材料。Wolfram 技术主要包括 Mathematica 软件、Wolfram Alpha（可理解为 Mathematica 软件网页版）、Wolfram One 云计算（可理解为增强的网络版）、Wolfram 知识库（可理解为包罗万象的动态数据库）和 SystemModeler 软件等。Wolfram 技术的显著特点是赋予了宇宙万物的可计算性，基于 Wolfram 技术的 Wolfram 语言是最先进的高级语言，基于函数的调用与“复合”调用或嵌套求解问题。

Mathematica 软件是付费软件，面向不同的用户群体推出了不同的版本，分别为针对企业用户、政府部门、教育机构、学生和家庭用户等的版本。这些版本的主要区别表现在技术支持、线上计算资源和计算核心数等方面。例如，作者使用的教育版可使用 8 个并行计算内核且具有 15GB 的云存储空间，而学生版可使用 4 个并行计算内核和 2GB 的云存储空间。任何用户都可免费下载和使用 Mathematica 软件的试用版。

Mathematica 软件可以实现的功能包括数学计算、符号计算、数值分析、图像处理、机器学习、工程数据计算、金融数据计算、医学数据处理、可视化技术以及与这些领域相关联的科学计算等，是现代技术计算的唯一选择。Mathematica 软件可安装于 Windows 系统、Mac OS 和 Linux 系统上，要求计算机至少具有 4GB 内存、19GB 硬盘空间和 x86 或 x64 架构 CPU。此外，Mathematica 12.3 软件可以完美运行于基于 Apple M1 芯片的 Macbook 笔记本上。这里忽略了 Mathematica 软件在计算机上的简单安装过程。作者使用的计算机为 Windows 操作系统，假定读者也使用了 Windows 操作系统并且已经下载和安装好 Mathematica 软件（如果使用的是 Macbook 笔记本，需要牢记 Windows 系统下的 Alt 键对应于笔记本的 command 键，并且，“复制”和“粘贴”快捷方式分别为“command＋C”键和“command＋V”键）。下面，即将开启 Mathematica 软件的学习与应用之旅。

1.1.1 启动 Mathematica

安装 Mathematica 12.3 软件后，Windows 视窗桌面上将出现如图 1-1 所示的 Mathematica 启动图标。

双击图 1-1 所示的 Mathematica 启动图标，弹出如图 1-2 所示的 Mathematica 软件欢迎窗口。

图 1-1　Mathematica 启动图标

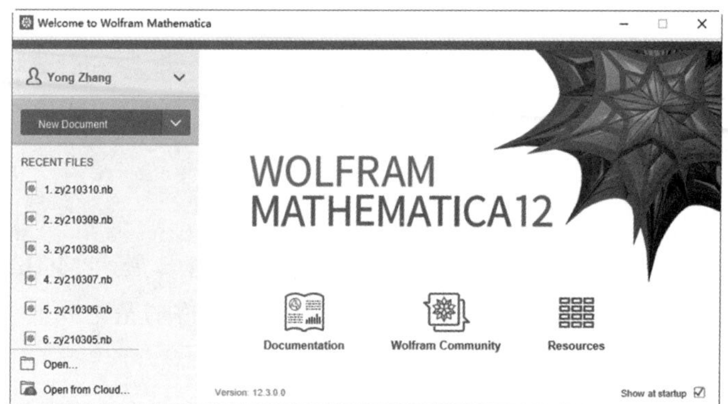

图 1-2　Mathematica 欢迎窗口

本书基于 Mathematica 12.3 英文版。在图 1-2 中，窗口标题显示“Welcome to Wolfram Mathematica”（“欢迎来到 Wolfram Mathematica”）；标题下面为注册的用户名，这里显示为作者的姓名全拼形式的用户名“Yong Zhang”；其下面显示了带有下拉列表的“New Document”按钮，下拉列表中显示了 Mathematica 软件可以创建的文件类型。在窗口左边为“RECENT FILES”（“最近打开的文件”）列表，其中显示了最近打开的 6 个笔记本文件。Mathematica 软件的笔记本文件扩展名为“.nb”（早期笔记本的扩展名为“.m”，为了避免和 MATLAB 程序文件混淆，现已使用扩展名“.nb”）单击窗口左下角的“Open…”可以打开计算机上已存在的笔记本文件（即本地笔记本文件）；而单击“Open from Cloud…”可打开注册用户的云空间上已存在的笔记本文件。

在图 1-2 的窗口中，具有三个图标，依次为“Documentation”“Wolfram Community”“Resources”，其中，单击“Wolfram Community”或“Resources”都将打开一个互联网链接，分别为“Wolfram 社区”网站和“Mathematica 相关资源”网站。“Wolfram 社区”网站为 Mathematica 用户讨论问题和交流学习心得的极佳场合，任何 Mathematica 注册用户均可以加入 Wolfram 社区，该社区的官方语言为英语。“Mathematica 相关资源”网站上提供了大量学习资源，包括图书和视频资源等，其中，如图 1-3 所示的三个资源值得学习。

Wolfram语言初级入门

Stephen Wolfram关于Wolfram语言和现代计算性思维入门的最新著作

快速编程入门

只需花几分钟阅读该教程，便可迅速掌握Wolfram语言的基础原理

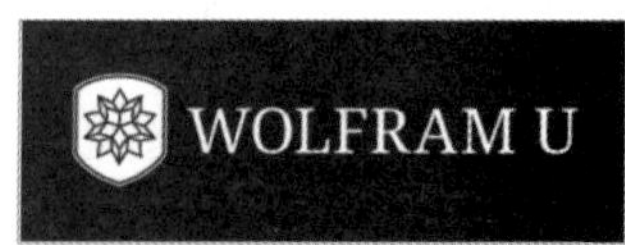

Wolfram U

查阅计算相关主题，通过交互式公开课程、免费视频讲座以及在线特色活动获取Wolfram技术的实用培训

图 1-3　Mathematica 的重要学习资源

在图 1-3 中,《Wolfram 语言初级入门》和《快速编程入门》是同一本书,是 Stephen Wolfram 编写的 Wolfram 入门图书,前者为英文版,后者为中文版,且免费阅读,特别推荐读者阅读该书。

回到图 1-2 中,当单击图标“Documentation”,将打开“Wolfram 语言文档中心”,如图 1-4 所示。“Wolfram 语言文档中心”集成了全部 Wolfram 技术,是学习 Wolfram 语言最权威的帮助文档,并附有大量的应用实例。还可以在“文档中心”输入函数名搜索函数的用法。

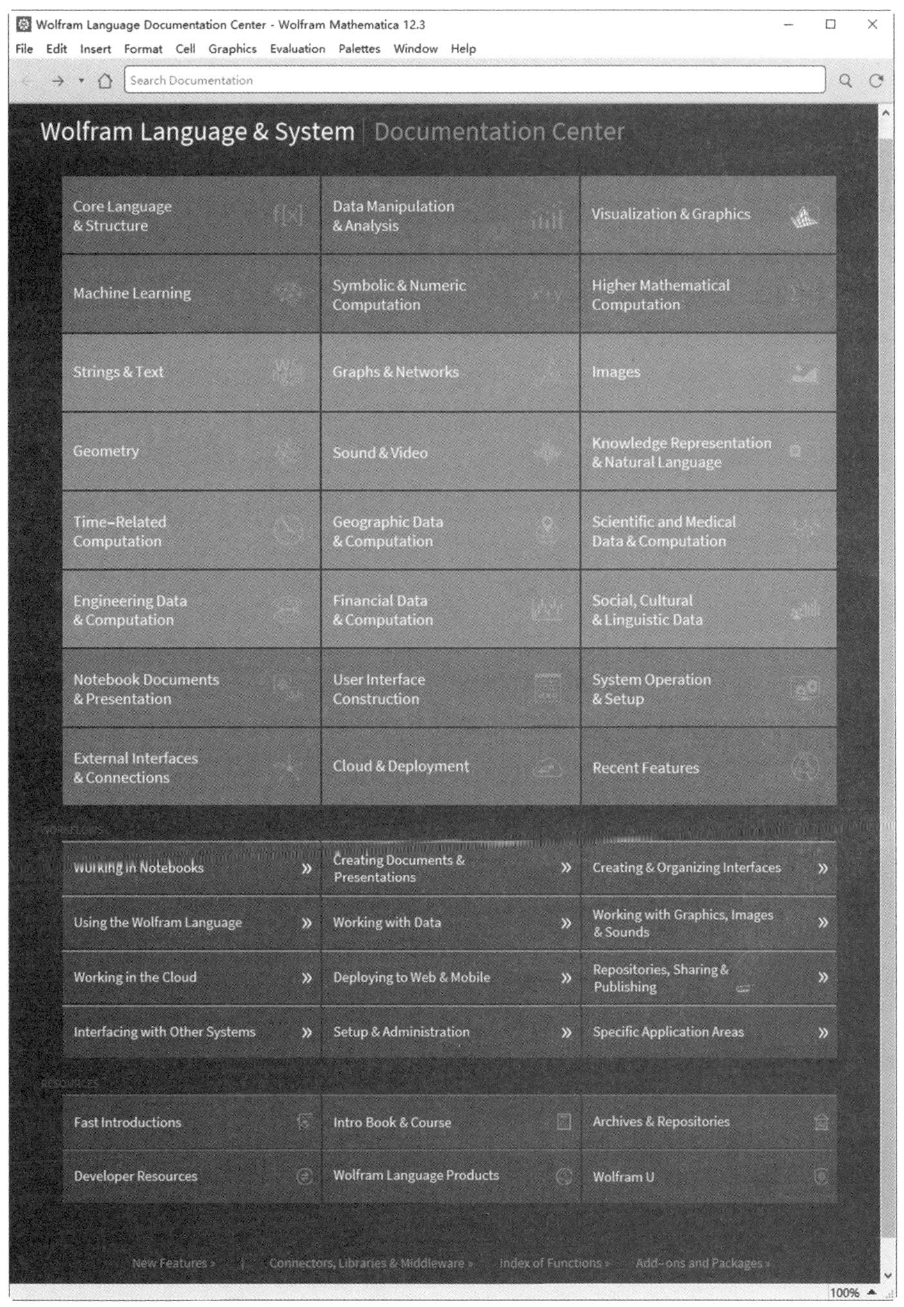

图 1-4　Wolfram 语言文档中心

在图 1-4 中,Wolfram 语言和系统“Wolfram Language & System”部分包含了 24 个模块,依次为:①核心语言与结构“Core Language & Structure”,为 Wolfram 语言主体部分,也是本书的主要内容;②数据处理与分析“Data Manipulation & Analysis”;③可视化与图形“Visualization & Graphics”;④机器学习“Machine Learning”;⑤符号与数值计算“Symbolic & Numeric Computation”;⑥高等数学计算“Higher Mathematical Computation”;⑦字符串和文本处理“Strings & Text”;⑧图论与网络“Graphs & Networks”;⑨图像处理“Images”;⑩几何学“Geometry”;⑪声音和视频信号处理“Sound & Video”;⑫知识表示与自然语言“Knowledge Representation & Natural Language”;⑬时间序列处理“Time-Related Computation”;⑭地理数据计算“Geographic Data & Computation”;⑮自然科学与医学数据处理“Scientific and Medical Data & Computaion”;⑯工程数据处理“Engineering Data & Computation”;⑰金融数据计算“Financial Data & Computation”;⑱社会、文化与语言数据“Social, Cultural & Linguistic Data”;⑲笔记本和幻灯片“Notebook Documents & Presentation”;⑳用户界面设计“User Interface Construction”;㉑系统内核“System Operation & Setup”;㉒外部接口与连接“External Interfaces & Connections”;㉓云部署“Cloud & Deployment”;㉔新版本特性“Recent Features”。读者可以根据自己的兴趣参考某个模块。

在图 1-4 中的“工作流程”(WORKFLOWS)部分,列举了 12 个学习参考模块,均为文本帮助文档,例如,“Working in Notebooks”介绍笔记本的使用技巧等。在“资源”(RESOURCES)部分,列举了 6 个模块,均为学习 Mathematica 的文本或视频资料,例如,“Wolfram U”链接上的 Mathematica 视频公开课网站。

再回到图 1-2 中,在其右下角处,“Show at startup”被“勾选”,表示启动 Mathematica 时将显示如图 1-2 所示的 Mathematica 欢迎窗口。

1.1.2 笔记本

在图 1-2 中,单击“New Document”,将关闭图 1-2 所示 Mathematica 欢迎窗口,并弹出如图 1-5 所示的笔记本(Notebook)。在 Mathematica 中,笔记本是功能强大的编辑器,不但是主要的编程和输入场所,也是程序运行结果的输出场所。

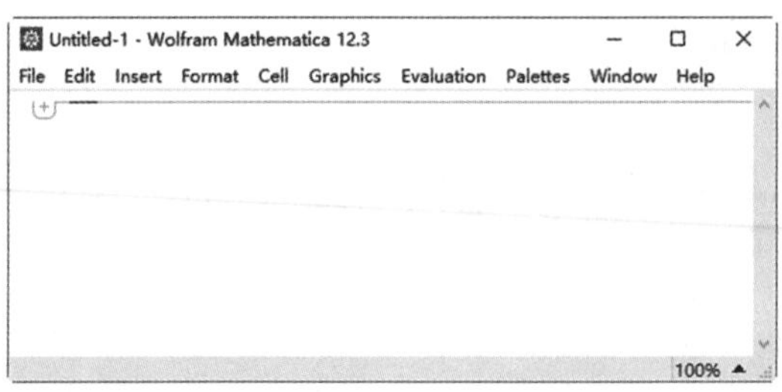

图 1-5 Mathematica 笔记本

在图 1-5 中,标题显示为“Untitled-1-Wolfram Mathematica 12.3”,表示这是一个未命名的笔记本,可以打开多个笔记本,新打开的第二个未命名笔记本标题将为“Untitled-2-Wolfram Mathematica 12.3”(按下快捷键“Ctrl+N”)。在标题下面为笔记本的菜单栏,依

次为"File"(文件)、"Edit"(编辑)、"Insert"(插入)、"Format"(格式)、"Cell"(单元)、"Graphics"(图形)、"Evaluation"(计算)、"Palettes"(面板)、"Window"(窗口)和"Help"(帮助)。下面介绍常用的菜单功能及其快捷键。

在文件"File"菜单下,常用的子菜单项及其快捷键如下:

(1) New|Notebook,打开一个新的笔记本,快捷键为"Ctrl+N",表示先按下 Ctrl 键不放手,再按下 N 键。

(2) Open…,打开一个已存在的笔记本,快捷键为"Ctrl+O"。

(3) Save…,保存当前的笔记本,快捷键为"Ctrl+S"。

(4) Save As…,以新的文件名保存当前笔记本,快捷键为"Shift+Ctrl+S"。

(5) Exit,退出 Mathematica 软件。

在编辑"Edit"菜单下,常用的子菜单项及其快捷键如下:

(1) Undo,撤销上一次输入内容,快捷键为"Ctrl+Z"。

(2) Redo,恢复上一次撤销的输入,快捷键为"Ctrl+Y"。

(3) Cut,剪切,快捷键为"Ctrl+X"。

(4) Copy,复制,快捷键为"Ctrl+C"。

(5) Paste,粘贴,快捷键为"Ctrl+V"。

(6) Un/Comment Selection,注释掉(或解除注释)选择的部分,快捷键为"Alt+/"。

(7) Find…,打开"查找和替换"对话框,快捷键为"Ctrl+F"。

(8) Preferences…,系统选项设定,单击该菜单弹出如图 1-6 所示的系统选项设定对话框。

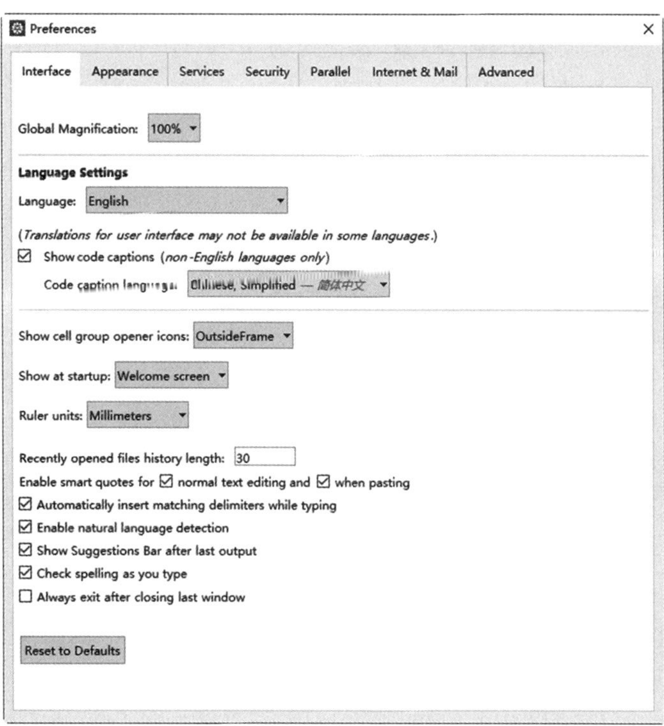

图 1-6 系统选项设定对话框

图 1-6 中有 7 个选项卡，这里重点介绍第一个选项卡“Interface”(界面)。在该选项卡中，“Global Magnification:”表示笔记本显示的放大倍数，默认值为 100%，如图 1-5 右下角显示的“100%”。可以调整该数值为“125%”“150%”“200%”等，以放大显示笔记本中的内容。在“Language Settings”(语言设置)中，在“Language:”(语言)中默认工作语言为“English”，可以设定为“Chinese, Simplified”(简体中文)。建议勾选“Show code captions (*non-English languages only*)”，并在“Code caption language:”中选择“Chinese, Simplified-*简体中文*”，这样笔记本中调用系统函数时，将会在该函数名下显示一行中文注释，说明该函数的功能。在“Show cell group opener icons:”中选择“OutsideFrame”，表示在单元格外部显示展开或收缩控制图标。接着，勾选“Automatically insert matching delimiters while typing”，表示输入形如“[ ]”的成对符号时，只需要输入左边的符号，右边的符号自动配对显示。

回到图 1-5，在插入“Insert”菜单下，常用的子菜单项及其快捷键如下：

(1) Inline Free-form Input，内嵌的自由格式输入，快捷键为“Ctrl+=”，这里的自由格式是指自然语言输入，例如在图 1-5 中，按下快捷键“Ctrl+=”，然后输入“plot sin(x)”，如图 1-7(a)所示。

plot sin(x)

(a) 内嵌的自由格式输入

plot sin(x)

(b) 自由格式输入

图 1-7 自然语言输入

也可以在图 1-5 中只输入“=”，然后输入“plot sin(x)”，如图 1-7(b)所示。在图 1-7(a)或图 1-7(b)中，按下“Shift+Enter”快捷键，都将绘制正弦函数的图形。

(2) Typesetting|Superscript，上标输入，快捷键为“Ctrl+6”。

(3) Typesetting|Subscript，下标输入，快捷键为“Ctrl+-”。

(4) Typesetting|Fraction，输入分数，快捷键为“Ctrl+/”。

(5) Typesetting|Radical，输入根式，快捷键为“Ctrl+2”。

(6) Table/Matrix|Add Row，输入矩阵时添加一个空行，快捷键为“Ctrl+Enter”。

(7) Table/Matrix|Add Column，输入矩阵时添加一个空白列，快捷键为“Ctrl+,”。

(8) Page Break，在笔记本中插入分页符。

在图 1-5 中格式“Format”菜单下，常用的子菜单及其快捷键如下：

(1) Style|Title，将当前单元内容设置为标题，快捷键为“Alt+1”。

(2) Style|Subtitle，将当前单元内容设置为子标题，快捷键为“Alt+2”。

(3) Style|Chapter，将当前单元内容设置为章标题，快捷键为“Alt+3”。

(4) Style|Section，将当前单元内容设置为节标题，快捷键为“Alt+4”。

(5) Style|Subsection，将当前单元内容设置为子节标题，快捷键为“Alt+5”。

(6) Style|Subsubsection，将当前单元内容设置为子节子标题，快捷键为“Alt+6”。

(7) Style|Text，将当前单元内容设置为文本，快捷键为“Alt+7”。

(8) Style|Code，将当前单元内容设置为代码，快捷键为“Alt+8”。

(9) Style|Input，将当前单元内容设置为输入格式，快捷键为“Alt+9”。

其中，第(8)和(9)的格式为可计算的输入格式，其他格式作为笔记本内容的显示信息。

(10) Screen Environment|Working，将当前笔记本设置为工作环境。

(11) Screen Environment|SlideShow，将当前笔记本设置为幻灯片环境。

在图 1-5 中计算"Evaluation"菜单下，常用的子菜单及其快捷键如下：

(1) Evaluate Cells，计算当前单元，快捷键为"Shift+Enter"。

(2) Evaluate in Place，计算单元中选中的部分表达式，快捷键为"Shift+Ctrl+Enter"。

(3) Evaluate Notebook，计算整个笔记本。

(4) Dynamic Updating Enabled，选中该子菜单，表示动态更新单元输出结果。

(5) Abort Evaluation，终止单元计算，快捷键为"Alt+."。

(6) Remove from Evaluation Queue，从计算队列中移出当前计算单元，快捷键为"Shift+Alt+."。

(7) Quit Kernel|Local，退出本地计算内核。

(8) Start Kernel|Local，启动本地计算内核。

在图 1-5 中面板"Palettes"菜单下，常用的子菜单如下：

(1) Basic Math Assistant，基本数学助手。

(2) Classroom Assistant，课堂助手。

(3) Writing Assistant，书写助手。

单击上述子菜单可打开一个助手面板，其中，课堂助手包括了基本数学助手和书写助手，可以借助助手面板实现各种形式的表达式输入。

在图 1-5 中帮助"Help"菜单下，常用的子菜单和快捷键如下：

(1) Wolfram Documentation，打开 Wolfram 文档中心。

(2) Find Selected Function，打开函数帮助对话框，快捷键为"F1"。

在图 1-5 中，单击左上方的"+"号，可以弹出如图 1-8 所示的菜单项。

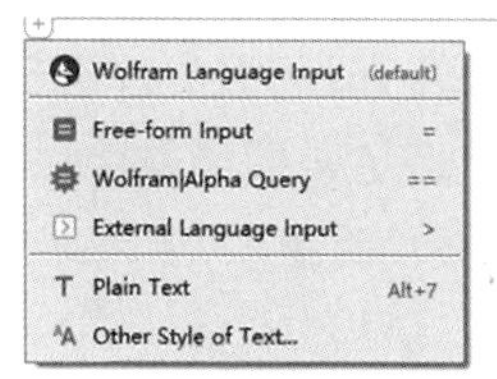

图 1-8 弹出菜单项

在图 1-8 中，常用的菜单为"Wolfram Language Input (default)"(Wolfram 语言输入，默认情况)和"Free-form Input"(自由格式输入，快捷键为"=")。

在后续的章节中将多次使用上述介绍的快捷键，帮助读者不断强化记忆这些快捷键。下一节将具体介绍笔记本的使用方法。

1.1.3 一个简单实例

现在，将开始使用笔记本。首先，在计算机的硬盘"E"上建立一个目录"E:\ZYMaths\YongZhang"，本书的所有笔记本均保存在该目录下。然后，回到图 1-5，使图 1-5 所示窗口处于活跃状态(即光标所在的窗口)，按下快捷键"Ctrl+S"，在弹出的对话框中选择文件夹"E:\ZYMaths\YongZhang"，如图 1-9 所示。

在图 1-9 中，输入"文件名"Y0101.nb，笔记本文件的扩展名为".nb"，然后，单击"保存"按钮，回到图 1-10 所示窗口。

在图 1-10 中，有一根水平放置的闪烁着的光标，表示可以向笔记本输入信息。输入"NotebookDirectory[]"，然后按下"Shift+Enter"快捷键，笔记本自动把当前输入标识为：

```
In[1]:= NotebookDirectory[]
```

输出自动标识为：

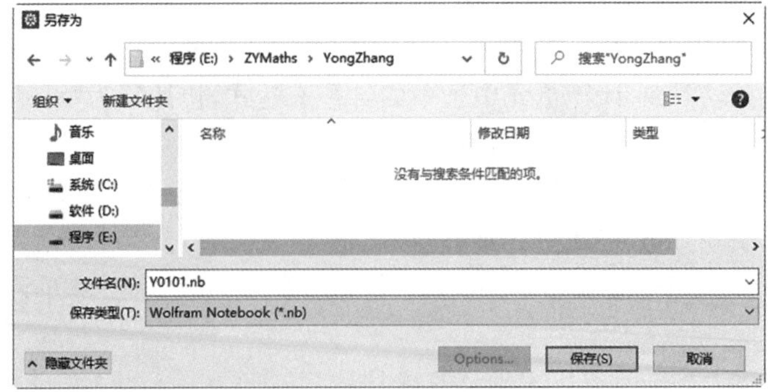

图 1-9　保存当前笔记本

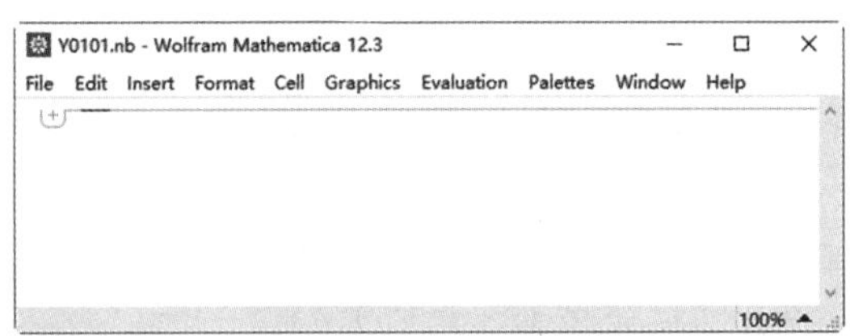

图 1-10　命名 Y0101. nb 后的笔记本

```
Out[1] = E:\ZYMaths\YongZhang
```

其中，NotebookDirectory 为系统函数。在 Wolfram 语言中，所有系统函数均以“大骆驼”方式命名，即函数的首字母大写，且函数中出现的完整英文单词的首字母也大写。因此，建议用户自定义的函数应以小写字母开头。在 Wolfram 语言中，调用函数时，函数参数用中括号“[ ]”括起来，如果某个函数没有参数，仍需要为函数添加“[ ]”。

这里，“NotebookDirectory[]”返回当前笔记本所在的目录，即“E:\ZYMaths\YongZhang”。

Wolfram 语言为函数式的语言，笔记本中的每个输入均为函数或函数的“复合”。在输入“NotebookDirectory[]”后，按下“Shift+Enter”快捷键，将输入馈送给 Mathematica 内核(不可见)，标识符“In[1]”表示这是送给 Mathematica 内核的第一个计算，而“In[1]:=”中的“:=”表示“延时计算”，即每次按下“Shift + Enter”快捷键时将重新将该输入馈送给 Mathematica 内核再次计算。计算结果也显示在笔记本中，以“Out[1]=”标识，表示第一次输入的输出。下面在笔记本 Y0101. nb 中输入几个函数，如图 1-11 所示。

在图 1-11 中，标题“Y0101. nb * Wolfram Mathematica 12. 3”中的“ * ”号表示当前笔记本经过编辑后没有保存，按下快捷键“Ctrl+S”保存笔记本后“ * ”号消失。每个输入“In”和输出“Out”的右边均有一个“]”，分别表示输入单元和输出单元的范围，标号相同的输入和输出单元被包括在一个“]”内。双击输入单元的“]”可以隐藏输出单元，而双击输出单元的“]”则可以隐藏输入单元。

在图 1-11 中，输入“SetDirectory[NotebookDirectory[]]”后，按下“Shift+Enter”快捷键，将显示“In[2]:= SetDirectory[NotebookDirectory[]]”，这里，函数“NotebookDirectory[]”的返回值(即当前笔记本所在的目录)作为函数“SetDirectory”的参数。“SetDirectory[NotebookDirectory[]]”表示将当前笔记本所在的目录设置为工作目录。输出“Out[2]”为

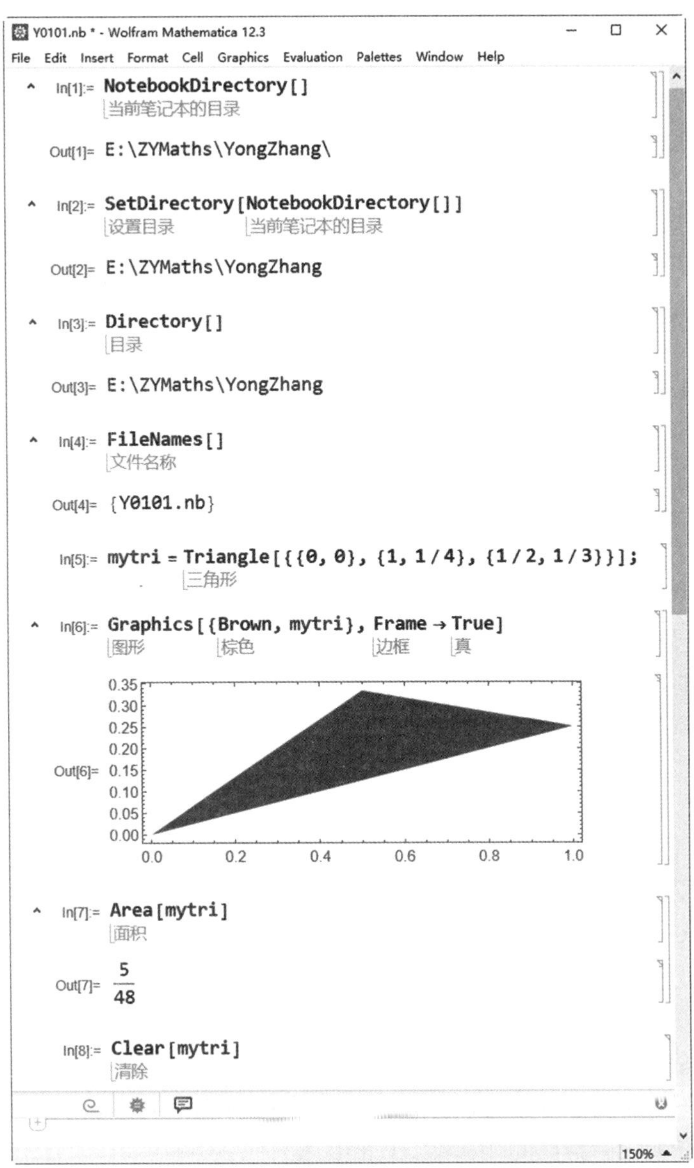

图 1-11 一个简单的笔记本使用实例

当前工作目录，即“E:\ZYMaths\YongZhang”。

有时，需要进一步确认当前工作目录，输入函数“Directory[]”，可返回当前的工作目录，即“E:\ZYMaths\YongZhang”。而函数“FileNames”可返回当前工作目录中的全部文件，这里工作目录“E:\ZYMaths\YongZhang”下只有一个文件 Y0101.nb，则输出显示为“Out[4]={Y0101.nb}”。

然后，输入“mytri = Triangle[{{0,0},{1,1/4},{1/2,1/3}}];”，这里，调用函数“Triangle”创建一个填充的三角形图元，图元表示可以使用 Graphics 函数显示的基本图形。函数 Triangle 中的参数“{{0,0},{1,1/4},{1/2,1/3}}”称为列表，列表是 Wolfram 语言的基本数据结构，表现为由花括号“{ }”括起来的一列元素。这里的列表“{{0,0},{1,1/4},

{1/2,1/3}}”由 3 个子列表组成，每个子列表用于表示三角形的一个顶点。

在输入“mytri=Triangle[{{0,0},{1,1/4},{1/2,1/3}}];”中，mytri 为全局变量，全局变量一旦创建，对于所有打开的笔记本都是可见的。这是初学者特别容易忽视的问题。如果创建了全局变量，在使用完后，应立即调用函数 Clear 清除这个变量的赋值（使变量变为符号类型，在 1.3 节介绍），或者调用函数 Remove 从内存中清除这个变量。对于自定义函数，应使用函数 ClearAll 清除自定义函数的定义和属性。如果忘记了曾经定义了哪些全局变量，可以使用命令“Clear["Global' * "]”清除全部已定义的全局变量，从而避免全局变量对新创建的表达式的影响。在定义了全局变量的情况下，输出值将保存在全局变量中。

回到输入“mytri=Triangle[{{0,0},{1,1/4},{1/2,1/3}}];”，输入表达式的最后有一个分号“;”，表示隐藏本次输入的计算结果。因此，在图 1-11 中只有“In[5]”而没有“Out[5]”。事实上，这一条语句的执行结果也保存在“Out[5]”中。每个输出值可以直接使用，例如，可通过“Out[5]”或“%5”使用这个输出结果。这里的“Triangle[{{0,0},{1,1/4},{1/2,1/3}}]”执行后，返回一个三角形图元，输出样式与输入相同，故使用分号“;”将输出结果隐藏。

回到图 1-11，现在输入函数“Graphics[{Brown,mytri},Frame-> True]”输出一个填充的三角形，这里，函数 Graphics 的参数为列表{Brown,mytri}，Brown 用于指定本列表中 Brown 后面的全部图元均为棕色显示，而全局变量 mytri 为三角形图元。输入的“Frame->True”为函数 Graphics 的选项，这里表示为图形添加边框。显示结果如图 1-11 中的“Out[6]”所示。

接着，调用 Area 函数计算三角形 mytri 的面积，即输入“Area[mytri]”，按下“Shift+Enter”快捷键后，输出计算结果“Out[7]=5/48”，即三角形 mytri 的面积为 5/48。

最后，输入“Clear[mytri]”，清除全局变量 mytri 的赋值，使其成为符号量。

图 1-11 仅用于展示笔记本的输入和输出操作，后续内容将详细介绍系统函数和绘图操作。通过上面的介绍，有 6 点需要注意：

(1) 输入表达式后，按下“Shift+Enter”快捷键执行该表达式，或者按下数字小键盘上的“Enter”键执行表达式。

(2) 输出结果可以直接被使用，第 n 个输出结果的调用格式为“Out[n]”或“%n”，如果调用最近执行的输出结果，可以使用“%”表示刚发生的输出结果，使用“%%”表示刚发生的输出结果的前一次输出结果。

(3) 如果使用了全局变量，在使用完后，应调用 Clear 函数清除该全局变量的赋值，或者调用 Remove 函数清除该全局变量在内存中的定义（这两者的区别在 1.3 节还将进一步讨论）。

(4) 如果不想查看输出结果，可以在输入表达式后面添加英文分号字符“;”，分号抑制了它前面的表达式的输出。特别需要注意的是，用分号连接的多个表达式，可视为一个语句组，只有最后一个不加分号结尾的表达式的结果才会显式输出。

(5) 当光标位于原来的某个输入中，每次按下“Shift+Enter”快捷键，都将重新计算一次。

(6) 保存笔记本后，输入和输出均被保存在笔记本中，这是 Mathematica 软件独特的优

势，即全部的计算结果（即输出单元）被保存起来。在图 1-11 中，"In"前面的"^"可以将输出单元隐藏。

1.2 自定义函数

Wolfram 语言是函数式的语言，不但具有 6000 多个内置函数供用户直接使用，而且还提供了方便的用户自定义函数功能。

1.2.1 笔记本自定义函数

首先，新建一个笔记本，并命名为 Y0102. nb，保存在目录"E:\ZYMaths\YongZhang"下。本书中所有笔记本均保存在该目录下，每个笔记本的命名规则为"YABCD. nb"，其中，AB 表示章号，第 1 章为 01，第 2 章为 02，以此类推；CD 表示该章内的第 CD 个文件，第一个为 01，第二个为 02，以此类推。这里的"Y0102. nb"表示第 1 章的第二个笔记本。

然后，拟编写一个由三角形的三个顶点坐标计算三角形面积的函数。输入如图 1-12 所示的表达式。

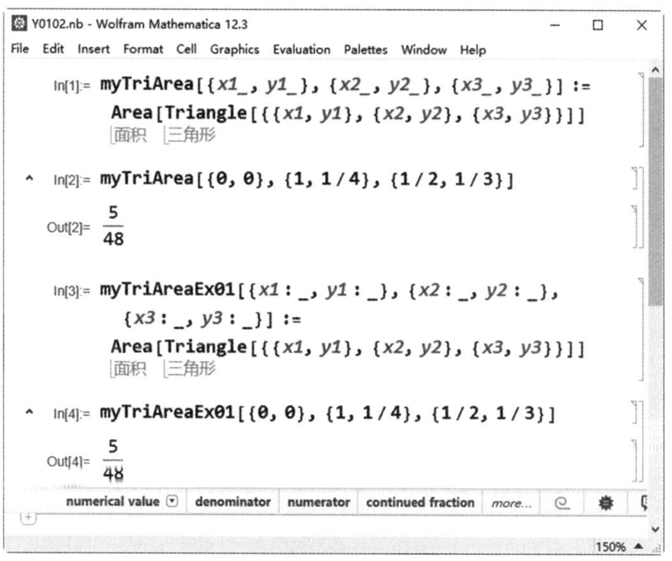

图 1-12　自定义函数实例

在图 1-12 中，自定义函数名为 myTriArea，具有 3 个参数，每个参数均为包含两个元素的列表，全部参数用方括号"[ ]"括起来。自定义函数一般使用":="这种赋值方式。在"In[1]"中，":="右边为自定义函数的实现部分，即函数体。函数体调用了系统函数 Area 和 Triangle 的复合函数。

由"In[1]"可知，自定义函数中的参数形式为"x1_"的形式，即一个符号加上一个下画线的形式。在 Wolfram 语言中，下画线具有特殊的含义和作用，因此，在命名变量名和函数名时，不能使用下画线。这里，一条下画线表示此处可以替换为任意一个元素，"x1_"的全称为"x1:_"，如"In[3]"所示，表示 x1 为此处将被替换的元素的名称。如果没有下画线，"x1"

仅表示一个符号，而有了一条下画线，“x1_”则表示名称为 x1 的需要被一个元素替换的“参数”。因此，自定义函数中下画线必不可少。

在“In[1]”中自定义了函数 myTriArea 后，按下“Shift + Enter”快捷键，将在 Mathematica 内核中创建该自定义函数。然后，输入“myTriArea[{0,0},{1,1/4},{1/2,1/3}]”，将调用自定义函数“myTriArea”返回计算结果。

在“In[3]”中给出了自定义函数参数的完整形式，即形如“x1:_”的形式，并将自定义的求解三角形面积的函数名设为“myTriAreaEx01”。在“In[4]”中调用这个新的函数“myTriAreaEx01[{0,0},{1,1/4},{1/2,1/3}]”，得到顶点位于{0,0}、{1,1/4}和{1/2,1/3}的三角形的面积为 5/48。

1.2.2 程序包自定义函数

更常用的自定义函数的方法，是编写自定义程序包。

在打开的笔记本窗口中，单击菜单“File | New | Package/Script | Wolfram Language Package (.wl)”，在弹出的窗口中输入如图 1-13 所示代码，并将其保存为文件名 Y0103.wl，保存在目录“E:\ZYMaths\YongZhang”下，这里的扩展名“.wl”表示这是一个 Wolfram 语言程序包。

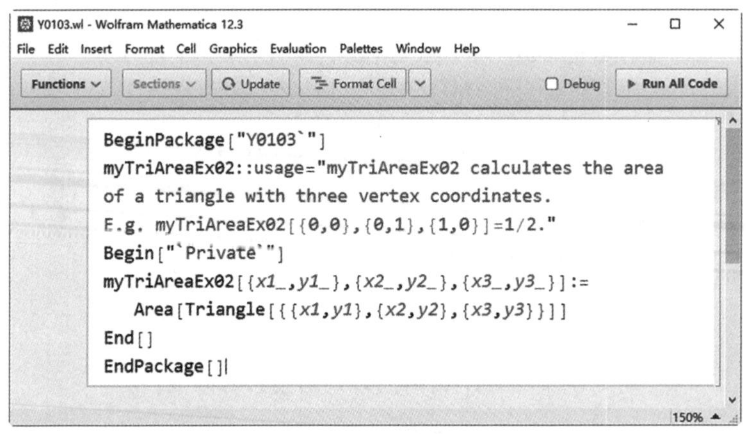

图 1-13 程序包自定义函数实例

在图 1-13 中，使用语句对“BeginPackage[ ]”和“EndPackage[ ]”包括程序包的内容，在“BeginPackage["Y0103`"]”的“[ ]”中指定程序包名称。注意，程序包名称尽可能与文件名同名，即使得程序包的名称为文件名加上“`”，这样，在笔记本中可以使用“Needs["Y0103`"]”装入该程序包；如果程序包名称与文件名不同，则需要使用“<< Y0103.wl”或“Needs["Y0103`", "Y0103.wl"]”装入文件，从而装入文件中的程序包。

在图 1-13 中，用户自定义函数放在语句对“Begin["`Private`"]”和“End[]”中，其中的自定义函数视为程序包的私有函数，通过在语句“BeginPackage["Y0103`"]”和“Begin["`Private`"]”之间声明如下语句：

```
"myTriAreaEx02::usage = "myTriAreaEx02 calculates the area of a triangle with three vertex coordinates. E.g. myTriAreaEx02[{0,0},{0,1},{1,0}] = 1/2.""
```

使得程序包中定义的私有函数可被外部调用。这里，使得函数 myTriAreaEx02 可被外部调用。如果程序包中的某些函数无须被外部调用，就不用为其声明 usage 信息。

现在，关闭图 1-14 中的创建程序包窗口，新建一个笔记本 Y0104.nb，保存在目录“E:\ZYMaths\YongZhang”下。

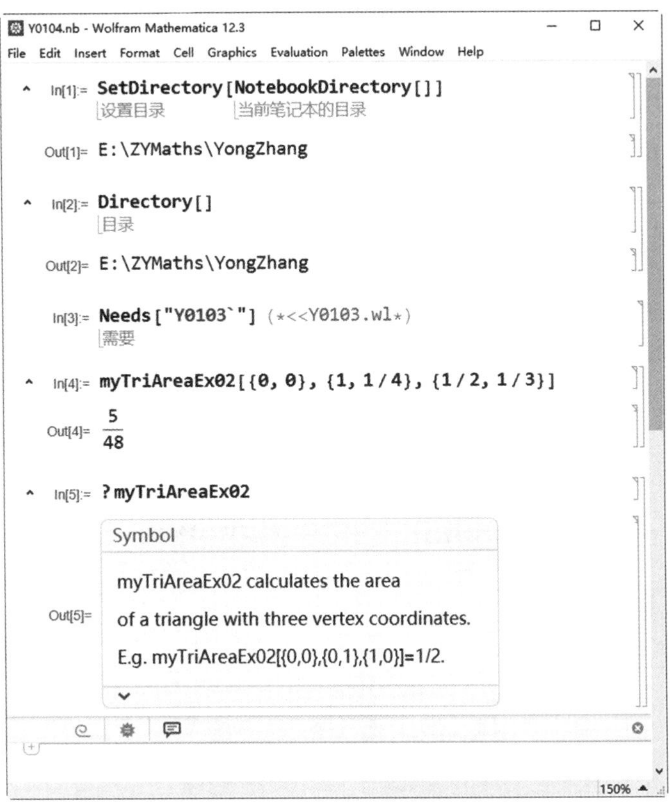

图 1-14　调用程序包中的函数

由于图 1-13 中创建的程序包 Y0103.wl 位于目录“E:\ZYMaths\YongZhang”下，因此，必须将该目录设为工作目录。在图 1-14 中，语句“SetDirectory[NotebookDirectory[]]”将笔记本所在的目录“E:\ZYMaths\YongZhang”设为工作目录，而语句“Directory[]”进一步显示当前工作目录为“E:\ZYMaths\YongZhang”。然后，使用语句“Needs["Y0103`"]”装入程序包文件 Y0103.wl 中的程序包“Y0103'”。在“In[4]”中调用程序包中的自定义函数“myTriAreaEx02”计算“myTriAreaEx02[{0,0},{1,1/4},{1/2,1/3}]”，得到以{0,0}、{1,1/4}和{1/2,1/3}为顶点的三角形面积为 5/48。

在 Wolfram 语言中，输入问号“?”加一个函数名，将显示该函数的功能简介，这一特性对于程序包中自定义的函数也有效。在图 1-13 中的“In[5]”处，输入“? myTriAreaEx02”，将显示程序包“Y0103'”中的自定义函数“myTriAreaEx02”的“usage”信息，参见图 1-13。这里显示的“Symbol”表示函数名 myTriAreaEx02 以符号形式存在。在 Wolfram 语言中，所有内置函数和自定义函数的函数名均以符号形式存在。

1.3 全局变量

启动 Mathematica 软件后，除了打开与用户交互的笔记本外，Mathematica 还将启动一个不可见的计算内核。各个笔记本只负责接收用户输入和显示计算结果，而这个计算内核负责全部的计算工作。事实上，每个笔记本输入语句后，当按下"Shift+Enter"快捷键时，将本次输入送到 Mathematica 计算内核，计算内核完成计算后的结果又送回到笔记本显示给用户（或称将计算结果打印输出到笔记本上）。

因为所有笔记本共享同一个计算内核，所以所有笔记本中定义的全局变量是共享的，即一个笔记本中定义的全局变量，可以在其他所有的笔记本中访问。因此，当定义的全局变量不再使用时，应该及时地清除它们。

1.3.1 变量名

下面借助于图 1-15 所示语句介绍全局变量的用法。

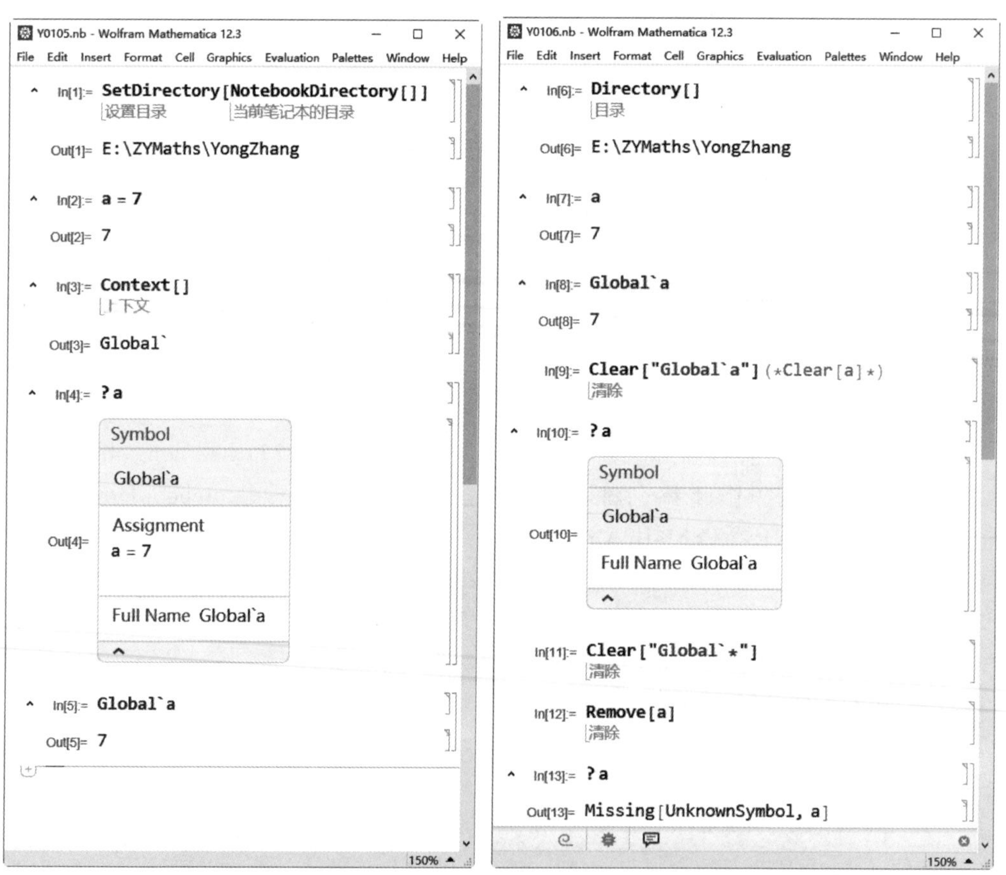

(a) 笔记本Y0105.nb　　(b) 笔记本Y0106.nb

图 1-15　全局变量用法实例

在图 1-15 中，新建了两个笔记本 Y0105.nb 和 Y0106.nb。首先，在笔记本 Y0105.nb 中调用函数“SetDirectory[NotebookDirectory[]]”将当前笔记本所在的目录“E:\ZYMaths\YongZhang”设置为工作目录。在笔记本 Y0106.nb 中，调用函数“Directory[]”，显示当前工作目录为“E:\ZYMaths\YongZhang”。在后续的笔记本中均将调用函数“SetDirectory”将工作目录设置为当前笔记本所在目录，为了节省篇幅，将不再给出这条语句。这里，在 Y0105.nb 中设置了工作目录，在其他所有笔记本中调用“Directory[]”，都将显示为相同的工作目录。

在图 1-15(a)所示的笔记本 Y0105.nb 中，输入语句“a=7”，即得到一个全局变量 a，其值为 7。然后，输入“Context[]”，将输出当前的上下文环境为“Global'”。在 Wolfram 语言中，变量的名称包括两部分：一部分为输入的变量名，如这里的 a，称为变量的短变量名；另一部分为“环境名'短变量名”的组合形式，称为变量的全变量名。Mathematica 软件启动后，提示用户输入的默认环境为“Global`”，因此，变量 a 的全名应为“Global`a”。使用语句“?a”可显示全局变量 a 的信息，如图 1-15(a)中所示的“Full Name Global`a”。调用变量 a，一般仅需要指定它的短变量名，即 a；也可以使用全变量名，即 Global`a，如图 1-15(a)的“In[5]”所示。

在图 1-15(b)所示的 Y0106.nb 中，可以直接调用全局变量 a，通过短变量名 a 或全变量名 Global'a 均可以调用它，如图 1-15(b)中的“In[7]”和“In[8]”所示。全局变量的误用是 Mathematica 入门学生常遇到的问题，为了避免这一现象，在使用完全局变量后，应及时清除它们。在图 1-15(b)中，可以调用“Clear["Global`a"]”(参数中的引号可省略)或“Clear[a]”清除变量 a 的值。在“In[10]”中调用“?a”查看变量 a 的信息，可见，变量 a 以全局的符号存在。有时，为了清除所有全局变量的赋值，使用语句“Clear["Global`*"]”(参数中的引号不可省略)清除全部已定义的全局变量的值。如果把变量 a 从内存中清除，需要使用语句“Remove[a]”，执行后，再次调用“?a”查看变量 a 的信息，则如“Out[14]”所示“Missing[UnknownSymbol,a]”，表示未知的符号 a，即没有定义符号 a。而调用“Remove["Global`*"]”将从内存中清除所有全局变量的定义。

一个好的变量命名习惯可以增强程序代码的可读性。Wolfram 语言支持 Unicode 字符集，用户可以使用英文字母、数字(不能作为变量名的首字符)、希腊字母甚至汉字等作为变量名，但是强烈建议仅使用英文字母和数字(数字不能作为变量名的首字符)构成变量名，且变量名的首字符只使用英文字母。一些特殊情况下，可以使用希腊字母作为变量名以增强表达式的可读性。需要注意的是，“下画线”在 Wolfram 语言中有特别的含义，不能用在变量名中(这一点和 C 语言是不同的)；另外，系统函数名、空格和一些具有特殊含义的标点符号等也不能用作变量名。由于 Wolfram 语言对变量名长度没有限制，所以，尽可能使用标准的英文或有意义的汉字拼音定义变量名。

自定义函数的名称与变量名的命名方法类似，同样地，建议只使用英文字母和数字(数字不能作为首字符)构成函数名。由于系统函数均为首字母大写的命名方式，因此，为了区分自定义函数和系统函数，用户自定义函数均应以小写字母开头。

1.3.2 上下文环境

Mathematica 软件启动后，用户输入使用的上下文环境默认为“Global`”，自定义的全局变量名和函数名的全名均将为"Global`自定义变量名"或"Global`自定义函数名"。在绝大多数应用场合下，使用默认的环境"Global`"已经能满足使用要求。此外，Wolfram 语言允许用户自定义上下文环境。在自定义了上下文环境后，访问自定义的全局变量或自定义函数时，有时为了避免引起歧义，需要使用全局变量或自定义上下文函数的全名，即加上其所在的上下文环境名。

下面，结合图 1-16 介绍自定义上下文环境名的用法。

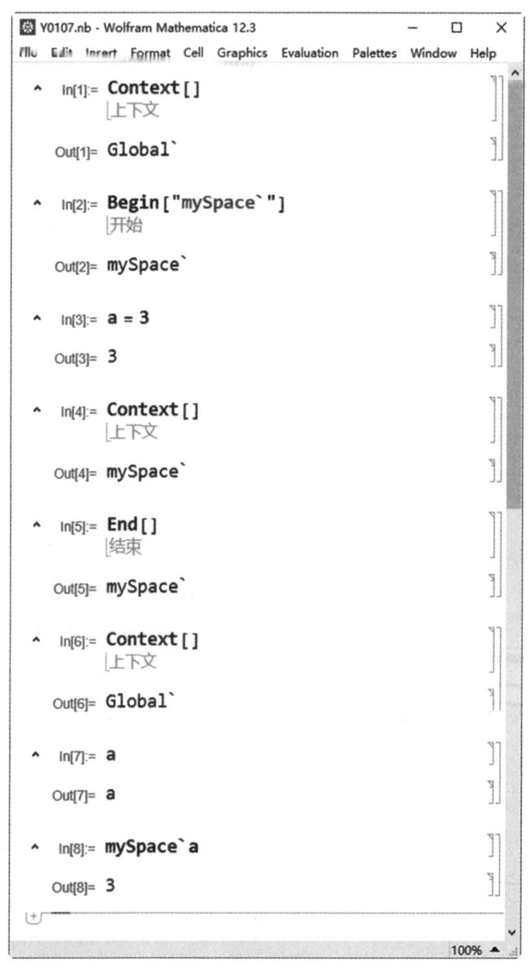

图 1-16 用户自定义上下文环境实例

在图 1-16 中，首先输入"Context[]"，将显示当前的工作环境为默认的"Global`"。然后，调用函数"Begin["mySpace`"]"，将工作环境设置为"mySpace`"，这里函数"Begin"的作用为配置新的工作环境，与函数"End[ ]"配对使用，"End[ ]"函数结束当前的环境，返回前一个上下文环境。

图 1-16 中，在"In[2]"调用"Begin["mySpace`"]"进入自定义的工作环境"mySpace`"后，定义变量"a=3"(见"In[3]")，这里定义的变量 a 的全名应为"mySpace`a"，在环境"mySpace`"中只需要使用短变量名 a 即可。在"In[4]"中输入"Context[]"显示当前的工作环境，输出"Out[4]"表明当前工作环境为"mySpace`"。接着，在"In[5]"调用"End[ ]"函数

结束当前的环境“mySpace`”,返回到前一个工作环境,即“Global`”。现在,在“In[6]”调用“Context[]”,显示当前环境已经为“Global`”。由于变量 a 定义在环境“mySpace`”中,在当前工作环境“Global`”下,无法访问变量 a。于是,“In[7]”中输入变量 a 后,返回仍然为 a。而使用变量的全名即“mySpace`a”输入(见“In[7]”)后,将得到变量 a 的值。

上述实例说明,不同环境下定义的变量互相之间没有关系。但是,在当前工作环境下调用其他环境中定义的变量,需要使用变量的全名,即“环境名`自定义变量名”的形式。

1.3.3 全局参数

在 1.3.2 节的基础上,继续研究上下文环境。本节的程序在 1.3.2 节图 1-16 所示的笔记本运行后,才能执行得到本节的结果。

在 Wolfram 语言中,有一些以“$”符号开头的标识符,例如,“$VersionNumber”返回 Mathematica 软件的版本号,“$MaxPiecewiseCases”返回分段函数的最大分段数等。这类标识符称为全局参数,可以视为全局变量,但注意有些全局参数是不能修改的,即被系统保护了,只有读权限,而没有修改权限。在笔记本中输入“Names["System`$*"]”可以查看全部的全局参数。

在全局参数中,有一个重要的全局参数,即“$ContextPath”,该参数用于显示当前的全部工作环境,这些工作环境中的变量和函数可被直接调用,而无须指定环境名。

现在,创建笔记本 Y0108.nb,如图 1-17 所示。

在图 1-17 中,输入全局参数“$ContextPath”(见“In[9]”),将输出当前的工作环境列表,其中,环境“System`”支持系统内置函数和常量的直接调用,可以借助于函数“Names["System`*"]”查看这些函数和常量;而环境“Global`”为用户的默认工作环境。在“In[10]”中,使用变量 oldContext 保存当前的工作环境列表。

在图 1-17 的“In[11]”中,使用 Join 函数将用户自定义的环境“mySpace`”添加到工作环境列表中。这里的 Join 函数用于列表的合并,4.1.1 节将进一步介绍 Join 函数的用法。由“Out[11]”可知,现在的工作环境列表中,已包含了自定义的环境“mySpace`”。在“In[12]”中清除环境“Global`”中的符号 a。

由于环境“mySpace`”已经位于工作环境列表中,其中的变量可以借助于变量全名“mySpace`a”调用(如“In[12]”所示),也可以直接借助于短变量名“a”调用(如“In[14]”所示)。最后,在“In[15]”中恢复默认的工作环境列表。

注意,除非使用函数“Begin[ ]”进入用户自定义的环境中(记住需要用函数“End[ ]”退出当前环境),否则,所有用户自定义的变量和函数均位于环境“Global`”中。如果一个变量同时属于两个或两个以上的工作环境,当输入该变量的短变量名时,该变量名以红色显示,表明该变量名存在歧义,需引起用户的注意。虽然输入该变量的全名(即“环境`变量名”)可以使用该变量,强烈建议尽可能避免这种情况。

在 1.2.2 节的图 1-14 中,使用语句“Needs["Y0103`"]”或“Needs["Y0103`","Y0103.wl"]”装入程序包文件 Y0103.wl 中的程序包“Y0103`”时,实际上就是将程序包“Y0103`”添加到当前工作环境列表中。可见,程序包名称也是一种环境名称。当程序包名(其对应的环境名)添加到工作环境列表中后,才可以直接使用程序包中的全部函数。

再次强调工作环境中的全局变量可能被后续的计算误用而产生不可预期的影响,应经

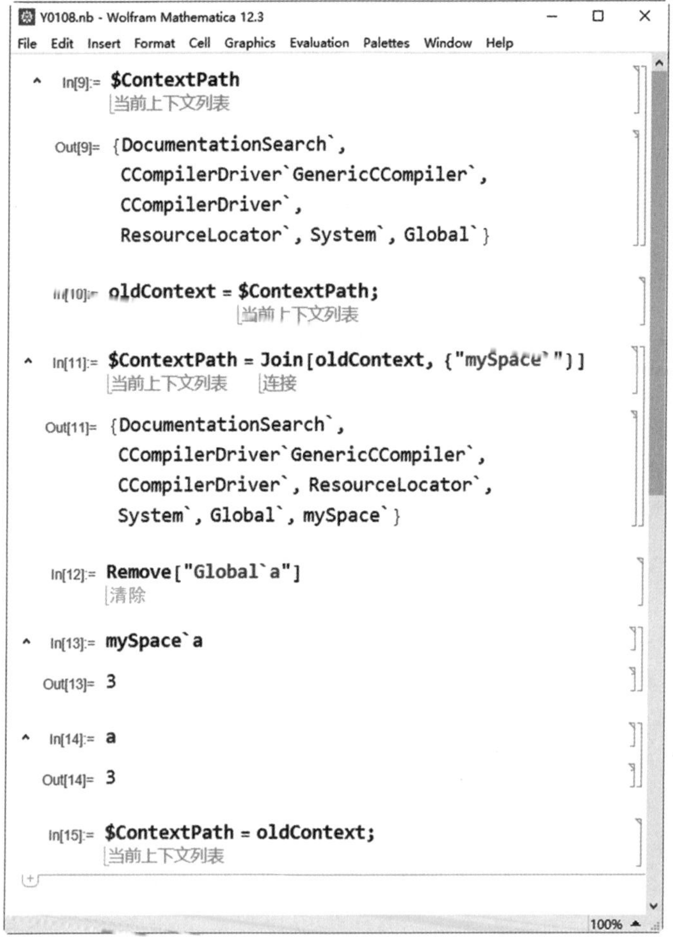

图 1-17　工作环境实例

常输入“?"Global ` * "”以查看用户自定义的全局变量和函数，如果显示“Missing[UnknownSymbol,Global ` *]”，则表明用户工作环境“Global `”下没有全局变量。如果需要清除全局变量的值(使全局变量在环境中以符号的形式存在)，则可调用“Clear["Global ` * "]”；如果不但要清除全局变量的值使其成为符号，而且要清除与符号相关联的属性和信息等，例如清除定义的函数的属性，需要使用“ClearAll["Global ` * "]”；如果要从内存中清除所有全局变量，需要使用“Remove["Global ` * "]”。

一般情况下，建议使用“ClearAll["Global ` * "]”。本书中全部使用该语句清除变量的定义和属性，但是为了节省篇幅，后面内容中，有时没有展示清除全局变量的语句。

1.4　基本数据类型

通过上述几节内容，可知 Mathematica 软件是一种交互式的计算运行方式，其操作部分由单元构成，输入的函数位于输入单元中，计算或执行结果显示在输出单元中，输入和输出都在笔记本中展示给用户。上述几节演示了一些基本的操作，本节将进一步讨论 Wolfram

语言的基本数据类型，包括常数、原子数据类型、浮点数、数量单位和数制表示等。

1.4.1 Wolfram 语言常数

Wolfram 语言中内置了 10 个常数，这些常量列于表 1-1 中。

表 1-1　Wolfram 语言内置常数

序号	常数	名称	近似值	显示数值的指令
1	Pi	圆周率	3.141 59	N[Pi]
2	E	自然常数	2.718 28	N[E]
3	I	复数单位 $\sqrt{-1}$	—	—
4	Degree	角度的 1 度	0.017 453 3 弧度	N[Degree]
5	Infinity	无穷大	—	—
6	GoldenRatio	黄金分割数	1.618 03	N[GoldenRatio]
7	EulerGamma	欧拉常数	0.577 216	N[EulerGamma]
8	Catalan	卡塔兰常数	0.915 966	N[Catalan]
9	Khinchin	辛钦常数	2.685 45	N[Khinchin]
10	Glaisher	Glaisher 常数	1.282 43	N[Glaisher]

表 1-1 中的常数均为数学方面的常数，其中无穷大“Infinity”不是数值量，其他常数均为数值量，即作为函数 NumericQ 的参数时返回真“True”。在 Wolfram 语言中，函数“N[表达式]”给出表达式的 6 位有效数字的数值，函数“N[表达式，n]”给出表达式的 n 位有效数字的数值。下面，以圆周率、自然常数和复数单位为例，展示一下这些常数的数值，如图 1-18 所示。

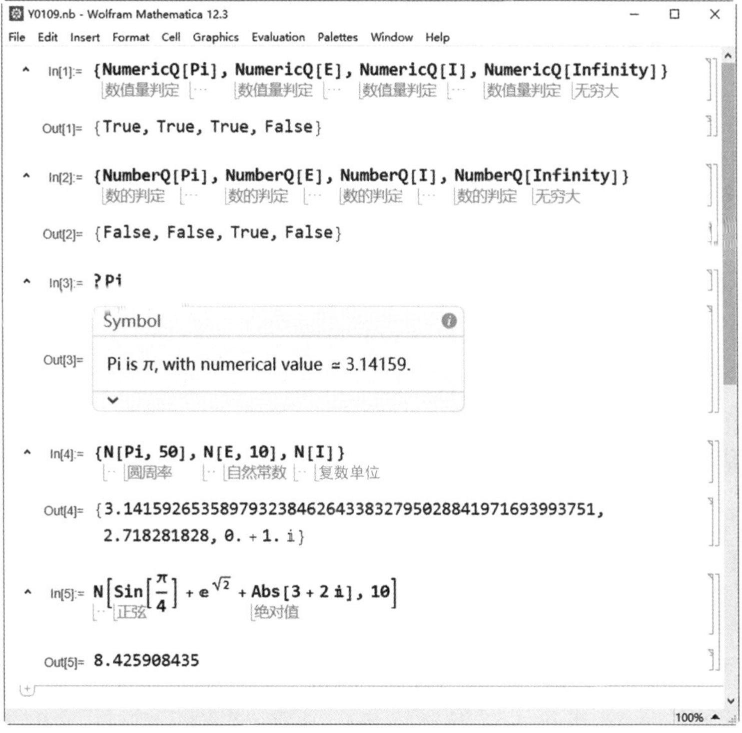

图 1-18　数学常数取值

在图 1-18 中，函数 NumericQ[表达式]用于判定表达式是否为数值量，如果为数值量，则返回真“True”；否则，返回假“False”。这类函数称为谓词函数。谓词函数 NumberQ[表达式]用于判断表达式是否为一个数，如果是，返回真“True”；否则，返回假“False”。由图 1-18 的“In[1]”和“Out[1]”可知，除了无穷大“Infinity”不是数值量外，其余均为数值量。由“In[2]”和“Out[2]”可知，除了复数单位“I”为数外，其余均非数。在“In[3]”中使用语句“?Pi”展示“Pi”的信息，可知“Pi”在 Wolfram 语言中为一个符号。在“In[4]”中使用函数 N 展示了 Pi、E 和 I 的数值，这里显示了圆周率 Pi 的 50 位有效数字。

在“In[5]”中的表达式使用了圆周率 Pi、自然常数 E 和复数单位 I，并借助于函数 N 显示结果的 10 位有效数字。这个表达式中，分数形式用“Ctrl+/”输入，π 用“Esc+pi+Esc”键输入，ⅇ 用“Esc+ee+Esc”键输入，ⅈ 用“Esc+ii+Esc”键输入，这些符号比 Pi、E 和 I 更加直观一些。当然，输入 Pi、E 和 I 也可以。

在 Wolfram 语言中，那些更常见的物理、化学和天文学常数是以实体的形式出现的，原因在于相对于数学常数，这些物理、化学和天文学常数一般是有单位的。例如，真空中的光速为 299792458m/s、普朗克常数为 6.62607015×10^{-34} J·s 等。图 1-19 中展示了几个物理常数。

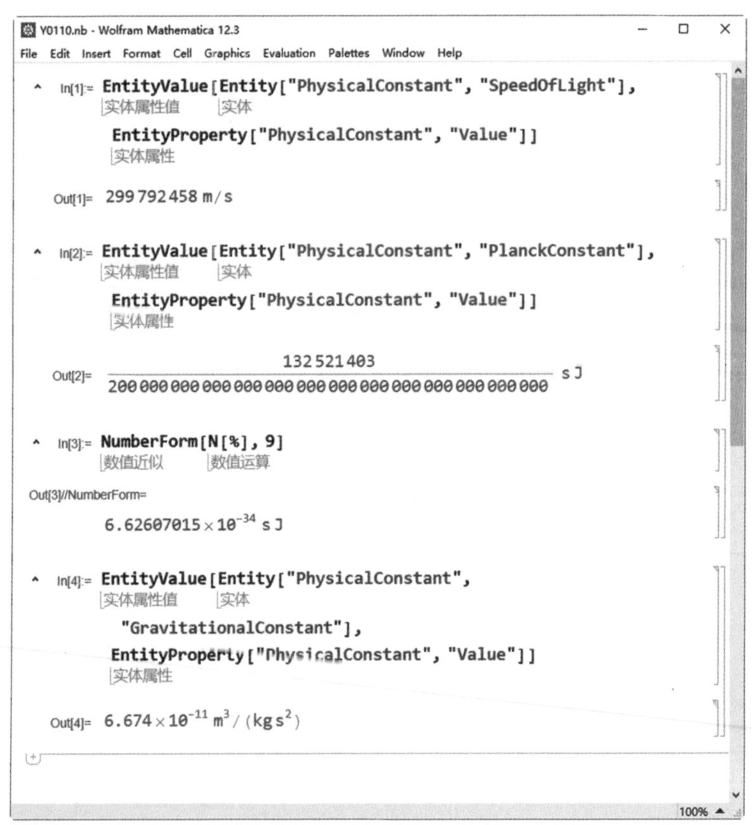

图 1-19　几个物理常数

在图 1-19 中，函数“Entity["PhysicalConstant",物理常数名]”返回“物理常数名”对应的实体，实体类似于 C++ 语言中对象的概念。例如，函数“Entity["PhysicalConstant",

"SpeedOfLight"]"得到真空中光速的实体。函数"EntityProperty["PhysicalConstant", "Value"]"表示物理常数的实体的数值属性。函数"EntityValue"由实体和实体属性返回该实体属性对应的值。这里,"EntityValue[Entity["PhysicalConstant", "SpeedOfLight"], EntityProperty["PhysicalConstant", "Value"]]"返回真空中的光速这个物理常数的数值。同理,在"In[2]"中"EntityValue[Entity["PhysicalConstant", "PlanckConstant"], EntityProperty["PhysicalConstant", "Value"]]"得到普朗克常数的值(这是一个准确数),如"Out[2]"所示。在"In[3]"中使用"NumberForm"显示该数的9位有效数字,这里先使用函数"N"得到普朗克常数的小数形式,然后,再借助于函数"NumberForm"显示普朗克常数的准确值。在"In[4]"中得到了万有引力常数。

除了上述通过实体的方法取得物理常数值之外,更常用的方法是通过自然语言输入的方法取得物理常数的值,如图1-20所示。

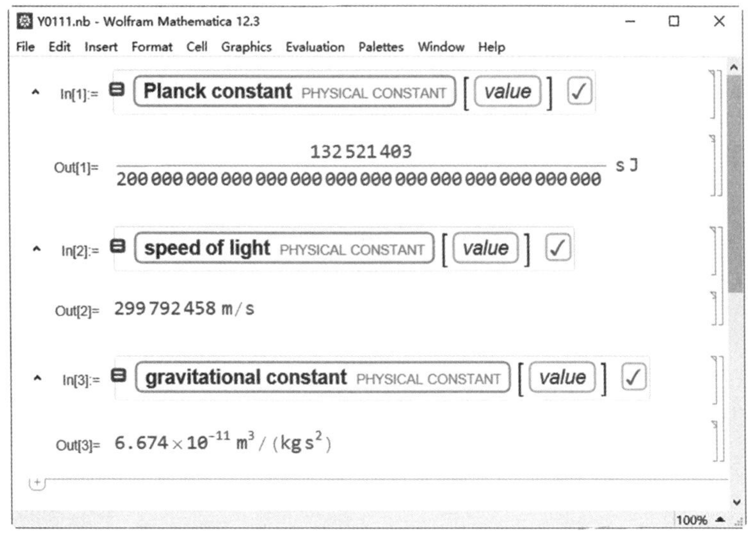

图1-20 自然语言输入取得物理常数的值

在图1-20中,"In[1]"的输入方式为:按下"Ctrl+="快捷键,在出现的提示框内输入"the value of Plank constant",然后,按下"Shift+Enter"快捷键,将得到"Out[1]"所示的结果。同样方法,在"In[2]"中的输入方式为:按下"Ctrl+="快捷键,在出现的提示框内输入"the value of the speed of light";在"In[3]"中的输入方式为:按下"Ctrl+="快捷键,在出现的提示框内输入"the value of gravitational constant"。

1.4.2 原子数据类型

在Wolfram语言中,无须定义变量类型,在笔记本中所有的输入变量,如果没有赋值(即没有使用赋值符号"="给它赋值),均视为符号类型。Wolfram语言规定了几种原子数据类型,如符号类型、整数类型、有理数类型、浮点数类型、复数类型、字符串类型、图(Graph)类型和图像(Image)类型等。这些类型不能再分,故称为原子数据类型。由原子数据类型通过花括号"{ }"组合在一起的类型,称为列表。关于列表的操作将在第3章中讨论。

Wolfram语言具有完整的符号运算系统，内置函数名和任意输入的字符序列(首字符不能为数字，且不带双引号)均属于符号类型，符号类型的数据可以参与各种运算。在输入整数和有理数时，不能带有小数点，例如，2是整数，2.0是浮点数。需要特别说明的是，Wolfram语言对于整数和有理数是无限精度的。带有小数点的实数，例如形式为“.5”“3.”或“2.3”的数均为浮点数。浮点数的存储与整数不同，一个浮点数被分成三部分存储，即正负符号部分、指数部分和尾数部分(参考IEEE-754浮点数标准)。理论上，Wolfram语言可以实现任意精度的浮点数。形如“3+5 I”这样的数属于复数类型，复数具有实部和虚部，复数是原子类型。被一对双引号包围起来的任意字符序列均属于字符串类型，Wolfram语言具有丰富的字符串类型数据操作函数，将在6.1节中详细介绍。此外，图(Graph)和图像(Image)也属于原子类型。原子类型数据使用谓词函数AtomQ进行判定，如图1-21所示

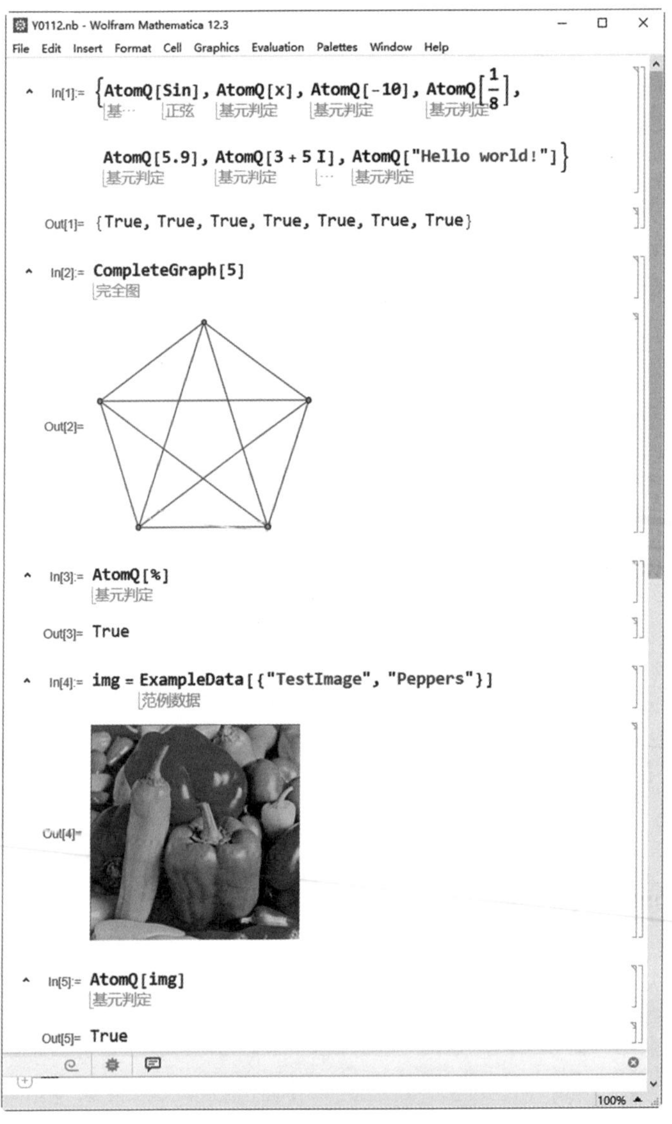

图1-21　原子数据类型实例

在图 1-21 中，谓词函数 AtomQ[表达式]判定表达式是否为原子类型，如果是，则返回真(True)；否则，返回假(False)。在 Wolfram 语言中，以字符 Q 结尾的函数大都是谓词函数，如 StringQ、ListQ、IntegerQ 和 ExactNumberQ 等，分别用于判定字符串、列表、整数和准确数的谓词函数。在“In[1]”和“Out[1]”中，使用 AtomQ 函数说明内置函数名 Sin、符号 x、负整数－10、有理数 1/8、浮点数 5.9、复数 3＋5 I 和字符串“Hello world!”均为原子数据类型。

在图 1-21 中，“In[2]”调用内置函数“CompleteGraph[5]”绘制具有 5 个顶点的全连接图，如“Out[2]”所示。在“In[3]”和“Out[3]”中借助于函数 AtomQ 判定其为原子数据类型，其中“%”表示最近的输出，这里为“Out[2]”。在“In[4]”中，首先使用 ExampleData 函数从 Mathematica 线上测试图像数据库读取一个图像，即“Peppers”，如“Out[4]”所示。这个线上测试图像数据库包含了研究数字图像处理算法所用的常用图像。这是 Mathematica 软件的一个优点，为各个方向的研究人员都准备了相应的测试数据。在“In[5]”和“Out[5]”中，使用 AtomQ 函数判断图像 img 为原子数据类型。

对于整数和有理数及其运算，Wolfram 语言具有无限的精度。对于 64 位 CPU 计算机而言，当整数和有理数的运算不超过机器的 CPU 可表示的精度时，直接使用 CPU 实现整数和有理数的运算。但是，如果整数和有理数的运算超过了计算机 CPU 可表示的精度时，Wolfram 语言使用软件方法实现无限精度运算，这时的处理速度比直接使用 CPU 实现运算要慢一些。

使用函数 FullForm 可以查看有理数的内部表示，如图 1-22 所示。

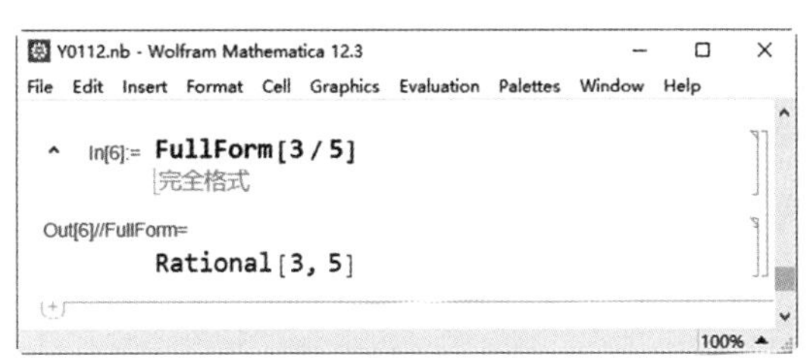

图 1-22 有理数的表示

由图 1-22 可知，在 Wolfram 语言中，两个有理数的运算本质是其分子和分母分别按整数法则运算，然后，再约简为最简形式。

从事公钥密钥学研究的学者会用到大整数分解，使用 Mathematica 软件可以直接进行计算分析，而无须考虑大整数的数据结构实现问题，为这项研究节省了大量时间。例如，图 1-23 中计算了两个大素数的乘法运算。

在图 1-23 中，定义了两个全局变量 p 和 q，并分别赋值了大整数。由“In[9]”和“Out[9]”可知，整数 p 和 q 分别占有 64 字节和 56 字节，而使用的计算机的 CPU 位长为 64 位，Wolfram 语言用软件方法存储和计算这类大整数。这里的“ByteCount”函数返回整数占用的存储字节数。谓词函数 PrimeQ 判定一个整数是否为素数，由“In[10]”和“Out[10]”可知，整数 p 和 q 均为素数。在“In[11]”中输入“n＝p * q”，计算 p 与 q 的积，并保存在 n 中。最后，由“In[12]”和“Out[12]”可知，n 的存储字节数为 72。感兴趣的读者可以试着对 n 进行因数分解，语句为“AbsoluteTiming[FactorInteger[n]]”。对于正在运行的程序，按下

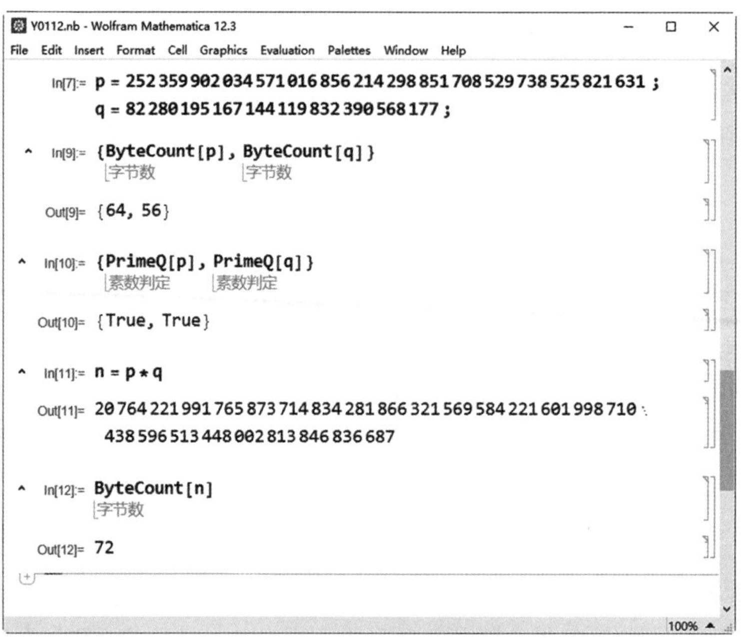

图 1-23　大整数乘法实例

“Alt+.”(即先按下 Alt 键不放手,再按下“小数点”键)可以终止程序的运行。

对于复数,可以使用函数 Re 和 Im 获得它的实部和虚部,使用函数 Arg 获得它的幅角主值,取值在区间(−π,π),使用函数 Abs 得到它的模值,如图 1-24 所示。

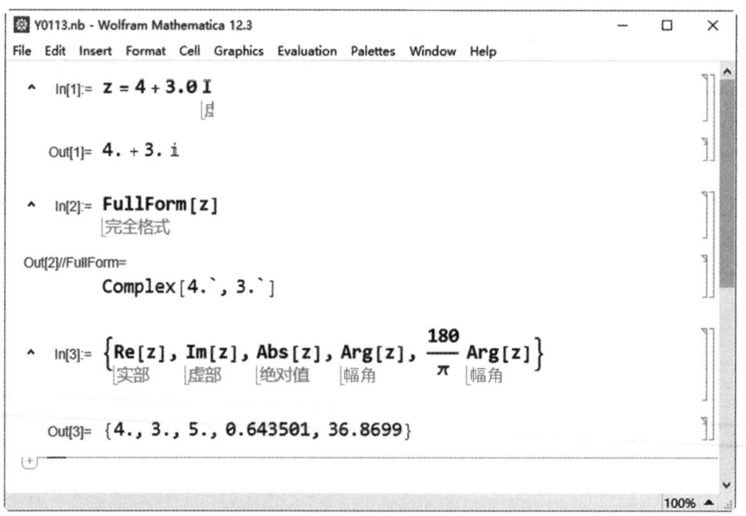

图 1-24　复数实例

图 1-24 中,“In[1]”定义了全局变量“z=4+3.0 I”。用函数 FullForm 可显示复数 z 的存储格式,在“Out[2]”中,数字“4.0`”上的“`”号表示该数字为机器精度的浮点数,将在 1.4.3 节讨论。在“In[3]”中计算了复数 z 的实部、虚部、模值、以弧度表示的幅角主值和以角度表示的幅角主值。

1.4.3 浮点数

浮点数的存储方式与整数不同，每个浮点数的存储内容包括三部分，即正负符号位、指数部分和尾数部分。对于64位的CPU而言，使用IEEE-754标准存储。一个浮点数的尾数的存储位长决定了该浮点数的精度，使用IEEE-754标准的浮点数的尾数长为53位，相当于15.9546长的十进制数，故这类浮点数的精度为15.9546，并称这类精度为机器精度。对于非机器精度的浮点数，必须指定精度，指定精度的方法为在浮点数后面加上"`精度值"，例如，"5.05`30"表示精度为30的浮点数。在使用了指定精度的浮点数的所有运算中，每个浮点数均应指定精度。使用函数"Precision"返回一个浮点数的精度。

浮点数除了精度之外，还有一个常用的指标，即准确度。准确度用函数Accuracy计算，返回一个浮点数的小数点右边的数字的有效个数。如果一个数的不确定性为Δx（最大绝对误差），则准确度为$-\lg_{10}(\Delta x)$。对于机器精度浮点数而言，一个浮点数x的准确度为15.9546（机器精度）减去$\lg_{10}(|x|)$。像指定精度一样，也可以指定一个浮点数的准确度，使用"浮点数``准确度值"的方式，例如"5.05``30"指定浮点数5.05的准确度为30。

由于浮点数的小数点在计算过程中会浮动，因此，在没有指定准确度的情况下，浮点数的计算将导致准确度的变化。由于浮点数计算不影响存储字长，所以不会导致精度的变化。图1-25展示了浮点数的精度和准确度。

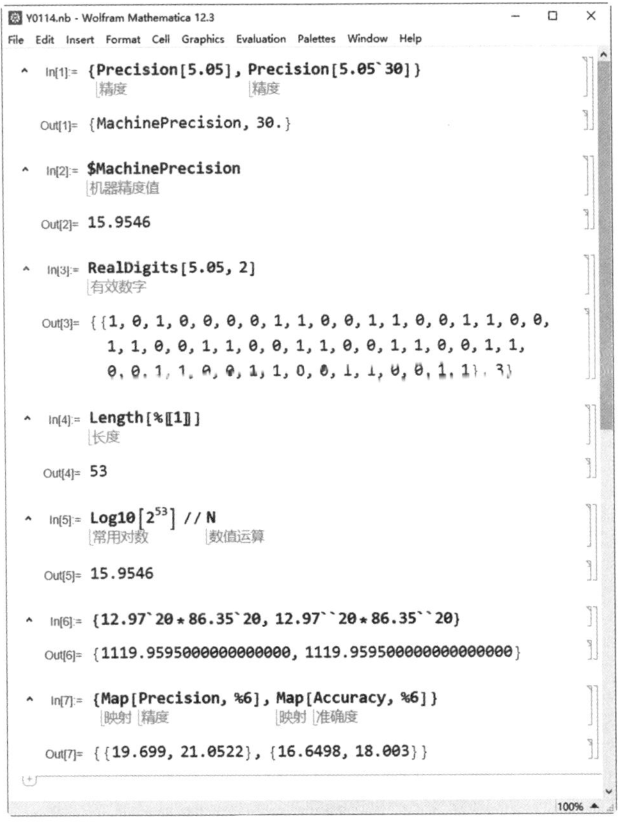

图1-25 浮点数的精度与准确度

图 1-25 中,“In[1]”使用 Precision 函数显示浮点数 5.05 和指定精度为 30 的浮点数“5.05'30”的精度,分别为“机器精度”和 30。在“In[2]”中,机器精度“$MachinePrecision”为一个全局参数,与所使用的计算机 CPU 有关,本书使用了 64 位的 CPU,故机器精度为 15.9546。在“In[3]”中使用函数 RealDigits 显示了浮点数 5.05 在计算机内部的存储方式,“Out[3]”为一个两层嵌套列表,第一个元素为子列表“{1, 0, 1, 0, 0, 0, 0, 1, 1, 0, 0, 1, 1, 0, 0, 1, 1, 0, 0, 1, 1, 0, 0, 1, 1, 0, 0, 1, 1, 0, 0, 1, 1, 0, 0, 1, 1, 0, 0, 1, 1, 0, 0, 1, 1, 0, 0, 1, 1, 0, 0, 1, 1}”,为该浮点数的二进制小数形式,第二个元素“3”表示小数点的位置位于前述子列表的第 3 个位置“1”的后面。这个包含了“0”和“1”的子列表的长度为 53,在“In[4]”中,Length 函数返回列表的长度,%表示上一次操作的输出,即“Out[3]”,“⟦1⟧”表示第一个元素,这里使用“Esc+[[+Esc”快捷键输入“⟦”;使用“Esc+]]+Esc”快捷键输入“⟧”。“In[4]”也可写为“Length[%[[1]]]”,其他“[[1]]”表示列表的第 1 个元素。

图 1-25 中,“In[5]”计算 53 位长的二进制数表示的数转化为十进制数的长度,即 15.9546,如“Out[5]”这个数即为十进制数表示的机器精度。

在图 1-25 中“In[6]”所示的列表中,包括了指定精度为 20 的两个数相乘,以及指定准确度为 20 的同样的两个数相乘,其结果如“Out[6]”所示。在“Out[7]”中显示了“Out[6]”所示列表中数的精度和准确度。Map[函数名, 列表]将“函数名”指定的函数作用于“列表”中的每一个元素。这里,Map[Precision,%6]表示将 Precision 函数作用于“Out[6]”列表中的每个元素,即计算{Precision[1119.9595000000000000], Precision[1119.959500000000000000]},得到{19.699, 21.0522},表示两个数的精度分别为 19.699 和 21.0522。同理,“Map[Accuracy,%6]”计算“Out[6]”列表中两个数的准确度,得到“{16.6498,18.003}”,即准确度分别为 16.6498 和 18.003。由此可见,指定精度和准确度运算,都不能严格地按所指定的精度和准确度完成。因此,如果对浮点数的精度和准确度有苛刻的要求,建议指定比要求的精度或准确度更大的数值进行浮点数运算。

本书中的浮点数运算均基于机器精度进行计算。在 64 位 CPU 的计算机上,最小机器精度数和最大机器精度数分别由全局参数“$MinMachineNumber”和“$MaxMachineNumber”指定,分别为 2.22507×10^{-308} 和 1.79769×10^{308}。

1.4.4 数量单位

Wolfram 语言支持带有单位的数量之间的运算,这是 Mathematica 软件的一个特色。这样,可以借助于数量进行物理学上的各种运算。借助于 Quantity 函数实现数量的创建,如图 1-26 所示。

在图 1-26 中,“In[1]”中定义了全局变量 v,用函数 Quantity 生成 2.6m/s 的一个数量,包含有单位“m/s”,并将该数量赋值给 v,v 中的结果如“Out[1]”所示。在“In[2]”中定义全局变量 t,并赋值为“Quantity[3,"Hours"]”,即 3 小时。在“In[3]”中,令“s = v * t”,Wolfram 语言将自动进行单位换算,这里将“小时”换算为“秒”,然后进行计算,得到结果“28080. m”,如“Out[3]”所示。在“In[4]”中使用函数“QuantityMagnitude”和“QuantityUnit”返回数量 s 的数值和单位,如“Out[4]”所示。

此外,数量的简单计算常使用自然语言输入的方式完成,在“In[5]”中输入方式为:按

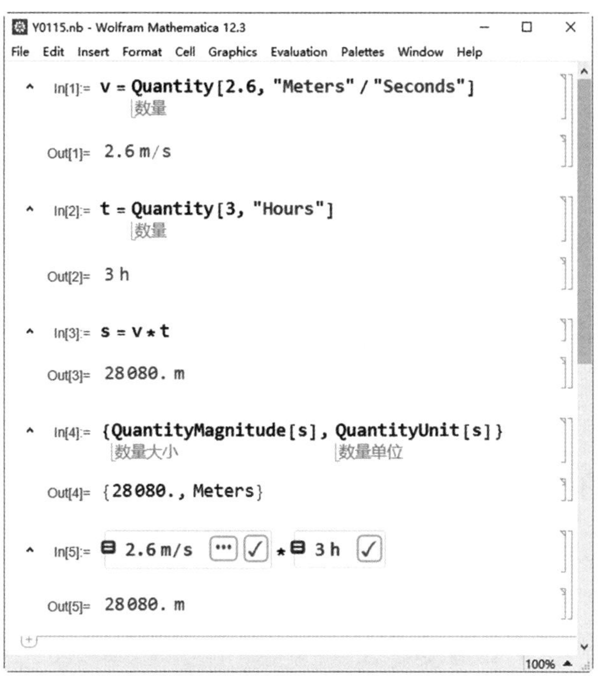

图 1-26　数量运算实例

下"Ctrl+="快捷键，然后在弹出的输入框中，输入"2.6 meters/second"，将光标移出输入框后，再次按下"Ctrl+="快捷键，并在弹出的输入框中输入"3 hours"，将光标移出输入框。笔记本自动更新显示如图 1-26 中的"In[5]"所示。按下"Shift+Enter"快捷键运行后，将输出"28080. m"，如"Out[5]"所示。

在使用完上述全局变量 v、t 和 s 后，应调用"Clear[v,t,s]"将它们清除。

1.4.5 数制表示

Wolfram 语言允许各种数制的显示和处理，使用函数 BaseForm[表达式，n]获取表达式的 n 进制显示。该函数最大可以显示三十六进制数。注意，BaseForm 仅用于各种数制的表示，而不能用于运算(其运算仍然是十进制数的运算)。后续章节在介绍内置函数时将讨论如何读取各种数制的数的各位值并进行运算。BaseForm 函数的用法实例如图 1-27 所示。

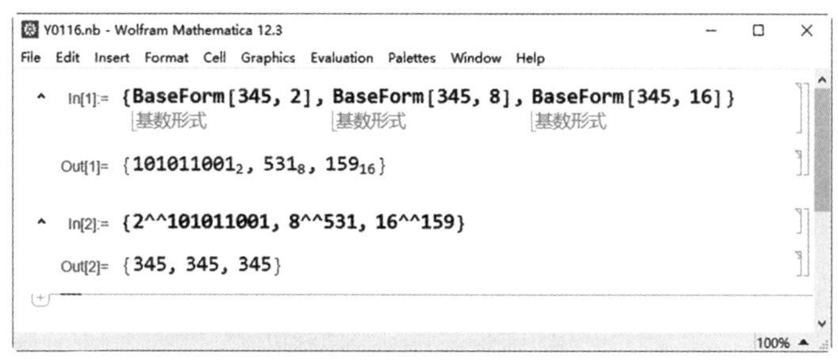

图 1-27　数制表示实例

函数 BaseForm 可以显示 2～36 的任意数制形式，图 1-27 中仅展示了二进制数、八进制数和十六进制数的形式。在“In[1]”和“Out[1]”中演示了十进制数 345 转化为二进制数、八进制数和十六进制数的形式。使用“n^^数位”可以将 *n* 进制数转化为十进制数，如图 1-27 中的“In[2]”和“Out[2]”所示。

1.5 文档中心

在图 1-27 所示的笔记本中，单击菜单“Help|Wolfram Documentation”将打开 Wolfram 语言“文档中心”，如 1.1.1 节的图 1-4 所示。文档中心是学习和使用 Mathematica 软件的最佳助手，这个文档里包括了全部内置函数的使用说明和丰富的用法实例。

1.5.1 帮助文档

在图 1-4 所示“文档中心”的搜索框（位于菜单下面）中输入一个内置函数名，例如，输入“Factor”，这个搜索框具有智能感知功能，当输入“F”后，将显示以“F”为首的内置函数列表，当输入“Fa”后，将显示以“Fa”开头的内置函数，等等。当输入“Factor”后按下“Enter”键，则弹出“Factor”的帮助页面，如图 1-28 所示。

图 1-28 为 Wolfram 语言内置函数的典型帮助文档样式。对于 Factor 内置函数而言，图 1-28 的左上角“BUILT-IN SYMBOL”表示这是一个内部（函数）符号，其旁边的“See Also” “Related Guides”和“Tutorials”分别列出了与 Factor 有关联的内置函数、相关联的功能手册和函数入门与实例等。在图 1-28 的“Factor”下面列出了 Factor 函数的调用语法，然后，在“Details and Options”中详细说明该函数的调用细节和参数信息等，在其下面的“Examples (26)”列举了 26 个实例。再下面的“See Also”是图 1-28 顶部“See Also”中相关联的函数的列表。

特别需要强调的是，在“Example (26)”中的例子，可以直接在帮助文档中运行，并且可以修改后运行，例如，单击“Example (26)”前面的“>”展开例子列表，如图 1-29 所示。

在图 1-29 中修改“In[1]”和“In[2]”的内容，分别为“$1+3x+3x^2+x^3$”和“x^6-1”，然后，按下“Shift+Enter”快捷键运行这两个输入，其结果如图 1-30 所示。

这些操作特别有助于快速熟悉一个函数的作用及其调用方法，这些修改不会影响帮助文档，当关闭帮助文档再次打开后，帮助文档仍然为未修改前的状态。

1.5.2 插件文档

在“文档中心”的右下角，如 1.1.1 节图 1-4 所示，具有“Add-ons and Packages”链接，单击该链接将显示为 Mathematica 软件安装的插件的帮助文档，如图 1-31 所示。

在图 1-31 中，显示了已经手动安装的两个插件“Group Theory”和“Quantum”，通过插件文档中的链接可打开详细的插件帮助说明文档。

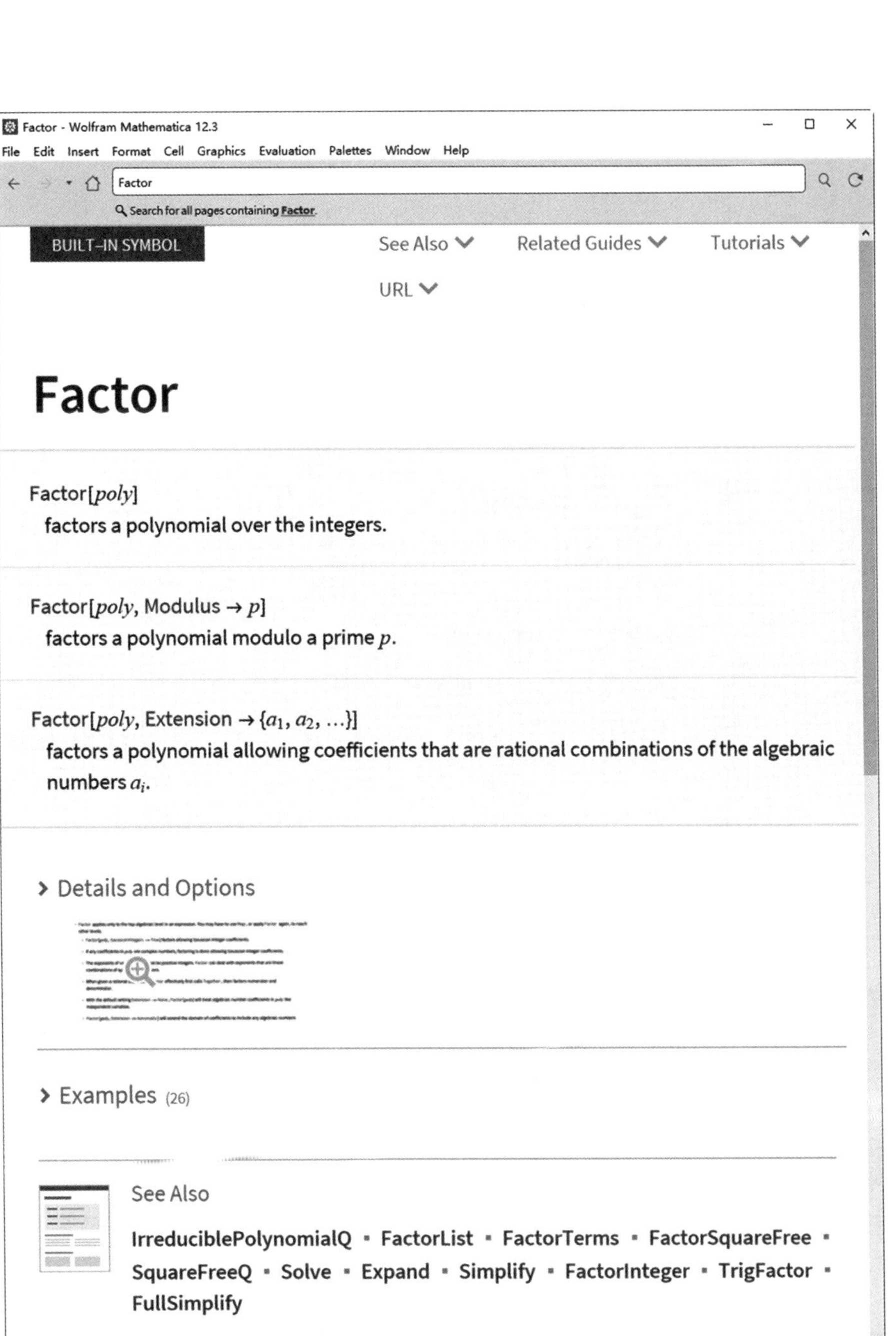

图 1-28 Factor 帮助文档

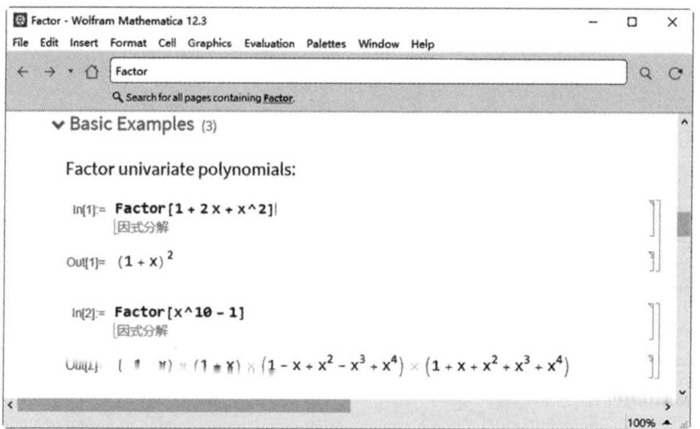

图 1-29 Factor 函数实例

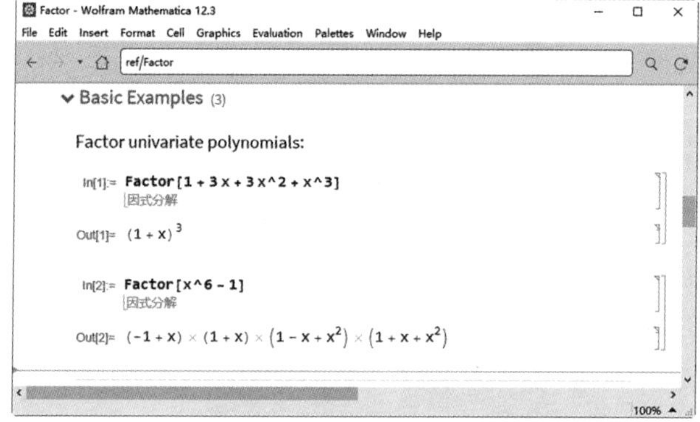

图 1-30 在帮助文档中进行语法的修改和执行

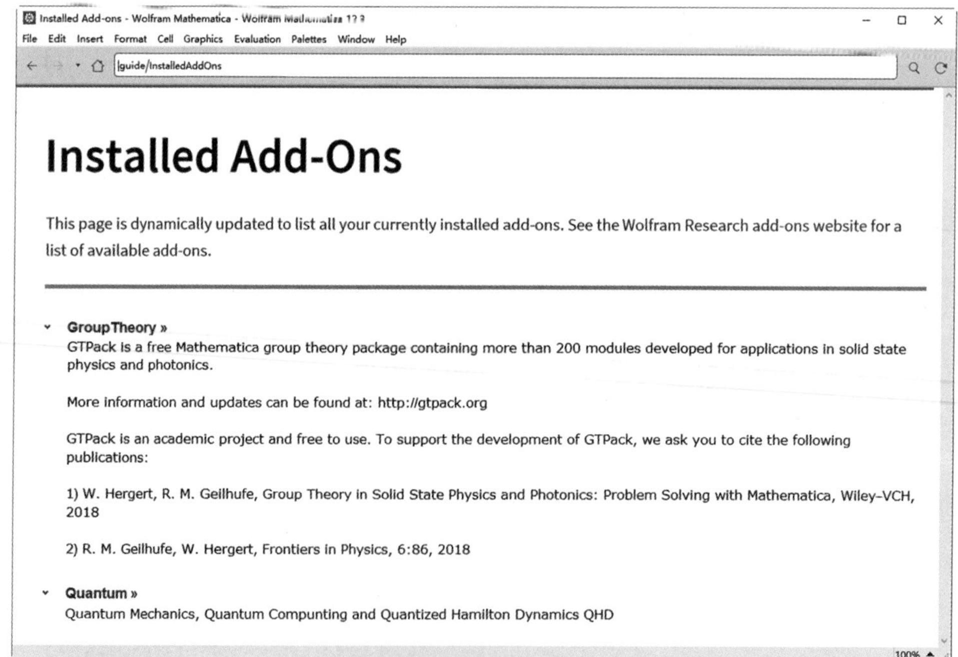

图 1-31 插件文档

本章小结

作为 Mathematica 软件的入门章节，本章详细介绍了 Mathematica 软件的启动、笔记本的使用、简单的程序设计、简单的自定义函数方法、Wolfram 语言的全局变量和基本数据类型以及帮助文档的使用技巧等。需要着重强调的是，在任意一个打开的笔记本中定义的变量，将成为所有已打开的笔记本共享的全局变量，为了避免全局变量的误用而引起的表达式混淆和结果错误，建议在使用完全局变量后，借助于 Clear、ClearAll 或 Remove 函数将它们的值清除或者将它们从内存中清除。清除单个变量（例如 a）的值也可以用"a=."清除，其作用等价于"Clear[a]"。

假设在计算机中启动了 Mathematica 软件，并打开了几个笔记本，则这些笔记本将共享一个 Mathematica 计算内核，不妨称这个内核为"内核 A"，而将共享这个内核的三个笔记本分别记为 A1.nb、A2.nb 和 A3.nb。现在，假设由于 A1.nb 计算一个复杂的程序，而使内核 A 处于运行状态，此时，在 A1.nb、A2.nb 和 A3.nb 中的任何计算，都将进入内核 A 的排队等待状态，这些任务将按顺序依次计算。但是，如果计算机足够快，可以再次双击桌面上的 Mathematica 12.3 图标，启动一个全新的 Mathematica 软件，并打开几个笔记本，分别记为 B1.nb、B2.nb 和 B3.nb，对应的内核称为"内核 B"。此时，这两个内核之间毫无关系，当然，也不会共享全局变量。内核 B 及其相关的笔记本可以完成相应的计算任务，就像内核 A 不存在一样。

第2章 Wolfram语言经典编程

传统的C语言编程方式是一种过程化的编程方式，这类程序有3种过程控制方式，即顺序、分支和循环。这里，将这种过程化的编程称为经典编程。本章将介绍 Wolfram 语言实现经典过程化编程的方法。在进入正文之前，介绍一种 Wolfram 语言的模块结构，该结构将在本章中大量使用，它的详细情况还将在5.1节中介绍。

Wolfram 语言的模块由 Module 函数实现，具体语法如下：

```
Module[{以逗号分隔的局部变量列表}, 以分号分隔的语句组]
```

Module 函数返回值为语句组中最后一条语句的计算结果(该语句不能以分号结尾)。Module 的简单实例如图2-1所示。

```
Y0201.nb - Wolfram Mathematica 12.3
File Edit Insert Format Cell Graphics Evaluation Palettes Window Help

In[1]:= fun[x_, y_] := Module[
              {a1 = x, a2 = y, s1, s2},
              s1 = a1^2 + a2^2;
              s2 = Sqrt[s1];
              s2
            ]

In[2]:= {fun[3, 4], fun[10., 11.]}

Out[2]= {5, 14.8661}
```

图2-1　Module 函数实例

在图2-1中，自定义了函数 fun，具有两个参数 x 和 y。使用延时赋值“:=”定义函数，函数体为 Module 函数，在 Module 函数中，“{a1=x,a2=y,s1,s2}”中定义了4个局部变量 a1、a2、s1 和 s2，其中，将 a1 赋值为 x，a2 赋值为 y。函数 fun 的参数 x 和 y 在函数 fun 被调用时赋了值，因此，参数 x 和 y 在函数体(即模块)内部应视为数值，而不能视为变量，所以，在函数体中，只能引用参数 x 和 y，而不能向参数 x 和 y 再赋值。在定义了局部变量后，进入 Module 模块的语句组。Module 模块只能有一个语句组，用分号连接的语句构成语句组，这里为“$s1=a1^2+a2^2$; s2=Sqrt[s1]; s2”，最后一条语句为 s2，该语句 s2 的值将作为模块的值,即函数 fun 被调用时的返回值。在图 2-1 的"In[1]"中,指数的输入方式为"Ctrl+6"(或"Ctrl+^")快捷键。函数 Sqrt[表达式]为 Wolfram 语言内置函数,计算表达式的算术平方根。

在图 2-1 中,在"In[2]"中用列表的形式计算了 fun[3,4]和 fun[10.,11.]的值,如"Out[2]"所示。图 2-1 中的自定义函数 fun[x,y]计算$\sqrt{x^2+y^2}$的值。

通过图 2-1 熟悉了模块函数 Module 的用法之后,下面开始介绍 Wolfram 语言的经典过程化编程方法。对于基本的程序运行方式即顺序执行方式而言,Wolfram 语言在一个单元内编写的语句组(即由分号分隔的诸多语句)是按其中语句的先后排列位置顺序执行的。但是,程序的循环执行和选择(分支)执行需要借助于控制函数实现。

2.1 循环编程

Wolfram 语言中,过程化编程的循环控制函数主要有 For 函数、While 函数、NestWhile 函数和 Do 函数。For 函数和 Do 函数实现的循环,均可以明确指定循环的次数; While 函数和 NestWhile 函数通过检测某个条件是否为真,当条件为真时执行循环,直到条件为假时退出循环。对于大部分的循环操作,这些循环控制函数均可以完成。

与 C 语言类似,在 Wolfram 语言的循环体中,函数 Break[]用于跳出其所在的最近一层循环体; 函数 Continue[]用于跳出其所在的最近一层循环体的当前循环。

2.1.1 For 循环

在 Wolfram 语言中,For 循环由 For 函数实现,其语法为:

```
For[起始值, 测试条件, 循环变量增量控制, 由语句组构成的循环体]
```

下面通过三个实例介绍 For 循环的具体实现方法。

实例一 计算 1+2+…+n 的值,程序如图 2-2 所示。

在图 2-2 中,在"In[1]"中调用"ClearAll["Global` * "]"清除已定义的全局变量和函数。在"In[2]"中定义了函数 fun1,它的参数为"n_Integer",表示具有一个参数,参数名为 n,且 n 应为整数类型。在模块 Module 内部,定义了局部变量 sum 和 i,且 sum 初始化为 0。然后,执行 For 函数,局部变量 i 作为循环变量,初始值为 1,当 i≤n 时执行循环体,即执行 sum+=i,每执行一次循环,循环变量 i 自增 1。Module 函数的输出为 sum。

在图 2-2 中,在"In[3]"所示的列表中执行 fun2[10]、fun2[100]和 fun2[200],得到的结果如"Out[3]"所示。

在图 2-2 中,"In[4]"自定了一个谓词函数,函数名为"positiveIntegerQ",参数为 n,函数体为"IntegerQ[n] && (n>0)",其中,"&&"为逻辑与运算,谓词函数"IntegerQ"当参数为整数时返回真。因此,自定义谓词函数的函数体当 n 为整数且大于 0(即正整数)时才返回真。

在图 2-2 中,"In[5]"和"In[2]"的函数体相同,唯一不同之处在于参数定义,在"In[5]"中使用自定义的谓词函数检查 fun2 函数参数的合法性。对比"Out[3]"和"Out[6]"可知,函数 fun2 和 fun1 的执行结果相同。

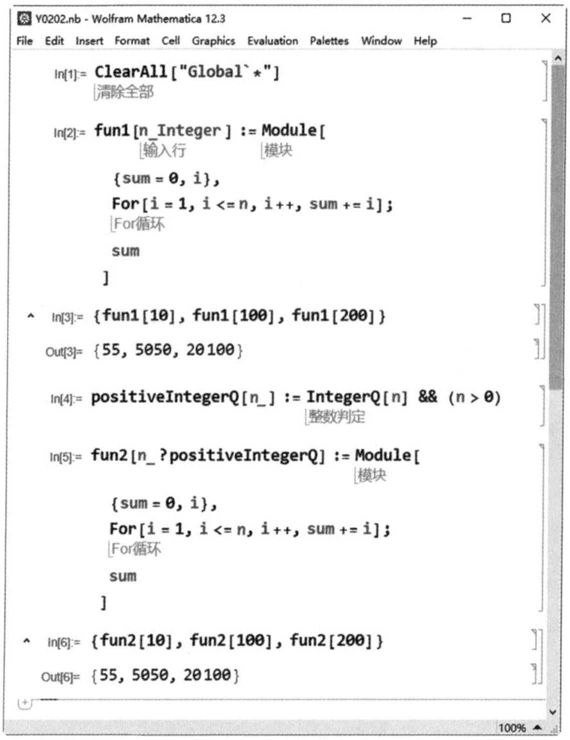

```
In[1]:= ClearAll["Global`*"]

In[2]:= fun1[n_Integer] := Module[
          {sum = 0, i},
          For[i = 1, i <= n, i++, sum += i];
          sum
         ]

In[3]:= {fun1[10], fun1[100], fun1[200]}

Out[3]= {55, 5050, 20100}

In[4]:= positiveIntegerQ[n_] := IntegerQ[n] && (n > 0)

In[5]:= fun2[n_?positiveIntegerQ] := Module[
          {sum = 0, i},
          For[i = 1, i <= n, i++, sum += i];
          sum
         ]

In[6]:= {fun2[10], fun2[100], fun2[200]}

Out[6]= {55, 5050, 20100}
```

图 2-2　For 循环实例一

实例二　由式$\frac{\pi}{4}=1-\frac{1}{3}+\frac{1}{5}-\frac{1}{7}+\frac{1}{9}-\cdots$计算圆周率 π 的值，程序如图 2-3 所示。

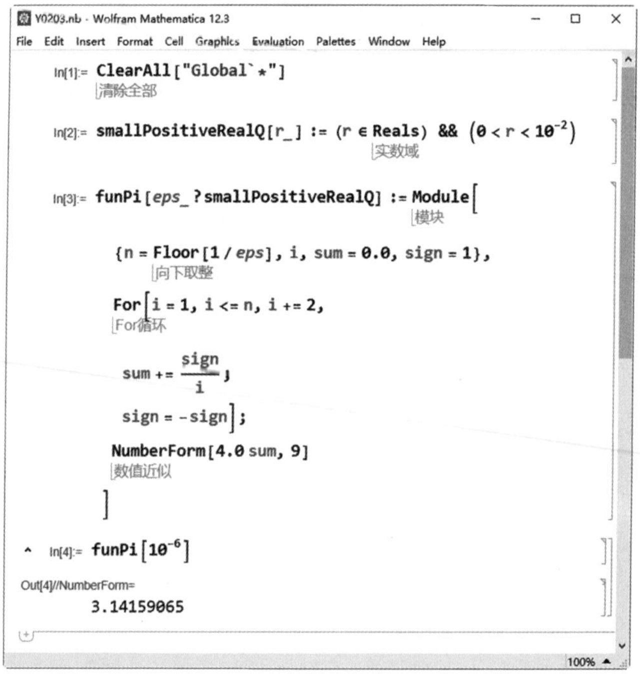

```
In[1]:= ClearAll["Global`*"]

In[2]:= smallPositiveRealQ[r_] := (r ∈ Reals) && (0 < r < 10^-2)

In[3]:= funPi[eps_?smallPositiveRealQ] := Module[
          {n = Floor[1/eps], i, sum = 0.0, sign = 1},
          For[i = 1, i <= n, i += 2,
           sum += sign/i;
           sign = -sign];
          NumberForm[4.0 sum, 9]
         ]

In[4]:= funPi[10^-6]

Out[4]//NumberForm=
        3.14159065
```

图 2-3　For 循环实例二

在图 2-3 中，“In[2]”自定义了一个谓词函数，函数名为“smallPositiveRealQ”，参数为 r，自定义函数体为“(r∈Reals)&&(0<r<10^{-2})”，其中，Reals 表示实数域，自定义函数体的意思为当 r 为实数且为小于 0.01 的正实数时，自定义的谓词函数“smallPositiveRealQ”返回真。Wolfram 语言支持关系运算符的级联使用，如上面的小于号的使用“0<r<10^{-2}”(这点与 C 语言不同，C 语言不支持这种关系运算符的级联使用)。关系运算符和逻辑运算符将在 2.2 节详细介绍。

回到图 2-3，在“In[3]”中自定义函数 funPi，参数名为 eps，要求该参数必须符合自定义谓词函数 smallPositiveRealQ 的要求，即要求 eps 为一个小的正实数。其中，eps 表示计算圆周率的表达式中最后一项的误差。在模块 Module 内部，定义了局部变量 n、i、sum 和 sign，并且，将 n 初始化为 1/eps 的整数部分，函数 Floor[表达式] 返回小于或等于或表达式的最大整数；将 sum 初始化为 0.0，将 sign 初始化为 1。局部变量 sum 用于存储计算圆周率的表达式的各项的和，局部变量 sign 用于指示各项的符号，局部变量 i 用作循环变量。在 For 函数内部，循环变量 i 初值为 1，循环条件为 i≤n，每循环一次，循环变量自增 2，循环体执行两个操作：①将表达式的第 i 项加到局部变量 sum 上；②改变下一项的表达式的符号。在 For 函数计算得到 π/4 的值 sum 后，再乘以 4 得到圆周率的值，即“NumberForm[4.0sum,9]”，其中，NumberForm 将“4.0 sum”的值显示为 9 位有效数字，如图 2-3 中的“Out[4]”所示。

实例三 求一个非负整数的二进制数表示，程序如图 2-4 所示。

```
Y0204.nb - Wolfram Mathematica 12.3
File Edit Insert Format Cell Graphics Evaluation Palettes Window Help

In[1]:= ClearAll["Global`*"]
        清除全部

In[2]:= nonNegativeIntegerQ[n_] := IntegerQ[n] && (n >= 0)
                                   整数判定

In[3]:= funBinary[num_?nonNegativeIntegerQ] := Module[
                                                模块
          {n = Ceiling[Log2[Max[num + 1, 2]]], i, bin,
               向上取整          最大值
           r = num},
          bin = ConstantArray[0, n];
                常量数组
          For[i = 1, i <= n, i++,
          For循环
           bin[[i]] = Mod[r, 2];
                      模余
           r = Floor[r / 2]];
               向下取整
          Reverse[bin]
          反向排序
         ]

In[4]:= {funBinary[10], funBinary[33], funBinary[107]}

Out[4]= {{1, 0, 1, 0}, {1, 0, 0, 0, 0, 1}, {1, 1, 0, 1, 0, 1, 1}}

100%
```

图 2-4 非负整数的二进制数计算程序

在图 2-4 中,“In[2]”自定义了谓词函数“nonNegativeIntegerQ”,当函数参数 n 为整数且大于或等于 0(即 n 为非负整数)时返回真;否则,返回假。

在图 2-4 中,“In[3]”自定义了函数“funBinary”,参数为 num,要求 num 满足自定义谓词函数“nonNegativeIntegerQ”,即要求 num 为非负整数。在模块 Module 内部,首先定义了局部变量 n、i、bin 和 r,其中,“n=Ceiling[Log2[Max[num+1,2]]]”,Max[表达式 1,表达式 2]返回两个表达式中的较大值;Log2[表达式]返回表达式的以 2 为底的对数值;Ceiling[表达式]求不小于表达式的最小整数值。因此,这里的 n 的取值为:当 num 大于 1 时,n=Ceiling[Log2[num+1]];而 num 为 0 或 1 时,n= Ceiling[Log2[2]]=1。可见,n 表示 num 转化为二进制数后的位长度。局部变量 i 为循环变量,局部变量 bin 保存转化后的二进制数的各位,局部变量 r 赋初值 num。然后,令“bin=ConstantArray[0,n];”。函数 ConstantArray[0,n]生成一个长度为 n 的一维数组,并初始化数组的各个元素为 0。因此,这里的 bin 被赋为一个长度为 n 的元素均为 0 的一维数组。接着,进入 For 函数。在 For 函数中,循环变量 i 初始化为 1,循环条件为 i≤n,每次循环后变量 i 自增 1,循环体为包括两条语句的语句组,依次执行:①“bin[[i]]=Mod[r,2];”,这里“bin[[i]]”表示一维数组 bin 的第 i 个元素,在 Wolfram 语言中,数组元素的访问使用两层方括号对“[[ ]]”。Mod[表达式,2]计算表达式除以 2 的余数,即取模运算。因此,这条语句将 r 模 2 的值赋给 bin[[i]],即将 r 对应的二进制数的最后一位赋给 bin[[i]]。②“r=Floor[r/2]”,Floor[表达式]返回不大于表达式的最大整数值。这一步本质上是将 r 右移一位,原来最右边的位丢掉。经过 n 轮循环后,数组 bin 中将保存 num 的二进制数的各位,且数组 bin 的最低索引位置元素存储了整数 num 的二进制形式的最低位,而数组 bin 的最高索引位置元素保存了整数 num 的二进制数的最高位。最后,使用“Reverse[bin]”将数组 bin 反向排序,从而得到 num 的二进制数。

在图 2-4 中,在“In[4]”中计算了“funBinary[10]”“funBinary[33]”和“funBinary[107]”,即计算了整数 10、33 和 107 的二进制数,如“Out[4]”所示。

对于精通 C 语言的读者,通过上述三个实例,可能已经发现了 Wolfram 语言的 For 循环与 C 语言的 for 循环的不同之处。在 C 语言中,for 循环的初值表达式、条件表达式和增量表达式之间使用分号分隔;而在 Wolfram 语言的 For 循环中,这些表达式用逗号分隔,因为,在 Wolfram 语言中,分号专用于分隔语句组中的各条语句,以分号结尾的语句不显示输出结果。

2.1.2 While 循环

在过程化编程中,While 循环是一种重要的循环控制方式。在 While 循环中,只需要设定一个循环条件,而无须考虑循环次数,当满足循环条件时,While 循环反复执行循环体;当不满足循环条件时,While 循环被终止。While 循环有时被称为“当型循环”。

在 Wolfram 语言中,While 循环借助于 While 函数实现。While 函数的语法为:While[测试条件, 语句组]。这里的“测试条件”为返回逻辑值的表达式,在 Wolfram 语言中,逻辑真为“True”,逻辑假为“False”。这里的“语句组”由分号分隔的语句组成。当“测试条件”为真时,While 函数中的语句组被循环执行,直到测试条件为假时,跳出 While 函数。While 函数仅执行计算,并不显示输出信息(For 函数等循环函数也是如此),因此,如果需要查看

While 函数执行的中间结果或最终计算结果，可以借助于 Print 函数，函数 Print[表达式]用于输出表达式的值；还可以借助于“Catch-Throw”组合函数，这个组合函数最简单的用法为“Catch[语句组；测试条件满足时 Throw[表达式]；语句组]”，这里的 Throw[表达式]和 Print[表达式]功能相似，用于输出“表达式”的值。Catch 函数的作用在于执行其函数体，当遇到 Throw 函数执行(即满足测试条件而执行 Throw 函数)时，将 Throw 函数中的表达式返回，同时，终止 Catch 函数的继续执行。一般地，Catch 和 Throw 成对出现(类似于 C++语言的 catch-throw 结构)，主要用于循环函数的调试。

下面仍然用 2.1.1 节的三个实例介绍 While 函数用法。

实例一 计算 $1+2+\cdots+n$ 的值，程序如图 2-5 所示。

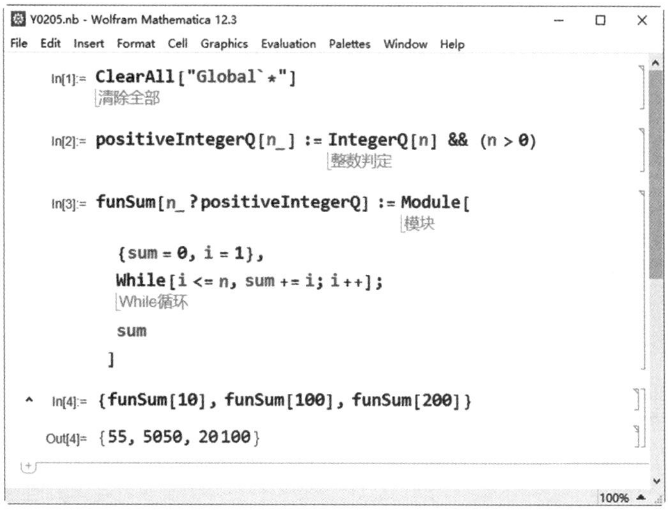

```
Y0205.nb - Wolfram Mathematica 12.3
File Edit Insert Format Cell Graphics Evaluation Palettes Window Help

In[1]:= ClearAll["Global`*"]
        清除全部

In[2]:= positiveIntegerQ[n_] := IntegerQ[n] && (n > 0)
                                整数判定

In[3]:= funSum[n_?positiveIntegerQ] := Module[
                                       模块
          {sum = 0, i = 1},
          While[i <= n, sum += i; i++];
          While循环
          sum
        ]

In[4]:= {funSum[10], funSum[100], funSum[200]}

Out[4]= {55, 5050, 20100}
```

图 2-5 While 函数实现求和运算

对比图 2-2 中的自定义函数 fun2，图 2-5 中的变动为：①函数名设为 funSum；②在模块 Module 中初始化 i=1；③将 For 函数改为 While 函数“While[i<=n，sum+=i；i++]；”，这里同样实现了 $1+2+\cdots+n$ 的累加操作。

实例二 由式$\frac{\pi}{4}=1-\frac{1}{3}+\frac{1}{5}-\frac{1}{7}+\frac{1}{9}\cdots$计算圆周率 π 的值，程序如图 2-6 所示。

在图 2-3 的程序基础上，图 2-6 中修改了模块 Module 的代码。这里定义局部变量 v、i、sum 和 sign，其中，v 用于存储计算圆周率的公式中每项的值，初始化为 1.0；i 用于存储计算圆周率的公式中每项的分母，初始化为 1；sum 用于保存公式的累加和，初始化为 0；sign 用于保存公式中每项的符号，初始化为 1(表示正号)，因为公式的第一项为正。

图 2-6 中，在 While 函数内部，当 v>eps 为真，即公式的当前项的值大于 eps 时，则循环执行：“sum+=sign * v;i+=2;sign=-sign;v=1.0/i”，即将本项添加符号 sign 后加到 sum 上；级数下一项的分母为 i+2 的值；然后，将符号 sign 变号；计算级数下一项的值 v。

图 2-6 中，“In[4]”调用自定义函数“funPi[10^{-6}]”，执行结果为 3.14159065，如“Out[4]”所示。

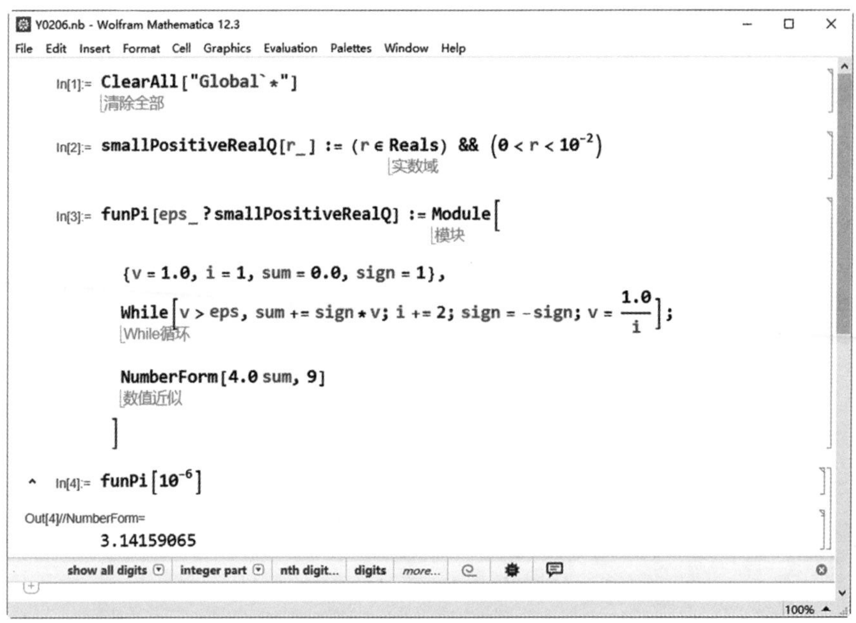

图 2-6　圆周率计算实例

实例三　求一个非负整数的二进制数表示，程序如图 2-7 所示。

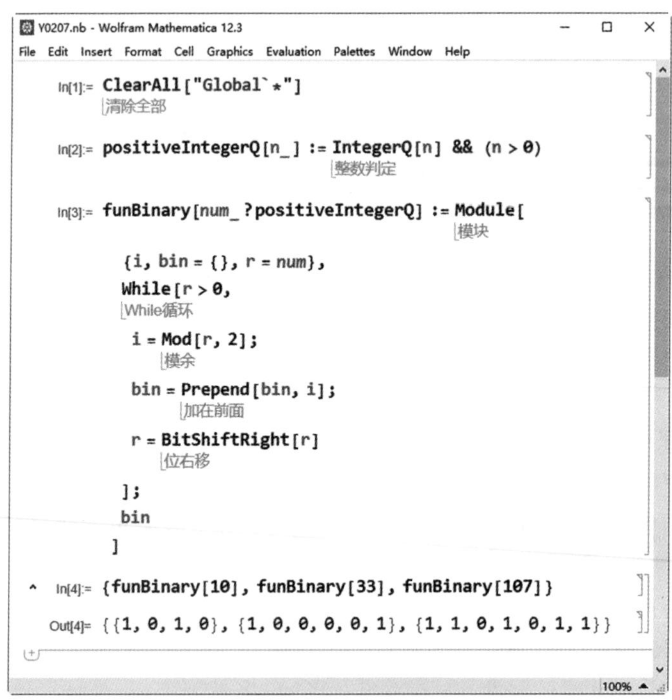

图 2-7　正整数的二进制数计算程序

对比图 2-4 中的程序，图 2-7 中的程序更加简单明晰。

在图 2-7 中，在模块 Module 内部，定义了局部变量 i、bin 和 r，其中，局部变量 i 用于保

存正整数转化成的二进制数的每一位的值；bin 保存正整数转化成的二进制数的全部位，初始为空列表；r 保存正整数及其各次转换后剩余的部分，初始化为函数参数 num（即待转化为二进制数的正整数）。

在图 2-7 的 While 函数中，当 r>0 时，循环执行以下语句：

(1) "i=Mod[r,2];"得到整数 r 的最低位的二进制数。函数"Mod"为求余函数。

(2) "bin=Prepend[bin,i];"将 i 添加到列表 bin 的前面。其中，"Prepend[列表，元素]"函数将"元素"添加到"列表"中的开头，即将"元素"作为"列表"的第一个元素。

(3) "r=BitShiftRight[r]"将 r 右移一位。其中，"BitShiftRight[整数]"将"整数"的值右移一位。

经过上述循环操作，直到 r=0 停止。此时，整数 num 的二进制数形式保存在列表 bin 中。在"In[4]"中，调用"funBinary[10]""funBinary[33]"和"funBinary[107]"计算了整数 10、33 和 107 的二进制数，如"Out[4]"所示。可借助于 BaseForm 函数验证结果的正确性。

2.1.3 NestWhile 循环

NestWhile 循环是一种高级循环方式，当循环测试条件为真时，反复将某个函数作用于表达式上，NestWhile 循环借助于 NestWhile 函数实现，并且用于纯函数的概念。

这里先简要介绍一下纯函数的概念，4.3 节还将深入介绍。在数学上，函数的定义包括两个关键部分，即定义域和对应法则。纯函数就是仅实现了对应法则的函数，这类函数没有名称，所以，有时也称纯匿名函数，如图 2-8 所示。

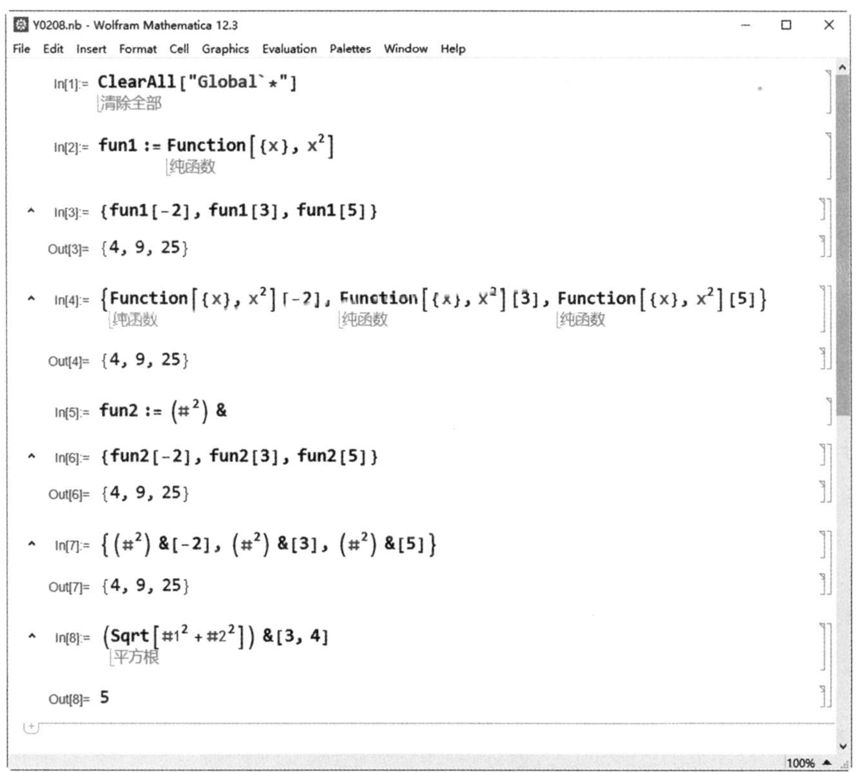

图 2-8 纯函数的用法实例

在图 2-8 中,"In[2]"给出了纯函数的标准定义方法,即使用函数 Function 定义纯函数,其中,"{x}"表示变量列表,这里只有一个变量 x,变量名可以使用任意合法的标识符;"x^2"表示施加到变量 x 上的函数对应法则。"In[2]"用纯函数自定义了函数 fun1,在"In[3]"中,使用自定义函数 fun1 计算了"fun1[-2]""fun1[3]"和"fun1[5]",其结果如"Out[3]"所示。可以不用借助于自定义函数,而直接使用纯函数进行计算,如"In[4]"所示,结果如"Out[4]"所示。

纯函数的常用使用方法如"In[5]"中的形式,使用"#"表示变量,用"&"作为表达式的结尾,表示这个表达式为一个纯函数。这里用这个纯函数定义了函数 fun2,然后,在"In[5]"中调用自定义函数 fun2 计算-2、3 和 5 的平方数,其结果如"Out[6]"所示。事实上,可直接使用纯函数进行计算,如"In[7]"的输入所示,输出如"Out[7]"所示。

此外,当纯函数具有多个变量时,使用"#1""#2"等依次表示各个变量,按变量的位置前后进行对应,如"In[8]"中,"(Sqrt[$\#1^2+\#2^2$])&[3,4]"中"#1"对应 3,"#2"对应 4,这里计算$\sqrt{3^2+4^2}$,其结果为 5,如"Out[8]"所示。

现在回到 NestWhile 函数。NestWhile 函数的主要语法如下:

(1) NestWhile[函数, 初始表达式, 测试条件]。

(2) NestWhile[函数, 初始表达式, 测试条件, 测试参数的个数]。

第(1)种语法为当测试条件为真时,函数以嵌套的方式循环作用于"初始表达式",直到测试条件为假时,跳出循环体。这里的"初始表达式"仅被使用一次,第二次循环过程中,函数将作用于上一步中函数作用于"初始表达式"后的结果,第三次循环过程中,函数将作用于第二次循环中函数的执行结果,以此类推,即函数是以嵌套的方式执行的。第(2)种语法与第(1)种语法的执行方式相同,只是测试条件不同,在第(2)种语法中,测试条件将使用"测试参数的个数"中指定的整数值个数进行条件测试。

当"测试条件"为假时,NestWhile 函数返回其"函数"的最终计算结果。NestWhile 函数适合于计算具有嵌套调用特性的处理中。应特别注意,"测试条件"必须是针对每次循环时函数计算的结果进行条件测试。

下面借助于 NestWhile 函数寻找比指定的参数值大的最小素数,如图 2-9 所示。

在图 2-9 中,在"In[3]"中自定义了函数"searchPrime",其具有一个参数 n,要求 n 应为正整数。在模块 Module 内部,定义了局部变量 v。然后,执行"v = NestWhile[(#+1)&, n, (! PrimeQ[#])&];"语句,其中,"(#+1)&"为纯函数,当循环条件满足时被循环执行,即每次的函数值自增 1。这里的条件"(!PrimeQ[#])&"也是纯函数,谓词函数 PrimeQ[表达式]用于判定"表达式"是否为素数,如果为素数,则返回真;否则返回假。运算符"!"(Wolfram 语言内部表示为 Not 函数)为逻辑取反操作,当"#"表示的整数为素数时,返回假;当"#"表示的整数不是素数时,则返回真。在"NestWhile[(#+1)&, n, (!PrimeQ[#])&]"中,函数的参数 n 为初始值,表示从 n 开始寻找比 n 大的素数,找到第一个素数时,退出 NestWhile 循环,将找到的素数赋给局部变量 v。

在图 2-9 中,在"In[4]"中调用了 searchPrime 自定义函数,依次搜索比 2^{16}、2^{32} 和 2^{128} 大的第一个素数,如"Out[4]"所示。在"In[5]"中,调用内置函数 PrimeQ 测试了"Out[4]"中的三个数,均返回"True",表示这些数均为素数。

这里的 PrimeQ 函数作用于列表(即 Out[4]中的输出)时,是作用于列表中的每一个元

```
Y0209.nb - Wolfram Mathematica 12.3
File Edit Insert Format Cell Graphics Evaluation Palettes Window Help

In[1]:= ClearAll["Global`*"]
        清除全部

In[2]:= positiveIntegerQ[n_] := IntegerQ[n] && (n > 0)
                                整数判定

In[3]:= searchPrime[n_?positiveIntegerQ] := Module[
                                            模块
          {v},
          v = NestWhile[(# + 1) &, n, (! PrimeQ[#]) &];
              嵌套循环列表              素数判定
          v
        ]

In[4]:= {searchPrime[2^16], searchPrime[2^32], searchPrime[2^128]}

Out[4]= {65537, 4294967311, 340282366920938463463374607431768211507}

In[5]:= PrimeQ[%]
        素数判定

Out[5]= {True, True, True}

In[6]:= Attributes[PrimeQ]
        属性        素数判定

Out[6]= {Listable, Protected}

100%
```

图 2-9 寻找素数程序

素。在 Wolfram 语言中，有大量的这类函数。这类函数的共同点在于其属性中有“Listable”属性。在 Wolfram 语言中，每个内置函数具有多个属性，自定义函数也可指定属性。通过函数 Attributes 查看函数的属性，如图 2-9 中的“In[6]”所示，执行“Attributes[PrimeQ]”后，由“Out[6]”可知，内置函数“PrimeQ”具有两个属性：一个为“Listable”，表示该函数参数为列表时，函数将作用于列表的每个元素上；另一个为“Protected”，这是所有内置函数都具有的属性，称为“保护”属性，表示这个函数不能被用户修改。

此外，无论一个函数是否具有“Listable”属性，都可借助于 Map 函数作用于列表的各个元素上。例如：“Map[PrimeQ,{3,4,5,6,7}]”，将返回“{True,False,True,False,True}”。但是，那些不具有“Listable”属性的函数要作用于一个列表的各个元素时，需要借助于 Map 函数来实现。

2.1.4 Do 循环

Do 循环由 Do 函数实现，注意 Do 循环与 C 语的 do-while 循环完全不同。

Do 函数的主要语法如下：

(1) Do[表达式, n]，重复执行“表达式”n 次；

(2) Do[表达式, {i, i_{max}}]，循环变量 i 从 1 按步长 1 增加到 i_{max}，循环执行“表达式”；

(3) Do[表达式, {i, i_{min}, i_{max}}]，循环变量 i 从 i_{min} 按步长 1 增加到 i_{max}，循环执行“表达式”；

(4) Do[表达式, {i, i_{min}, i_{max}, di}]，循环变量 i 从 i_{min} 按步长 di 增加到 i_{max}，循环执行“表达式”；

（5）Do[表达式，{i，{i_1，i_2，…}}]，循环变量 i 从列表{i_1，i_2，…}中依次取值，循环执行“表达式”。

上述 5 种语法中，循环变量部分都可以扩展，例如，由（3）的扩展为：Do[表达式，{i，i_{min}，i_{max}}，{j，j_{min}，j_{max}}，…]表示嵌套的循环，此时，循环变量 i 从 i_{min} 按步长 1 增加到 i_{max}，且对于每个变量 i，循环变量 j 从 j_{min} 按步长 1 增加到 j_{max}，循环执行“表达式”。

由（5）的扩展为：Do[表达式，{i，{i_1，i_2，…}}，{j，{j_1，j_2，…}}，…]表示嵌套的循环，此时，循环变量 i 从列表{i_1，i_2，…}中依次取值，且对于每个变量 i，循环变量 j 从列表{j_1，j_2，…}中依次取值循环执行“表达式”。

由 Do 函数的其他语法的扩展不再赘述。这里把 Do 函数的情况做了详细阐述的原因在于，后续将学习 Table 函数，其与 Do 函数的用法相似，而且是 Wolfram 语言中常用的重要函数之一。

Do 函数中的表达式实际上为“语句组”，Do 循环同样可以实现 For 循环和 While 循环的功能，因此，2.1.1 和 2.1.2 节的实例同样可以用 Do 函数实现，这个留作读者练习，这里使用 Do 函数实现下面的两个实例。

实例一 天才数学家 Arnold 提出了一种映射，常被称为 Cat 映射，其表达式为

$$\begin{pmatrix} x_{n+1} \\ y_{n+1} \end{pmatrix} = \begin{pmatrix} 1 & a \\ b & ab+1 \end{pmatrix} \begin{pmatrix} x_n \\ y_n \end{pmatrix} \bmod N$$

当这个映射中的 a、b 和 N 均为正整数且初始状态（x_0，y_0）也取为正整数时，该映射是周期映射，且是可逆的。若给定了上述映射，需要观测该映射迭代过程中的状态变化，可以使用 Do 循环，如图 2-10 所示。

在图 2-10 中，在“In[2]”中自定义谓词函数“positiveIntegerQ”，不再赘述。在“In[3]”中，定义了函数“funCat”，该函数共有 4 个参数：第一个参数为“{a_?positiveIntegerQ，b_?positiveIntegerQ}”，该参数为列表形式，包括两个元素 a 和 b，对应着 Cat 映射的矩阵中的两个参数，要求这两个参数均为正整数；第二个参数为“{x0_?positiveIntegerQ，y0_?positiveIntegerQ}”，该参数为列表形式，包括两个元素 x0 和 y0，对应着 Cat 映射的初始状态；第三个参数为“n_?positiveIntegerQ”，该参数对应着 Cat 映射中的“N”，该参数要求为正整数；第四个参数为“Optional[m_?positiveIntegerQ,10]”，这个参数中函数 Optional 用于设定参数的默认值，这里的参数为 m，用于表示 Cat 映射的迭代次数，要求为正整数，并使用 Optional 函数设置默认值为 10。

在图 2-10 中，在“In[3]”的模块 Module 之中定义了局部变量 cat 和 state，其中，局部变量 cat 保存了 Cat 映射的矩阵，局部变量 state 用于保存 Cat 映射迭代生成的状态值序列。然后，由语句“state=ConstantArray[{0,0},m];”生成一个长度为 m 的列表，每个元素均为{0，0}。由语句“state[[1]]={x0,y0};”将初始状态{x0，y0}赋给 state 的第一个元素。注意，在 Wolfram 语言中，元素的索引用两层方括号“[[ ]]”，或者使用“Esc+[[+Esc”键生成左括号，用“Esc+]]+Esc”键生成右括号，如图 2-10 所示。然后，执行 Do 函数语句“Do[state[[i+1]] = Mod[cat. state[[i]],n]，{i,1,m−1}];”，该语句中循环变量 i 从 1 按步长 1 递增到 m−1，共循环执行 m−1 次，每次循环执行一次循环体“state[[i+1]] = Mod[cat. state[[i]]，n]”，即将 Cat 映射迭代一次，由状态 state[[i]]得到下一个状态 state[[i+1]]。最后，将 state 列表作为 Module 模块的输出，即 Module 模块输出 Cat 映射

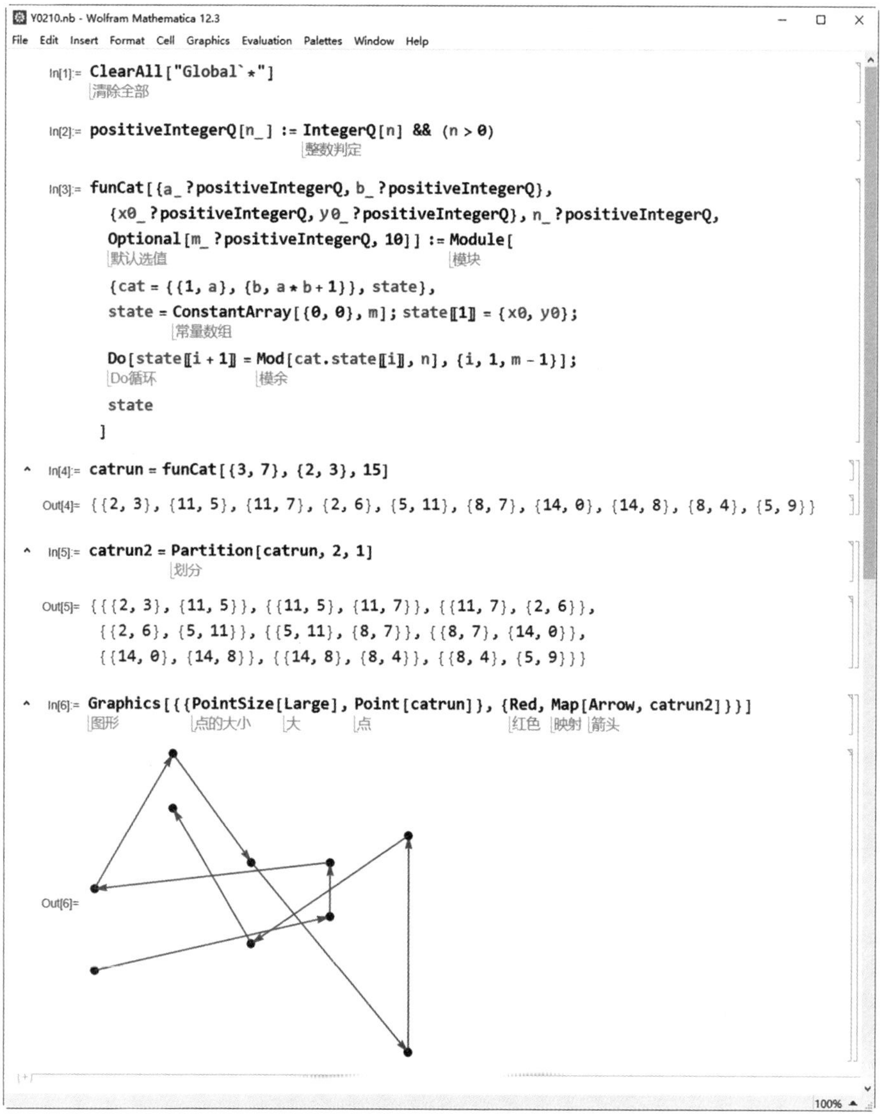

```
Y0210.nb - Wolfram Mathematica 12.3
File Edit Insert Format Cell Graphics Evaluation Palettes Window Help

In[1]:= ClearAll["Global`*"]
        清除全部

In[2]:= positiveIntegerQ[n_] := IntegerQ[n] && (n > 0)
                                 整数判定

In[3]:= funCat[{a_?positiveIntegerQ, b_?positiveIntegerQ},
          {x0_?positiveIntegerQ, y0_?positiveIntegerQ}, n_?positiveIntegerQ,
          Optional[m_?positiveIntegerQ, 10]] := Module[
          默认选值                                 模块
          {cat = {{1, a}, {b, a*b+1}}, state},
          state = ConstantArray[{0, 0}, m]; state[[1]] = {x0, y0};
                  常量数组
          Do[state[[i+1]] = Mod[cat.state[[i]], n], {i, 1, m-1}];
          Do循环             模余
          state
         ]

In[4]:= catrun = funCat[{3, 7}, {2, 3}, 15]

Out[4]= {{2, 3}, {11, 5}, {11, 7}, {2, 6}, {5, 11}, {8, 7}, {14, 0}, {14, 8}, {8, 4}, {5, 9}}

In[5]:= catrun2 = Partition[catrun, 2, 1]
                  划分

Out[5]= {{{2, 3}, {11, 5}}, {{11, 5}, {11, 7}}, {{11, 7}, {2, 6}},
         {{2, 6}, {5, 11}}, {{5, 11}, {8, 7}}, {{8, 7}, {14, 0}},
         {{14, 0}, {14, 8}}, {{14, 8}, {8, 4}}, {{8, 4}, {5, 9}}}

In[6]:= Graphics[{{PointSize[Large], Point[catrun]}, {Red, Map[Arrow, catrun2]}}]
        图形      点的大小   大      点                 红色  映射 箭头

Out[6]=
```

图 2-10 Arnold 映射实现实例

的状态。

在“In[4]”中调用“catrun=funCat[{3,7},{2,3},15]”,其中,a=3、b=7、x0=2、y0=3 和 n=15,m 使用了它的默认值 10,得到一个长度为 10 的状态序列,如“Out[4]”所示。在“Out[4]”中的结果 catrun 为一个两层嵌套列表,其每个元素均为包括两个元素的子列表,每个子列表对应着一个 Cat 映射的状态。

为了将“Out[4]”中前后相邻的两个状态合并为一个列表,在“In[5]”中使用了语句“catrun2=Partition[catrun,2,1]”。其中,Partition[列表, 2, 1]的含义为将“列表”中的相邻两个元素组合为一个子列表,下一个子列表相对于前一个子列表的偏移量为 1。4.1.1 节还将详细介绍 Partition 函数。“In[5]”中语句生成的新的列表如“Out[5]”所示,这是一个三层嵌套列表。在“In[6]”中输入“Graphics[{{PointSize[Large], Point[catrun]}, {Red,

Map[Arrow，catrun2]}}]”绘制了Cat映射的状态演化图，如“Out[6]”所示。Graphics函数将在7.1.5节详细介绍，这里仅针对现有参数做简单的说明。Graphics用于显示二维图元的图形，这里的Point函数和Arrow函数均为图元。Graphics的参数为一个两层列表，表明这里有两个图形，一个为“{PointSize[Large]，Point[catrun]}”，另一个为“{Red，Map[Arrow,catrun2]}”。“{PointSize[Large]，Point[catrun]}”中，“PointSize[Large]”表示借助于PointSize函数将显示的图像点的大小设为“Large”，即显示“大”点，修饰后面的“Point[catrun]”；“Point[catrun]”将catrun列表中的子列表作为点的坐标，以“大”点的形式绘制这些点。而“{Red，Map[Arrow，catrun2]}”中，“Red”用于修饰后面的“Map[Arrow，catrun2]”，表示以红色绘制其后面的图形，“Map[Arrow，catrun2]”将“Arrow”函数作用于catrun2列表的各个子列表上，绘制这些子列表对应的带箭头的连线，因为每个子列表都包含两个元素，其第一个元素作为带箭头的连线的起点，第二个元素作为带箭头的连线的终点。

在图2-10中绘制Cat映射状态演化图(如“Out[6]”所示)的原因在于，Arnold提出的最初映射形式，其状态演化图类似于简笔画的猫，故得名为“Cat映射”，而Cat映射有众多的扩展版本，已失去了它本来的含义。此外，由图2-10中的“Out[6]”可知，Cat映射的状态演化具有随机性，即决定性的方程中隐含着随机性的现象，这一现象最早由Lorenz研究大气对流现象时发现并提出，称为“混沌”现象(注意：图2-10给出的Cat映射是周期的)。

混沌系统的一个重要应用在于密码学。下面第二个实例来自密码学中求两个数的最大公约数的欧几里得算法。

实例二 求两个正整数的最大公约数。

欧几里得算法求两个正整数的最大公约数的步骤如下：

设两个正整数为 a 和 b。令 $r_0=\max(a,b)$，$r_1=\min(a,b)$，则计算

$$r_{i+2}=r_i \bmod r_{i+1},\quad i=0,1,\cdots$$

直到 $r_{i+2}=0$ 时，停止迭代，此时的 r_{i+1} 为 a 和 b 的最大公约数，记为 $r_{i+1}=\gcd(a,b)$。欧几里得算法的证明关键在于理解恒等式 $\gcd(r_0,r_1)=\gcd(r_0 \bmod r_1,r_1)$，证明过程请参阅文献[3]。

该实例程序除了演示Do函数的用法外，还介绍了Break函数和“Catch-Throw”结构的用法，并给出了NestWhile实现方法作为对比分析，如图2-11所示。

在图2-11中，“In[3]”中自定义了函数“funEuclid1”，具有两个参数a和b，这两个参数均要求为正整数。在模块Module内部，定义了3个局部变量r0、r1和r2，其中局部变量r0初始化为输入参数a和b的较大值，r1初始化为输入参数a和b的较小值。然后，进入Do函数“Do[r2=Mod[r0,r1]；If[r2==0,Break[]]；r0=r1；r1=r2，Max[a,b]]；”。在这个Do函数中，循环次数设为a和b的较大值“Max[a,b]”次，每次循环执行一次“r2=Mod[r0，r1]；If[r2==0，Break[]]；r0=r1；r1=r2”。这个循环体即为欧几里得算法，首先计算“r2=Mod[r0,r1]”，即将r0除以r1的余数赋给r2；然后，判断如果r2为0，则调用Break函数，跳出该循环体。这里用到了If函数，2.3.1节将详细介绍。这里的If函数调用格式为“If[逻辑表达式，语句组]”，表示如果“逻辑表达式”为真，则执行“语句组”；否则，If函数什么都不做。然后，将r1赋给r0，将r2赋给r1，为下一次执行循环体做准备。

```
Y0211.nb - Wolfram Mathematica 12.3
File Edit Insert Format Cell Graphics Evaluation Palettes Window Help

In[1]:= ClearAll["Global`*"]
        清除全部

In[2]:= positiveIntegerQ[n_] := IntegerQ[n] && (n > 0)
                                 整数判定

In[3]:= funEuclid1[a_?positiveIntegerQ, b_?positiveIntegerQ] := Module[
                                                                模块
          {r0 = Max[a, b], r1 = Min[a, b], r2},
                较大值          较小值
          Do[r2 = Mod[r0, r1]; If[r2 == 0, Break[]];
          Do循环  模余          如果        跳出循环
            r0 = r1; r1 = r2, Max[a, b]];
                              较大值
          r1
         ]

In[4]:= funEuclid2[a_?positiveIntegerQ, b_?positiveIntegerQ] := Module[
                                                                模块
          {r0 = Max[a, b], r1 = Min[a, b], r2, r},
                较大值          较小值
          r = Catch[Do[r2 = Mod[r0, r1]; If[r2 == 0, Throw[r1]];
              捕捉   Do循环  模余         如果        抛出
              r0 = r1; r1 = r2, Max[a, b]]];
                                较大值
          r
         ]

In[5]:= funEuclid3[a_?positiveIntegerQ, b_?positiveIntegerQ] := Module[
                                                                模块
          {r0 = Max[a, b], r1 = Min[a, b], r},
                较大值          较小值
          r = NestWhile[{#[[2]], Mod[#[[1]], #[[2]]]} &, {r0, r1}, (#[[2]] > 0) &];
              嵌套循环列表          模余
          r[[1]]
         ]

In[6]:= {funEuclid1[864, 384], funEuclid2[864, 384], funEuclid3[864, 384]}

Out[6]= {96, 96, 96}

100%
```

图 2-11 欧几里得算法求最大公约数

在上述 Do 函数中，如果 If 函数的条件 r2 等于 0 满足了，则执行 Break 函数使程序从 Do 函数中跳出。根据欧几里得算法，此时 a 和 b 的最大公约数保存在 r1 中。然后，将 r1 作为模块 Module 的输出。

在图 2-11 中，“In[4]”中自定义了函数“funEuclid2”，与上述自定义函数“funEuclid1”的不同之处在于：①在函数“funEuclid2”中多定义了一个局部变量 r，用于保存最大公约数；②将 Do 函数作为 Catch 函数的参数，并且将 If 函数修改为“If[r2==0,Throw[r1]]”，即如果 r2 等于 0，则调用 Throw 函数将 r1“抛出”，同时终止 Do 函数的继续执行。“抛出”的 r1 赋给局部变量 r，由欧几里得算法知，r1 为 a 和 b 的最大公约数，从而 r 是 a 和 b 的最大公约数。最后，r 为 Module 模块的输出。

在图 2-11 中，“In[5]”定义的求解正整数 a 和 b 的最大公约数的函数“funEuclid3”使用了 NestWhile 循环。在 Module 模块中，首先定义局部变量 r0、r1 和 r，其中，r0 初始化为 a 和 b 的较大值，r1 初始化为 a 和 b 的较小值。然后，在 NestWhile 函数中，嵌套式地执行纯函数"{#[[2]], Mod[#[[1]],#[[2]]]}&",在这个纯函数中,"#"表示上一次计算得到的包含两个元素的列表,第一次执行时,"#"代入的是"{r0, r1}";循环体的第一次执行实际上是执行{r1, Mod[r0, r1]},这个结果又作为下一次执行的代入值,这样嵌套循环下去,直至条件"#[[2]]>0"不成立,即直到某次循环后得到的结果的第二个元素为 0,停止循环。返回的结果为包含两个元素的列表,而这个列表的第一个元素正好是 a 和 b 的最大公约数,而第二个元素一定为 0。NestWhile 函数的返回结果赋给 r,r 的第一个元素 r[[1]]作为模块 Module 的输出。

最后在"In[6]"中使用上述的 3 个自定义函数求解正整数 864 和 384 间的最大公约数,即"{funEuclid1[864,384], funEuclid2[864,384], funEuclid3[864,384]}",计算结果正确,如"Out[6]"所示。

2.2 关系运算符和逻辑运算符

在介绍分支控制编程之前,需要熟悉一下 Wolfram 语言的关系运算符和逻辑运算符。尽管习惯上仍然称为关系运算符和逻辑运算符,但是在 Wolfram 语言中,关系运算和逻辑运算都是由函数实现的。

2.2.1 关系运算符

关系运算包括大于、小于、大于或等于、小于或等于、等于和不等于,关系运算得到的结果为逻辑值。在 Wolfram 语言中,逻辑值为 True 和 False(注意:Wolfram 语言的逻辑常量和 C 语言不同,C 语言中 0 为假,非 0 为真)。

关系运算符可以级联使用,建议不引起歧义的情况下,可级联两级关系运算符,不建议级联太多层次。例如,Wolfram 语言中"3 < 5 > 1"这种关系运算是合法的,返回 True(但在 C 语言中,这个运算尽管语法上无误,但是返回假,即 0,可以认为这种关系运算在 C 语言中是不合法的)。

常用的关系运算符及其相对应的函数如表 2-1 所示,其中,x 和 y 表示两个表达式。表 2-1 中还列举了返回逻辑值的其他一些关系运算。

表 2-1 关系运算符及其对应的函数

序号	关系运算	关系运算符	关系运算函数	含 义
1	大于	>	Greater[x,y]	x 大于 y,返回 True;否则,返回 False
2	小于	<	Less[x,y]	x 小于 y,返回 True;否则,返回 False
3	大于或等于	>=	GreaterEqual[x,y]	x 大于或等于 y,返回 True;否则,返回 False
4	小于或等于	<=	LessEqual[x,y]	x 小于或等于 y,返回 True;否则,返回 False
5	等于	==	Equal[x,y]	x 与 y 相等,返回 True;否则,返回 False

续表

序号	关系运算	关系运算符	关系运算函数	含　义
6	不等于	!=	Unequal[x,y]	x与y不等,返回True;否则,返回False
7	形式上完全相同	===	SameQ[x,y]	x与y形式相同,返回True;否则,返回False
8	形式上不完全相同	=!=	UnsameQ[x,y]	x与y形式不同,返回True;否则,返回False
9	属于域		Element[x, 域]	x属于域,则返回真;否则,返回假
10	属于列表	(无)	MemberQ[列表, x]	如果x属于列表,则返回真;否则,返回假

在图2-12中展示了表2-1中的全部关系运算,关系运算的结果为逻辑值True或False,可以借助函数Boole将True和False转化为1和0。

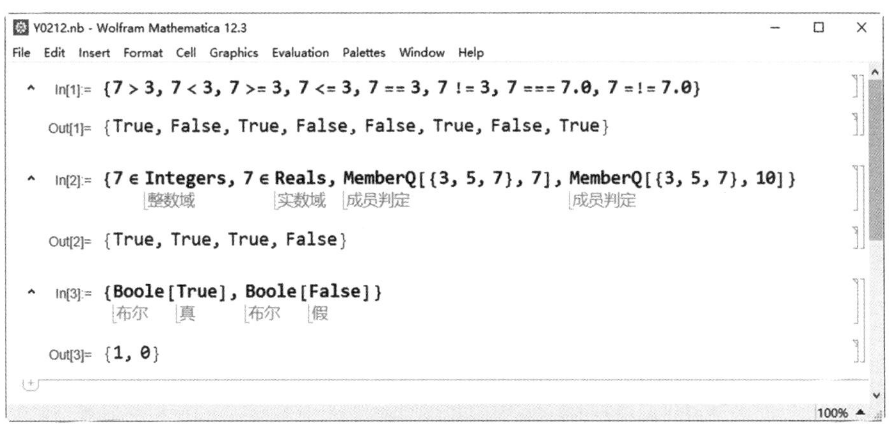

图2-12　关系运算实例

在图2-12中,“In[1]”比较了7与3的关系,需要注意的是,“7===7.0”,这里是3个等号,表示两个操作数形式上完全相同,这里的整数7和浮点数7.0虽然大小相等,但是形式上不同,因此,“7===7.0”返回假;但是“7==7.0”(这里两个等号,表示相等)返回真。在“In[2]”中的“∈”的输入方式为“Esc+elem+Esc”键,表示属于。需要注意的是,MemberQ函数中,列表是它的第一个参数,元素为它的第二个参数。在“In[3]”中,使用Boole函数将逻辑真True和逻辑假False分别转化为数值1和0。

2.2.2 逻辑运算符

逻辑运算符处理逻辑型的数据,即True和False,主要包括逻辑与、逻辑或、逻辑非、逻辑异或、逻辑同或、逻辑与非、逻辑或非、蕴含和等价等,这些逻辑运算列于表2-2中,其中,p和q为两个逻辑值。

表 2-2　逻辑运算符及其对应的函数

序号	逻辑运算	逻辑运算符	逻辑运算函数	含　　义
1	与	&& (或∧)	And[p,q]	p 与 q
2	或	|| (或∨)	Or[p,q]	p 或 q
3	非	! (或¬)	Not[p]	非 p
4	异或	⊻	Xor[p,q]	p 异或 q
5	同或	⊻̅	Xnor[p,q]	p 同或 q
6	与非	⊼	Nand[p,q]	非(p 与 q)
7	或非	⊽	Nor[p,q]	非(p 或 q)
8	蕴含	⇒	Implies[p,q]	(非 p)或 q
9	等价	⇔	Equivalent[p,q]	p 与 q 同为真或同为假

表 2-2 中各个逻辑运算符的输入方式如表 2-3 所示。

表 2-3　逻辑运算符的输入方式

逻辑运算符	输入按键	逻辑运算符	输入按键
∧	"Esc+and+Esc"键	⊼	"Esc+nand+Esc"键
∨	"Esc+or+Esc"键	⊽	"Esc+nor+Esc"键
¬	"Esc+not+Esc"键	⇒	"Esc+=>+Esc"键
⊻	"Esc+xor+Esc"键	⇔	"Esc+equiv+Esc"键
⊻̅	"Esc+xnor+Esc"键		

与关系运算符的操作相似，在 Wolfram 语言中，表 2-2 中的逻辑运算符可以级联使用。下面在图 2-13 中展示表 2-2 中的全部逻辑运算，逻辑运算的结果仍然为逻辑值 True 或 False。

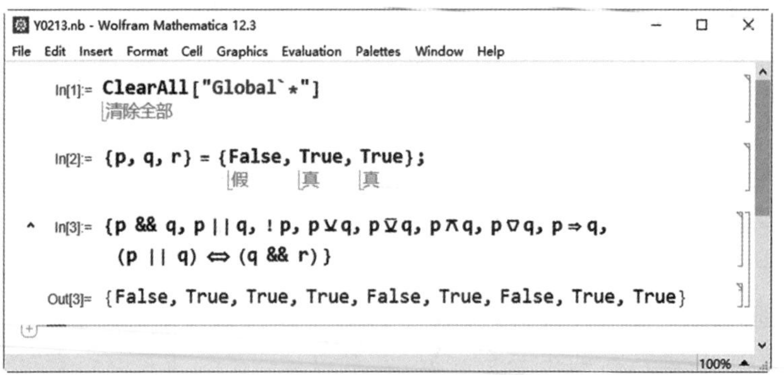

图 2-13　逻辑运算实例

在图 2-13 中，"In[2]"将 p、q 和 r 分别赋值为逻辑值假(False)、真(True)和真(True)，这是一种列表赋值方式。Wolfram 语言中，当将相同结构的一个列表赋值给另一个含有变量的列表时，赋值的方式为一一对应地由一个列表向另一个列表的对应元素赋值。在"In[3]"中依次计算了"p 与 q""p 或 q""非 p""p 异或 q""p 同或 q""p 与非 q""p 或非 q""p 蕴含 q"和"(p 或 q)等价于(q 与 r)"，计算得到的逻辑值如"Out[3]"所示。

2.3　选择编程

选择控制也称为分支控制，是程序设计中必不可少的程序控制方式。Wolfram 语言主要提供了 3 种形式的选择控制函数，即 If 函数、Switch 函数和 Which 函数。下面将依次介绍这些函数实现选择控制编程的方法。

2.3.1　If 分支

If 分支控制由 If 函数实现。Wolfram 语言中 If 函数主要有以下几种语法形式：

(1) If[条件，语句组]，表示如果"条件"为真，则执行"语句组"，并返回该语句组的执行结果；如果"条件"为假，则不执行语句组，返回 Null。

(2) If[条件，语句组]，表示如果"条件"为假，则执行"语句组"，并返回该语句组的执行结果；如果"条件"为真，则不执行语句组，返回 Null。

(3) If[条件，语句组 1，语句组 2]，表示如果"条件"为真，则执行"语句组 1"，并返回"语句组 1"的执行结果；如果"条件"为假，则执行"语句组 2"，并返回语句组 2 的执行结果。

(4) If[条件，语句组 1，语句组 2，语句组 3]，表示如果"条件"为真，则执行"语句组 1"，并返回"语句组 1"的执行结果；如果"条件"为假，则执行"语句组 2"，并返回语句组 2 的执行结果；如果"条件"判定结果不确定，例如，比较两个未赋值的符号 a 和 b 大小(如条件为 a>b)，则执行"语句组 3"，并返回"语句组 3"的执行结果。

下面列举几个 If 函数的应用实例，如图 2-14 所示。

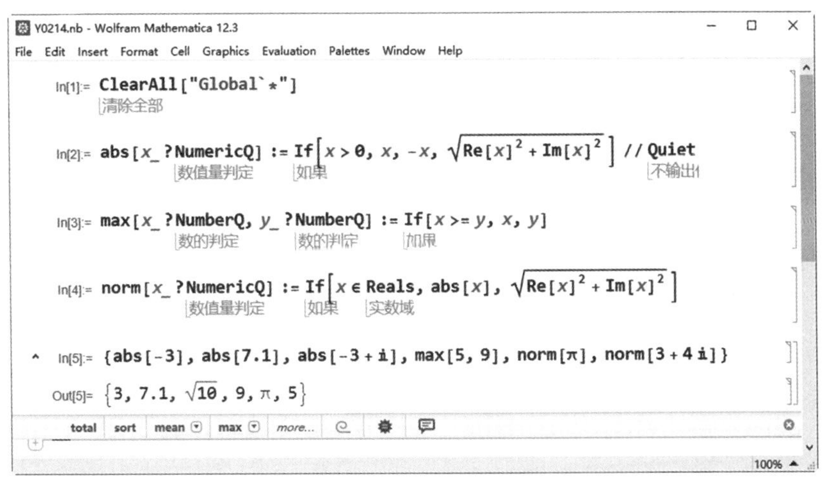

图 2-14　If 函数实例

在图 2-14 中，"In[2]"定义了函数 abs，该函数具有一个参数，参数名为 x，要求为数值。函数 abs 用 If 函数定义，在 If 函数中，条件表达式为"x>0"，如果条件为真，即 x 为正数，则返回 x；如果条件为假，即 x 为负数，则返回−x；如果不确定，即输入为复数的情况，则返回复数的模。这里的"∈"的输入方式为"Esc+elem+Esc"键，"√‾‾"的输入方式为"Ctrl+2"快捷键，上标的输入方式为"Ctrl+6"或"Ctrl+^"快捷键。在 Wolfram 语言中，函数调用

“f[x]”可以写为“x//f”，因此，“If[x>0, x, −x, $\sqrt{\text{Re}[x]^2+\text{Im}[x]^2}$]//Quiet”相当于“Quiet[If[x>0,x,−x,$\sqrt{\text{Re}[x]^2+\text{Im}[x]^2}$]]”，这里的Quiet函数用于消除If函数执行时的警告信息。当输入x为复数时，条件“x>0”将输出一条“复数比较无效”的警告，这里借助于Quiet函数关闭该警告信息。由此可见，自定义函数abs用于计算实数的绝对值或复数的模。

对于一些无理数，如圆周率π，在Wolfram语言中以符号形式存储，但是因为它们本身是数值，所以，谓词函数NumericQ应用于这类符号时将返回真。还有一个谓词函数NumberQ，它用于“In[3]”中，该函数仅能识别属性为数值的量，例如NumberQ[3.14]返回真，但是不能识别以符号形式存储的无理数，即NumberQ[π]将返回假。

在“In[3]”中定义了函数max，两个输入参数名分别为x和y，要求这两个参数均为数值型。函数max由If函数定义，在If函数中，如果x≥y成立，则返回x；否则，返回y。可见，max函数用于比较两个实数的大小，返回较大的实数。

在“In[4]”中，定义了函数norm，具有一个输入参数，参数名为x，要求为数值，即NumericQ[x]返回为真的x。在“In[4]”的If函数中，如果条件“x∈Reals”成立，即x为实数时，则执行“abs[x]”，即调用“In[2]”中定义的abs函数；否则，当x为复数时，计算复数x的模。

在图2-14的“In[5]”中调用了上述定义的3个函数“{abs[−3], abs[7.1], abs[−3+ⅈ], 9, norm[π], norm[3+4ⅈ]}”，其中的复数单位“ⅈ”的输入方式为“Esc+ii+Esc”键，“π”的输入方式为“Esc+pi+Esc”键，这些函数的输出结果如“Out[5]”所示，即“{3,7.1,$\sqrt{10}$,max[5,9],π,5}”。

2.3.2 Switch分支

Switch分支控制由Switch函数实现，典型语法如下：

```
Switch[表达式, 值1, 语句组1, 值2, 语句组2, ……,值n, 语句组n, _, 默认语句组]
```

表示当“表达式”的值为“值1”时，执行“语句组1”，并返回“语句组1”的执行结果；当“表达式”的值为“值2”时，执行“语句组2”，并返回“语句组2”的执行结果；以此类推，当“表达式”的值为“值n”时，执行“语句组n”，并返回“语句组n”的执行结果；当“表达式”的值与前述的“值1”至“值n”均不相同时，则表达式一定匹配单下画线“_”，此时，执行“默认语句组”，并返回“默认语句组”的执行结果。

关于下画线“_”的用法，还将第6章内容中详细介绍。这里针对Switch函数，简单地说明一下下画线“_”的用法。下画线“_”是模式匹配中的匹配占位符，用于参数或模式匹配中的规则中，单下画线“_”匹配任何形式的单个原子类型数据或单个列表，双下画线“_ _”(两个下画线间没有空格)用于匹配任何形式的一个或多个原子类型数据或列表，三下画线“_ _ _”(三个下画线间没有空格)用于匹配任何形式的零个或多个原子类型数据或列表。大多数情况下，在程序中将使用那些匹配的参数，需要给这些匹配占位符命名，命名方式形如“x:_”，简记为“x_”。在Switch语句中，没有使用匹配后的参数，所以，没有给匹配占位符命名，直接使用了“_”。

Switch 函数的最简形式为"Switch[表达式，值 1，语句组 1]"，此时表示当"表达式"的值为"值 1"时，执行"语句组 1"，并返回"语句组 1"的执行结果；否则，Switch 语言不执行，返回"Switch[False，值 1，语句组 1]"，这类返回值没有意义。所以，在使用 Switch 函数时，一般添加上"_，默认语句组"，表示"表达式"的值与前述的各种情况的值均不匹配时，执行"默认语句组"，并返回"默认语句组"的值。可见 Switch 函数的参数最少为 3 个，并且参数个数只能两个两个地增长，因此，Switch 函数的参数个数一定为奇数个。

下面列举两个 Switch 函数的典型用法实例，如图 2-15 所示。

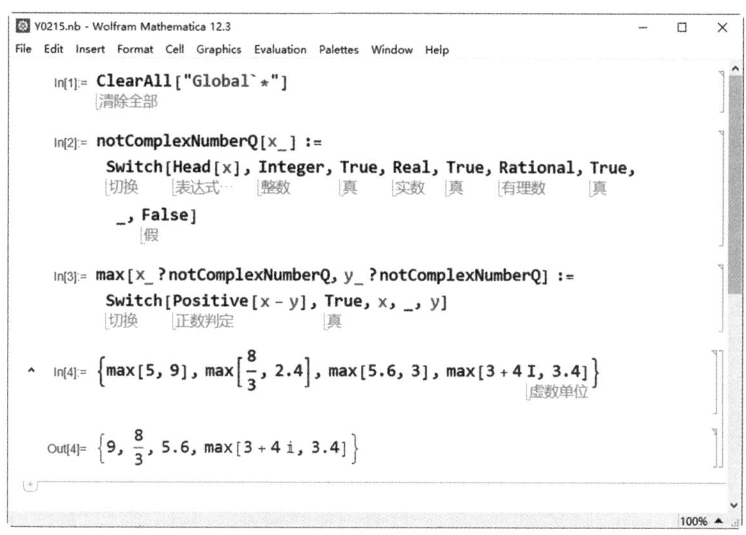

图 2-15　Switch 函数实例

在图 2-15 中，"In[2]"定义了函数"notComplexNumberQ"，这是一个自定义谓词函数，如果输入 x 为整数、有理数或浮点数，则返回真；如果输入 x 为复数，则返回假。在 Wolfram 语言中，整数和有理数都是无限精度的，而浮点数是有精度的数据，因此，在 Wolfram 语言中 Real 类型只表示浮点数，并不是数学上的实数，Real 类型并不包括整型和有理数型。有理数型也不包括整型。

在"In[2]"的 Switch 函数中，首先计算表达式"Head[x]"，这里的 Head[x]函数返回 x 的标头，所谓的"标头"指的是数据的存储形式。在 Wolfram 语言中，任何数据的存储形式都以标头开始，例如，整数的标头为 Integer，有理数的标头为 Rational，浮点数的标头为 Real，复数的标头为 Complex，列表的标头为 List，等等。这里，当表达式"Head[x]"返回"Integer""Real"或"Rational"时，Switch 函数均返回真(True)；如果表达式"Head[x]"返回其他的值，则 Switch 函数返回假(False)。

在图 2-15 的"In[3]"中定义了 max 函数，输入参数名为 x 和 y，使用自定义的谓词函数"notComplexNumberQ"限定这两个参数只能输入整数、浮点数或有理数。函数体由 Switch 函数实现。在 Switch 函数中，首先计算表达式"Positive[x-y]"，这里的 Positive 函数只有一个参数，当该参数为正数时，Positive 函数返回真；否则返回假。如果表达式"Positive[x-y]"的值为"True"，对应着 x 大于 y 情况，则 Switch 函数返回 x；否则，Switch 函数返回 y。即通过 Switch 函数实现了 x 与 y 的大小比较，并返回较大的数。

在图 2-15 的"In[4]"中调用了自定义函数 max，其中，"max[5,9]，max[8/3,2.4]，max[5.6,3]"的输入参数均符合函数 max 的参数要求，计算结果正确，如"Out[4]"所示的列表的前三个元素"9，8/3，5.6"；而"max[3+4I，3.4]"的输入参数中有复数，不符合 max 函数的参数要求，这种情况下，max 函数不进行任何处理，直接将输入作为输出结果，如"Out[4]"中的列表的最后一个元素"max[3+4ⅈ，3.4]"。

2.3.3 Which 分支

Which 分支由 Which 函数实现。Which 函数的语法如下：

```
Which[测试条件 1, 语句组 1, 测试条件 2, 语句组 2, ……, 测试条件 n, 语句组 n, True, 默认语句组]
```

Which 函数首先计算"测试条件 1"，如果"测试条件 1"为真，则执行"语句组 1"，并返回"语句组 1"的执行结果；如果"测试条件 1"为假，则计算"测试条件 2"，如果"测试条件 2"为真，则执行"语句组 2"，返回"语句组 2"的执行结果；以此类推，如果前面的测试条件均为假，则计算"测试条件 n"，如果"测试条件 n"为真，则执行"语句组 n"，并返回"语句组 n"的执行结果；如果前述测试条件均为假，Which 函数将遇到最后的"True"条件，并执行"默认语句组"且返回它的执行结果。

Which 函数的最简形式为"Which[测试条件 1，语句组 1]"，这时，如果"测试条件 1"为真，则执行"语句组 1"，并返回"语句组 1"的执行结果；如果"测试条件 1"为假，则返回 NULL。此外，与 Switch 函数的参数个数只能为奇数不同，Which 函数的参数个数一定为偶数，Which 函数的参数最少为两个，然后，只能两个两个地增长。

下面列举 3 个 Which 函数的实例，如图 2-16 所示。

在图 2-16 中，"In[2]"定义了函数"notComplexNumberQ"，具有一个参数，参数名为 x，借助于 Which 函数实现。在 Which 函数中，如果"Head[x]"即 x 的标头为整型(Integer)或浮点型(Real)或有理数型(Rational)时，都将返回真(True)；当"Head[x]"不为上述 3 种情况时，返回假(False)。因此，自定义的谓词函数"notComplexNumberQ"当其参数为整型、浮点型和有理数型时返回真；否则，返回假。

在"In[3]"中定义了函数 abs，具有一个参数，参数名为 x，要求参数必须为整型、浮点型和有理数型，该自定义函数 abs 返回参数 x 的绝对值。自定义函数 abs 借助于 Which 函数实现。在"Which"函数中，如果条件"x>=0"成立，则返回 x；否则，执行"True"条件对应的语句组，即返回-x。

在图 2-16 的"In[4]"中，调用自定义函数 abs 计算了-3.5、8/3 和-19 的绝对值，计算结果如"Out[4]"所示。

在图 2-16 中，"In[5]"中定义了函数"unitSin"，具有一个参数，参数名为 x，要求参数必须为整数、浮点数或有理数，用 Which 函数实现。在 Which 函数中，当条件"$x<-\pi/2$"成立时，返回-1；当条件 $x>\pi/2$ 成立时，返回 1；当前两个条件都不满足时，执行"True"条件对应的语句组"Sin[x]"，即返回 Sin[x]。

在"In[6]"中，调用了 Plot 函数绘制了自定义函数 unitSin 的图像。Plot 函数将在 7.1.1 节中详细介绍，这里仅进行简要说明。Plot 函数是一个二维绘图函数，用于绘制函数的平面图形，其中，Plot 函数的第一个参数为待绘制的函数，这里为自定义函数 unitSin；第二个

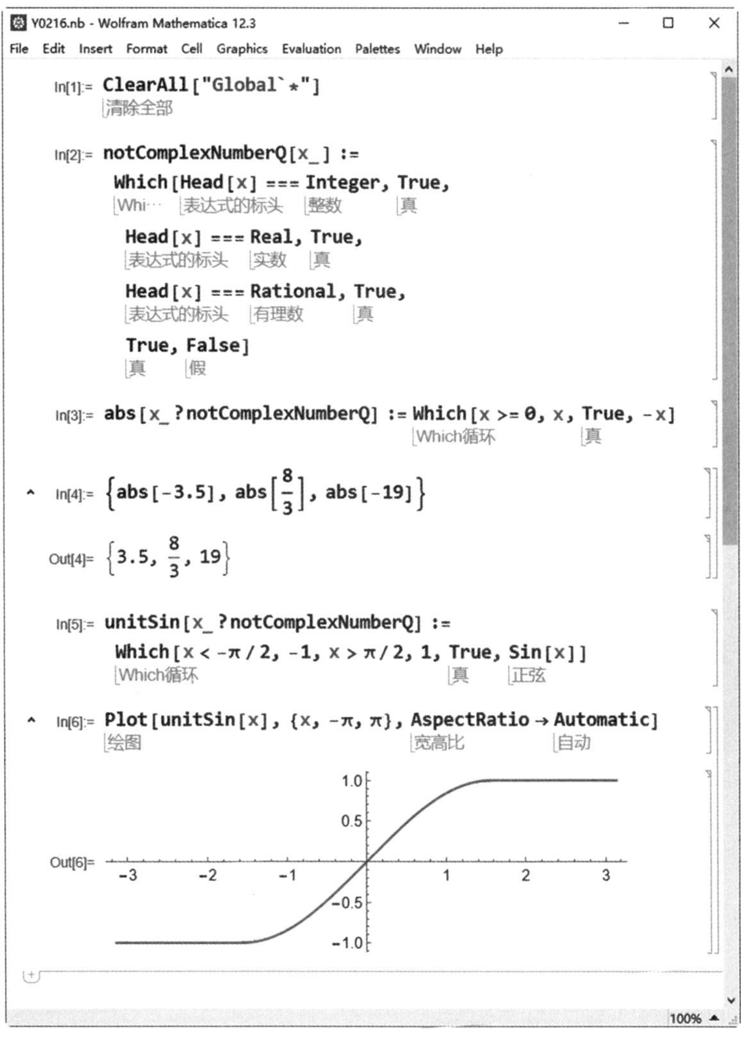

图 2-16　Which 函数用法实例

参数为绘制的函数的 x 轴的范围，这里为“{x，−π，π}”，表示 x 的起点为 −π，终点为 π；第三个参数为绘图选项，这里为“AspectRatio→Automatic”，表示横轴和纵轴的长度比例相同。最后绘图结果如图 2-16 中的“Out[6]”所示。

在上述的程序中，Which 函数中的每个“语句组”均为一条语句，如果某个“语句组”中有多条语句，则需要使用分号“;”分隔。

2.3.4　Piecewise 函数

在 Wolfram 语言中，还有一个内置的分段函数，称为 Piecewise 函数，该函数也可以实现选择控制，Piecewise 函数的使用语法如下：

```
Piecewise[{ {语句组 1, 测试条件 1}, {语句组 2, 测试条件 2}, ……{语句组 n, 测试条件 n}}]
Piecewise[{ {语句组 1, 测试条件 1}, {语句组 2, 测试条件 2}, ……{语句组 n, 测试条件 n}}, 默认语句组]
```

Piecewise 函数与 Which 函数的实现方式类似，只是每一项中"语句组"在前，而"测试条件"在后。Piecewise 函数就是数学上的分段函数。对于第(1)种情况，当第 i 个"测试条件 i"满足时，Piecewise 函数将计算第 i 个"语句组 i"，并返回该语句组的值；当全部的测试条件均不满足时，返回 0。对于第(2)种情况，当第 i 个"测试条件 i"满足时，Piecewise 函数将计算第 i 个"语句组 i"，并返回该语句组的值；当全部的测试条件均不满足时，Piecewise 函数将执行"默认语句组"，并返回"默认语句组"的执行结果。

在 Wolfram 语言中，Piecewise 函数可以借助于"课堂助手"(Classroom Assistant)输入。"课堂助手"通过菜单"Palettes|Classroom Assistant"打开，进入"课堂助手"面板后，在"Calculator"分区的"Advanced"页面具有创建 Piecewise 函数的快捷方式。Wolfram 语言中的各种符号，当然包括本书中使用的符号，在"课堂助手"面板中均可以找到，例如，常用的"π""ⅇ"和"ⅈ"等位于"课堂助手"面板"Calculator"分区的"Basic"页面，当鼠标移动到这些符号的上面时，将弹出这些符号的快捷输入方式，例如当鼠标移动到"ⅈ"时，将弹出提示框"Imaginary I, Keyboard entry: Esc ii Esc"，表示这是虚数单位，可用"Esc+ii+Esc"快捷键输入。

下面列举 3 个 Piecewise 函数的实例，如图 2-17 所示。

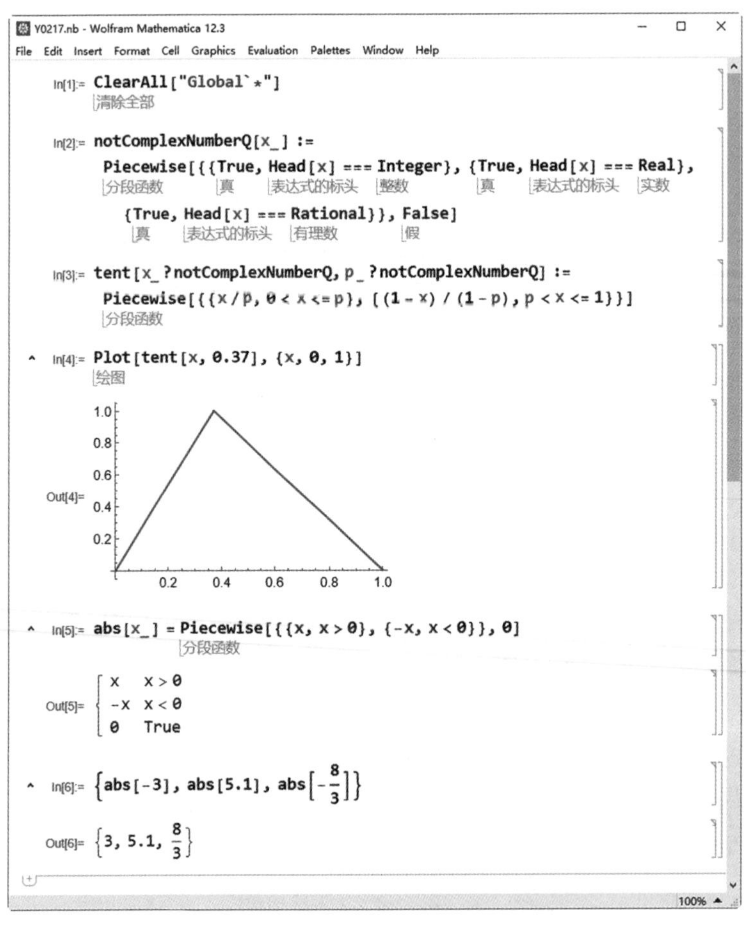

图 2-17 Piecewise 函数实例

在图 2-17 中,“In[2]”利用 Piecewise 函数定义了谓词函数“notComplexNumberQ”,该函数具有一个参数,参数名为 x。在 Piecewise 函数中,当“Head[x]”即 x 的标头为整型、浮点型或有理数型时,均返回真(True);否则,返回假(False)。

在“In[3]”中定义了函数 tent,这个函数是著名的 Tent 映射,是一种混沌映射,它具有两个参数,一个参数名为 x,表示 Tent 映射的状态;另一个参数名为 p,表示 Tent 映射的控制参数。这两个参数不能为复数。在函数体内部,当满足条件“0 < x <= p”时,返回“x/p”的计算结果;当满足条件“p < x <= 1”时,返回“(1-x)/(1-p)”的计算结果;如果上述条件都不满足,则返回 0。

在“In[4]”中绘制了 tent 函数的图形,设参数 p 为 0.37,图形如“Out[4]”所示。

在图 2-17 的“In[5]”中定义了函数 abs,该函数具有一个参数,参数名为 x,该函数计算 x 的绝对值。这时使用立即赋值号“=”定义,由 Piecewise 函数实现。在 Piecewise 函数中,当满足条件“x > 0”时,返回 x;当满足条件“x < 0”时,返回 -x;当前两个条件都不满足时,返回 0。由“Out[5]”可知,这里定义的 abs 函数为一个分段函数。

在上述“In[5]”中定义函数使用了立即赋值“=”;而在“In[3]”等前述的定义函数都使用了延时赋值“:=”。这两种赋值方式的不同在于,立即赋值(“=”)方式立即计算赋值号右边的表达式,并将计算的结果赋给赋值号左边的符号(或变量);延时赋值(“:=”)方式并不计算赋值号右边的表达式,而是将整个表达式的形式赋给左边的符号(或变量),当调用左边的符号(或变量)时才计算这个表达式。两者有本质上的区别,例如,在“In[5]”的函数 abs 定义中,不能指定参数的类型,因为立即赋值方式中,参数直接参与赋值号右边表达式的计算;而在延时赋值方式下,自定义函数时可以指定参数的类型,因为这类函数在调用时才检查参数合法性,并将参数代入函数体进行函数体的计算。“In[5]”中使用立即赋值的目的在于展示分段函数的数学形式的输出结果,如“Out[5]”所示。

然后,在“In[6]”中调用了自定义的 abs 函数计算 -3、5.1 和 -8/3 的绝对值,计算结果如“Out[6]”所示。

2.4 典型实例

本节将通过 5 个实例帮助读者巩固上述介绍的程序控制函数的用法。

实例一 求一个四位数的正整数,其前两位数字相同,后两位数字也相同,且该数为某个正整数的平方。

实例一的求解程序如图 2-18 所示。

在图 2-18 中,使用模块 Module 实现实例一中题目的求解,将模块 Module 延时赋值给符号 myEx1,这里可以使用立即赋值(“=”)方式,但是如果使用立即赋值方式,在“In[2]”输入完成后,按下“Shift+Enter”快捷键运行程序时将立即得到结果,而符号 myEx1 中保存的将是计算结果。这里为了增加程序调用的层次性,使用了延时赋值(“:=”)方式,符号 myEx1 保存了整个模块 Module,每次运行 myEx1 时将执行一次 Module 模块,得到计算结果。

在图 2-18 的“Module”模块中,定义了两个局部变量 d 和 s,其中,d 用于保存题目中所求的正整数的四个数位上的数字;s 用于保存这个正整数。通过语句“d=ConstantArray[0,4];”

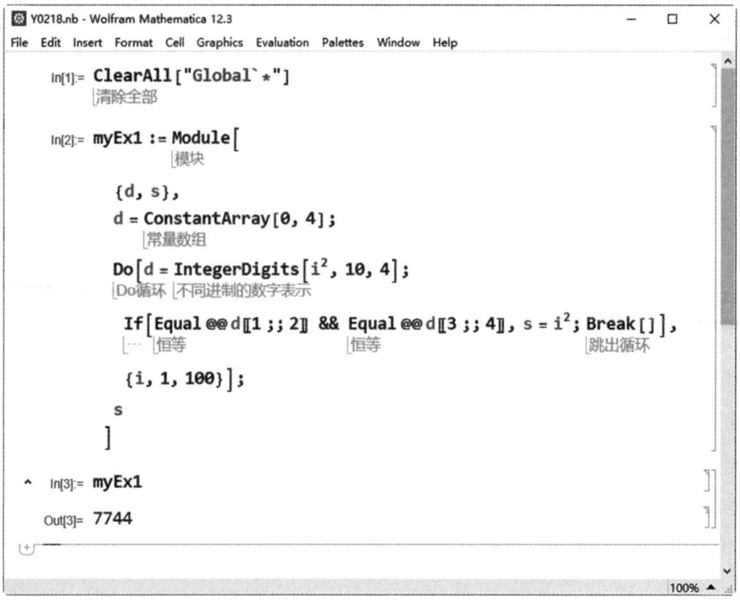

```
Y0218.nb - Wolfram Mathematica 12.3
File Edit Insert Format Cell Graphics Evaluation Palettes Window Help

In[1]:= ClearAll["Global`*"]
        清除全部

In[2]:= myEx1 := Module[
                 模块
          {d, s},
          d = ConstantArray[0, 4];
              常量数组
          Do[d = IntegerDigits[i², 10, 4];
          Do循环 不同进制的数字表示
           If[Equal @@ d[[1 ;; 2]] && Equal @@ d[[3 ;; 4]], s = i²; Break[]],
                恒等                  恒等                        跳出循环
           {i, 1, 100}];
          s
         ]

In[3]:= myEx1
Out[3]= 7744
```

图 2-18　实例一的求解程序

将 d 赋值为{0,0,0,0}，本质作用为初始化变量 d。这里的函数“ConstantArray[0,4]”产生一个长度为 4 的每个元素均为 0 的列表。然后，在“Do”函数中，执行以下语句：

```
"Do[ d = IntegerDigits[i²,10,4];
    If[Equal@@d[[1;;2]] && Equal@@d[[3;;4]], s = i²; Break[]],
    {i,1,100}];"
```

其中，循环变量 i 从 1 按步长 1 递增到 100，循环执行语句组“d=IntegerDigits[i^2,10,4]; If[Equal@@d[[1;;2]] && Equal@@d[[3;;4]], s=i^2; Break[]]”。在循环体内，首先借助于函数“IntegerDigits”提取 i^2 包含的 4 个十进制数字，将其赋值给 d，如果数字个数不够 4 个，在左边填充 0；然后，在“If”函数中，判断 d 是否满足其前两个数字相同且后两个数字也相同，如果满足这个条件，则令“$s=i^2$”，并调用函数“Break[]”退出 Do 函数。这时的 s 即为所求的四位数正整数。最后，s 作为模块的输出。

下面继续介绍 Do 函数内部调用的几个函数的含义：

(1) 函数 IntegerDigits 的基本用法为“IntegerDigits[整数 n，数制的基 b，数位的长度 len]”，它将整数 n 转化为 b 进制数，然后，提取长度为 len 的数位，如果数位不足，在左边补 0。例如，IntegerDigits[128，10，4]将返回{0，1，2，8}。

(2) 函数 Equal 是“等于”运算符“==”的函数形式，这里，列表 d 包括 4 个元素，依次记为 d[[1]]、d[[2]]、d[[3]]和 d[[4]]，列表中元素的索引使用双方括号的形式。而 d[[1;;2]]表示{d[[1]]，d[[2]]}，即“a;;b”表示索引号从 a 至 b。判定 d[[1]]和 d[[2]]的相等关系，可以使用“d[[1]]==d[[2]]”，也可以使用 Equal[d[[1]]，d[[2]]]，后一种形式还可以写成“Equal@@d[[1;;2]]”，其中“@@”表示使用其前面的符号替换其后面的表达式的标头，这里是将“Equal”替换“{d[[1]]，d[[2]]}”(即 d[[1;;2]])的标头，而“{d[[1]]，d[[2]]}”的标头为“List”(列表)，替换后变为“Equal[d[[1]]，d[[2]]]”。此外，表达式

“Equal@@d[[1;;2]]”和表达式“Apply[Equal,d[[1;;2]]]”作用相同。这些内容将在3.2.2节中详细介绍。

回到图2-18，在“In[3]”中输入“myEx1”，按下“Shift＋Enter”快捷键，得到结果为“7744”，如“Out[3]”所示，它的前两位数字都为7，后两位数字都为4，且为88的平方，为题目所求的正整数。

实例二 动物园里老虎总说真话，狐狸总说假话，猴子有时说真话、有时说假话。现有这3种动物各100只，分成100组，每组3只动物恰好一种2只，另一种1只。分好组后，功夫熊猫问每一只动物“你组内有老虎吗?”，结果恰有138只回答“有”；功夫熊猫又问每只动物“你组内有狐狸吗?”，结果有188只回答“有”。请计算两次都说真话的猴子有多少只。(奥数题)

现在，对实例二中的题目做一些分析：由于每组中只有2种动物，所以只可能有6种分组情况，而且猴子只能在4种情况的分组中，如表2-4所示，猴子只能位于分组种类的序号为“1、3、4、6”的分组中。由于猴子有时说真话、有时说假话，所以，它是需要重点关注的对象。现在，假设序号为“1”到“6”的种类的组数依次为x_1、x_2、x_3、x_4、x_5和x_6，根据题意，有$x_1+x_2+x_3+x_4+x_5+x_6=100$(第一个方程)，即一共100组。

表2-4 动物们分组情况分析

序号	种　　类	组数	回答“有”老虎的数目	回答“有”狐狸的数目
1	(老虎,老虎,猴子)	x_1	$2x_1+y$	x_1-y
2	(老虎,老虎,狐狸)	x_2	$2x_2$	$2x_2$
3	(猴子,猴子,老虎)	x_3	x_3+p	$2x_3-p$
4	(猴子,猴子,狐狸)	x_4	$3x_4-k$	k
5	(狐狸,狐狸,老虎)	x_5	x_5	x_5
6	(狐狸,狐狸,猴子)	x_6	$3x_6-z$	z

在表2-4中，由于每只动物的数目都是100只，由种类和组数可知，老虎有$2x_1+2x_2+x_3+x_5=100$只(第二个方程)、狐狸有$x_2+x_4+2x_5+2x_6=100$只(第三个方程)、猴子有$x_1+2x_3+2x_4+x_6=100$只(第四个方程)。

现在，根据题目中“老虎总说真话，狐狸总说假话，猴子有时说真话、有时说假话”的特点，把问题简化一下，设两次回答中，猴子要么都说真话，要么都说假话。因为由这个假设得到的答案一定能满足题目要求。由表2-4可知，只有4组(序号为“1、3、4、6”)中有猴子。现在做如下的分析：

(1) 对于序号为“1”的情况：假设序号为“1”的全部组中，共有y只猴子说真话，则说假话的猴子为x_1-y只，于是在这些组中，回答“有”老虎的数目为$2x_1+y$，回答“有”狐狸的数目为x_1-y。

(2) 对于序号为“2”的情况：序号为“2”的全部组中没有猴子，老虎总说真话，狐狸总说假话，于是在这些组中，回答“有”老虎的数目为$2x_2$，回答“有”狐狸的数目也为$2x_2$。

(3) 对于序号为“3”的情况：假设序号为“3”的全部组中，共有p只猴子说真话，则说假话的猴子为$2x_3-p$只，于是在这些组中，回答“有”老虎的数目为x_3+p，回答“有”狐狸的

数目为 $2x_3-p$。

(4) 对于序号为“4”的情况：假设序号为“4”的全部组中，共有 k 只猴子说真话，则说假话的猴子为 $2x_4-k$ 只，于是在这些组中，回答“有”老虎的数目为 $3x_4-k$，回答“有”狐狸的数目为 k。

(5) 对于序号为“5”的情况：序号为“5”的全部组中没有猴子，于是在这些组中，回答“有”老虎的数目为 x_5，回答“有”狐狸的数目为 x_5。

(6) 对于序号为“6”的情况：假设序号为“6”的全部组中，共有 z 只猴子说真话，则说假话的猴子为 x_6-z 只，于是在这些组中，回答“有”老虎的数目为 $3x_6-z$，回答“有”狐狸的数目为 z。

将上述的分析结果填到表 2-4 中。由题意和表 2-4 可知，回答“有”老虎的总数为 $138=2x_1+y+2x_2+x_3+p+3x_4-k+x_5+3x_6-z$（第五个方程），回答“有”狐狸的总数为 $188=x_1-y+2x_2+2x_3-p+k+x_5+z$（第六个方程）。

上述的六个方程中，其中前四个方程不是线性无关的，需要去掉一个方程，这里将第三个方程去掉。剩下五个方程，而一共有 10 个未知数，即 x_1、x_2、x_3、x_4、x_5、x_6、y、p、k、z，用剩下的五个方程可以消除 5 个未知数，这里用“x_5、x_6、p、k、z”表示“x_1、x_2、x_3、x_4、y”，将得到以下五个新的方程（借助于 Mathematica 求解，见图 2-19）：

$$\begin{cases} x_1=48-4x_5-x_6 \\ x_2=26+x_5 \\ x_3=-48+5x_5+2x_6 \\ x_4=74-3x_5-2x_6 \\ y=-184+k-p+9x_5+3x_6+z \end{cases}$$

这个方程还有一些约束条件，例如，要求组数为 0～50 的整数，即 x_1、x_2、x_3、x_4、x_5、x_6 均为整数且处于 0～50 内之间；根据说真话和说假话的猴子的数目不能小于 0，可得一些约束为 $0\leqslant y\leqslant x_1$、$0\leqslant p\leqslant 2x_3$、$0\leqslant k\leqslant 2x_4$、$0\leqslant z\leqslant x_6$。由假设可知，两次都说真话的猴子为 $y+p+k+z$。

图 2-19 中给出了求解实例二题目的程序。

在图 2-19 中，“In[2]”调用 Wolfram 语言内置函数 Solve 求解前述分析得到的包含五个独立方程的方程组，Solve 函数将在 4.1.2 节中详细介绍，这里的 Solve 函数的第一个参数为由五个方程组成的列表，注意每个方程中的等号必须使用相等符号“==”（中间没有空格），Solve 函数的第二个参数为因变量列表，这里为 x_1、x_2、x_3、x_4 和 y。Solve 函数解方程组求得的结果如“Out[2]”所示。

在图 2-19 的“In[3]”中，使用模块 Module 对“Out[2]”中的方程组进行求解，模块 Module 延时赋值给符号 myEx2。在模块 Module 内部，使用的变量的含义与问题分析中使用的同名符号含义相同。首先，在 Module 模块中定义的局部变量 x1、x2、x3、x4、y、s 中，s 用于保存问题的解，即两次都说真话的猴子的数目；其他变量与问题分析中的同名符号相同，只是问题分析中使用了下标表示变量，例如 x1，而在模块中，使用了 x1。模块的主体是一个 Do 函数，如下所示，为了介绍算法的方便，下面的代码中的变量使用了题目分析中的形式：

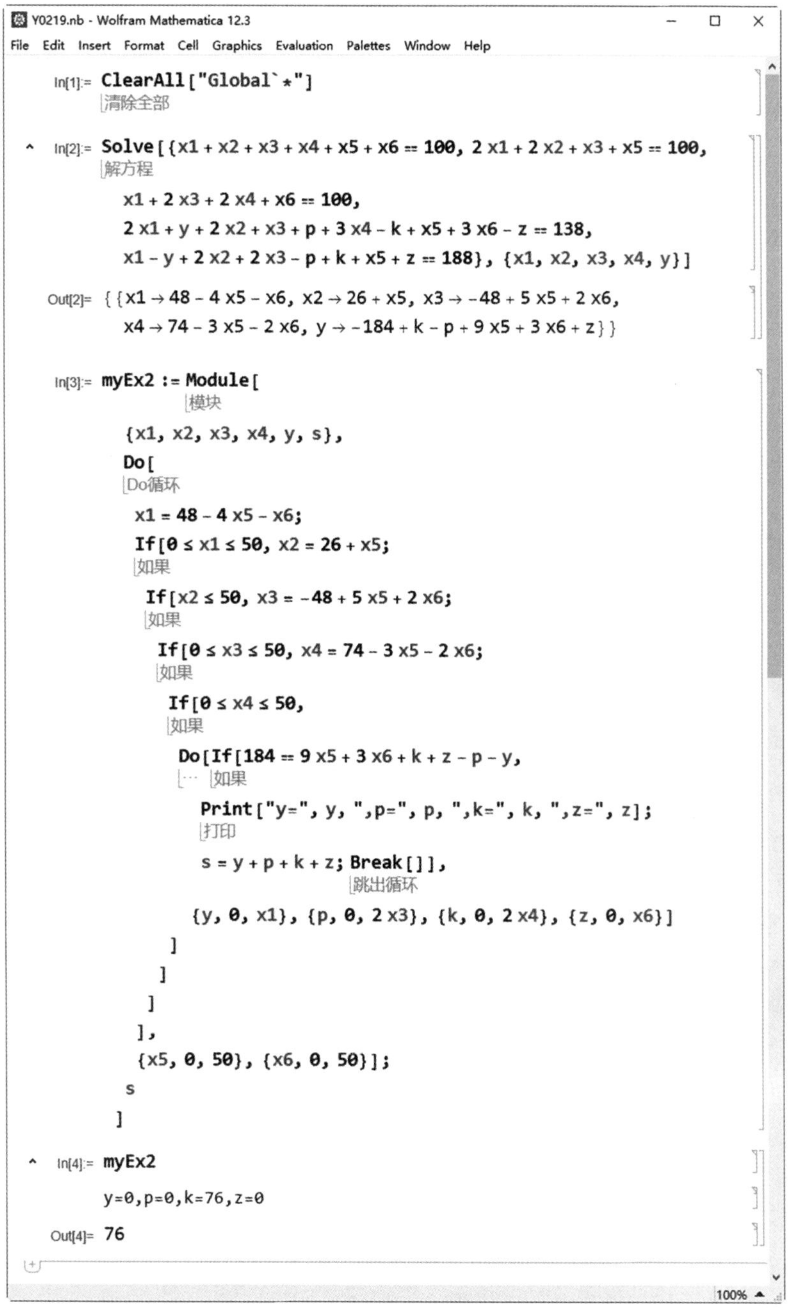

```
Y0219.nb - Wolfram Mathematica 12.3
File Edit Insert Format Cell Graphics Evaluation Palettes Window Help

In[1]:= ClearAll["Global`*"]
        清除全部

In[2]:= Solve[{x1 + x2 + x3 + x4 + x5 + x6 == 100, 2 x1 + 2 x2 + x3 + x5 == 100,
        解方程
          x1 + 2 x3 + 2 x4 + x6 == 100,
          2 x1 + y + 2 x2 + x3 + p + 3 x4 - k + x5 + 3 x6 - z == 138,
          x1 - y + 2 x2 + 2 x3 - p + k + x5 + z == 188}, {x1, x2, x3, x4, y}]

Out[2]= {{x1 → 48 - 4 x5 - x6, x2 → 26 + x5, x3 → -48 + 5 x5 + 2 x6,
          x4 → 74 - 3 x5 - 2 x6, y → -184 + k - p + 9 x5 + 3 x6 + z}}

In[3]:= myEx2 := Module[
                 模块
          {x1, x2, x3, x4, y, s},
          Do[
          Do循环
           x1 = 48 - 4 x5 - x6;
           If[0 ≤ x1 ≤ 50, x2 = 26 + x5;
           如果
            If[x2 ≤ 50, x3 = -48 + 5 x5 + 2 x6;
            如果
             If[0 ≤ x3 ≤ 50, x4 = 74 - 3 x5 - 2 x6;
             如果
              If[0 ≤ x4 ≤ 50,
              如果
               Do[If[184 == 9 x5 + 3 x6 + k + z - p - y,
               … 如果
                 Print["y=", y, ",p=", p, ",k=", k, ",z=", z];
                 打印
                 s = y + p + k + z; Break[]],
                                    跳出循环
                {y, 0, x1}, {p, 0, 2 x3}, {k, 0, 2 x4}, {z, 0, x6}]
              ]
             ]
            ]
           ],
           {x5, 0, 50}, {x6, 0, 50}];
          s
         ]

In[4]:= myEx2
        y=0,p=0,k=76,z=0
Out[4]= 76
```

图 2-19　实例二题目的求解程序

```
Do[
  x1 = 48 - 4 x5 - x6;
  If[0 <= x1 <= 50, x2 = 26 + x5;
    If[x2 <= 50, x3 = - 48 + 5 x5 + 2 x6;
      If[0 <= x3 <= 50, x4 = 74 - 3 x5 - 2 x6;
        If[0 <= x4 <= 50,
          Do[
```

```
              If[184 == 9x5 + 3x6 + k + z - p - y,
                Print["y = ",y,",p = ",p,",k = ",k,",z = ",z]; s = y + p + k + z;Break[]],
            {y,0,x1},{p,0,2x3},{k,0,2x4},{z,0,x6}]
          ](* End of If[0 <= x4 <= 50 *)
        ](* End of If[0 <= x3 <= 50,  *)
      ](* End of If[x2 <= 50 *)
    ], (* End of If[0 <= x1 <= 50 *)
  {x5,0,50},{x6,0,50}]
```

在上述代码中，最外层的 Do 函数的循环变量为 x_5 和 x_6，当 x_5 从 0 按步长 1 递增到 50 的过程中，对于每个 x_5，x_6 都从 0 按步长 1 递增到 50，在这一过程中，循环执行最外层的 Do 函数的循环体，在这个循环体内：根据图 2-19 中“Out[2]”得到的方程，首先由“Out[2]”的第一个方程计算 x_1；如果计算得到的 x_1 数值合理(第一个 If 函数，即最外层的 If 函数为真)，则按“Out[2]”中的第二个方程计算 x_2；如果计算得到的 x_2 数值合理(第二个 If 函数为真)，则由“Out[2]”中的第三个方程计算 x_3；如果计算得到的 x_3 数值合理(第三个 If 函数为真)，则根据“Out[2]”中的第四个方程计算 x_4；如果计算得到的 x_4 数值合理(第四个 If 函数为真)，则进入内层的 Do 函数，如下所示：

```
Do[
    If[184 == 9x5 + 3x6 + k + z - p - y, Print["y = ",y,",p = ",p,",k = ",k,",z = ",z]; s = y + p +
k + z;Break[]],
   {y,0,x1},{p,0,2x3},{k,0,2x4},{z,0,x6}]
```

在上述内层的 Do 函数中，循环变量为 y、p、k、z，变量的变化规律为：y 从 0 按步长 1 递增到 x_1 的过程中，对于每个 y，p 由 0 按步长 1 递增到 $2x_3$，然后，在 y 和 p 的每组取值下，k 从 0 按步长 1 递增到 $2x_4$，在 y、p 和 k 的每组取值下，z 由 0 按步长 1 递增到 x_6。在每一组循环变量下，判断“Out[2]”的第五个方程是否满足，即判断“$184==9x_5+3x_6+k+z-p-y$”是否成立，如果成立，则调用 Print 函数打印 y、p、k、z 的值，并令 $s=y+p+k+z$，即将 y、p、k、z 的和赋给 s，跳出循环。

在最外层的 Do 函数内部的所有 If 函数(包括内层 Do 函数内的 If 函数)，都是当条件为真时执行语句，而当条件为假时无操作。

最内层的 Do 函数中的 If 函数中，当条件满足时，将打印一组 y、p、k、z 的值，这一组值的和即为满足题目要求的解。这里的 If 函数的条件满足时，调用 Break 函数跳出最内层的 Do 函数，而不是终止程序执行。这么做的原因在于，分析这个题目时，认为这个题目可能有多个解，所以发现一个解后，继续循环搜索新的解。但是，最后发现，实例二所示的问题只有一个解，即 76，如图 2-19 中的“Out[2]”所示。

最后，这个程序在作者使用的计算机(AMD Ryzen 9 3950X CPU 和 64GB DDR4 3200MHz 内存)上的运行时间约为 36 秒。把内层的 Do 函数中的 Break 函数删除后，进行完全搜索的求解时间约为 37 秒，可见，删除 Break 函数对于运算时间的影响不大。为了进行完全搜索而对内层 Do 函数修改如下(其余部分无修改)：

```
Do[If[184 == 9x5 + 3x6 + k + z - p - y, Print["y = ",y,",p = ",p,",k = ",k,",z = ",z];
    s = y + p + k + z; Print["s = ",s]],
{y,0,x1},{p,0,2x3},{k,0,2x4},{z,0,x6}]
```

即上述修改的代码将原来的“Break[]”修改为“Print["s=",s]”。修改后的程序及其运行结果如图 2-20 所示。

```
In[3]:= myEx2 := Module[
          {x1, x2, x3, x4, y, s},
          Do[
           x1 = 48 - 4 x5 - x6;
           If[0 ≤ x1 ≤ 50, x2 = 26 + x5;
            If[x2 ≤ 50, x3 = -48 + 5 x5 + 2 x6;
             If[0 ≤ x3 ≤ 50, x4 = 74 - 3 x5 - 2 x6;
              If[0 ≤ x4 ≤ 50,
               Do[If[184 == 9 x5 + 3 x6 + k + z - p - y,
                 Print["y=", y, ",p=", p, ",k=", k, ",z=", z];
                 s = y + p + k + z; Print["s=", s]],
                {y, 0, x1}, {p, 0, 2 x3}, {k, 0, 2 x4}, {z, 0, x6}]
               ]
              ]
             ]
            ],
           {x5, 0, 50}, {x6, 0, 50}];
          s
         ]

In[4]:= myEx2 // AbsoluteTiming

        y=0,p=0,k=76,z=0
        s=76

Out[4]= {36.9969, 76}
```

图 2-20 修改后的完全搜索函数 myEx2 和运算时间

在图 2-20 中,这里不再赘述 myEx2,在“In[4]”中“myEx2//AbsoluteTiming”相当于“AbsoluteTiming[myEx2]”,这种函数调用的表示方法还将在 4.1.5 节中介绍,这里函数 AbsoluteTiming 用于统计函数 myEx2 的运行时间,如“Out[4]”所示。在“Out[4]”中,“36.9969”表示运行时间为 36.9969 秒,而“76”为实例二所示题目的答案。

实例三 全为素数的数列,如{2, 3, 5, 7, 11, 13,…}称为素数序列,而类似于 7, 37, 67, 97, 127, 157 这样完全由素数组成的等差序列,叫作等差素数序列,该序列公差为 30,长度为 6。2004 年,格林和陶哲轩合作证明了:存在任意长度的素数等差序列。这是数论领域一项惊人的成果。基于这一理论基础,请求出长度为 12 的等差素数序列,并给出其公差的值。(蓝桥杯试题)

实例三的程序如图 2-21 所示。

在图 2-21 中,定义了函数 myEx3a(没有参数),用模块 Module 实现。在模块 Module 内部,定义了两个局部变量 seq 和 dif,其中,seq 用于保存题目所要求解的长度为 12 的素数等差序列,dif 保存这个等差序列的公差。然后,在 Do 函数内部进行求解运算,Do 函数的循环变量为 i 和 j,当 i 从 1 按步长 1 递增到 400 000 这一过程中,对于每个 i,j 从 1 按步长 1 递增到 70 000,对于每一组 i 和 j 的组合,Do 函数循环执行以下语句:

```
"seq = Prime[i] + j * Range[0,11]; If[Apply[SameQ,PrimeQ[seq]],dif = j;Break[]],"
```

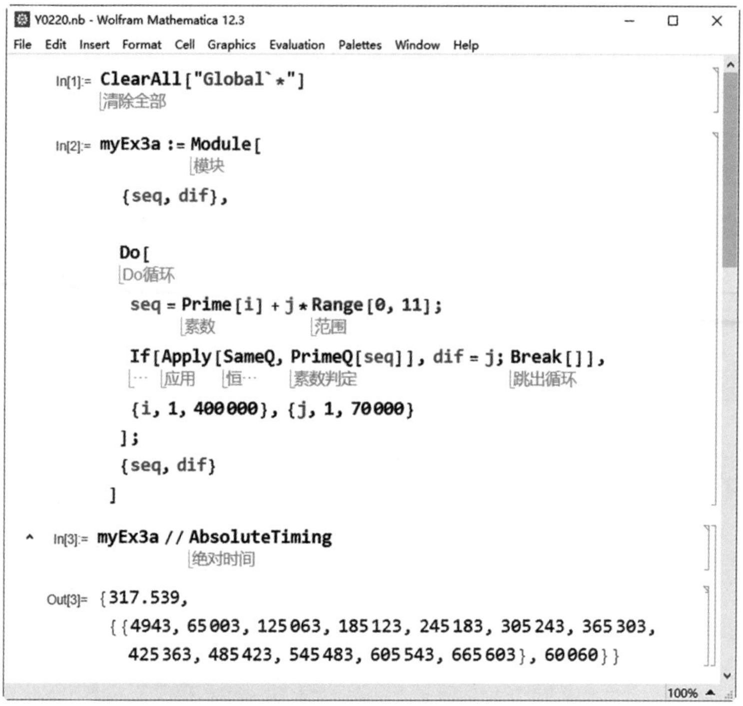

```
Y0220.nb - Wolfram Mathematica 12.3
File  Edit  Insert  Format  Cell  Graphics  Evaluation  Palettes  Window  Help

In[1]:= ClearAll["Global`*"]
        清除全部

In[2]:= myEx3a := Module[
                  模块
          {seq, dif},

          Do[
          Do循环
            seq = Prime[i] + j * Range[0, 11];
                  素数          范围
            If[Apply[SameQ, PrimeQ[seq]], dif = j; Break[]],
            … 应用   恒…     素数判定                 跳出循环
            {i, 1, 400000}, {j, 1, 70000}
          ];
          {seq, dif}
        ]

In[3]:= myEx3a // AbsoluteTiming
                  绝对时间

Out[3]= {317.539,
         {{4943, 65003, 125063, 185123, 245183, 305243, 365303,
           425363, 485423, 545483, 605543, 665603}, 60060}}
                                                          100%
```

图 2-21　实例三的实现程序

在上述语句中，函数 Prime[i]表示生成第 i 个素数，Range[0，11]生成序列{0，1，…，11}，因此，语句“seq=Prime[i]+j * Range[0，11]”生成了公差为 j 且第一个元素为素数 Prime[i]的等差序列，这个序列赋给局部变量 seq；表达式“Apply[SameQ，PrimeQ[seq]]”用于判断序列 seq 中的元素是否全为素数，如果全为素数，则返回真；否则，返回假。这里，谓词函数 PrimeQ[表达式]用于判断“表达式”是否为素数，且 PrimeQ 具有“Listable”属性(用语句 Attributes[PrimeQ]查看)，所以，PrimeQ[seq]返回 seq 序列(这里是列表)的每个元素的检验结果。例如，PrimeQ[{3，5，7，9}]将返回“{True，True，True，False}”。表达式“Apply[SameQ，PrimeQ[seq]]”将 SameQ 函数作为 PrimeQ[seq]的结果列表的标头，如果 SameQ 的每个参数都相同，则返回 True；否则返回 Flase。SameQ 函数就是“===”(中间无空格)的函数形式，例如，SameQ[True，True，True，False]的结果为 False。

对于 Do 函数中的 If 函数，即“If[Apply[SameQ，PrimeQ[seq]]，dif=j；Break[]]”而言(作为练习，试着优化该 If 函数，当判断了一个数不为素数时，其后的数无须再调用 PrimeQ 判断)，当条件“Apply[SameQ，PrimeQ[seq]]”为真时，说明等差序列 seq 的每个元素都为素数，即 seq 为等差素数序列，此时，将 j 赋给 dif，dif 即为公差，然后，调用 Break 函数退出 Do 函数。此时，seq 保存了等差素数序列。列表{seq，dif}作为模块的输出。

在图 2-21 的“In[3]”中，调用函数 myEx3a，并使用函数 AbsoluteTiming 统计函数的执行时间，结果列于“Out[3]”中。由“Out[3]”可知，运行时间为 317.539 秒，计算得到的等差素数序列为“{4943，65003，125063，185123，245183，305243，365303，425363，485423，545483，605543，665603}”，公差为 60060。

图 2-21 所示程序的运行时间约为 5 分钟，这个时间并不算长，但是，这是在已经算得公

差为 60 060 的情况下，将图 2-21 中的 Do 函数的循环变量 j 的值调整到 700 00 后的结果。最开始编写这个程序时，并不知道公差是多少，这时循环变量 j 给的值远大于 70 000，计算出结果的时间显著增长。下面讨论这个题目缩短计算时间的改进算法。

事实上，两位数学家格林和陶哲轩还得出了一个定理，即长度为 k 的素数等差序列，它们的公差能被小于 k 的所有素数整除。实例三中，k=12，k 小于 12 的所有素数为 2、3、5、7、11，这里素数的积为 2310，因此，由这个定理可知，所求的等差序列的公差应为 2310t 的形式，t=1,2,3,…）。根据这个定理，改进后的程序如图 2-22 所示。

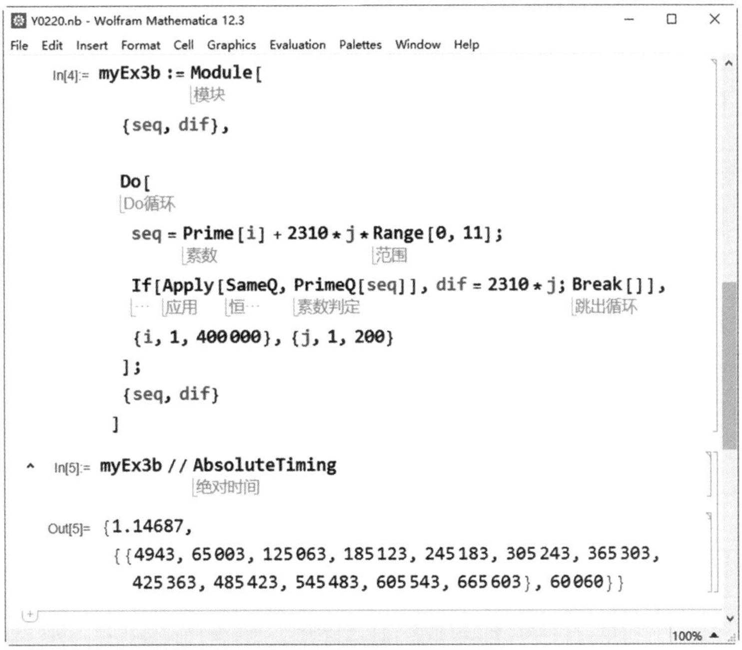

```
Y0220.nb - Wolfram Mathematica 12.3
File Edit Insert Format Cell Graphics Evaluation Palettes Window Help

In[4]:= myEx3b := Module[
                  模块
          {seq, dif},

          Do[
          Do循环
           seq = Prime[i] + 2310 * j * Range[0, 11];
                 素数                 范围
           If[Apply[SameQ, PrimeQ[seq]], dif = 2310 * j; Break[]],
              应用   恒…    素数判定                         跳出循环
           {i, 1, 400000}, {j, 1, 200}
          ];
          {seq, dif}
         ]

In[5]:= myEx3b // AbsoluteTiming
                  绝对时间

Out[5]= {1.14687,
         {{4943, 65003, 125063, 185123, 245183, 305243, 365303,
           425363, 485423, 545483, 605543, 665603}, 60060}}
```

图 2-22　实例三改进的程序

相对于图 2-21 中的函数 myEx3a 而言，在图 2-22 所示的函数 myEx3b 中，将 Do 函数的第二个循环变量 j 的循环控制改为"{j,1,200}"，同时将序列 seq 的计算公式调整为"seq=Prime[i]+2310 * j * Range[0,11]，"，此时的"2310 * j"（而不再是"j"）才是公差。因此，公差为"dif=2310 * j"。

由"In[5]"和"Out[5]"可知，改进后的程序的执行时间为 1.14687 秒，可见，相对于函数 myEx3a 而言，myEx3b 的运行时间显著缩短。

本章小结

本章详细介绍了基于 Wolfram 语言进行过程化编程的方法，重点介绍了 4 种循环控制方式和 4 种选择控制方式，并通过实例展示了这些控制函数的具体用法。在本章的阐述中，不得不提前使用一些后续章节才会介绍的函数和列表知识，凡是遇到这类函数的地方，都进行了针对性的阐述，可帮助读者无须查阅后续内容就能通畅地读懂本章内容。

学习一门编程语言，不但要掌握它的语法，更重要的是不断地应用和实践，这样才能有效地提高编程水平。本章中的一些例子，在 Wolfram 语言中有相应的内置函数，直接调用这些内置函数也可以得到相同的计算结果。但是，现实是总有一些算法需要编程者编写自定义函数，正是出于这一目的，在本章详细介绍了使用 Wolfram 语言进行自定义函数设计和过程控制的方法。在实际的工程设计中，自定义函数应尽可能地多调用 Wolfram 语言内置函数，以简化算法流程并加快处理速度。下一章将介绍 Wolfram 语言的基础数据结构——列表。

第3章 Wolfram语言列表

在 Wolfram 语言中，各种类型的数据均由原子类型数据构成，而用花括号“{ }”包围起来的各种类型数据的结构称为列表(List)。例如，“{a,b,1,2,3,{5.1}}”为长度为 5 的列表，由符号 a、b 和整数 1、2、3 以及一个子列表{5.1}构成。Wolfram 语言为函数式的语言，花括号“{ }”对应的函数为 List，上述的列表“{a,b,1,2,3,{5.1}}”在 Wolfram 语言内部的形式为“List[a,b,1,2,3,List[5.1]]”(借助于函数 FullForm[{a,b,1,2,3,{5.1}}]查看)。使用花括号或 List 函数是创建列表的基本方法，此外，Wolfram 语言提供了创建列表的大量内置函数。本章将详细介绍列表的创建函数和基于列表的常用操作函数等。列表是 Wolfram 语言中最常用的基础数据结构，熟悉列表的创建和操作方法是全面掌握 Wolfram 语言的关键。

3.1 列表构造

Wolfram 语言中，数据的存储和处理主要基于列表实现。最直接的创建列表方法为使用 List 函数或花括号，并手动输入列表中的数据，如图 3-1 所示。

在图 3-1 中，“In[2]”使用 List 函数创建了一个列表 t1，“In[3]”使用花括号方式创建了另一个列表 t2，“In[4]”创建了一个空列表 t3。在“In[5]”中使用 Length 函数统计了列表 t1、t2 和 t3 的长度，如“Out[5]”所示，依次为 4、6 和 0。“In[6]”调用 FullForm 函数显示了列表 t2 的完全格式，即 Wolfram 语言表示列表 t2 的格式，可见列表是用 List 函数施加于一组数据而构成的结构。

借助于花括号“{ }”和 List 函数手动创建列表，考虑时间因素，仅限于创建列表元素个数比较少的小型列表。对于大型列表而言，一般借助于各种数据传感器采集感兴趣的数据信息，这些数据以数据文件的形式保存在硬盘或云盘上，然后，借助于 Import 函数将这些数据导入 Mathematica 软件中，以列表的形式存储；对于一些有规律的列表，可以借助于 Wolfram 语言的内置列表构造函数构造。下面将介绍 Import 函数和常用的列表构造函数。

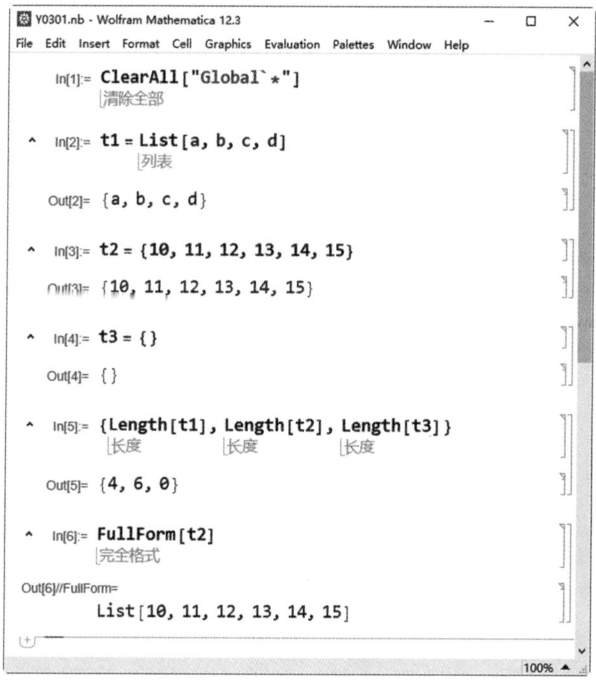

图 3-1　直接创建列表的方法

3.1.1　Import 函数

Import 函数可以向笔记本中导入各种类型的文件数据，也可以像“爬虫”一样从网站上导入网页数据等。Import 函数功能极其强大，而且随着 Mathematica 软件版本的升级，Import 函数正在支持越来越多的数据文件类型。目前已经支持 234 种数据文件类型格式，可以通过全局参数“$ImportFormats”查看，其中，几乎包括全部图像数据文件格式。

下面以 XML 格式文档和 Excel 格式文档为例介绍 Import 函数导入文件数据的用法。这里，打开 Word 软件编辑一个文件，如图 3-2 所示，将该文件存储为 XML 格式文件，文件名取为 D0301. xml，保存在目录“E:\ZYMaths\YongZhang”下。

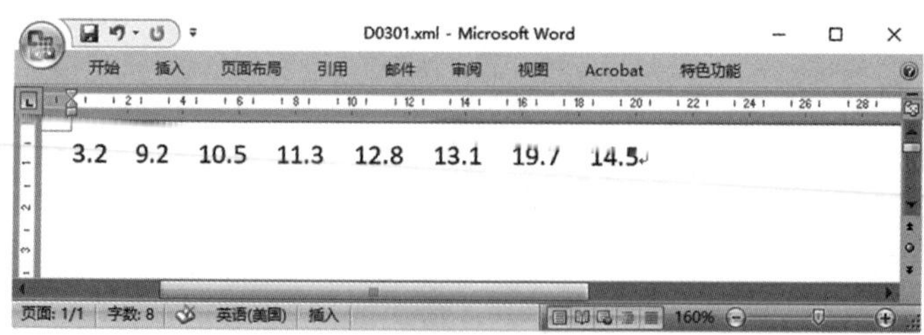

图 3-2　XML 文档 D0301. xml

由图 3-2 可知，文档 D0301. xml 的内容为一个浮点数序列。

现在，打开 Excel 软件编辑一个电子表格，如图 3-3 所示，将文件命名为 D0302. xlsx，保存在目录“E:\ZYMaths\YongZhang”下。

	A	B	C
1	No.	Quantity	Price
2	1	1200	35.5
3	2	1330	40.3
4	3	1260	42.3
5	4	1180	47.9
6	5	1240	50.3
7	6	1300	53.8
8	7	1270	58.1
9	8	1310	61.4
10	9	1290	65.6
11	10	1210	70.2
12	11	1230	74.4
13	12	1220	80.9

图 3-3 Excel 格式文件 D0302. xlsx

在图 3-3 中,Excel 文件 D0302. xlsx 具有一个表单 Sheet1,为一个 13 行 3 列的电子表格。

Import 函数可以读取上述两个文件中的内容,如图 3-4 所示。

在图 3-4 中,"In[1]"调用函数"ClearAll["Global' * "]"清除笔记本中已定义的变量的值,然后,调用"SetDirectory[NotebookDirectory[]]"将工作目录设置为"E:\ZYMaths\YongZhang",如"Out[1]"所示。

在"In[2]"中,使用 Import 函数从"D0301. xml"文件中读取数据,使用了选项"CDATA",表示读取数据项,此时,将 D0301. xml 中的数据以字符串列表的形式读出,而这个字符串列表的第一个元素为图 3-2 中显示的数据。所以,使用 First 函数获取读到的字符串列表的第一个元素,并将其赋给 t1,t1 的值如"Out[2]"所示。这里,全局变量 t1 的值为一个字符串,在"In[3]"中使用函数"InputForm[t1]"可以显示 t1 的输入形式,如"Out[3]"所示,即"3.2 9.2 10.5 11.3 12.8 13.1 19.7 14.5",这一个由双引号包围的字符串。现在,将字符串形式的 t1 转化为数值列表。在"In[4]"中调用函数"StringSplit[t1]",从 t1 中的空格处分隔字符串 t1,得到一个字符串列表,保存在 t2 中,如"Out[4]"所示。然后,在"In[5]"中调用函数"ToExpression[t2]"将字符串列表 t2 转化为数值列表,保存在 t3 中,如"Out[5]"所示。

上述操作表明,函数 Import 以字符串列表的形式读取 XML 文件中的内容,读出的数据常常需要进行后续的处理,这与 XML 文件存储格式有关。Excel 格式文件中的数据有明确的类型标识,Import 函数读取 Excel 格式文件的数据可以识别数据的类型。在"In[6]"中调用"Import["D0302. xlsx"]"读取图 3-3 所示 Excel 文件 D0302. xlsx 中的内容,读出的结果保存在 t4 中,如"Out[6]"所示,这是一个三层的列表,这个列表的每个子列表对应着一个 Excel 文件中的表单。由图 3-3 可知,这里的 D0302. xlsx 只有一个表单"Sheet1",所以,t4 仅有一个子列表。这个子列表为一个二维的列表,它的每个子列表对应着图 3-3 中的一行数据。

在图 3-4 的"In[7]"中使用 TableForm 函数将 t4 中的数据以表格的形式呈现,这里的 TableForm 函数的第一个参数为"Rest[First[t4]]",其中,"First[t4]"返回列表 t4 的第一个元素,这里是返回 t4 的第一个子列表,即"{{No., Quantity, Price}, {1., 1200., 35.5}, {2., 1330., 40.3}, {3., 1260., 42.3}, {4., 1180., 47.9}, {5., 1240., 50.3}, {6., 1300.,

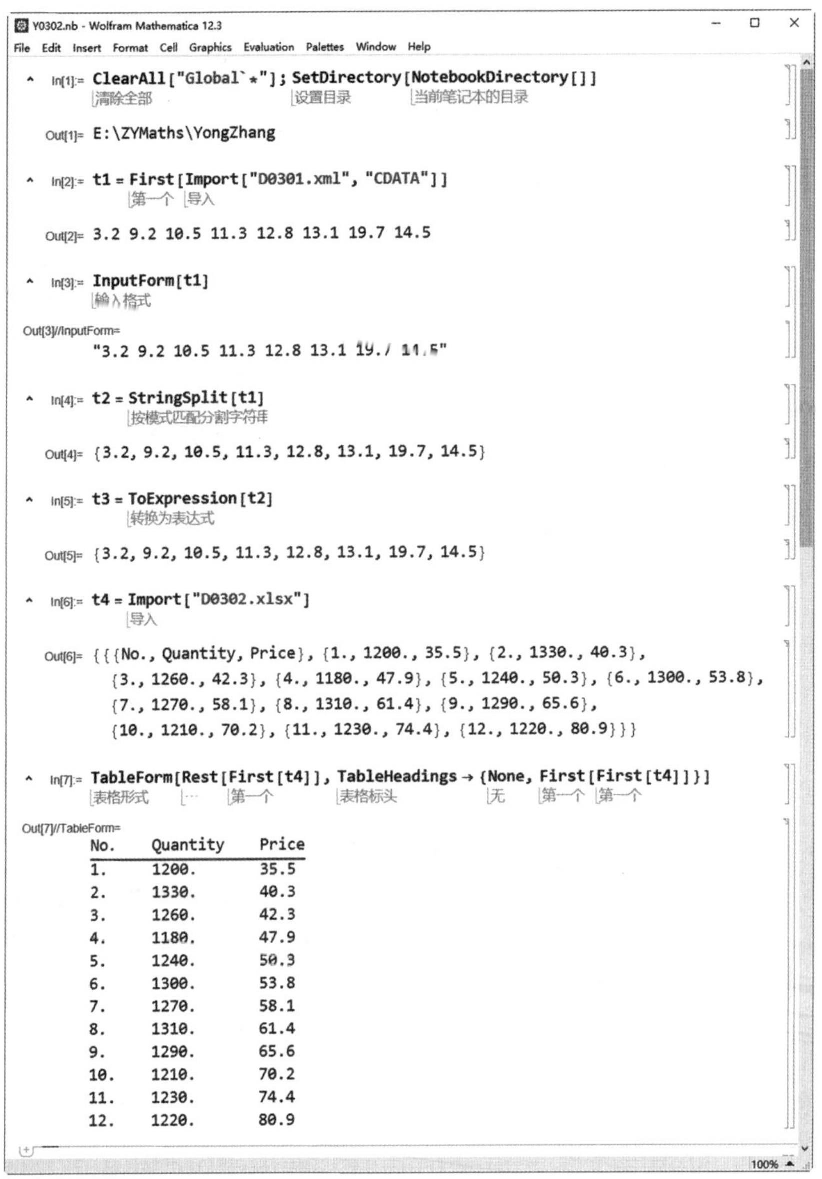

图 3-4 Import 函数读取 XML 格式文件和 Excel 文件

53.8},{7.,1270.,58.1},{8.,1310.,61.4},{9.,1290.,65.6},{10.,1210.,70.2},{11.,1230.,74.4},{12.,1220.,80.9}}",然后,"Rest[First[t4]]"返回"First[t4]"的除第一个元素外的元素构成的列表,即"{1.,1200.,35.5},{2.,1330.,40.3},{3.,1260.,42.3},{4.,1180.,47.9},{5.,1240.,50.3},{6.,1300.,53.8},{7.,1270.,58.1},{8.,1310.,61.4},{9.,1290.,65.6},{10.,1210.,70.2},{11.,1230.,74.4},{12.,1220.,80.9}}"。其中函数"Rest[列表]"得到丢掉"列表"的第一个元素的新列表。TableForm 函数的第二个参数为选项"TableHeadings->{None,First[First[t4]]}",用于设定表格的行标题和列标题,其中 None 表示无行标题,而列标题为"First[First[t4]]",表示 t4 的第一个元素(这里为二层子列表)的第一个元素(这个元素仍为列表),即"{No.,Quantity,Price}"。TableForm 函数的

显示结果如图 3-4 的“Out[7]”所示。

除了读取数据文件外，Import 函数还常用于读取图像文件。类似于上述将创建的 XML 文档和 Excel 文件先保存到工作目录再调用 Import 函数读取其文件内容相似，需要先将拟读取的图像文件保存到工作目录中，然后使用 Import[“图像文件全名”]读取图像文件内容，并以图像的形式显示在笔记本中。在 Import 函数中必须输入“图像文件全名”，即包含图像文件的文件名和扩展名。如果图像文件不在工作目录中，Import 函数需要使用完整的路径名加上图像文件全名读取图像文件内容。

在笔记本中，输入“$Path”可以查看 Mathematica 软件的默认搜索路径，其中，包括目录“C:\Program Files\Wolfram Research\Mathematica\12.3\Documentation\English\System\”。在这个目录下有一个子目录“ExampleData”，在这个子目录中有一些实例数据文件，其中包括“rose.gif”。可借助 Import 函数读取这个图像文件，其语句为“Import["C:\\Program Files\\Wolfram Research\\Mathematica\\12.3\\Documentation\\English\\System\\ExampleData\\rose.gif"]”。在使用“Import”函数读取文件时，默认的搜索路径可以省略，上述语句中只需要输入“Import["ExampleData\\rose.gif"]”或“Import["ExampleData/rose.gif"]”，这里子目录的分隔符使用双斜线“\\”或反斜线“/”。注意：子目录“ExampleData/”不能省略，因为它不在默认的搜索路径中。图 3-5 为 Import 函数读取图像文件的实例。

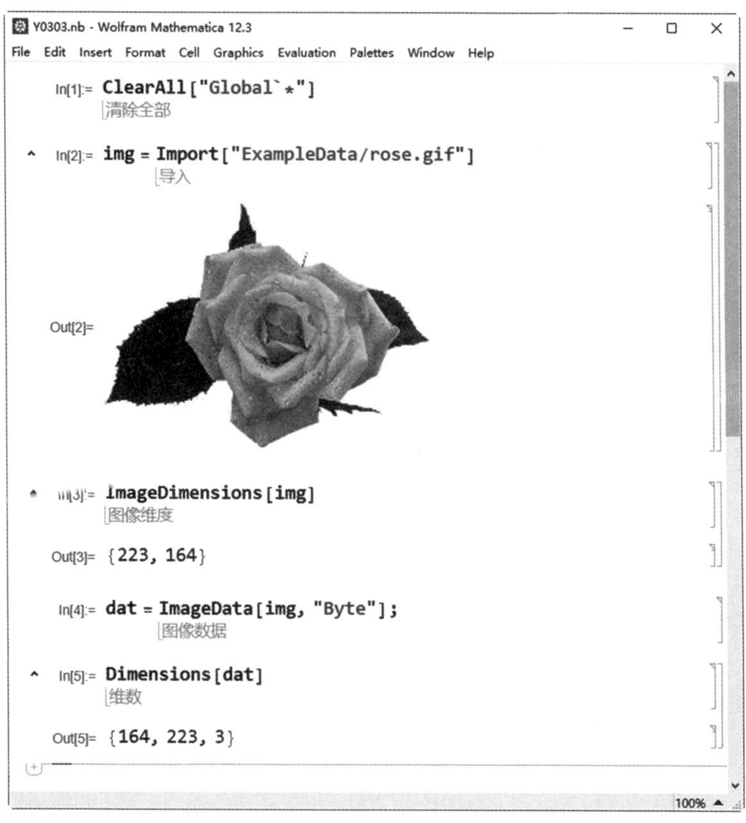

图 3-5 Import 函数读取图像文件的实例

在图 3-5 中,“In[2]”执行语句“img=Import["ExampleData/rose.gif"]”读取图像文件 rose.gif,赋给全局变量 img,并在“Out[2]”中显示了该图像(“玫瑰花”)。在“In[3]”中使用语句“ImageDimensions[img]”获取图像 img 的大小,如“Out[3]”所示为“{223,164}”,表示图像的宽为 223,高为 164,即这是一幅 164×223 像素点的彩色图像。在“In[4]”中,执行语句“dat=ImageData[img,"Byte"];”,使用函数“ImageData”获取图像中的数据(即每个像素点的值),参数“Byte”表示像素点的数据以字节形式读取,读取的数据保存在全局变量 dat 中。由于图像 img 为一幅彩色图像,每个像素点由 R(红色)、G(绿色)和 B(蓝色)三色表示,因此,dat 的大小为 164×223×3。在“In[5]”中使用语句“Dimensions[dat]”得到 dat 的维数,如“Out[5]”所示,为“{164,223,3}”。

函数 Import 还可以像“网络爬虫”一样从互联网上爬取数据,例如,语句“Import["http://www.wolfram.com"]”将读取网页“http://www.wolfram.com”上的文本数据;而语句“Import["http://www.wolfram.com","Images"]”将读取该网页上的图像;语句“Import["http://www.wolfram.com","Hyperlinks"]”将读取该网页上的超链接信息。此外,与函数 Import 功能相对的函数为 Export 函数,用于输出笔记本中的列表数据。

3.1.2 Table 函数

列表数据有规律的列表可用 Table 函数生成。Table 函数是 Wolfram 语言最常用的函数,它的用法和 Do 函数相似,可以实现循环功能,但需注意:①在 Table 函数内部不能使用 Continue 函数和 Break 函数,Do 函数中可以使用这两个函数;②Do 函数没有输出,Table 函数输出一个列表;③Table 函数的执行速度远远高于 Do 函数、For 函数和 While 函数等循环控制函数,所以,常使用 Table 函数替换这些循环控制函数。

Table 函数的语法如下:

(1) Table[表达式, n],表示循环执行“表达式”n 次,生成一个长度为 n 的列表,每个元素为“表达式”在循环时计算得到的值。

(2) Table[表达式, n_1, n_2,…,n_k],这是上述第(1)个语法的扩展版本,表示循环执行“表达式”$n_1\times n_2\times\cdots\times n_k$ 次,生成一个大小为 $n_1\times n_2\times\cdots\times n_k$ 的列表,每个元素为“表达式”在循环时计算得到的值。

(3) Table[表达式, {i, i_{max}}],表示循环变量 i 从 1 按步长 1 递增到 i_{max},循环执行“表达式”,生成一个列表,列表的每个元素为“表达式”在循环执行时计算得到的值。这里的循环变量 i 为属于 Table 表的局部变量,所以,在 Table 函数的嵌套中(Table 表达式中还有 Table 函数),两个 Table 函数可以使用相同的局部变量。但是,为了增强程序的可读性,建议嵌套的 Table 函数使用不同的循环变量。

(4) Table[表达式, {i, i_{min}, i_{max}}],表示循环变量 i 从 i_{min} 按步长 1 递增到 i_{max},循环执行“表达式”,生成一个列表,列表的每个元素为“表达式”在循环执行时计算得到的值。这里的循环变量 i 为属于 Table 表的局部变量。

(5) Table[表达式, {i, i_{min}, i_{max}, di}],表示循环变量 i 从 i_{min} 按步长 di 递增到 i_{max},循环执行“表达式”,生成一个列表,列表的每个元素为“表达式”在循环执行时计算得到的值。这里的循环变量 i 为属于 Table 表的局部变量。

(6) Table[表达式，{i，{i_1，i_2，…}}]，表示循环变量 i 从列表{i_1，i_2，…}中依次取值，循环执行"表达式"，生成一个列表，列表的每个元素为"表达式"在循环执行时计算得到的值。这里的循环变量 i 为属于 Table 表的局部变量。

上述的第(3)～(6)种语法均生成一维列表，这些语法均可以扩展为生成多层列表的版本，如下所示：

(7) Table[表达式，{i_1，$i_{1,max}$}，{i_2，$i_{2,max}$}，…，{i_n，$i_{n,max}$}]，上述第(3)种语法的扩展版本。

(8) Table[表达式，{i_1，$i_{1,min}$，$i_{1,max}$}，{i_2，$i_{2,min}$，$i_{2,max}$}，…，{i_n，$i_{n,min}$，$i_{n,max}$}]，上述第(4)种语法的扩展版本。

(9) Table[表达式，{i_1，$i_{1,min}$，$i_{1,max}$，di_1}，{i_2，$i_{2,min}$，$i_{2,max}$，di_2}，…，{i_n，$i_{n,min}$，$i_{n,max}$，di_n}]，上述第(5)种语法的扩展版本。

(10) Table[表达式，{i_1，{$i_{1,1}$，$i_{1,2}$，…}}，{i_2，{$i_{2,1}$，$i_{2,2}$，…}}，…，{i_3，{$i_{3,1}$，$i_{3,2}$，…}}]，上述第(6)种语法的扩展版本。

在上述 Table 函数的 10 种语法中，其中"表达式"的值是"串行"计算的。这里用第(3)种语法"Table[表达式，{i，i_{max}}]"为例说明一下："Table[表达式，{i，i_{max}}]"的执行将得到一个长度为 i_{max} 的列表，该列表具有 i_{max} 个元素，每个元素依次计算，即当 i 取值 1 时，计算一次"表达式"的值(表达式中可能会用到 i 的值)，得到列表的第 1 个元素；然后 i 递增 1，此时再计算一次"表达式"的值(表达式中可能会用到 i 的值)，得到列表的第 2 个元素；以此类推，直到 i 取 i_{max}，再最后计算一次"表达式"的值(表达式中可能会用到 i 的值)，得到列表的最后一个元素。

Table 的这种计算方式与 Do 函数计算方式相同，着重强调这种计算方式的目的在于两种原因：

其一，Wolfram 语言中还有一个并行计算函数 ParallelTable，它的语法和用法与 Table 的语法和用法相同，但可以并行执行。例如下面的两条语句：

(1) Table[Pause[1];RandomInteger[10],10]//AbsoluteTiming。

(2) ParallelTable[Pause[1];RandomInteger[10],10]//AbsoluteTiming。

上述这两条语句中的表达式均为"Pause[1]; RandomInteger[10]"，这里的"Pause[1]"表示暂停 1 秒，"RandomInteger[10]"表示生成一个 0～10 的随机整数。对于使用 Table 函数的第(1)条语句，由于"表达式"被串行 10 次，所花费的时间至少为 10 秒，因为其中的延时一秒函数"Pause[1]"被串行执行了 10 次。而第(2)条语句，由于使用了并行计算，所有的表达式均并行执行，只花费了一秒多的运行时间。注意：并行计算在计算前需要做大量的数据预处理工作，当执行简单的计算时，ParallelTable 函数可能不如 Table 函数快。

其二，还有一个 ConstantArray 函数可以像上述 Table 函数的第(1)种语法一样，生成常数列表。但是，在 ConstantArray 函数中表达式只计算一次。

下面通过典型实例依次介绍 Table 函数各种语法的应用方法，先讨论 Table 函数的第(1)和第(2)种语法的实例，如图 3-6 所示。

图 3-6 中，"In[2]"中使用语句"t1=Table[0, 5]"生成长度为 5 的元素全为 0 的一维列表，如"Out[2]"所示。在"In[3]"所示语句"(t2=Table[0,2,3])//MatrixForm"中，先执行括号内部的"t2=Table[0,2,3]"，生成一个两层嵌套列表赋给全局变量 t2，它包括 2 个子列

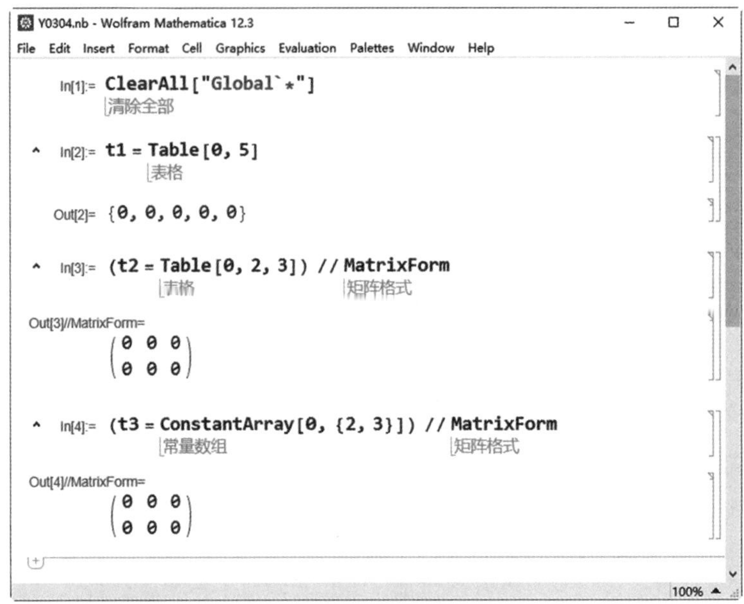

图 3-6　Table 函数实例

表，每个子列表包括 3 个元素。然后，将 MatrixForm 函数作用于 t2 上，以矩阵的形式显示列表 t2。注意，如果去掉“In[3]”中的括号，表达式变为“t2 = Table[0, 2, 3]// MatrixForm”，相当于“t2=(Table[0,2,3]//MatrixForm)”(赋值号优先级最低)，此时，t2 将保存列表的矩阵显示格式，如“Out[3]”所示，而不是保存着列表本身，即此时的 t2 不能参与列表的运算。

除了使用 Table 函数可以生成常数形式的列表外，还可以使用 ConstantArray 函数生成这类列表，例如，在图 3-6 的“In[4]”中，使用 ConstantArray 函数生成了列表 t3，t3 和 t2 完全相同。

ConstantArray 函数的语法如下：

(1) ConstantArray[表达式, n]，生成一个长度为 n 的列表，每个元素为“表达式”的值。注意：这里的“表达式”只会被计算一次。

(2) ConstantArray[表达式, {n_1, n_2, …, n_k}]，生成一个大小为 $n_1 \times n_2 \times \cdots \times n_k$ 的列表，每个元素为“表达式”的值。注意：这里的“表达式”仅被计算一次。

例如，如图 3-7 所示的两条语句。

在图 3-7 中，函数 SeedRandom 用于为伪随机数发生器设为“种子”，即初始值。凡是具有相同“种子”的伪随机数发生器生成的随机数都是相同的。在“In[5]”中，调用语句“SeedRandom[899789]”后，再调用语句“Table[RandomInteger[100],5]”，生成一个长度为 5 的列表，每个列表元素为一个由 RandomInteger 函数生成的 0～100 的随机整数，如“Out[5]”所示，列表中的随机数不同，表明 RandomInteger 被重复执行了 5 次。在“In[6]”中再次调用语句“SeedRandom[899789]”，以确保后续重复调用“RandomInteger[10]”时将依次生成序列“62, 84, 31, 45, 83, …”，即生成与“Out[5]”相同的序列。但是，在“In[6]”中执行语句“ConstantArray[RandomInteger[100], 5]”时，RandomInteger[100]仅被计算

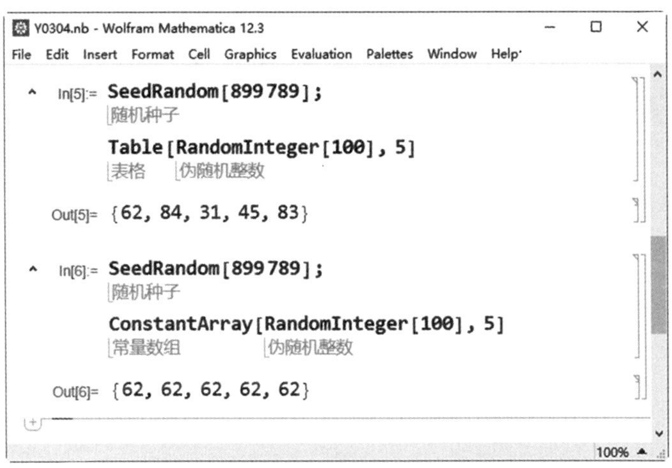

图 3-7 Table 和 ConstantArray 创建常数列表的区别

一次,即得到第一个元素 62,所以得到的列表为一个长度为 5 的元素全为 62 的列表,如"Out[6]"所示。

Table 函数的第(3)~(5)种语法的用法如图 3-8 所示。

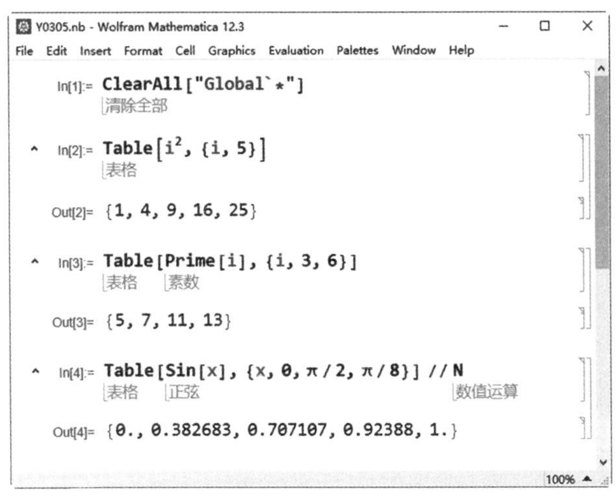

图 3-8 Table 函数生成列表实例

在图 3-8 中,"In[2]"调用语句"Table[i^2,{i,5}]"生成一个列表,循环变量 i 从 1 按步长 1 递增至 5,列表的每个元素为循环变量 i 的平方,即"{1,4,9,16,25}",如"Out[2]"所示。在"In[3]"中使用了 Prime 函数,Prime[n]用于生成第 n 个素数,这里的语句"Table[Prime[i],{i,3,6}]"将产生由第 3~第 6 个素数为元素的列表,如"Out[3]"所示。在"In[4]"中,循环变量为 x,从 0 按步长 π/8 递增到 π/2,循环执行 Sin[x]。这里的"表达式//N"是一种函数调用的后缀写法,相当于"N[表达式]"。使用函数 N 将 Table 函数生成的列表转化为浮点数显示,如"Out[4]"所示。

由图 3-8 的实例可知,在 Table 函数中,循环变量的名称可以使用任意合法的标识符,在 Table 函数的第(5)种语法的循环变量部分"{i, i_{min}, i_{max}, di}"中,变量变化的起始值 i_{min}

和最大值 i_{max}（可能取不到，与步长有关）以及步长 di，可以取为任意的数值类型。

图 3-9 为 Table 函数的第(6)～第(10)种语法的典型实例。

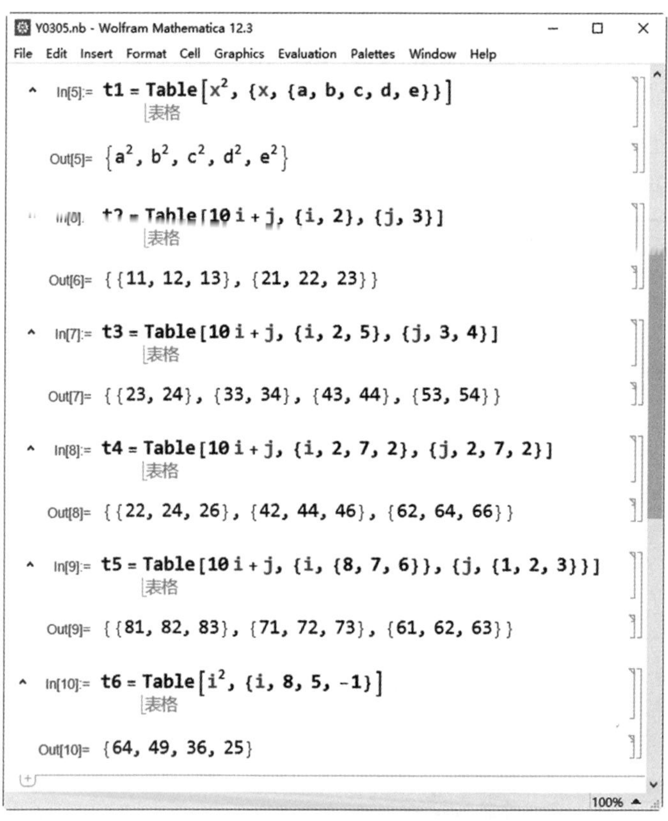

图 3-9 Table 函数生成列表实例

在图 3-6 中，"In[5]"中的 Table 函数的循环变量为 x，取值为列表"{a, b, c, d, e}"，其生成的列表如"Out[5]"所示，其各个元素顺次对应着 x 依次遍历列表"{a, b, c, d, e}"中的符号，这种用法表明当循环变量取值为列表时，可以使用符号，并生成符号表示的列表。在"In[6]"～"In[9]"中，各个 Table 函数的表达式均为"10i+j"，循环变量 i 和 j 均为个位数，这样，表达式"10i+j"相当于把 i 作为十位数、j 作为个位数生成一个整数，以显示 i 和 j 的"增长"规律。在"In[6]"的 Table 函数中，循环变量 i 从 1 按步长 1 递增到 2，对于每个 i，j 都从 1 按步长 1 递增到 3，因此得到的列表为"{{11,12,13},{21,22,23}}"，如"Out[6]"所示。在"In[7]"的 Table 函数中，循环变量 i 从 2 按步长 1 递增到 5，对于每个 i，j 都从 3 按步长 1 递增到 4，对于每个 i 和 j 的组合，都计算一次表达式"10i+j"，得到的列表为"{{23, 24},{33,34},{43,44},{53,54}}"，如"Out[7]"所示，其中包含 4 个子列表（与 i 的取值个数相等），每个子列表具有 2 个元素（与 j 的取值个数相等）。在"In[8]"的 Table 函数中，循环变量 i 从 2 按步长 2 递增到 6（最大值 7 取不到），对于每个 i，j 都从 2 按步长 2 递增到 6（最大值 7 取不到），对于每个 i 和 j 的组合，都计算一次表达式"10i+j"，得到的列表为"{{22, 24,26},{42,44,46},{62,64,66}}"，如"Out[8]"所示，其中包含 3 个子列表（与 i 的取值个数相等），每个子列表具有 3 个元素（与 j 的取值个数相等）。在"In[9]"的 Table 函数中，循环变量 i 顺序从列表“{8, 7, 6}”中取值，对于每个 i，j 都顺序遍历列表“{1, 2, 3,}”中的全部元素，对于每个 i 和 j 的组合，都计算一次表达式“10i+j”，因此得到的列表为“{{81,82,83},{71,72,73},{61,62,63}}”，如“Out[9]”所示。

当 Table 函数中的循环变量按“递减”的方式变化时，必须指定步长，如图 3-9 的“In[10]”所示。在“In[10]”的 Table 函数中，循环变量 i 从 8 按步长 −1 递减到 5，对于每个 i，计算表达式“i^2”的值，得到如“Out[10]”所示的列表。注意：这里 Table 函数中的循环变量递减的步长“−1”不能省略。

上述方法中生成的两层嵌套列表具有一个共同点，即它们的子列表具有相同的元素，用矩阵形式表示时，将呈现为矩形的阵列。图 3-10 中的 Table 函数将生成一个不规则的列表，即九九乘法表。

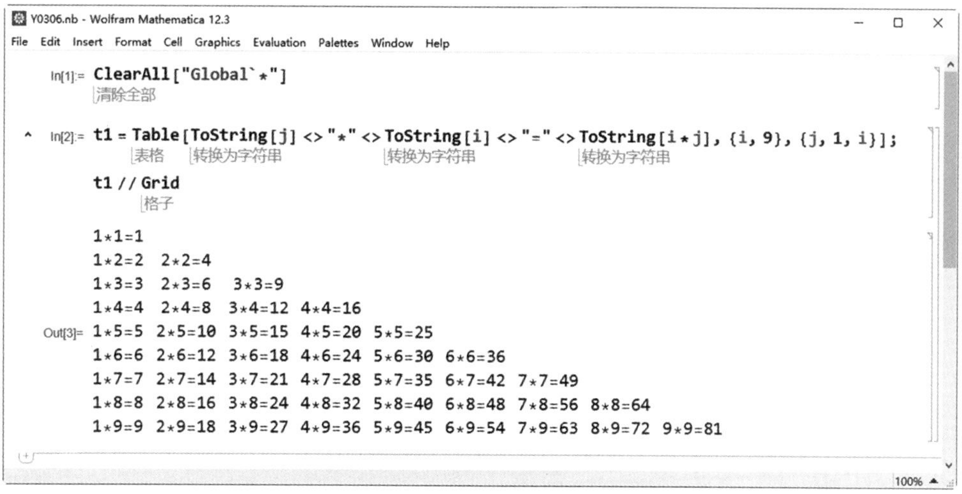

```
Y0306.nb - Wolfram Mathematica 12.3
File Edit Insert Format Cell Graphics Evaluation Palettes Window Help

In[1]:= ClearAll["Global`*"]
        清除全部

In[2]:= t1 = Table[ToString[j] <> "*" <> ToString[i] <> "=" <> ToString[i*j], {i, 9}, {j, 1, i}];
             表格   转换为字符串              转换为字符串               转换为字符串
        t1 // Grid
              格子

        1*1=1
        1*2=2  2*2=4
        1*3=3  2*3=6  3*3=9
        1*4=4  2*4=8  3*4=12 4*4=16
Out[3]= 1*5=5  2*5=10 3*5=15 4*5=20 5*5=25
        1*6=6  2*6=12 3*6=18 4*6=24 5*6=30 6*6=36
        1*7=7  2*7=14 3*7=21 4*7=28 5*7=35 6*7=42 7*7=49
        1*8=8  2*8=16 3*8=24 4*8=32 5*8=40 6*8=48 7*8=56 8*8=64
        1*9=9  2*9=18 3*9=27 4*9=36 5*9=45 6*9=54 7*9=63 8*9=72 9*9=81

100%
```

图 3-10　九九乘法表

在图 3-10 的“Table”函数中，循环变量 i 从 1 按步长 1 递增到 9，对于每个 i，循环变量 j 都从 1 按步长 1 递增到 i，然后，对于每组 i 和 j，计算表达式“ToString[j]<>" * "<> ToString[i]<>"="<> ToString[i * j]”，该表达式中“ToString[表达式]”将“表达式”转化为字符串，“<>”表示连接两个字符串成为一个更长的字符串。Table 函数的计算结果保存在全局变量 t1 中。语句“t1//Grid”与“Grid[t1]”等价，Grid 函数将 t1 以二维的网格状呈现，如“Out[3]”所示。

最后，关于 Table 函数需要说明的是，在其语法中的“表达式”均可以为语句组，语句组中的各条语句以分号分隔，语句组最后一条语句的计算结果作为本次循环的输出，即作为 Table 函数输出的列表中的一个元素。图 3-11 给出了一个典型的实例，求 10 层的杨辉三角形。

在图 3-11 中，“In[4]”定义了函数 t2(无参数)，使用模块 Module 实现。在模块 Module 内部，定义了局部变量 y1、y2、y3 和 yang，其中 y1 初始化为{0, 1, 0}。然后，Table 函数的执行结果赋给 yang，Table 函数中包含了语句组，即“Table[y2=Partition[y1,2,1]; y3=Map[Total,y2]; y1=Join[{0},y3,{0}]; y3,{i,2,10}]”，这里，循环变量 i 从 2 按步长 1 递增到 10，共循环执行语句组“y2=Partition[y1,2,1]; y3=Map[Total,y2]; y1=Join[{0},

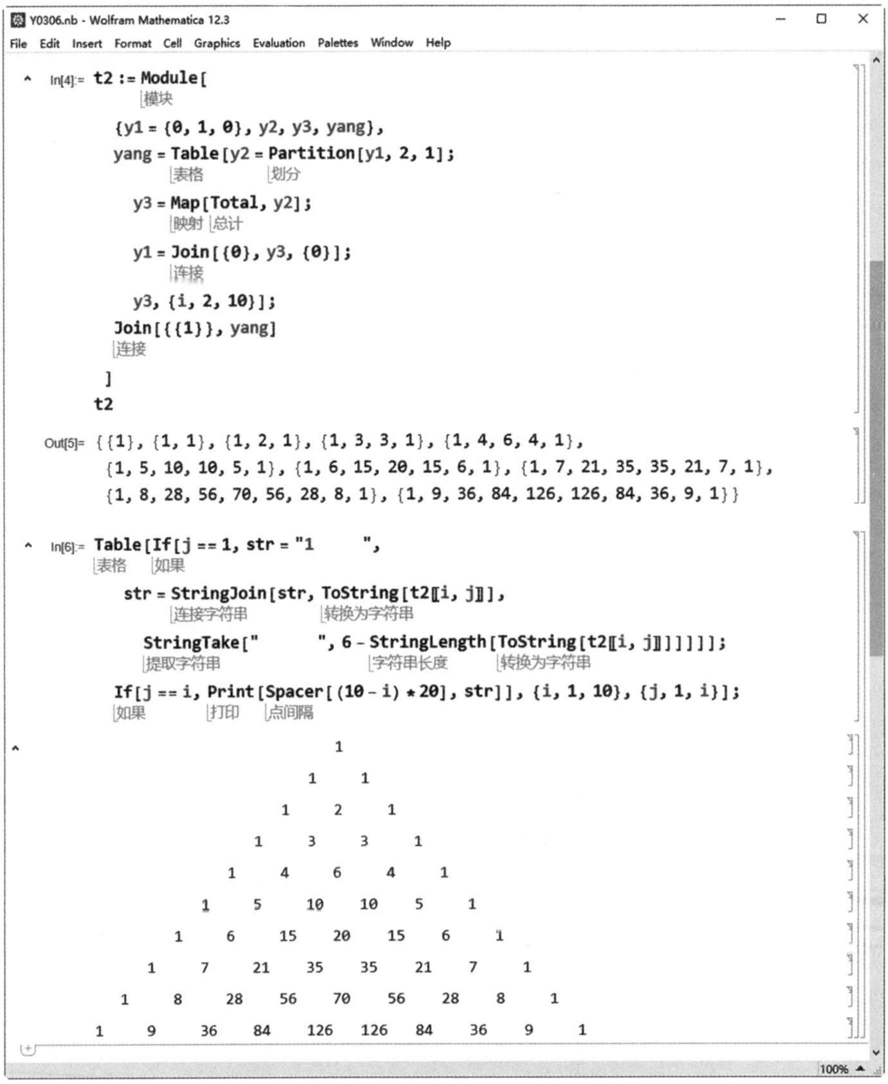

Y0306.nb - Wolfram Mathematica 12.3

File Edit Insert Format Cell Graphics Evaluation Palettes Window Help

```
In[4]:= t2 := Module[
           {y1 = {0, 1, 0}, y2, y3, yang},
           yang = Table[y2 = Partition[y1, 2, 1];
             y3 = Map[Total, y2];
             y1 = Join[{0}, y3, {0}];
             y3, {i, 2, 10}];
           Join[{{1}}, yang]
         ]
        t2

Out[5]= {{1}, {1, 1}, {1, 2, 1}, {1, 3, 3, 1}, {1, 4, 6, 4, 1},
         {1, 5, 10, 10, 5, 1}, {1, 6, 15, 20, 15, 6, 1}, {1, 7, 21, 35, 35, 21, 7, 1},
         {1, 8, 28, 56, 70, 56, 28, 8, 1}, {1, 9, 36, 84, 126, 126, 84, 36, 9, 1}}

In[6]:= Table[If[j == 1, str = "1      ",
          str = StringJoin[str, ToString[t2[[i, j]]],
            StringTake["      ", 6 - StringLength[ToString[t2[[i, j]]]]]]];
         If[j == i, Print[Spacer[(10 - i) * 20], str]], {i, 1, 10}, {j, 1, i}];

                          1
                       1     1
                    1     2     1
                 1     3     3     1
              1     4     6     4     1
           1     5    10    10     5     1
        1     6    15    20    15     6     1
     1     7    21    35    35    21     7     1
  1     8    28    56    70    56    28     8     1
1     9    36    84   126   126    84    36     9     1
```

图 3-11　Table 函数包括语句组的实例

y3,{0}]; y3"9 次,每次循环中:先用 Partition 函数将 y1 分成包含两两一组的子列表的一个新列表,并赋给 y2,例如,若 y1={0,1,0},则 y2={{0,1}, {1,0}},Partition 函数将在 4.1.1 节详细介绍;然后,执行"Map[Total,y2]",并将结果赋给 y3,Total[列表]函数用于计算"列表"元素的累加和,而"Map[Total,y2]"将"Total"函数作用于 y2 的每个子列表上,即对其每个子列表求累加和,例如,y2={{0,1}, {1,0}},则 y3={1, 1},y3 为杨辉三角的第 2 层元素;然后,语句"y1=Join[{0},y3,{0}]"借助于 Join 函数将两个 0 元素分别添加到 y3 的头部和尾部,并赋给变量 y1,如果 y3={1, 1},则 y1={0, 1, 1, 0};最后,y3 作为 Table 函数的输出。Module 模块的输出为"Join[{{1}},yang]",即将列表"{1}"添加到列表 yang 的头部,因此由 Table 函数生成的 yang 仅包含杨辉三角的第 2~第 10 层,这里添加上第一层的元素。计算结果如"Out[5]"所示。

图 3-11 的"In[6]"中的 Table 函数的作用在于将 10 层的杨辉三角形输出。在该 Table

函数中，循环变量 i 从 1 按步长 1 递增到 10，对于每个 i，j 从 1 按步长 1 递增到 i，对于每一组 i 和 j，循环执行语句组“If[j==1, str="1 ", str = StringJoin[str, ToString[t2[[i,j]]], StringTake[" ", 6-StringLength[ToString[t2[[i,j]]]]]]]; If[j==i, Print[Spacer[(10-i) * 20],str]]”，这里为两条 If 语句：①第一条 If 语句为“If[j==1, str="1 ", str = StringJoin[str, ToString[t2[[i,j]]], StringTake[" ", 6-StringLength[ToString[t2[[i,j]]]]]]]”，表示如果 j 为 1，则令 str="1 "，表示每一行显示的第一个元素；否则，随着 j 的递增，将同一行的其他元素合并到 str 中。其中，函数 StringJoin 用于连接多个字符串，使其成为一个字符串；ToString 函数将其参数转化为字符串；StringTake[字符串, n]表示从“字符串”中提取前 n 个字符的子字符串；StringLength[字符串]返回“字符串”的长度。②第二条 If 语句为“If[j==i, Print[Spacer[(10-i) * 20],str]]”，表示当 j 等于 i 时输出一堆空格点和字符串 str，其中，空格点用函数 Spacer 生成。经过上述的格式化输出方法，可以得到如图 3-11 中所示的标准杨辉三角形。

3.1.3 数组与矩阵

元素为数值类型的列表均可以称为数组。如果认为数组元素可以为符号，那么列表均可以视为数组。而二维数组中的矩形数组，即二维数组的每行都具有相同的元素数，这类二维数组称为矩阵。数组中只有少量非零元素的数组称为稀疏数组；同样，矩阵中具有少量非零元素的矩阵称为稀疏矩阵。本节将介绍构造数组和矩阵的一些方法。

首先，介绍生成一维等差序列数组的函数 Range。Range 函数的语法如下：

(1) Range[i_{max}]，生成列表{1, 2, …, i_{max}}。

(2) Range[i_{min}, i_{max}]，生成列表{i_{min}, $i_{min}+1$, $i_{min}+2$, …, i_{max}}。

(3) Range[i_{min}, i_{max}, di]，生成一个列表，第一个元素为 i_{min}，步长为 di，最后一个元素为小于或等于 i_{max}、但是其与 di 之和大于 i_{max}。注意，i_{max} 可能不在生成的列表中。当 di 为 1 时可以省略，退化为第(2)种形式，但是当 di 为非 1 的数值或负数时，di 不能省略。

上述 Range 函数生成的序列公差相同。此外，Wolfram 语言中还有一个函数 PowerRange 可以生成公比相同的一维序列，PowerRange 函数的语法如下：

(1) PowerRange[b]，生成列表{1, 10, 100, …, 10^k}，k=Floor[Log10[b]]，即 k 为 b 的常用对数的整数部分。这个列表的公比为 10。

(2) PowerRange[a, b]，生成列表{a, 10a, 100a, …, $10^k a$}，k 满足 $10^k a \leqslant b < 10^{k+1} a$，这个列表的公比为 10。

(3) PowerRange[a, b, r]，生成列表{a, r×a, $r^2 a$, …, $r^k a$}，k 满足 $r^k a \leqslant b < r^{k+1} a$，这个列表的公比为 r。

除了上述生成等差序列和等比序列的函数外，Wolfram 语言还提供了公差为零的一维等分函数 Subdivide，该函数的语法如下：

(1) Subdivide[n]，生成 1 的 n 等分数组，即{0, 1/n, 2/n,…,1}。

(2) Subdivide[x_{max}, n]，生成 0～x_{max} 的 n 等分数组，即{0, x_{max}/n, 2x_{max}/n, …, x_{max}}。

(3) Subdivide[x_{min}, x_{max}, n]，生成 x_{min}～x_{max} 的 n 等分数组，即{x_{min}, ($x_{max}-x_{min}$)/n,

$2(x_{max}-x_{min})/n$, …, x_{max}}。

另一个快速创建特殊数组的函数为 CenterArray,其语法如下:

(1) CenterArray[n],生成一个长度为 n 的一维列表,其中间位置(按 Floor[(n+1)/2] 计算)的元素为 1,其余元素为 0。

(2) CenterArray[x, n],生成一个长度为 n 的一维列表,其中间位置(按 Floor[(n+1)/2]计算)的元素为 x,其余元素为 0。

(3) CenterArray[x, n, y],生成一个长度为 n 的一维列表,其中间位置(按 Floor[(n+1)/2]计算)的元素为 x,其余元素为 y。

上述 3 种语法均为生成一维列表,这 3 种语法均可以扩充至高维,其扩展后的语法如下:

(4) CenterArray[{n_1, n_2, …, n_k}],CenterArray 第(1)种语法的扩展版本,生成大小为 $n_1 \times n_2 \times \cdots \times n_k$ 的数组,其中心位置(按(Floor[(n_1+1)/2], Floor[(n_2+1)/2], …, Floor[(n_k+1)/2])计算)的元素为 1,其余元素为 0。

(5) CenterArray[x, {n_1, n_2, …, n_k}],CenterArray 第(2)种语法的扩展版本,生成大小为 $n_1 \times n_2 \times \cdots \times n_k$ 的数组,其中心位置(按(Floor[(n_1+1)/2], Floor[(n_2+1)/2], …, Floor[(n_k+1)/2])计算)的元素为 x,其余元素为 0。

(6) CenterArray[x, {n_1, n_2, …, n_k}, y],CenterArray 第(3)种语法的扩展版本,生成大小为 $n_1 \times n_2 \times \cdots \times n_k$ 的数组,其中心位置(按(Floor[(n_1+1)/2], Floor[(n_2+1)/2], …, Floor[(n_k+1)/2])计算)的元素为 x,其余元素为 y。

图 3-12 展示了上述函数的典型用法。

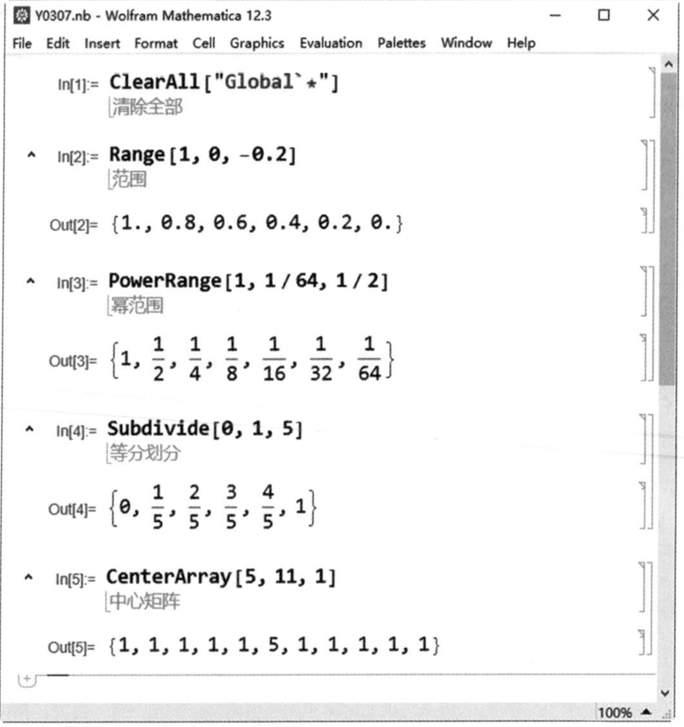

图 3-12 等差序列和等比序列的列表生成函数实例

在图 3-12 中，“In[2]”中的语句“Range[1, 0, −0.2]”生成了一个首元素为 1、公差为 −0.2 且最后一个元素为 0 的等差序列，如“Out[2]”所示。“In[3]”中的语句“PowerRange[1, 1/64, 1/2]”生成了一个首项为 1、公比为 1/2、尾项为 1/64 的等比序列，如“Out[3]”所示。“In[4]”中的语句“Subdivide[0,1,5]”将 0～1 等分为 5 等份得到一个序列，如“Out[4]”所示。“In[5]”中的语句“CenterArray[5,11,1]”生成了一个长度 11 的列表，中间位置的元素为 5，其余的元素均为 1，如“Out[5]”所示。

下面介绍一个生成稀疏数组的函数 SparseArray，该函数的主要语法如下：

(1) SparseArray[{pos_1 −> val_1, pos_2 −> val_2, …, pos_n −> val_n}, {d_1, d_2, …, d_k}]，生成一个维数为 $d_1 \times d_2 \times \cdots \times d_k$ 的稀疏数组，位置 pos_1 处的值为 val_1，pos_2 处的值为 val_2，…，pos_n 处的值为 val_n，其余元素的值为 0。

(2) SparseArray[{pos_1, pos_2, …, pos_n} − >{val_1, val_2, …, val_n}, {d_1, d_2, …, d_k}]，含义与(1)相同。

(3) SparseArray[{pos_1 −> val_1, pos_2 −> val_2, …, pos_n −> val_n}, {d_1, d_2, …, d_k}, val]，生成一个维数为 $d_1 \times d_2 \times \cdots \times d_k$ 的稀疏数组，位置 pos_1 处的值为 val_1，pos_2 处的值为 val_2，…，pos_n 处的值为 val_n，其余元素的值为 val。

(4) SparseArray[{pos_1, pos_2, …, pos_n} − >{val_1, val_2, …, val_n}, {d_1, d_2, …, d_k}, val]，含义与(3)相同。

(5) SparseArray[arr]，将一个普通的数组 arr 转化为稀疏数组。

在上述语法中，形如“pos1 −> val1”的表达式称为规则 Rule，6.2.1 节将详细介绍。

在上述稀疏数组中常使用 Band 函数，Band 函数的语法如下：

(1) Band[{i,j}]表示在二维矩阵中从位置(i,j)开始，i 和 j 的值同时按步长 1 递增，直到矩阵的边缘，这条斜线上遍历的位置均属于 Band[{i,j}]。

(2) Band[{i_{min},j_{min}},{i_{max},j_{max}}]，表示在二维矩阵中从位置{i_{min},j_{min}}开始，i 和 j 的值同时按步长 1 递增，直到遇到 i_{max} 或 j_{max} 指定的边缘为止，这条斜线上的位置均属于此 Band。

(3) Band[{i_{min},j_{min}},{i_{max},j_{max}}, {di, dj}]，表示在二维矩阵中从位置{i_{min},j_{min}}开始，i 和 j 的值同时分别按步长 di 和 dj 递增，直到遇到 i_{max} 或 j_{max} 指定的边缘为止，这条斜线上的位置均属于此 Band。

图 3-13 和图 3-14 分别列出了稀疏数组函数 SparseArray 和 Band 函数的用法。

在图 3-13 中，“In[2]”调用了语句“m1=SparseArray[{{1,2}−>3,{2,4}−>5,{4,3}−>7},{5,5}]”，创建了一个 5×5 的稀疏矩阵 m1，其中，位置(1,2)的元素为 3，位置(2,4)的元素为 5，位置(4,3)的元素为 7，其余的元素为 0。在“Out[2]”中显示了 m1 的主要信息，共有 3 个非零元素，矩阵为{5,5}，表示大小为 5×5。使用 Normal 函数可以得到稀疏矩阵 m1 的普通形式，在“In[3]”中，使用 Normal 函数将 m1 转换为普通矩阵，然后，借助于函数 MatrixForm 显示该矩阵的内容，如“Out[3]”所示，可见，只有 3 个非零元素，分别位于位置(1,2)、(2,4)和(4,3)处。

在图 3-14 中，“In[4]”使用稀疏数组函数 SparseArray 的第(2)种语法生成一个稀疏矩阵 m2，稀疏矩阵仍然是矩阵，可以直接借助于 MatrixForm 函数查看其内容，如“In[5]”和“Out[5]”所示。稀疏矩阵 m2 只有 3 个非零元素，分别位于位置(2,1)、(4,4)和(5,3)处。在“In[6]”中，使用稀疏矩阵函数 SparseArray 的第(4)种语法生成一个稀疏矩阵 m3，m3 与

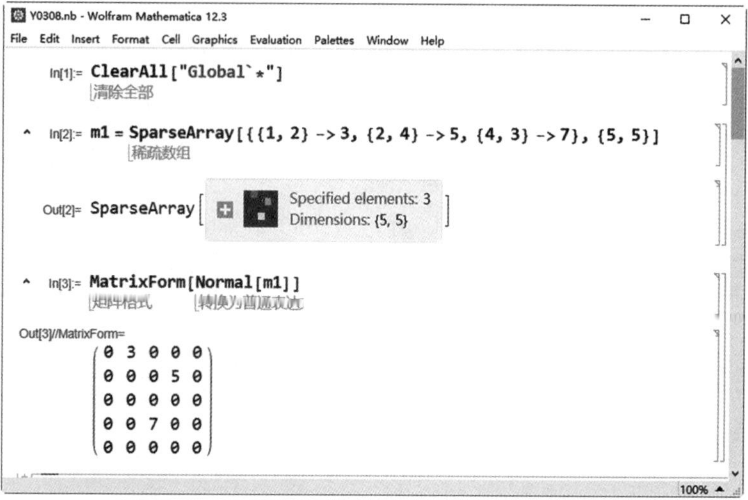

图 3-13　稀疏数组函数 SparseArray 用法实例

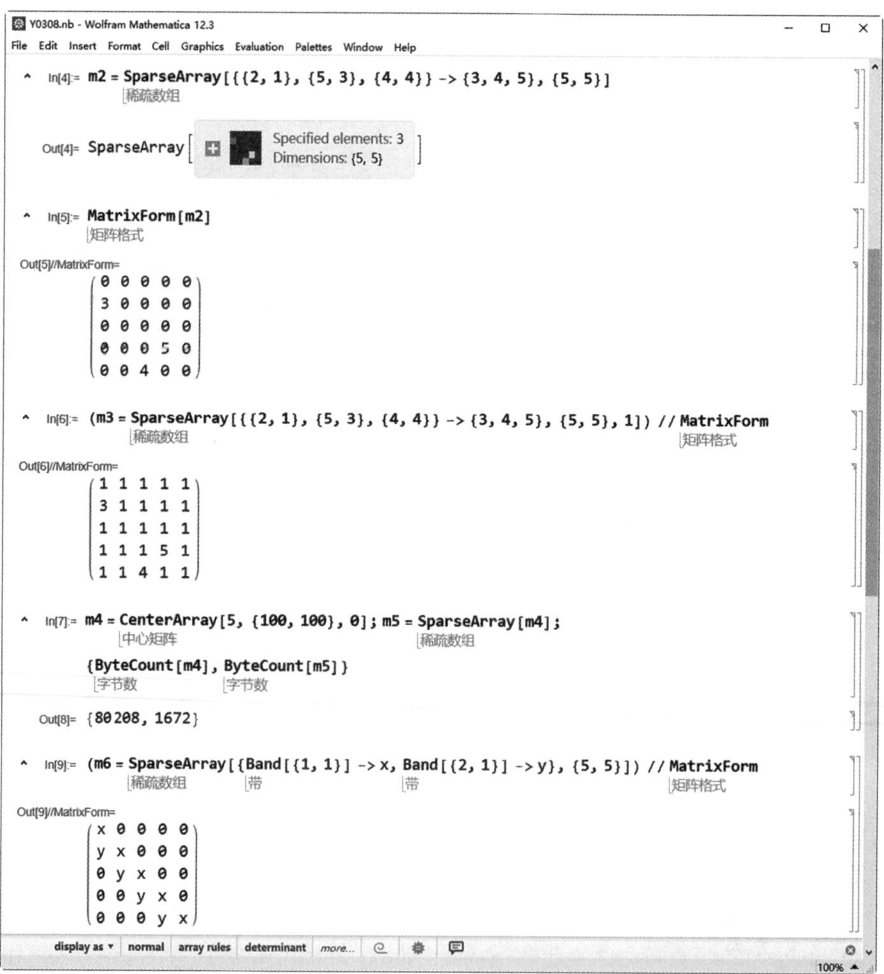

图 3-14　稀疏数组函数 SparseArray 和 Band 函数用法实例

m2 的指定位置元素相同，但是 m3 的非指定位置元素均为 1，如"Out[6]"所示。

稀疏矩阵具有存储优势，在"In[7]"中，使用 CenterArray 函数创建了一个大小为 100×100 的普通矩阵 m4，然后，借助于 SparseArray 将 m4 转化为稀疏矩阵 m5，接着，使用函数 ByteCount 计算 m4 和 m5 的存储字节数。由"Out[8]"可知，m4 占据 80 208 字节，而其对应的稀疏矩阵 m5 只占据 1672 字节。

在图 3-14 的"In[9]"中使用 Band 函数指定稀疏矩阵中的特定位置，这里 Band[{1,1}]对应于主对角线上的全部位置，而 Band[{2,1}]表示主对角线下方的次对角线上的全部位置。然后，在"In[9]"中，"{Band[{1,1}]−> x,Band[{2,1}]−> y}"表示主对角线上全部元素设为 x，其下方的次对角线上全部元素设为 y。创建的稀疏矩阵如"Out[9]"所示。

本节最后需要介绍的两个函数为"IdentityMatrix"和"DiagonalMatrix"，分别用于生成单位矩阵和对角矩阵，它们的语法如下：

(1) IdentityMatrix[n]，生成一个 n×n 的单位矩阵。

(2) IdentityMatrix[n, SparseArray]，生成一个 n×n 的单位矩阵，以稀疏矩阵形式存储。

(3) DiagonalMatrix[一维列表]，生成一个矩阵，其对角线元素为"一维列表"的元素，其他元素为 0。

(4) DiagonalMatrix[一维列表, k]，生成一个矩阵，其第 k 条对角线上的元素为"一维列表"的元素，其余元素为 0。这里的第 k 条对角线的含义为：k=0 表示主对角线；k=1 表示主对角线上方元素位置(1,2)所在的斜对角线；当 k 为大于 1 的整数时，第 k 条对角线为主对角线上方元素位置(1,k+1)所在的斜对角线；当 k 为小于 0 的整数时，第 k 条对角线为主对角线下方元素位置(|k|+1,1)所在的斜对角线。

这两个函数的实例如图 3-15 所示。

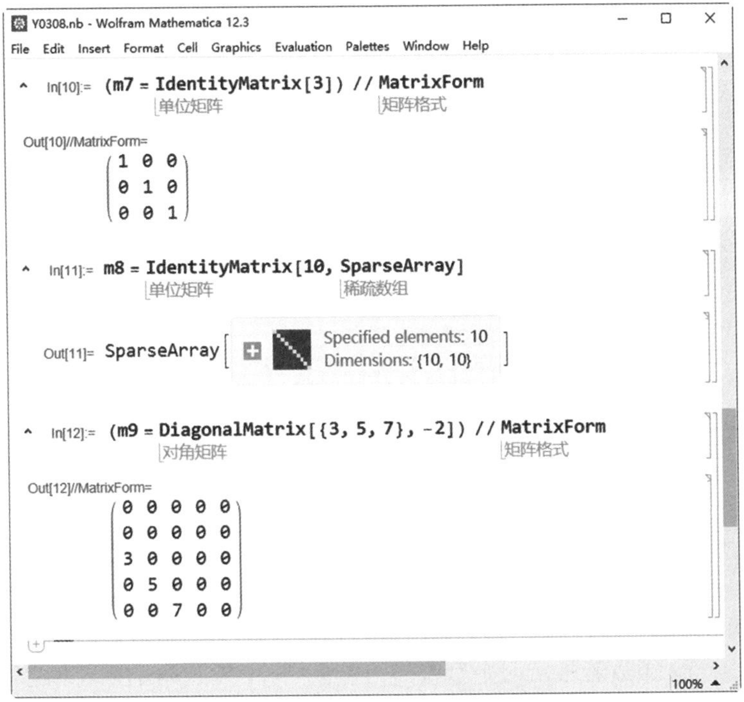

图 3-15 单位矩阵和对角矩阵实例

在图 3-15 中,“In[10]”使用函数 IdentityMatrix 生成了一个三阶单位矩阵 m7,如“Out[10]”所示,其主对角线元素为 1,其他元素为 0;“In[11]”生成了一个十阶单位矩阵,使用稀疏矩阵形式存储,如“Out[11]”所示;“In[12]”使用函数 DiagonalMatrix 生成一个矩阵 m9,该矩阵的元素位置(3,1)所在的斜对角线上的元素为{3,5,7},其余位置的元素均为 0,如“Out[12]”所示。

除了上述介绍的各种数组和矩阵函数外,Wolfram 语言中还有一些几何变换矩阵和代数变换矩阵,这里限于篇幅不再介绍。

3.1.4 字符列表

字符串是用双引号括起来的一串符号,而字符是由双引号括起来的单个符号。在 Wolfram 语言中,函数 Characters 用于把字符串转化为字符列表,而函数 CharacterRange 可生成规则排序的字符列表。这两个函数的用法实例如图 3-16 所示。

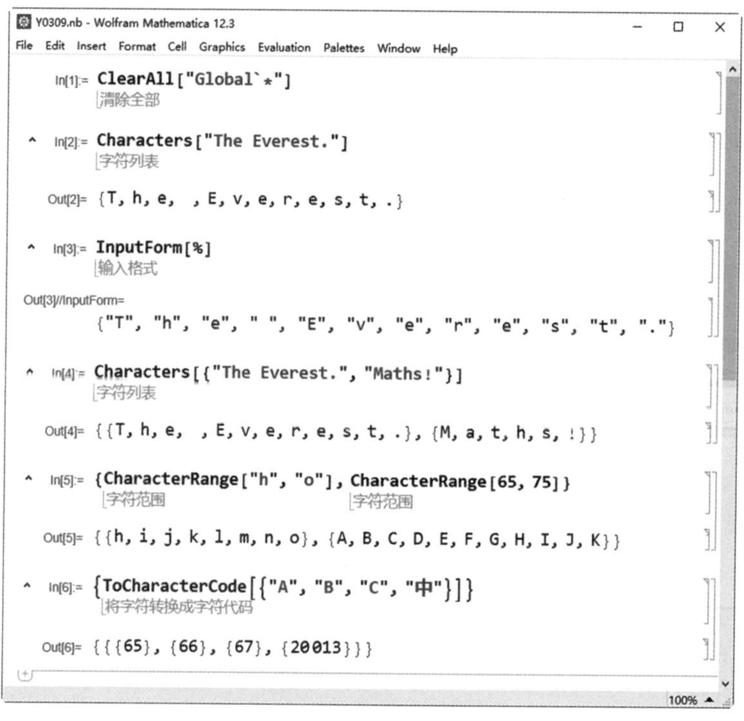

图 3-16 字符列表函数用法实例

在图 3-16 中,“In[2]”执行“Characters["The Everest."]”将字符串“The Everest.”转化为字符列表“{T, h, e, , E, v, e, r, e, s, t, .}”,如“Out[2]”所示。“Out[2]”中每个字符均带有双引号,其形式通过“InputForm”函数查看,如“Out3”所示。函数 Characters 具有“Listable”属性,其参数为列表时,函数 Characters 作用于列表的每个字符串上,如“In[4]”所示。“Characters[{"The Everest.", "Maths!"}]”将返回每个字符串的字符列表,如“Out[4]”所示。

CharacterRange 函数若指定两个字符作为参数,将生成这两个字符间按字符编码排列的全部字符列表;若指定两个整数作为参数,将生成这两个整数间的全部整数作为编码对应的字符列表。如图 3-16 中"In[5]"所示的"{CharacterRange["h","o"], CharacterRange[65,75]}",这里生成字符"h"至"o"的全部字符列表以及编码 65 对应的字符"A"至编码"75"对应的"K"的字符列表,如"Out[5]"所示。需要注意:CharacterRange 函数的参数的两个字符或两个数值,必须满足后者大于前者,否则返回空列表。这里的字符的编码是 Unicode 编码,查看一个字符的编码的方式为"ToCharacterCode[字符]",该函数返回"字符"的编码。在图 3-16 的"In[6]"中,使用语句"{ToCharacterCode[{"A","B","C","中"}]}"显示字符"A""B""C"和"中"的编码,如"Out[6]"所示。

借助于英文字符的编码规律,即大写英文字符的编码加上 32 为其对应的小写英文字符的编码,可实现英文字符的大小写转换。例如:"FromCharacterCode[ToCharacterCode["A"]+32]",将"A"转换为"a"。这里的函数"FromCharacterCode"为由编码得到相对应的字符的函数。Wolfram 语言中集成了实现英文字符大小写转换的函数,即函数 ToLowerCase 和 ToUpperCase,其参数均为字符或字符串,执行后将分别得到小写形式和大写形式的字符串。

3.1.5 随机数列表

随机数是一种重要的计算资源。Wolfram 语言中集成了各种随机数发生器函数,本节将详细介绍这些函数的实现方法。

首先是随机整数发生器函数 RandomInteger,其语法如下:

(1) RandomInteger[],随机生成 0 或 1。

(2) RandomInteger[i_{max}],随机生成一个位于{0, 1, 2, …, i_{max}}中的整数。

(3) RandomInteger[{i_{min}, i_{max}}],随机生成一个位于{i_{min}, i_{min}+1,…,i_{max}}中的整数。

(4) RandomInteger[{i_{min}, i_{max}}, n],随机生成一个长度为 n 的列表,每个元素均为随机取自{i_{min}, i_{min}+1,…,i_{max}}中的整数。

(5) RandomInteger[{i_{min}, i_{max}}, {n_1, n_2,…,n_k}],随机生成一个大小为 $n_1 \times n_2 \times \cdots \times n_k$ 的列表,每个元素为随机取自{i_{min}, i_{min}+1,…,i_{max}}中的整数。

(6) RandomInteger[概率分布函数],随机生成按"概率分布函数"分布的一个整数。

(7) RandomInteger[概率分布函数, n],随机生成一个长度为 n 的整数列表,其中的元素服从"概率分布函数"给定的分布规律。

(8) RandomInteger[概率分布函数, {n_1, n_2,…,n_k}],随机生成一个大小为 $n_1 \times n_2 \times \cdots \times n_k$ 的整数列表,其中的元素服从"概率分布函数"给定的分布规律。

上述 RandomInteger 函数的数值参数必须为整数,概率分布函数必须为定义在整数域上的分布。

伪随机浮点数发生器函数 RandomReal 的语法与 RandomInteger 有相似之处,如下所示:

(1) RandomReal [],随机生成区间[0, 1]中的一个浮点数。

(2) RandomReal [x_{max}],随机生成一个位于区间[0, x_{max}]中的浮点数。

(3) RandomReal [{x_{min}, x_{max}}],随机生成一个位于区间[x_{min}, x_{max}]中的浮点数。

(4) RandomReal [{x_{min}, x_{max}}, n],随机生成一个长度为 n 的列表,每个元素均为随机

取自区间[x_{min}，x_{max}]中的浮点数。

(5) RandomReal [{x_{min}，x_{max}}，{n_1，n_2，…，n_k}]，随机生成一个大小为 $n_1 \times n_2 \times \cdots \times n_k$ 的列表，每个元素为随机区间[x_{min}，x_{max}]中的浮点数。

(6) RandomReal [概率分布函数]，随机生成按“概率分布函数”分布的一个浮点数。

(7) RandomReal [概率分布函数，n]，随机生成一个长度为 n 的浮点数列表，其中的元素服从“概率分布函数”给定的分布规律。

(8) RandomReal [概率分布函数，{n_1，n_2，…，n_k}]，随机生成一个大小为 $n_1 \times n_2 \times \cdots \times n_k$ 的浮点数列表，其中的元素服从“概率分布函数”给定的分布规律。

在上述的第(6)～第(8)种情况下，“概率分布函数”必须为定义在浮点数域上的分布。

随机复数发生器函数 RandomComplex 的语法如下所示：

(1) RandomComplex []，随机生成一个复数，其实部和虚部均为区间[0，1]中的浮点数。

(2) RandomComplex [z_{max}]，随机生成一个复数，其位于复坐标系中以复数 z_{max} 为对角线的矩形内。

(3) RandomComplex [{z_{min}，z_{max}}]，随机生成一个复数，其位于复坐标系中以 z_{min} 和 z_{max} 为端点，以连接这两个端点的线段为对角线的矩形内。

(4) RandomComplex [{z_{min}，z_{max}}，n]，随机生成一个长度为 n 的复数列表，其每个元素位于复坐标系中以 z_{min} 和 z_{max} 为端点，以连接这两个端点的线段为对角线的矩形内。

(5) RandomComplex [{z_{min}，z_{max}}，{n_1，n_2，…，n_k}]，随机生成一个大小为 $n_1 \times n_2 \times \cdots \times n_k$ 的复数列表，其每个元素位于复坐标系中以 z_{min} 和 z_{max} 为端点，以连接这两个端点的线段为对角线的矩形内。

在 RandomReal 和 RandomComplex 函数中，可以指定浮点数的工作精度，使用选项“WorkingPrecision－>精度值”，其中，精度值可以为小数。

上述伪随机数发生器函数的典型实例如图 3-17 所示。

在图 3-17 中，“In[2]”调用了函数 SeedRandom，该函数将其参数设为伪随机数发生器的“种子”值(即初始值)，而所有的随机数函数均由同一个伪随机数发生器得到，因此，设定了“种子”值后，其后的各个伪随机数函数生成的随机数随“种子”值的确定而确定了。从而在任何计算机上(或任何时间)，图 3-17 中的执行结果都是相同的。如果没有“In[2]”中的语句“SeedRandom[299792458]”(这里的参数值为光在真空中的传播速率)，图 3-17 中的执行结果在不同的计算机上(甚至不同的执行时间)是不同的。

在图 3-17 中详细介绍了 RandomInteger 函数的各种用法，由于函数 RandomReal 与 RandomComplex 的用法和函数 RandomInteger 类似，这两个函数仅作了简单介绍。在“In[3]”中语句“{RandomInteger[]，RandomInteger[100]，RandomInteger[{10,20}]}”用于产生一个列表，如“Out[3]”所示，第一个元素 0 由“RandomInteger[]”生成；第 2 个元素 13 由“RandomInteger[100]”生成；第 3 个元素 17 由“RandomInteger[{10,20}]”生成。上述三个调用对应于 RandomInteger 函数的第(1)～第(3)种语法。

在“In[4]”中，“RandomInteger[{1,10}，6]”将生成一个长度 6 的列表，每个元素从{1，2，…，10}中随机取得，其执行结果如“Out[4]”所示。“In[5]”中“r1＝RandomInteger[{1,10}，{2,4}]”生成了 2×4 的矩阵，并赋给全局变量 r1，每个元素为随机取自 1～10 的整数，使用

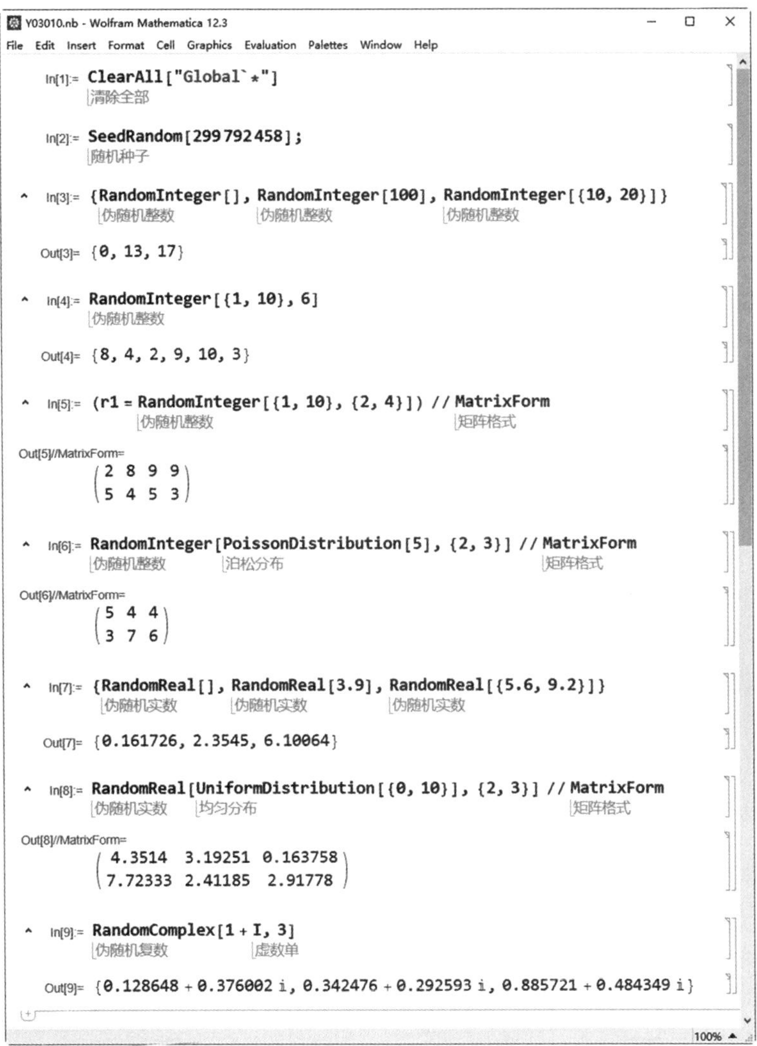

图 3-17 伪随机数发生器典型实例

MatrixForm 函数将 r1 显示为矩阵形式，如“Out[5]”所示。在“In[6]”中，“PoissonDistribution”为泊松分布函数，具有一个表示均值的参数，其中，“PoissonDistribution[5]”为一个均值为 5 的泊松分布。而“RandomInteger[PoissonDistribution[5],{2,3}]”生成一个大小为 2×4 的列表，其元素服从均值为 5 的泊松分布，然后，借助于 MatrixForm 函数显示为矩阵形式，如“Out[6]”所示。

在“In[7]”中，语句“{RandomReal[], RandomReal[3.9], RandomReal[{5.6,9.2}]}”对应着 RandomReal 函数第(1)～第(3)种语法，执行结果如“Out[7]”所示。在“In[8]”中，函数“UniformDistribution[{min,max}]”用于产生一个在区间[min, max]上的均匀分布，其中“RandomReal[UniformDistribution[{0,10}],{2,3}]”生成一个 2×3 的列表，其元素服从区间[0,10]上的均匀分布，执行结果借助 MatrixForm 函数以矩阵形式呈现，如“Out[8]”所示。

在图 3-17 的“In[9]”中，调用“RandomComplex[1+I, 3]”生成一个包括 3 个复数的列

表,每个复数随机生成,且取自以复数“1+I”为对角线的矩阵区域内。执行结果如“Out[9]”所示。

在 Wolfram 语言中,综合了上述 RandomInteger[概率分布函数]和 RandomReal[概率分布函数]两个函数功能的函数称为 RandomVariate,该函数的语法如下:

(1) RandomVariate[概率分布函数],按“概率分布函数”随机生成一个数值;

(2) RandomVariate[概率分布函数, n],按“概率分布函数”随机生成一个包含 n 个数值的列表;

(3) RandomVariate[概率分布函数, {n_1, n_2,…,n_k}],按“概率分布函数”随机生成一个大小为 $n_1 \times n_2 \times \cdots \times n_k$ 的数值列表。

这样,在图 3-17 中的“In[6]”等价于语句“RandomVariate[PoissonDistribution[5],{2,3}]//MatrixForm”;而“In[8]”等价于语句“RandomVariate[UniformDistribution[{0,10}], {2,3}]//MatrixForm”。

除了上述随机数发生器函数外,Wolfram 语言中还有一个生成随机颜色的函数 RandomColor,调用“RandomColor[n]”将返回一个长度为 n 的颜色列表,每个颜色值取自 RGBColor 函数的颜色空间。

Wolfram 语言中,可以将伪随机器发生器函数的作用局部化,通过 BlockRandom 函数实现。Block 模块函数将在 5.2 节深入介绍,它具有将全局变量的值局部化的作用,即不影响全局变量的全局值,在 Block 模块内部可以给该全局变量赋一个新的局部值。类似于 Block 函数,BlockRandom 函数使用的伪随机数发生器函数,对“伪随机数发生器”的“全局状态值”没有影响,这样,类似于下面的两个 RandomInteger 函数的调用一定会返回相同的伪随机数:

```
"{BlockRandom[RandomInteger[100]],RandomInteger[100]}"
```

每次执行其结果都会不同,但是,返回的两个随机数一定相同。假设执行到这个语句时,“伪随机数发生器”的当前状态值为 x,进入这个语句后,在“BlockRandom[RandomInteger[100]]”中“伪随机数发生器”将使用 x 进行迭代生成下一个伪随机数供这个 RandomInteger 函数使用,但是这个 RandomInteger 函数在 BlockRandom 中,它不会改变“伪随机数发生器”的原有状态 x。而在执行语句“RandomInteger[100]”,“伪随机数发生器”仍然是从状态“x”开始迭代,但是迭代之后,状态 x 被新的状态取代。

另一类型的随机函数为随机抽样函数,包括 RandomChoice 和 RandomSample 函数,前者为有放回的随机取样,即每次取样都是从全部样本空间中取样;后者为无放回的随机取样,即每次取样是从前面已取样后的剩余样本空间中取样。这两个函数的语法相近,下面一起介绍:

(1) RandomChoice[{e_1, e_2,…,e_n}],从“{e_1, e_2,…,e_n}”中随机抽样一个数据,返回这个数据。

RandomSample[{e_1, e_2,…,e_n}]与上述函数意义完全不同,它是对“{e_1, e_2,…,e_n}”的全部元素作一个随机排列,返回一个包含重新排列后的全部元素的新列表。事实上,RandomSample[{e_1, e_2,…,e_n}]与 RandomSample[{e_1, e_2,…,e_n}, n]含义相同。

(2) RandomChoice[{e_1, e_2,…,e_n}, m],从“{e_1, e_2,…,e_n}”中有放回地随机抽样 m 个

数据，组成一个列表，这里的 m 可以大于 n。

RandomSample[{e_1,e_2,…,e_n},m]，从"{e_1,e_2,…,e_n}"中无放回地随机抽样 m 个数据，组成一个列表，这里的 m≤n，当 m=n 时，相当于"{e_1,e_2,…,e_n}"的一个全排列。

(3) RandomChoice[{e_1,e_2,…,e_n}, {m_1, m_2,…, m_k}]，生成一个大小为 $m_1 \times m_2 \times \cdots \times m_k$ 的列表，每个元素均从"{e_1,e_2,…,e_n}"中有放回地随机抽样得到。

RandomSample 函数无此对应语法。

(4) RandomChoice[{p_1,p_2,…,p_n}->{e_1,e_2,…,e_n}]，按可能出现的比例"$p_1:p_2:\cdots:p_n$"从"{e_1,e_2,…,e_n}"中随机抽样一个数据，返回这个数据。这里的"p_1, p_2, …, p_n"可以为整数也可以为浮点数。

RandomSample[{p_1,p_2,…,p_n}->{e_1,e_2,…,e_n}]，与上述函数意义不同，按可能出现的比例"$p_1:p_2:\cdots:p_n$"对"{e_1,e_2,…,e_n}"的全部元素作一个随机排列，返回一个包含重新排列后的全部元素的新列表。这种情况下，每个元素被抽样的概率越大，其出现在新列表中的位置越靠前。事实上，RandomSample[{p_1,p_2,…,p_n}->{e_1,e_2,…,e_n}]与 RandomSample[{p_1,p_2,…,p_n}->{e_1, e_2, …, e_n}, n]含义相同。

(5) RandomChoice[{p_1,p_2,…,p_n}->{e_1,e_2,…,e_n}, m]，按可能出现的比例"$p_1:p_2:\cdots:p_n$"从"{e_1,e_2,…,e_n}"中有放回地随机抽样 m 个数据，组成一个列表。

RandomSample[{p_1,p_2,…,p_n}->{e_1,e_2,…,e_n}, m]，按可能出现的比例"$p_1:p_2:\cdots:p_n$"从"{e_1,e_2,…,e_n}"中无放回地随机抽样 m 个数据，组成一个列表。这里的 m≤n。当 m=n 时与"RandomSample[{p_1,p_2,…,p_n}->{e_1,e_2,…,e_n}]"含义相同。

(6) RandomChoice[{p_1,p_2,…,p_n}->{e_1,e_2,…,e_n}, {m_1, m_2,…, m_k}]，生成一个大小为 $m_1 \times m_2 \times \cdots \times m_k$ 的列表，每个元素均按它们出现的比例"$p_1:p_2:\cdots:p_n$"从"{e_1,e_2,…,e_n}"中有放回地随机抽样得到。

RandomSample 函数无此对应语法。

图 3-18 列举了几个随机取样的实例。

在图 3-18 中，"In[2]"中语句"RandomChoice[Range[6]]"从{1, 2, …,6}中随机选取一个数值；"RandomSample[Range[6]]"对{1, 2, …,6}进行一次随机全排列。"In[2]"的执行结果如"Out[2]"所示。在"In[3]"所示的语句"{RandomChoice[Range[6],4], RandomSample[Range[6],4]}"中，两个函数都是随机从{1, 2, …,6}中抽取 4 个数值，只是前者是有放回抽样，数据可能重复抽取到；后者是无放回抽样，数据不可能重复。"In[3]"的执行结果"Out[3]"也印证了上述分析。

在图 3-18 中，"In[4]"中的语句"RandomChoice[Range[6],{2,3}]//MatrixForm"，有放回地从{1, 2, …,6}中随机选取了 6 个数据，构成一个 2×3 的列表，以矩阵形式显示于"Out[4]"处。"In[5]"中，"RandomChoice[RandomInteger[10,6]-> Range[6]]"以随机生成的权重从{1, 2, …,6}中随机选取一个数值；而"RandomSample[RandomInteger[10,6]-> Range[6]]"以随机生成的权重对{1, 2, …,6}进行了一次随机全排列。"In[5]"的结果如"Out[5]"所示。"In[6]"与"In[5]"类似，只是从中随机抽样 4 个数据；同样地，"RandomChoice[RandomInteger[10, 6] -> Range[6], 4]"可能会重复抽样，而"RandomSample[RandomInteger[10,6]-> Range[6],4]"不会重复抽样。

在图 3-18 的"In[7]"中，语句"RandomChoice[RandomInteger[10,6]-> Range[6],

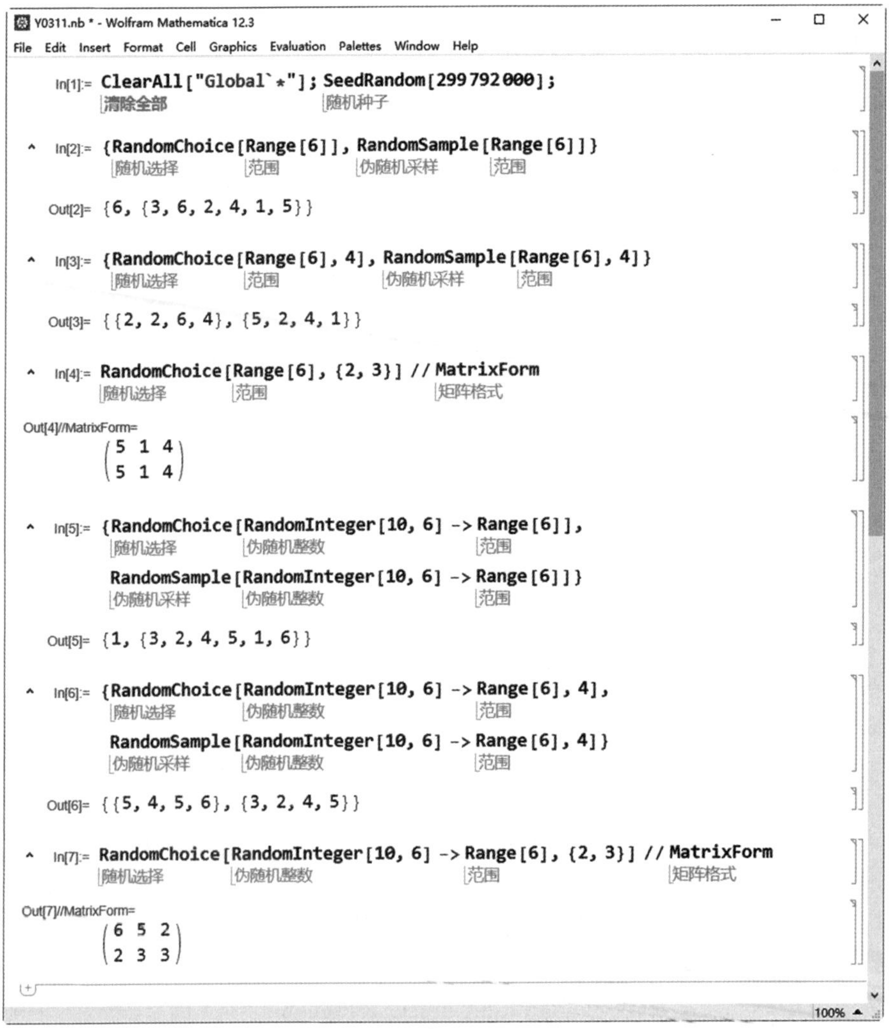

```
In[1]:= ClearAll["Global`*"]; SeedRandom[299792000];

In[2]:= {RandomChoice[Range[6]], RandomSample[Range[6]]}
Out[2]= {6, {3, 6, 2, 4, 1, 5}}

In[3]:= {RandomChoice[Range[6], 4], RandomSample[Range[6], 4]}
Out[3]= {{2, 2, 6, 4}, {5, 2, 4, 1}}

In[4]:= RandomChoice[Range[6], {2, 3}] // MatrixForm
Out[4]//MatrixForm=
  5 1 4
  5 1 4

In[5]:= {RandomChoice[RandomInteger[10, 6] -> Range[6]],
         RandomSample[RandomInteger[10, 6] -> Range[6]]}
Out[5]= {1, {3, 2, 4, 5, 1, 6}}

In[6]:= {RandomChoice[RandomInteger[10, 6] -> Range[6], 4],
         RandomSample[RandomInteger[10, 6] -> Range[6], 4]}
Out[6]= {{5, 4, 5, 6}, {3, 2, 4, 5}}

In[7]:= RandomChoice[RandomInteger[10, 6] -> Range[6], {2, 3}] // MatrixForm
Out[7]//MatrixForm=
  6 5 2
  2 3 3
```

图 3-18　随机取样函数实例

{2, 3}] //MatrixForm"，以"RandomInteger[10, 6]"生成的随机序列作为权重，从{1, 2, …, 6}中随机有放回地抽取 6 个数值，组成一个 2×3 的列表，以矩阵的形式显示在"Out[7]"中。"In[7]"对应着 RandomChoice 函数的第(6)种语法，而 RandomSample 在当前的 Mathematica 版本中无此功能。

3.2　列表操作

列表是 Wolfram 语言中的基础数据类型，是数据的组织方式，也是内置函数的主要处理对象。本节的"列表操作"仅介绍一些与列表元素处理直接相关的内置函数，那些使用列表进行数学计算的内置函数将在下一章介绍。

3.2.1 列表元素访问

在 Wolfram 中所有表达式都有一个标头，用函数“Head[表达式]”获取。列表的标头为“List”，例如，“Head[{1,2,3}]”返回“List”。列表的标头为列表的第 0 号位置的元素，通过 Extract 可以读出标头，函数“Extract[列表，{位置}]”读出该“位置”处的元素。借助于 TreeForm 可以查看列表的结构，“TreeForm[列表]”将以树和层的形式显示列表结果。“列表”的层数用 Depth 函数统计。用 Level 可读取列表的某一层的数据，例如“Level[列表，{层号}]”读出“列表”中第“层号”层的数据，当层号为－1 时，读出列表中的全部原子类型数据。下面借助于图 3-19 具体说明上述函数的用法。

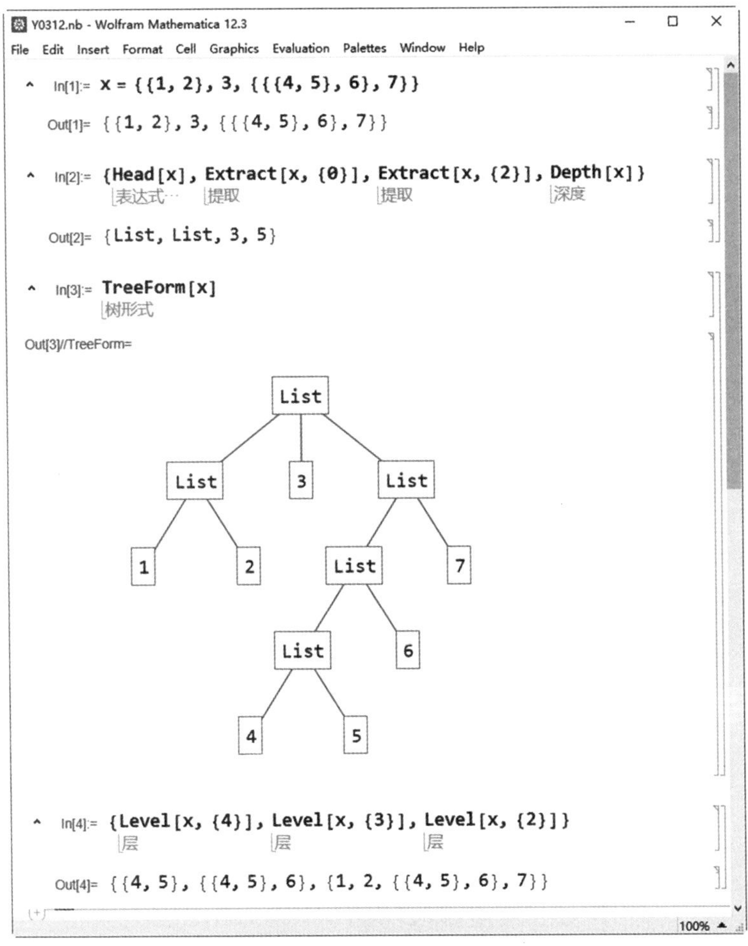

图 3-19　列表标头和层的函数

在图 3-19 中，“In[1]”定义了全局变量 x 为一个列表“{{1,2},3,{{{4,5},6},7}}”。在“In[2]”中，调用“Head[x]”和“Extract[x,{0}]”时均得到“List”，因为 x 是一个列表，其标头为 List，而标头 List 位于 x 的 0 号位置，故 Extract[x，{0}]也返回 List。“Extract[x，{2}]”返回列表 x 的第 2 个元素，由“In[1]”或“Out[1]”可知，列表 x 的第 2 个元素为 3。Depth[x]返回列表 x 的深度，也就是 x 的层数，由“Out[3]”可以看到 x 共 5 层，即深度为 5。

这样,“In[2]”的执行结果为“{List, List, 3, 5}”,如“Out[2]”所示。在“In[3]”中调用“TreeForm[x]”显示列表 x 的树形结构。注意两点：①TreeForm 可以用于显示任意表达式的树形结构；②树形结构中,层号从 0 开始标注,在“Out[3]”中,第 0 层就是整个 List 列表,访问方式“Level[x, {0}]”,将返回“{{{1,2},3,{{{4,5},6},7}}}”,相当于“{x}”,因为 Level 以列表的形式返回值,故多加了一层“{ }”；第 1 层为“List[1,2]”“3”和“List[List[List[4,5],6],7]”,访问方式为“Level[x,{1}]”,返回“{{1,2},3,{{{4,5},6},7}}”,相当于 x,实际上是返回 x 的各个元素,并添加了一层“{ }”,注意,如果某层中有一个 List,那么 List 下面的“树枝”和“树叶”都算在这一层中；第 2 层为“1”“2”“List[List[4,5],6]”和 7,访问方式为“Level[x,{2}]”,返回“{1,2,{{4,5},6},7}”；第 3 层为“List[4,5]”和 6,访问方式为“Level[x,{3}]”,返回“{{4,5},6}”；第 4 层为“4”和“5”,访问方式为“Level[x,{4}]”,返回“{4, 5}”。在“In[4]”中,语句“{Level[x,{4}],Level[x,{3}],Level[x,{2}]}”返回 x 的第 4、3、2 层上的内容,如“Out[4]”所示。

若拟访问列表中指定位置的元素,使用 Part 函数。在列表中,各个元素的索引号从左向右依次为“1、2、3、…”,而从右向左依次为“−1、−2、−3、…”。从列表的第 m 个元素向右到第 n 个元素,使用记号“m;;n”；如果从第 n 个元素向左至第 m 个元素,使用记号“n;;m;;−1”；如果从第 m 个元素以步长 k 到第 n 个元素,使用记号“m;;n;;k”。Part 函数的常用表示形式为双方括号对“[[ ]]”。对于多层列表,使用逗号“,”分别表示不同层的索引号。图 3-20 进一步演示了列表的元素访问方法。

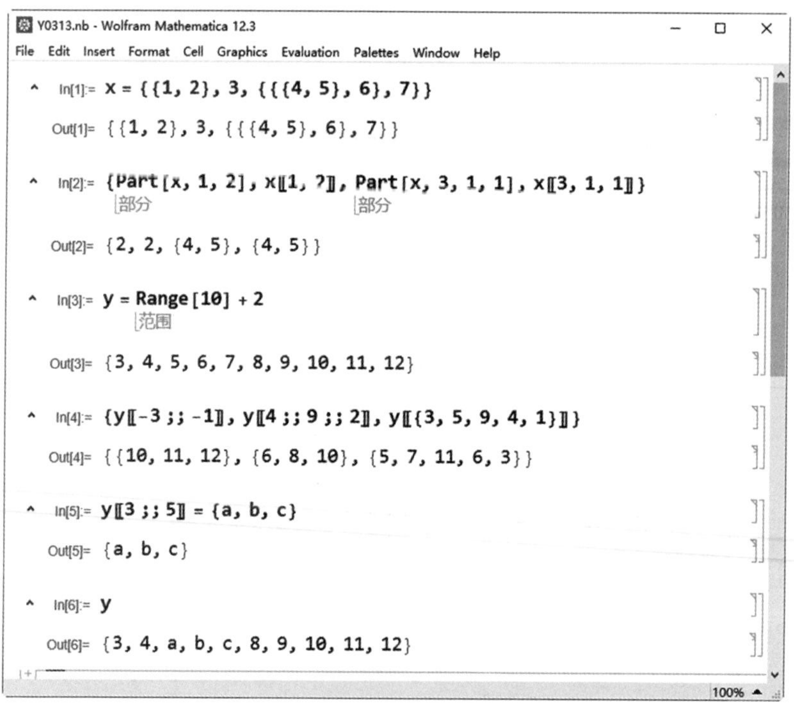

图 3-20　列表元素访问

在图 3-20 中,“In[1]”定义了 x 为列表“{{1,2},3,{{{4,5},6},7}}”。在“In[2]”中“Part[x,1,2]”和“x[[1,2]]”等价,都返回 x 列表的第 1 个元素(为列表)中的第 2 个元素,

为 2。图 3-20 中的紧凑形式的双方括号由“Esc＋[[＋Esc”键和“Esc＋]]＋Esc”键输入。在“In[2]”中的“Part[x,3,1,1]”和“x[[3,1,1]]”含义相同，都指返回 x 列表的第 3 个元素(为列表)中的第 1 个元素(仍为列表)中的第 1 个元素(仍然是列表)，即“{4, 5}”。“In[2]”的输出如“Out[2]”所示。

在“In[3]”中定义了列表 y 为“{3,4,5,6,7,8,9,10,11,12}”。在“In[4]”中“y[[－3;;－1]]”读取列表 y 的倒数(指从右向左数)的第 3 个元素按步长 1 至倒数的第 1 个元素；“y[[4;;9;;2]]”读取列表 y 的第 4 个元素按步长 2 至第 9 个元素(注：第 9 个元素取不到)；“y[[{3,5,9,4,1}]]”读取以列表“{3,5,9,4,1}”的元素为索引号的列表 y 中的元素。“In[4]”的输出为“{{10,11,12},{6,8,10},{5,7,11,6,3}}”，如“Out[4]”所示。

在“In[5]”中执行“y[[3;;5]]＝{a,b,c}”将列表{a, b, c}赋给列表 y 的第 3～第 5 个元素，然后，在“In[6]”中显示列表 y，其内容如“Out[6]”所示，为“{3,4,a,b,c,8,9,10,11,12}”。可见，y[[3;;5]]已被赋值为{a,b,c}，即可以通过赋值的方式修改列表元素的值。

除了按元素的索引号访问列表中的元素外，还可以根据元素获取它在列表中的索引号，用“Position[列表, 元素]”函数获得“元素”在列表中的所有索引号，用“FirstPosition[列表, 元素]”函数获得“元素”在列表中的第一个索引号，也就是首先出现的位置。谓词函数“MemberQ[列表, 元素]”当“元素”在“列表”内时，返回真；否则返回假。函数“Sort”可对列表排序，默认为升序排列；函数“Ordering”和“Sort”是一对函数，“Ordering”函数用于保存排序后的元素在原列表中的索引号。图 3-21 列出了上述函数的一些典型用法。

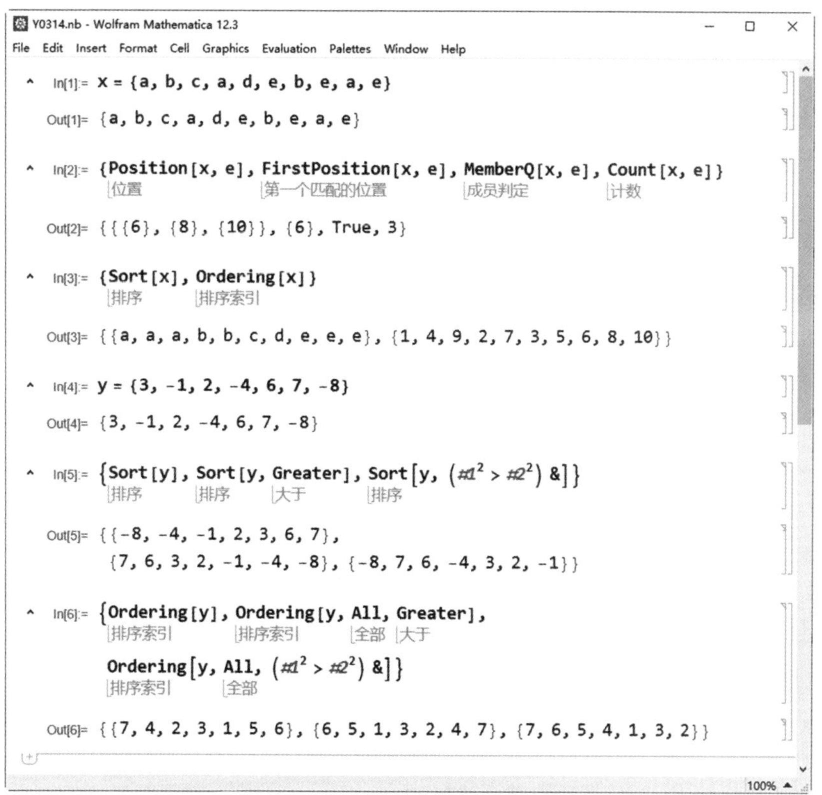

图 3-21　列表索引号相关的函数实例

在图 3-21 中，“In[1]”定义了列表 x 为“{a，b，c，a，d，e，b，e，a，e}”，在“In[2]”中“{Position[x，e]，FirstPosition[x，e]，MemberQ[x，e]，Count[x，e]}”这 4 个函数的调用依次返回元素 e 在列表 x 中的全部索引号{{6}，{8}，{10}}、元素 e 在列表 x 中的第一个索引号{6}和元素 e 在列表 x 中出现的次数 3。函数 Count[列表，元素]用于统计“元素”在“列表”中出现的次数。函数 Position 和 FirstPosition 返回的结果均为列表的形式，这是因为对于多维列表而言，这两个函数的返回结果将不止一个数值，故把返回的全部索引号放在列表中。在“In[3]”的语句“{Sort[x]，Ordering[x]}”中，“Sort[x]”对列表 x 以升序(这里按字符的编码值升序)排序，“Ordering[x]”获取排序后的元素索引号序列，运行结果如“Out[3]”所示。

Sort 函数可以指定排序方式。在图 3-21 中，“In[4]”定义了列表 y 为“{3，−1，2，−4，6，7，−8}”，在“In[5]”中，“{Sort[y]，Sort[y，Greater]，Sort[y，(#1^2>#2^2)&]}”依次对 y 按数值大小升序排列、按数值大小降序排列和按平方数大小降序排列，结果如“Out[6]”所示，为“{{−8，−4，−1，2，3，6，7}，{7，6，3，2，−1，−4，−8}，{−8，7，6，−4，3，2，−1}}”。Sort 函数可以指定第二个参数，为排序选项。当该选项为“Greater”时，表示以“Greater[#1，#2]&”即前一个元素大于后一个元素的方式排序。这里“Greater[#1，#2]&”为纯函数；如果选项为纯函数“(#1^2>#2^2)&”，表示按第一个元素的平方数大于第二个元素的平方数的顺序排序。可以为 Sort 函数的第二个参数指定所需要的排序纯函数实现特定的排序。当 Sort 函数使用排序选项时，相应的 Ordering 函数也需要使用相同的选项。例如，“In[6]”中的“Ordering[y，All，(#1^2>#2^2)&]”与“In[5]”中的“Sort[y，(#1^2>#2^2)&]”对应，在“Ordering”函数中，多了一个中间参数，这里该参数为“All”表示显示全部索引号，如果该参数为具体的整数，则只显示指定的整数个索引号。“In[5]”和“In[6]”的输出结果分别为“Out[5]”和“Out[6]”，对比这两个结果，可以直观地确认列表元素排序的变化与其引起的索引号的变化的关系。

3.2.2 Map 和 Apply 方法

Map 函数和 Apply 函数增强了访问列表元素的方法。其中，Map 函数的语法如下：

(1) Map[函数，列表]，表示“函数”将作用于列表的每个元素，相当于作用于列表第 1 层的元素。也可以用符号“/@”表示，即“函数/@列表”的形式。这里的“@”表示函数映射，即“函数[列表]”等价于“函数@列表”。

(2) Map[函数，列表，{层号}]，表示“函数”作用于“列表”的第“层号”层元素。

(3) Map[函数，列表，层号]，表示“函数”作用于“列表”的第 1 层至第“层号”层的全部元素。

(4) Map[函数][列表]，与第(1)种情况“Map[函数，列表]”含义相同，有时称“Map[函数]”为“函数”的 Map 算子形式。

Apply 函数的语法如下：

(1) Apply[函数，列表]，表示使用“函数”替换“列表”的标头，即列表的第 1 层的全部元素作为“函数”的参数。也可以用符号“函数@@列表”表示。

(2) Apply[函数，列表，{1}]，表示使用“函数”替换“列表”的第 1 层的子列表的标头，也可以用符号“函数@@@列表”表示。

（3）Apply[函数，列表，{层号}]，表示使用“函数”替换“列表”的第“层号”层的子列表的标头。

（4）Apply[函数，列表，层号]，表示使用“函数”替换“列表”的第1层至第“层号”层的子列表的标头。

（5）Apply[函数][列表]，等价于第(1)种情况的“Apply[函数，列表]”，有时称“Apply[函数]”为“函数”的Apply算子形式。

图3-22给出了Map和Apply函数的典型实例。

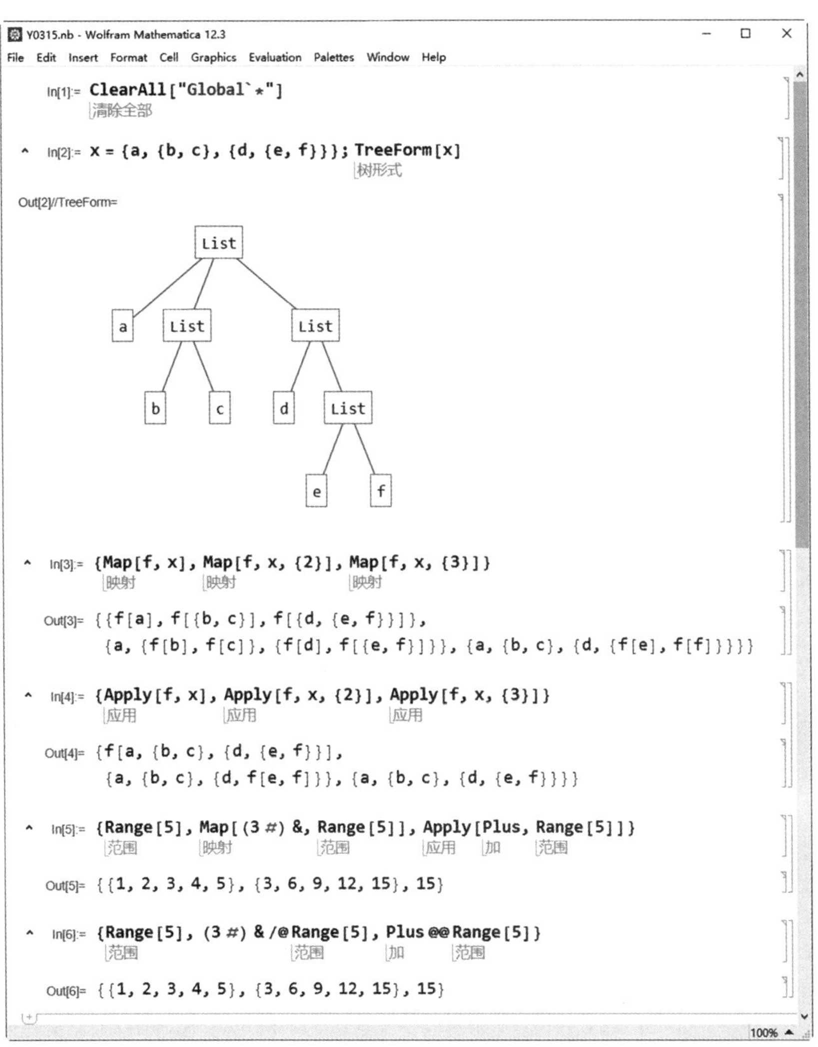

图3-22 Map和Apply函数典型实例

在图3-22中，“In[2]”定义了列表x并调用TreeForm显示了它的树形结构，如“Out[2]”所示，列表x共有4层，从第0层至第3层。由于“Map[f, x]”相当于“Map[f, x, {1}]”，所以，“In[3]”的语句“{Map[f,x], Map[f,x,{2}], Map[f,x,{3}]}”依次为将函数f作用于列表x的第1、2和3层上的元素，结果如“Out[3]”所示。这里以“Map[f, x, {2}]”为例详细介绍一下计算方式：由“Out[2]”可知，列表x的第2层为“b, c, d, List[e,f]”“Map[f, x, {2}]”，其中

函数 f 是作用于 x 的第 2 层上的元素，与第 2 层不相关的“树枝”和“树叶”上的元素将保留原样，故“Out[2]”中的元素“a”保留原样，所以，“Map[f, x, {2}]”将得到一个列表“{a,{f[b],f[c]},{f[d],f[{e,f}]}}”。

Apply 函数与 Map 函数的作用方式不同，在图 3-22 的“In[4]”中，“{Apply[f, x], Apply[f, x, {2}], Apply[f, x, {3}]}”表示依次将函数 f 替换列表 x 的第 1、2 和 3 层上的标头，这里的“Apply[f, x]”和“Apply[f, x, {1}]”含义相同。“In[4]”的执行结果如“Out[4]”所示。这里以“Apply[f, x, {2}]”为例详细介绍一下执行过程：列表 x 的第 2 层为“b, c, d, List[e,f]”，这里只有最后一个元素为列表，因此，Apply 函数仅把最后一个元素的标头替换为 f，其余元素保持不变，即得到“{a,{b,c},{d,f[e,f]}}”。在“In[3]”和“In[4]”中，有两个符号“f”，这不影响 Map 和 Apply 函数的正确执行，因为 Wolfram 语言可执行符号运算，这两个符号“f”是相同的，但是上述介绍中，把 Map 函数中的“f”称为函数，列表 x 中的“f”称为元素。

在图 3-22 的“In[5]”和“In[6]”中，列举了两个数值计算的 Map 和 Apply 实例，“In[5]”和“In[6]”含义相同，执行结果也相同，如“Out[5]”或“Out[6]”所示。其中，“Map[(3#)&,Range[5]]”或“(3#)&/@Range[5]”将纯函数“(3#)&”作用于列表“{1,2,3,4,5}”的每个元素，得到“{3,6,9,12,15}”，这里的纯函数“(3#)&”返回函数的参数的值的 3 倍。“Apply[Plus,Range[5]]”和“Plus@@Range[5]”含义相同，均表示使用函数“Plus”替换列表“{1,2,3,4,5}”的标头，即得到“Plus[1,2,3,4,5]”，为 15，这里的“Plus”函数为求和函数。

3.2.3 向量与矩阵操作

在 Wolfram 语言中，一维列表为列向量的形式，二维列表为矩阵的形式。本节将介绍向量与矩阵的基本运算，关于矩阵的变换等高级运算将在 4.1.4 节中介绍。

Wolfram 语言的基本运算函数和相应的简化符号为：加“Plus(+)”、减“Subtract(－)”、乘“Times(*)”、除“Divide(/)”、乘方“Power(^)”和开平方“Sqrt($\sqrt{\ }$)”，开平方的符号用“Ctrl+@”或“Ctrl+2”快捷键输入。这些运算均可以应用于向量与矩阵中。

图 3-23 为向量和矩阵的一些基本运算操作。

在图 3-23 中，在“In[1]”中“{2+3,2－3,2*3,2/3,2^3,$\sqrt{3}$}”演示了四则运算的应用，在 Wolfram 语言中，整数和有理数是无限精度表示和计算的，所以，“$\sqrt{3}$”的计算结果仍然为“$\sqrt{3}$”，如果查看这个无理数的浮点数近似值，需借助于“N”函数，“N[$\sqrt{3}$]”可显示“$\sqrt{3}$”的 6 位有效数字近似值。“In[2]”和“In[3]”使用随机整数发生器函数 RandomInteger 生成了两个长度为 5 的列表 x1 和 x2，以及两个 2 行 3 列的矩阵 y1 和 y2，分别如“Out[2]”和“Out[3]”所示。

在图 3-23 中，“In[4]”调用 Min 和 Max 函数计算了列向量 x1 和矩阵 y1 的最小值和最大值，如“Out[4]”所示。Wolfram 语言中还有一个函数“MinMax[列表]”，可以同时得到“列表”的最小值和最大值。在“In[5]”中，调用 Length 和 Dimensions 函数，分别获取了列表的长度(列表的第一层的元素个数)和矩阵的维数(矩阵的行和列的大小)。对于向量 x1，Dimensions 将返回其长度“{5}”；对于规则的矩阵 y1，将返回其行数和列数，即“{2,3}”。

在 Wolfram 语言中，“*”号，即 Times，用于向量或矩阵的操作时，是指向量或矩阵的

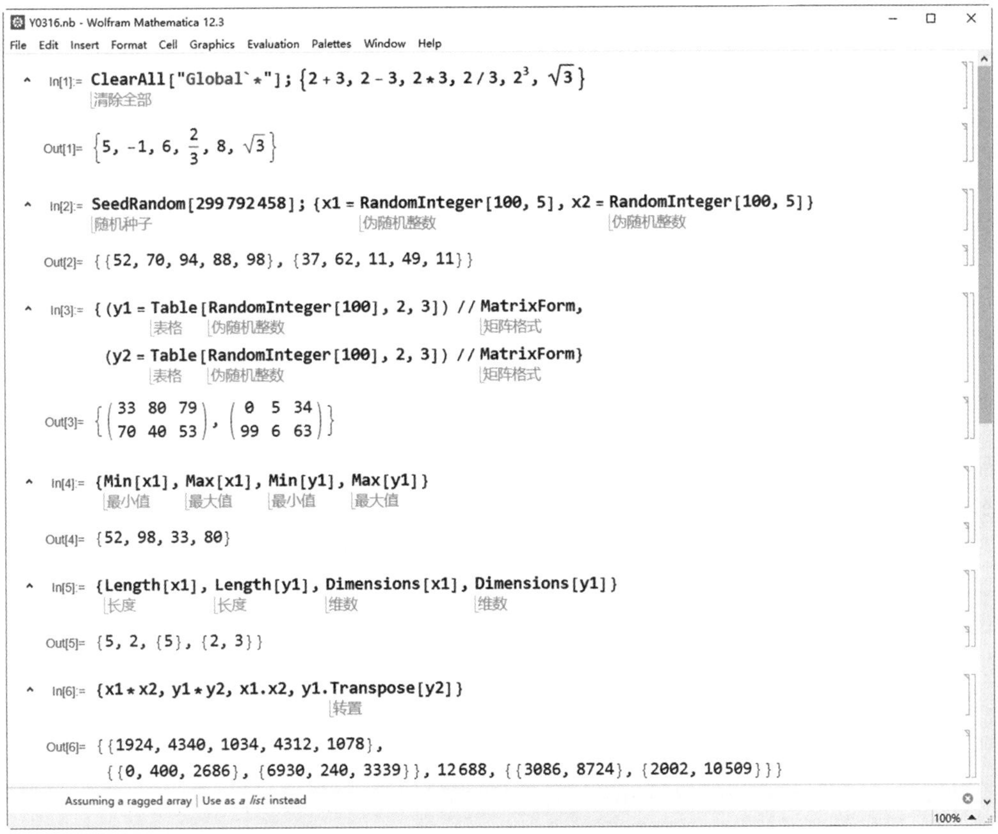

```
Y0316.nb - Wolfram Mathematica 12.3
File Edit Insert Format Cell Graphics Evaluation Palettes Window Help

In[1]:= ClearAll["Global`*"]; {2+3, 2-3, 2*3, 2/3, 2^3, √3}
         清除全部
Out[1]= {5, -1, 6, 2/3, 8, √3}

In[2]:= SeedRandom[299792458]; {x1 = RandomInteger[100, 5], x2 = RandomInteger[100, 5]}
         随机种子                     伪随机整数                       伪随机整数
Out[2]= {{52, 70, 94, 88, 98}, {37, 62, 11, 49, 11}}

In[3]:= {(y1 = Table[RandomInteger[100], 2, 3]) // MatrixForm,
               表格   伪随机整数                    矩阵格式
         (y2 = Table[RandomInteger[100], 2, 3]) // MatrixForm}
               表格   伪随机整数                    矩阵格式
Out[3]= {(33 80 79    (0  5 34
          70 40 53),   99 6 63)}

In[4]:= {Min[x1], Max[x1], Min[y1], Max[y1]}
         最小值   最大值   最小值   最大值
Out[4]= {52, 98, 33, 80}

In[5]:= {Length[x1], Length[y1], Dimensions[x1], Dimensions[y1]}
         长度        长度        维数            维数
Out[5]= {5, 2, {5}, {2, 3}}

In[6]:= {x1*x2, y1*y2, x1.x2, y1.Transpose[y2]}
                                 转置
Out[6]= {{1924, 4340, 1034, 4312, 1078},
          {{0, 400, 2686}, {6930, 240, 3339}}, 12688, {{3086, 8724}, {2002, 10509}}}

Assuming a ragged array | Use as a list instead                                  100%
```

图 3-23　向量与矩阵的基本运算实例

对应元素相乘，此时要求参与相乘的两个向量的长度相同或者参与相乘的两个矩阵的结构相同(即具有相同的大小)。在图 3-23 的“In[6]”中，“x1 * x2”和“y1 * y2”实现了对应元素相乘的操作，返回的结果为“{1924, 4340, 1034, 4312, 1078}”和“{{0, 400, 2686}, {6930, 240, 3339}}”。而实现“矩阵乘法”的运算函数或符号为“Dot”或“.”，“x1. x2”即“Dot[x1, x2]”，执行 x1 与 x2 的内积运算(又称点积运算)，得到“12688”。“y1. Transpose[y2]”执行 y1 与 y2 的转置的矩阵乘法运算，得到“{{3086, 8724}, {2002, 10509}}”。这里的函数“Transpose[矩阵]”返回“矩阵”的转置。“In[6]”的执行结果如“Out[6]”所示。Dot 函数的扩展版本为“Inner”函数，称为广义内积函数，它的对偶操作函数为“Outer”函数，称为广义外积函数，这里不作详细说明。

3.2.4 集合操作

集合是由一组互不相同的元素组成的集体。对于列表而言，如果其元素互不相同，则可认为该列表为集合。集合的基本操作为求两个集合的并集和交集以及求一个集合的子集和它相对于全集的补集等。下面介绍基本的集合操作函数。

函数 DeleteDuplicates 用于删除列表中的重复元素，即重复出现的元素仅保留一个，其语法如下：

(1) DeleteDuplicates[列表]，删除“列表”中的重复元素，那些重复出现的元素仅保留一个。

（2）DeleteDuplicates[列表，条件]，删除“列表”中满足“条件”的元素，而不是删除“列表”中的重复元素。

函数 Union 用于求列表的并集，其语法如下：

（1）Union[列表]，与“DeleteDuplicates[列表]”作用类似，删除了“列表”中的重复元素，但是，还对“列表”中剩下的元素进行排序。

（2）Union[列表 1，列表 2，…]，对参数中的全部“列表”求并集，删除结果集合中的重复元素，并对结果集合中的元素进行排序。“Union”函数的运算符为符号“∪”（“Esc+un+Esc”键），“Union[列表 1，列表 2，…]”等价于“列表 1 ∪ 列表 2 ∪ …”。

函数 Intersection 用于求列表的交集，其语法如下：

Intersection[列表 1，列表 2，…]，对参数中的全部“列表”求交集，删除结果集合中的重复元素，并对结果集合中的元素进行排序。“Intersection”函数的运算符为符号“∪”（“Esc+inter+Esc”键），“Intersection[列表 1，列表 2，…]”等价于“列表 1 ∩ 列表 2 ∩ …”。

函数 Complement 函数用于求列表关于全集的补集，其语法如下：

Complement[表示全集的列表，列表 1，列表 2，…]，返回在“表示全集的列表”中但不在“列表 1”“列表 2”等中的元素的集合，并对元素进行排序。

在上述求集合的并、交和补的函数中，可以使用“SameTest”相同性选项重新定义两个元素是否相同。例如，对于 Union 函数，增加了相同性选项的语法为：Union[列表 1，列表 2，…，列表 n，SameTest->用于判定相同的纯函数]。

图 3-24 给出一些集合的基本操作。

在图 3-24 中，“In[1]”定义了两个列表 x1 和 x2，分别为“{d,c,b,c,d,e,a,b,c}”和“{d,d,b,b,f,f}”。在“In[2]”中，语句“{DeleteDuplicates[x1]，Union[x1]，Union[x1，x2]，Intersection[x1，x2]，Complement[x1，x2]}”中各个函数依次实现了：删除 x1 中的重复元素、删除 x1 中的重复元素并对元素排序、求 x1 和 x2 的并集并对元素排序、求 x1 和 x2 的交集并对元素排序、求 x2 相对于 x1 的补集并对元素排序，其结果如“Out[2]”所示。

在图 3-24 中，“In[3]”生成两个序列 y1 和 y2，分别为“{6，9，1，10，5，8，7，10，3，1}”和“{2，5，7，2，1，1，6，8，6，8}”。“In[4]”中语句“{DeleteDuplicates[y1]，Union[y1]，Union[y1，y2]，Intersection[y1，y2]，Complement[y1，y2]}”依次实现了：删除 y1 中的重复元素、删除 y1 中的重复元素并排序、求 y1 和 y2 的并集并排序、求 y1 和 y2 的交集并排序、求 y2 相对于 y1 的补集并排序，其结果如“Out[4]”所示。

在“In[5]”“In[6]”和“In[7]”中对函数“Union”“Intersection”和“Complement”添加了选项“SameTest->((Mod[#1,5]==Mod[#2,5])&)”，表示如果两个数模 5 的余数相等，则判定其“相同”，按这个“相同性”判定条件分别在“In[5]”“In[6]”和“In[7]”中执行集合的并、交和补运算，其结果分别如“Out[5]”“Out[6]”和“Out[7]”所示。这里以“In[5]”中的“Intersection[y1，y2，SameTest->((Mod[#1,5]==Mod[#2,5])&)]”为例作详细介绍：在“相同性”条件下，y1 等价于列表“{6(1)，9(4)，1，10(0)，5(0)，8(3)，7(2)，10(0)，3，1}”，这里括号中的值表示模 5 后的余数；y2 等价于列表“{2，5(0)，7(2)，2，1，1，6(1)，8(3)，6(1)，8(3)}”。这样，在两个列表中所有的“6(1)和 1”是“相同”的，所有的“10(0)、5(0)”是“相同”的，所有的“7(2)、2”是“相同”的，所有“8(3)、3”是“相同”的。“相同”

```
Y0317.nb - Wolfram Mathematica 12.3
File Edit Insert Format Cell Graphics Evaluation Palettes Window Help

In[1]:= ClearAll["Global`*"];
        清除全部
        {x1 = {d, c, b, c, d, e, a, b, c}, x2 = {d, d, b, b, f, f}}
Out[1]= {{d, c, b, c, d, e, a, b, c}, {d, d, b, b, f, f}}

In[2]:= {DeleteDuplicates[x1], Union[x1], Union[x1, x2], Intersection[x1, x2],
         删除重复元素            并集        并集            交集
         Complement[x1, x2]}
         补集
Out[2]= {{d, c, b, e, a}, {a, b, c, d, e}, {a, b, c, d, e, f}, {b, d}, {a, c, e}}

In[3]:= SeedRandom[299792458];
        随机种子
        {y1 = RandomInteger[10, 10], y2 = RandomInteger[10, 10]}
              伪随机整数                  伪随机整数
Out[3]= {{6, 9, 1, 10, 5, 8, 7, 10, 3, 1}, {2, 5, 7, 2, 1, 1, 6, 8, 6, 8}}

In[4]:= {DeleteDuplicates[y1], Union[y1], Union[y1, y2], Intersection[y1, y2],
         删除重复元素            并集        并集            交集
         Complement[y1, y2]}
         补集
Out[4]= {{6, 9, 1, 10, 5, 8, 7, 3}, {1, 3, 5, 6, 7, 8, 9, 10},
         {1, 2, 3, 5, 6, 7, 8, 9, 10}, {1, 5, 6, 7, 8}, {3, 9, 10}}

In[5]:= Union[y1, y2, SameTest → ((Mod[#1, 5] == Mod[#2, 5]) &)]
        并集            相同检验       模余             模余
Out[5]= {1, 2, 3, 5, 9}

In[6]:= Intersection[y1, y2, SameTest → ((Mod[#1, 5] == Mod[#2, 5]) &)]
        交集                   相同检验       模余             模余
Out[6]= {6, 7, 8, 10}

In[7]:= Complement[y1, y2, SameTest → ((Mod[#1, 5] == Mod[#2, 5]) &)]
        补集                 相同检验       模余             模余
Out[7]= {9}
                                                                    100%
```

图 3-24 集合的基本操作实例

的元素在求交集时只保留 1 个元素，“In[5]”的执行结果为“{6,7,8,10}”，在模 5 求余的情况下相当于“{1, 2, 3, 0}”，但是需要使用原列表中的元素。问题在于：既然“6”和“1”在模 5 求余的情况下是相同的，求交集应保留哪个呢？然而，Wolfram 语言并没有给出规律，从“In[5]”～“In[7]”返回的结果估计为：对于求模取余“相同”的元素，当求并集时，保留较小的数值；求交集时，保留较大的数值；而求补集时，保留较小的数值。这就是“In[6]”执行后得到“Out[6]”(即“{6,7,8,10}”，而不是{1,2,3,5})的原因。

最后，讨论一个求子集函数 Subsets 的功能，其语法如下：

(1) Subsets[列表]，返回“列表”的所有子集(包含空集)，此函数将“列表”中的重复元素视为有效元素，即这不是数学意义上求“集合”的全部子集的方法。如果进行数学意义上的求“集合”的子集的处理，需要使用 Union 函数或 DeleteDuplicates 将“列表”转换为

"集合"。

(2) Subsets[列表, {n}],返回"列表"中包含 n 个元素的所有子集,"列表"中的重复元素视为有效元素。

(3) Subsets[列表, n],返回"列表"中包含 0～n 个元素的所有子集,"列表"中的重复元素视为有效元素。

(4) Subsets[列表, {i_{min}, i_{max}}],返回"列表"中包含 i_{min}～i_{max} 个元素的所有子集,"列表"中的重复元素视为有效元素。

(5) Subsets[列表, {i_{min}, i_{max}, di}],返回"列表"中包含 i 个元素的所有子集,这里的 i 的取值为自 i_{min} 按步长 di 增加到 i_{max}(可能取不到)的所有整数,"列表"中的重复元素视为有效元素。

图 3-25 为函数 Subsets 的典型用法实例。

```
Y0318.nb - Wolfram Mathematica 12.3
File Edit Insert Format Cell Graphics Evaluation Palettes Window Help

In[1]:= {Subsets[{a, b, c}, {2}], Subsets[{a, b, c, b}, {1, 4, 2}]}
          子集                      子集
Out[1]= {{{a, b}, {a, c}, {b, c}},
         {{a}, {b}, {c}, {b}, {a, b, c}, {a, b, b}, {a, c, b}, {b, c, b}}}
100%
```

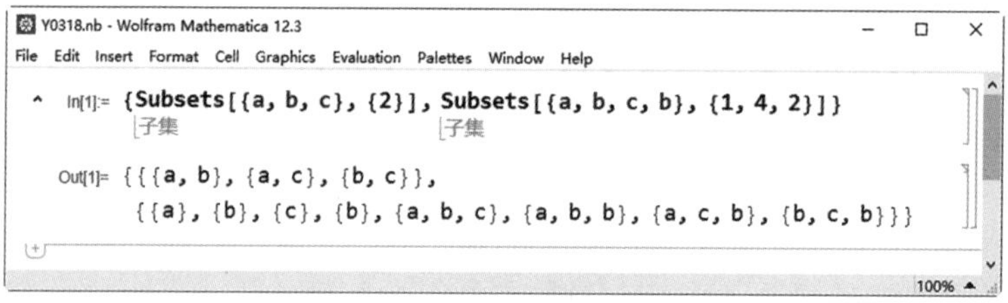

图 3-25　函数 Subsets 的典型用法实例

在图 3-25 中,"In[1]"中的"Subsets[{a, b, c},{2}]"取得列表"{a, b, c}"的包含 2 个元素的所有子列表,即"{{a, b},{a, c},{b, c}}",而"Subsets[{a, b, c, b},{1,4,2}]"生成列表"{a, b, c, b}"的包含 1 个元素或 3 个元素的所有子列表,即"{{a}, {b}, {c}, {b}, {a, b, c}, {a, b, b}, {a, c, b}, {b, c, b}}"。"In[1]"的执行结果如"Out[2]"所示。

本章小结

本章介绍了 Wolfram 语言中最重要的数据结构——列表,详细阐述了列表的结构、列表的创建、有规则列表的生成方法、数组和矩阵及其基本运算、字符列表和随机数列表的设计等,并深入讨论了列表元素的存储访问方法和集合的操作方法。本章的重点在于 Table 函数的应用技巧和列表元素的访问方法,需要做大量的编程练习以熟练掌握 Table 函数和 Part 函数的应用。除了本章介绍的列表操作函数外,Wolfram 语言还有大量用于列表处理的内置函数,例如,与列表元素的提取、增加、删除、压平和分解等相关的一些函数,这些内容将在下一章中作为内置函数的应用技巧详细介绍。除了列表之外,关联和数据集也是 Wolfram 语言中重要的数据结构,这部分内容需要用到纯函数,故将纯函数也安排在下一章中阐述。

第4章 内置函数与自定义函数

Wolfram 语言集成了 6000 多个内置函数，借助“Names["System' * "]”可以查看环境“System”下定义的全部函数，在 Mathematica 12.3 中，共有 7092 个，大部分为系统内置函数。同样，借助“Names["Global' * "]”可以查看环境“Global”下的全部函数，这些为用户定义的全局变量和自定义函数。在文档中心“Documentation Center”（通过菜单“Help | Wolfram Documentation”打开）的最下方有一个链接“Index of Functions”（函数索引），单击该链接将显示全部的内置函数列表，在弹开的页面的底部有一个新的链接“Index of All New Functions”（全部新函数索引），单击打开新的 Mathematica 版本新添加或修改的函数列表。在这些函数列表中，单击任意一个函数均将进入该函数的用法说明文档。内置函数列表以“Alphabetical Listing”（字母顺序）排列，例如第一个函数为“AASTriangle”，单击该函数名，进入如图 4-1 所示的用法说明文档。

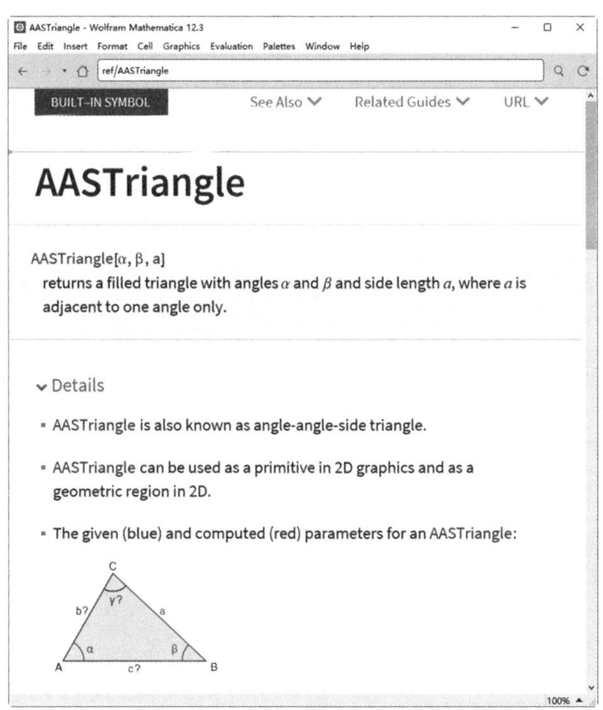

图 4-1　AAS 三角形函数用法说明文档

图 4-1 显示了内置函数 AASTriangle 的基本语法和一部分详细使用信息，该文档中还包括了大量的实例，这些实例可以直接在文档中修改和运行，可以方便读者理解和快速掌握这个函数。例如“Graphics[{Brown, AASTriangle[Pi/6, Pi/3,10]}]”可以绘制一个棕色的短直角边为 10 且一个锐角为 30°的直角三角形。关于 Graphics 函数将在第 7 章介绍。

4.1 常用内置函数

本节将选择一些列表处理与经典数学方法相关的内置函数详细介绍。建议读者在具备了一定的 Wolfram 语言基础后，可以进一步浏览和学习“函数索引”中的全部内置函数。熟练应用 Wolfram 语言的关键在于掌握尽可能多的内置函数，并能灵活运用这些内置函数设计自定义函数。

4.1.1 列表处理

除了 Part 函数可以访问列表元素外，还有一些列表函数可以对列表元素进行操作，例如，函数 First、Last、Rest 和 Take 等可用于获取列表的部分元素，函数 Drop 和 Delete 等可用于删除列表的部分元素，函数 Append、Insert、Replace 和 PadRight 等可用于添加或替换列表元素，函数 Join、Flatten 和 Partition 等可以合并和分割列表等。

下面首先介绍函数 First、Last、Rest 和 Take 的用法。

函数 First 的语法如下：

(1) First[列表]，返回“列表”的第一个元素，如果列表为空列表，则出现警告信息。

(2) First[列表，默认值]，返回“列表”的第一个元素，如果列表为空列表，则返回“默认值”。这个语法在程序中特别有用。

函数 Last 的语法与 First 类似，如下所示：

(1) Last[列表]，返回“列表”的最后一个元素，如果列表为空，则出现警告信息。

(2) Last[列表, 默认值]，返回“列表”的最后一个元素，如果列表为空列表，则返回“默认值”。

函数 Rest 的语法如下：

Rest[列表]，返回“列表”中除第一个元素外的其余元素列表。如果“列表”为空列表，将出现警告信息。

函数 Take 的语法如下：

(1) Take[列表, n]，返回“列表”的前 n 个元素组成的列表。

(2) Take[列表, −n]，返回“列表”的后 n 个元素组成的列表。

(3) Take[列表, {m, n}]，返回“列表”的第 m～第 n 个元素组成的列表。这里的 m 和 n 可以为负数，注意，−1 表示“列表”的最后一个元素的位置。语法中要求 m≤n。

(4) Take[列表, {m, n, s}]，返回“列表”的第 m 个按步长 s 至第 n 个元素组成的列表。

(5) Take[多层列表, n_1, n_2, …, n_k]，返回“多层列表”的第 1 层的前 n_1 个位置、第 2 层的前 n_2 个位置、…、第 k 层的前 n_k 个位置指定的元素组成的多层列表。这里的“n_1, n_2,

…，n_k”均为正整数，如果为它们添加了负号，则“$-n_i$”表示取列表第 i 层的后 n_i 个位置。

（6）Take[多层列表，{m_1，n_1，s_1}，{m_2，n_2，s_2}，…，{m_k，n_k，s_k}]，返回“多层列表”的第 1 层的第 m_1 个按步长 s_1 至第 n_1 个位置、第 2 层的第 m_2 个按步长 s_2 至第 n_2 个位置、…、第 k 层的第 m_k 个按步长 s_k 至第 n_k 个位置指定的元素组成的多层列表。这里的 s_i，i=1,2,…,k 为 1 时可省略。

（7）Take[列表，{n}]，返回“列表”的第 n 个元素组成的列表（即使结果只有一个元素，也仍以列表形式返回）。

（8）Take[两层列表，{m}，{n}]，返回“列表”的第 m 层的第 n 个元素的两层列表（即使结果只有一个元素，也仍以两层列表的形式返回）。这个语法可以扩展到更多层。

（9）Take 函数支持 UpTo 函数，UpTo 函数的语法为“UpTo[n]”，表示至多 n 个。例如：Take[列表，UpTo[n]]，如果列表中的元素个数大于或等于 n，则从列表中提取 n 个元素；如果列表中的元素个数小于 n，则提取列表的全部元素。

图 4-2 为上述函数的典型应用实例。

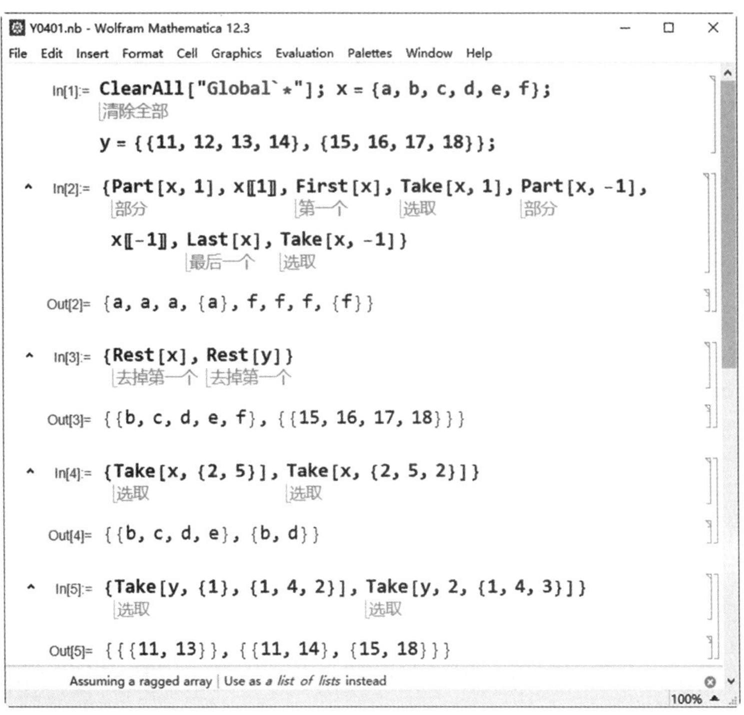

图 4-2　列表元素提取函数典型应用实例

在图 4-2 中，“In[1]”定义了全局变量列表 x 为“{a，b，c，d，e，f}”，列表 y 为“{{11，12，13，14}，{15，16，17，18}}”。在“In[2]”中，“Part[x,1]，x[[1]]，First[x]，Take[x,1]”均表示读取列表 x 的第 1 个元素“a”，但是前三者均返回元素值“a”，而“Take[x，1]”返回列表形式的“{a}”，即由 x 的第 1 个元素组成的列表。同样，“Part[x，−1]，x[[−1]]，Last[x]，Take[x，−1]”均为读取列表 x 的最后一个元素“f”，但是前三者返回元素值“f”，而“Take[x，−1]”返回列表形式的“{f}”。“In[2]”的执行结果如“Out[2]”所示。

在“In[3]”中，“Rest[x]”得到列表 x 中除第一个元素外的其余元素列表，即去掉元素

"a"之后的列表"{b, c, d, e, f}"；"Rest[y]"得到列表 y 的第一个元素外的其余元素列表，由于 y 只有两个元素(均为子列表)，所以，"Rest[y]"返回以其第二个子列表为元素的列表，即"{{15,16,17,18}}"。"In[3]"的执行结果如"Out[3]"所示。

在"In[4]"中，"Take[x, {2, 5}]"获得列表 x 的第 2～第 5 个元素的列表，即"{b, c, d, e}"；"Take[x, {2, 5, 2}]"获取列表 x 的第 2 个和第 4 个元素组成的列表，即"{b,d}"，这里的参数"{2, 5, 2}"表示索引号从第 2 个开始按步长 2 递增到 5(取不到 5)。"In[4]"的执行结果如"Out[4]"所示。

在"In[5]"中，y 为二层列表，这里可视为矩阵，则"Take[y,{1},{1,4,2}"获取矩阵 y 的第一行的第 1 个和第 3 个元素，即"{{11,13}}"；而"Take[y,2,{1,4,3}]"获取矩阵 y 的第 1 行和第 2 行以及第 1 列和第 4 列交汇处的元素，如"Out[5]"所示。

下面进一步讨论列表元素删除和替换的常用函数。其中，Drop 函数是与 Take 函数作用相反的函数，其参数的意义与 Take 函数完全相同，但表示删除其参数指定位置的数据。Delete 函数与 Part 函数的部分作用相反，用于删除指定位置的元素(可能是个子列表)，其表示拟删除元素位置的参数的意义与 Part 函数的表示孤立元素位置的参数相同，用于指定要删除的数据所在的位置(不能使用";;"等表示连续位置)。Drop 函数可使用 UpTo 函数作为参数。Wolfram 语言中还有组合了 Take 函数和 Drop 函数的 TakeDrop 函数，其参数的意义与 Take 或 Drop 函数相同，该函数"TakeDrop[列表, 选项]"将返回一个列表，列表的第一个元素为"Take[列表, 选项]"(仍为列表)，第二个元素为"Drop[列表, 选项]"(仍为列表)。

Wolfram 语言中，常用的列表元素的替换函数为 ReplacePart、Replace、ReplaceAll 和 ReplaceRepeated 等。其中，ReplacePart 函数的语法如下：

(1) ReplacePart[列表, i->new]，将"列表"的第 i 个元素替换为"new"表示的元素。

(2) ReplacePart[列表, {i1 -> new1, i2-> new2,…, ik-> newk}]，将"列表"的第 i1 个元素替换为"new1"，将第 i2 个元素替换为"new2"，以此类推，将第"ik"个元素替换为"newk"。

(3) ReplacePart[多层列表, {{i_1, j_1, …}-> new_1, {i_2, j_2, …}-> new_2,…, {i_k, j_k, …}-> new_k}]，将"多层列表"的第{i_1,j_1,…}个元素替换为"new_1"，将第{i_2,j_2,…}个元素替换为"new_2"，以此类推，将第{i_k,j_k,…}个元素替换为"new_k"。

Replace 函数的语法主要为：

Replace[列表, e-> new, {i}]，将"列表"的第 i 层的元素 e 替换为"new"。注意，这里的"e"必须位于"列表"的第 i 层，且整个元素视为一个整体进行替换，如"Replace[{{1, 2}, 3}, {1,2}-> x, {1}]"将返回"{x, 3}"。其中的"e-> new"称为规则，如果有多条规则，则用"{ }"括起来。

ReplaceAll 是 Replace 的扩展版本，Replace 要求替换"规则"必须施加在指定的层，而 ReplaceAll 将替换"规则"施加于"列表"中的所有层。ReplaceAll 常用符号"/."表示。

ReplaceRepeated 是 ReplaceAll 的循环执行版本，执行替换"规则"直到不能再替换为止，常用符号"//."表示。

图 4-3 为列表元素删除函数的典型应用实例，图 4-4 为列表替换函数典型应用实例。

在图 4-3 中，"In[1]"定义了列表 x 为"{a, b, c, d, e, f}"。在"In[2]"中，"Drop[x,3]"

```
Y0402.nb - Wolfram Mathematica 12.3
File Edit Insert Format Cell Graphics Evaluation Palettes Window Help

In[1]:= ClearAll["Global`*"]; x = {a, b, c, d, e, f};
        清除全部

In[2]:= {Drop[x, 3], Drop[x, {3}], Drop[x, {1, 5, 2}],
         去掉元素      去掉元素       去掉元素
         Delete[x, 3], Delete[x, {{1}, {3}, {5}, {6}}]}
         删除           删除

Out[2]= {{d, e, f}, {a, b, d, e, f},
         {b, d, f}, {a, b, d, e, f}, {b, d}}

In[3]:= {TakeDrop[x, 2], TakeDrop[x, {2, 3}]}
         提取删除部分       提取删除部分

Out[3]= {{{a, b}, {c, d, e, f}}, {{b, c}, {a, d, e, f}}}
```

图 4-3　列表元素删除函数典型应用实例

返回列表 x 舍弃前 3 个元素的列表，即“{d, e, f}”；“Drop[x,{3}]”返回列表 x 舍弃第 3 个元素后的列表，即“{a, b, d, e, f}”；“Drop[x,{1,5,2}]”表示列表 x 舍弃第 1 个按步长 2 递增至第 5 个元素后的列表，即“{b, d, f}”；“Delete[x,3]”与“Drop[x,{3}]”含义相同，即得到列表 x 舍弃第 3 个元素后的列表，即“{a, b, d, e, f}”；“Delete[x,{{1},{3},{5},{6}}]”得到列表 x 舍弃了第 1、3、5 和 6 个元素的列表，即“{b, d}”。“In[2]”的执行结果如“Out[2]”所示。

在“In[3]”中，“TakeDrop[x,2]”返回两个子列表组成的列表，第一个子列表为“Take[x,2]”的执行结果，即包含列表 x 的前 2 个元素的列表“{a, b}”；第二个子列表为“Drop[x,2]”的执行结果，即列表 x 舍弃前 2 个元素的列表“{c,d,e,f}”。同样，“TakeDrop[x,{2,3}]”得到两个子列表组成的列表，第一个子列表为“Take[x, {2,3}]”的执行结果，即列表 x 的第 2、3 个元素组成的列表“{b, c}”；第二个子列表为“Drop[x, {2,3}]”的执行结果，即列表 x 舍弃第 2、3 个元素后的列表“{a, d, e, f}”。“In[3]”的执行结果如“Out[3]”所示。

在图 4-4 中，“In[1]”定义了列表 x 为“{a, b, c, d, e, f}”。在“In[2]”中，语句“ReplacePart[x, {3->5, 4->10}]”表示将列表 x 的第 3 个元素替换为 5、第 4 个元素替换为 10，如“Out[2]”所示，得到“{a, b, 5, 10, e, f}”；语句“Replace[x, {b->11, f->15},{1}]”表示将列表 x 中的元素“b”和“f”分别替换为元素“11”和“15”，如“Out[2]”所示，得到“{a,11,c,d,e,15}”。

在“In[3]”中，语句“ReplaceAll[x, {b->11, f->15}]”和“x/. {b->11,f->15}”是等价的，而且后者更简洁常用，都表示将列表 x 中的 b 替换为 11、f 替换为 15，得到结果“{a, 11, c, d, e, 15}”，如“Out[3]”所示。

“In[4]”中的语句“ReplaceRepeated[1/(1+(1/(1+(1/(1+y))))),1/(1+y)->y]”和“In[5]”中的语句“1/(1+(1/(1+(1/(1+y)))))//. {1/(1+y)->y}”是等价的，而且后者更简洁常用，都表示循环执行替换规则“1/(1+y)->y”直到无法替换为止，最后结果为“y”，如“Out[4]”和“Out[5]”所示。在“In[4]”中，“函数“ReplaceRepeated”的第一个参数为

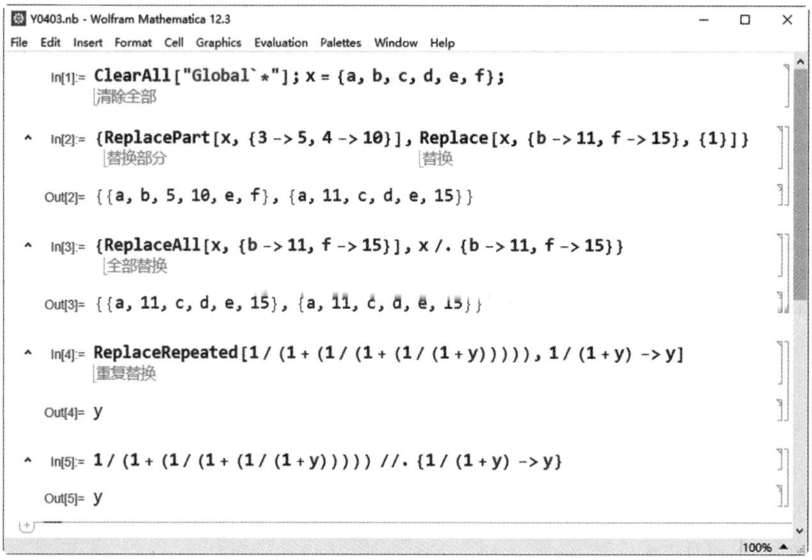

```
Y0403.nb - Wolfram Mathematica 12.3
File Edit Insert Format Cell Graphics Evaluation Palettes Window Help

In[1]:= ClearAll["Global`*"]; x = {a, b, c, d, e, f};
        清除全部

In[2]:= {ReplacePart[x, {3 -> 5, 4 -> 10}], Replace[x, {b -> 11, f -> 15}, {1}]}
         替换部分                          替换

Out[2]= {{a, b, 5, 10, e, f}, {a, 11, c, d, e, 15}}

In[3]:= {ReplaceAll[x, {b -> 11, f -> 15}], x /. {b -> 11, f -> 15}}
         全部替换

Out[3]= {{a, 11, c, d, e, 15}, {a, 11, c, d, e, 15}}

In[4]:= ReplaceRepeated[1 / (1 + (1 / (1 + (1 / (1 + y))))), 1 / (1 + y) -> y]
        重复替换

Out[4]= y

In[5]:= 1 / (1 + (1 / (1 + (1 / (1 + y))))) //. {1 / (1 + y) -> y}

Out[5]= y
```

图 4-4　列表元素替换函数典型应用实例

表达式，而非列表。实际上，上述标注为列表的参数均可以使用表达式。例如，Take[a+b+c,{2}]将返回 b，由于表达式“a+b+c”的内部形式为“Plus[a,b,c]”(使用语句“FullForm[a+b+c]”查看)，和列表的区别在于列表的标头为 List，而“Plus[a,b,c]”的标头为 Plus，它们元素位置的索引号是相同的。

下面介绍向列表中添加或插入元素的几个函数，即 Append、AppendTo、Prepend、PrependTo、Insert、PadRight 和 PadLeft。其中，Append[列表，元素]和 AppendTo[列表，元素]均表示将“元素”置于“列表”的尾部，但前者生成一个新的列表(原“列表”不变)，而后者修改了原来的“列表”(直接在原“列表”尾部添加“元素”)。同样，Prepend[列表，元素]和 PrePendTo[列表，元素]均表示将“元素”插入“列表”的最前部，但前者生成一个新的列表(原“列表”不变)，而后者修改了原来的“列表”(直接在原“列表”前部添加“元素”)。

Insert 函数的语法为“Insert[列表，元素，位置]”，这里的“位置”的表示方法有多种：①若“位置”为正整数，表示以该正整数为索引号的位置；②若“位置”为负整数，表示以该负整数为索引号对应的位置，注意：列表的最后一个元素的索引号为−1；③若“位置”为列表形式“$\{i_1,i_2,\cdots\}$”，表示以“$\{i_1,i_2,\cdots\}$”为索引号的多层列表的位置；④若“位置”为二层列表形式“$\{\{i_1,i_2,\cdots\},\{j_1,j_2,\cdots\},\cdots,\{k_1,k_2,\cdots\}\}$”，这是一种扩展形式，表示每个子列表表示的位置都需要执行插入操作。

PadRight 函数常用于填充列表，其语法如下：

(1) PadRight[列表，n]，将“列表”填充为长度为 n 的列表，填充的方式为在列表的右侧补 0。

(2) PadRight[列表，n，x]，将“列表”填充为长度为 n 的列表，填充的方式为在列表的右侧补 x。

(3) PadRight[列表，n，$\{e_1, e_2, \cdots, e_k\}$]，将“列表”填充为长度为 n 的列表，填充的方式为在“列表”的右侧循环补充“$e_1, e_2, \cdots, e_k$”。注意：这里填充的方法应这样理解：先将

“e_1，e_2，…，e_k”从左向右循环扩展为一个长度为 n 的序列，然后，把左侧的与给定“列表”相同长度的序列用“列表”替换掉。

(4) PadRight[列表，n，填充方式，m]，这里的“填充方式”为第(2)种中的“x”或第(3)种中的“{e_1，e_2，…，e_k}”，这种语法表示将“列表”填充为长度为 n 的列表，填充的方式为在“列表”左侧的 m 个位置和右侧循环以“填充方式”进行填充。注意，这里填充的方法应这样理解：以第 m+1 个位置为起始位置，向右以“e_1，e_2，…，e_k”循环扩展一个长度为 n−m 的序列(第 m+1 个位置为 e_1)，向左以“e_1，e_2，…，e_k”循环扩展一个长度为 m 的序列(第 m 个位置为 e_k)，然后，用“列表”替换掉序列中自第 m+1 个位置开始的与“列表”相同长度的序列。

(5) PadRight[i 层列表，{n_1，n_2，…，n_i}]，将一个“i 层列表”进行填充，第 1 层填充为长度为 n_1、第 2 层填充为长度为 n_2、…、第 i 层填充为长度为 n_i，使用元素 0 填充。

(6) PadRight[多层列表]，将该“多层列表”填充 0 使其成为规则的“多层列表”，即每个子列表包含的元素个数相同。

PadLeft 函数为左填充函数，与 PadRight 函数的语法相似，只是填充方式相反，这里重点介绍与 PadRight 函数语法(3)和(4)相对应的两种语法。

(1) PadLeft[列表，n，{e_1，e_2，…，e_k}]，将“列表”填充为长度为 n 的列表，填充的方式为在“列表”的左侧循环补充“e_1，e_2，…，e_k”。注意，这里填充的方法应这样理解：先将“e_1，e_2，…，e_k”从右向左循环扩展为一个长度为 n 的序列“…，e_1，e_2，…，e_k，e_1，e_2，…，e_k，e_1，e_2，…，e_k”，然后，把最右侧的与给定“列表”相同长度的序列用“列表”替换掉。

(2) PadLeft[列表，n，填充方式，m]，这里的“填充方式”为上述 PadRight 第(2)种中的“x”或第(3)种中的“{e_1，e_2，…，e_k}”，这种语法表示将“列表”填充为长度为 n 的列表，填充的方式为在“列表”右侧的 m 个位置和左侧循环以“填充方式”进行填充。注意，这里填充的方法应这样理解：以第 n−m 个位置为起始位置，向左以“e_1，e_2，…，e_k”循环扩展一个长度为 n−m 的序列(第 n−m 个位置为 e_k)，向右以“e_1，e_2，…，e_k”循环扩展一个长度为 m 的序列(第 n−m+1 个位置为 e_1)，然后，用“列表”替换掉序列中自第 n−m 个位置向左算起的与“列表”相同长度的序列。

图 4-5 为列表元素的添加、插入和填充函数典型实例。

在图 4-5 中，“In[1]”定义了列表 x 为“{1，2，3}”、列表 y 为“{a，b，c}”。在“In[2]”中，“Append[x，d]”向列表 x 的尾部添加元素 d 形成一个新的列表，如“Out[2]”的“{1，2，3，d}”所示，此时列表 x 不变；然后，“AppendTo[x，e]”向列表 x 的尾部添加元素 e，返回列表“{1，2，3，e}”，此时的列表 x 也为“{1，2，3，e}”；接着，调用“Prepend[x，f]”向此时的列表 x 的首部插入元素 f，返回一个新的列表，即“{f，1，2，3，e}”，列表 x 仍然为“{1，2，3，e}”；之后，调用“PrependTo[x，g]”向列表 x 的首部插入元素 g，得到列表“{g，1，2，3，e}”，此时的 x 列表也变成“{g，1，2，3，e}”。“In[2]”最后显示 x 列表的内容，得到“{g,1,2,3,e}”。

在“In[3]”中，“Insert[x，h，2]”在列表 x 的第 2 个位置插入元素 h，由于列表 x 是全局变量，在执行这一语句前 x 为“{g，1，2，3，e}”，执行后得到列表“{g，h，1，2，3，e}”，但不改变列表 x；然后，执行“Insert[x，i，{{3}，{5}}]”，在列表 x 的第 3 个和第 5 个位置插入元素 i，得到列表“{g，1，i，2，3，i，e}”，列表 x 仍然为“{g，1，2，3，e}”。

```
Y0404.nb - Wolfram Mathematica 12.3
File Edit Insert Format Cell Graphics Evaluation Palettes Window Help

In[1]:= ClearAll["Global`*"]; x = {1, 2, 3}; y = {a, b, c};
        清除全部

In[2]:= {Append[x, d], AppendTo[x, e], Prepend[x, f],
         追加          附加             加在前面
        PrependTo[x, g], x}
         前加于

Out[2]= {{1, 2, 3, d}, {1, 2, 3, e},
         {f, 1, 2, 3, e}, {g, 1, 2, 3, e}, {g, 1, 2, 3, e}}

In[3]:= {Insert[x, h, 2], Insert[x, i, {{3}, {5}}]}
         插入             插入

Out[3]= {{g, h, 1, 2, 3, e}, {g, 1, i, 2, 3, i, e}}

In[4]:= {PadRight[y, 7], PadRight[y, 7, 2], PadLeft[y, 7],
         右填充           右填充              左填充
        PadLeft[y, 7, 2]}
         左填充

Out[4]= {{a, b, c, 0, 0, 0, 0}, {a, b, c, 2, 2, 2, 2},
         {0, 0, 0, 0, a, b, c}, {2, 2, 2, 2, a, b, c}}

In[5]:= {PadRight[y, 7, {1, 2, 3}], PadLeft[y, 7, {1, 2, 3}]}
         右填充                      左填充

Out[5]= {{a, b, c, 1, 2, 3, 1}, {3, 1, 2, 3, a, b, c}}

In[6]:= {PadRight[y, 9, {1, 2, 3}, 2], PadLeft[y, 9, {1, 2, 3}, 2]}
         右填充                         左填充

Out[6]= {{2, 3, a, b, c, 1, 2, 3, 1}, {3, 1, 2, 3, a, b, c, 1, 2}}

100%
```

图 4-5　列表元素添加、插入和填充函数典型应用实例

在图 4-5 的“In[4]”中,“PadRight[y, 7]”和“PadRight[y, 7, 2]”都是将列表 y 右填充为长度为 7 的列表,前者使用 0 填充,后者使用数字 2 填充,其结果分别为“{a, b, c, 0, 0, 0, 0}”和“{a, b, c, 2, 2, 2, 2}”;“PadLeft[y, 7]”和“PadLeft[y, 7, 2]”都是将列表左填充为长度为 7 的列表,前者用 0 填充,后者用数字 2 填充,其结果分别为“{0, 0, 0, 0, a, b, c}”和“{2, 2, 2, 2, a, b, c}”。

在图 4-5 的“In[5]”中,“PadRight[y, 7, {1,2,3}]”将序列 y 右填充为长度为 7 的序列,使用“1, 2, 3”循环填充,将“1,2,3”向右循环扩展为长度为 7 的序列“1, 2, 3, 1, 2, 3, 1”,然后,将列表 y 即“{a, b, c}”替换掉上述序列的前三个元素,得到“{a, b, c, 1, 2, 3, 1}”。“PadLeft[y,7,{1,2,3}]”将序列 y 左填充为长度为 7 的序列,使用“1, 2, 3”循环填充,将“1,2,3”向左循环扩展为长度为 7 的序列“3, 1, 2, 3, 1, 2, 3”,然后,将列表 y 即“{a, b, c}”替换掉上述序列的后三个元素,得到“{3, 1, 2, 3, a, b, c}”,如“Out[5]”所示。

在“In[6]”中,“PadRight[y, 9, {1, 2, 3}, 2]”将列表 y 右填充为长度为 9 的列表,其左侧空出 2 个位置也要填充,此时,以第 3 个位置为起点,分别将要填充的“1, 2, 3”向右循环扩展 7 个位置、向左循环扩展 2 个位置,得到序列“2, 3, **1**, 2, 3, 1, 2, 3, 1”,然后,将列表 y 即“{a, b, c}”放回到上述序列的第 3～第 5 个位置上,得到“{2, 3, a, b, c, 1, 2, 3,

1}”。同样,“PadLeft[y, 9, {1, 2, 3}, 2]”将列表 y 左填充为长度为 9 的列表,其右侧空出 2 个位置也要填充,此时,以第 7 个位置为起点,分别将要填充的“1, 2, 3”向左循环扩展 7 个位置、向右循环扩展 2 个位置,得到序列“3, 1, 2, 3, 1, 2, **3**, 1, 2”,然后,将列表 y 即“{a, b, c}”放回到上述序列的第 5～第 7 个位置上,得到“{3, 1, 2, 3, a, b, c, 1, 2}”,如“Out[6]”所示。

下面将继续讨论三个列表的合并与分解函数,即 Join、Flatten 和 Partition 的用法。其中,Join 函数的语法如下:

(1) Join[列表 1, 列表 2, …],将“列表 1”“列表 2”等合并为一个列表。

(2) Join[列表 1, 列表 2, …, n],将“列表 1”“列表 2”等的第 n 层进行合并。

Flatten 函数的语法如下:

(1) Flatten[多层列表],将“多层列表”压平为单层列表。

(2) Flatten[多层列表, n],将“多层列表”压平至第 n 层。

(3) Flatten[多层列表, {n}],将“多层列表”的第 n 层对应位置的元素合并在一起。

(4) Flatten[多层列表, {{s_{11}, s_{12}, …}, {s_{21}, s_{22}, …}, …}],上述第(3)种语法的扩展版本,将位于第 s_{ij} 层的元素组合在一起,成为第 i 层。

上述 Flatten 的全部语法都是常用语法,其中,第(3)种和第(4)种语法字面意思不容易理解,请结合图 4-6 中的实例理解。此外,Flatten 还可以压平表达式,要求表达式具有相同的标头。

Partition 函数的语法如下:

(1) Partition[列表, n],把“列表”分解为长度为 n 的互不重叠的子列表的组合列表,若最后一个分组的元素个数小于 n,则舍弃。

(2) Partition[列表, n, d],把“列表”分解为长度为 n 的子列表的组合列表,相邻两个子列表的偏移为 d,也就是说,它们之间重叠的元素数为 n－d,若最后一个分组的元素个数小于 n,则舍弃。

(3) Partition[列表, {n_1, n_2, …}],将“列表”分解为“$n_1 \times n_2 \times \cdots$”的多层子列表的组合列表,若最后一个分组不够分,则舍弃。

(4) Partition[列表, {n_1, n_2, …}, {d_1, d_2, …}],将“列表”分解为“$n_1 \times n_2 \times \cdots$”的多层子列表的组合列表,第 n_i 层的偏移为 d_i,若最后一个分组不够分,则舍弃。

(5) Partition[列表, n, d, {k_L, k_R}],将“列表”分解为长度为 n 的子列表的组合列表,相邻子列表的偏移为 d,“列表”的第一个元素必须位于第一个子列表的第 k_L 个位置,“列表”的最后一个元素必须位于最后一个子列表的第 k_R 个位置或其之后的位置。第一个子列表第 k_L 个位置前的元素和最后一个子列表的第 k_R 个位置后的元素用“列表”的循环序列进行填充。可见,Partition[列表, n, d]与 Partition[列表, n, d, {1, －1}]等价。

(6) Partition[列表, n, d, {k_L, k_R}, x]、Partition[列表, n, d, {k_L, k_R}, {x_1, x_2, …}]或 Partition[列表, n, d, {k_L, k_R}, {}]。这三种语法与第(5)种语法相似,只是第一个子列表第 k_L 个位置前的元素和最后一个子列表的第 k_R 个位置后的元素的填充方式不同,这三种语法依次使用“x”循环填充、使用“x_1, x_2, …”循环填充或不填充。

此外,Partition 函数可使用 UpTo 函数,保留下最后一个不够分的分组。

图 4-6 为 Join 和 Flatten 函数的典型应用实例。

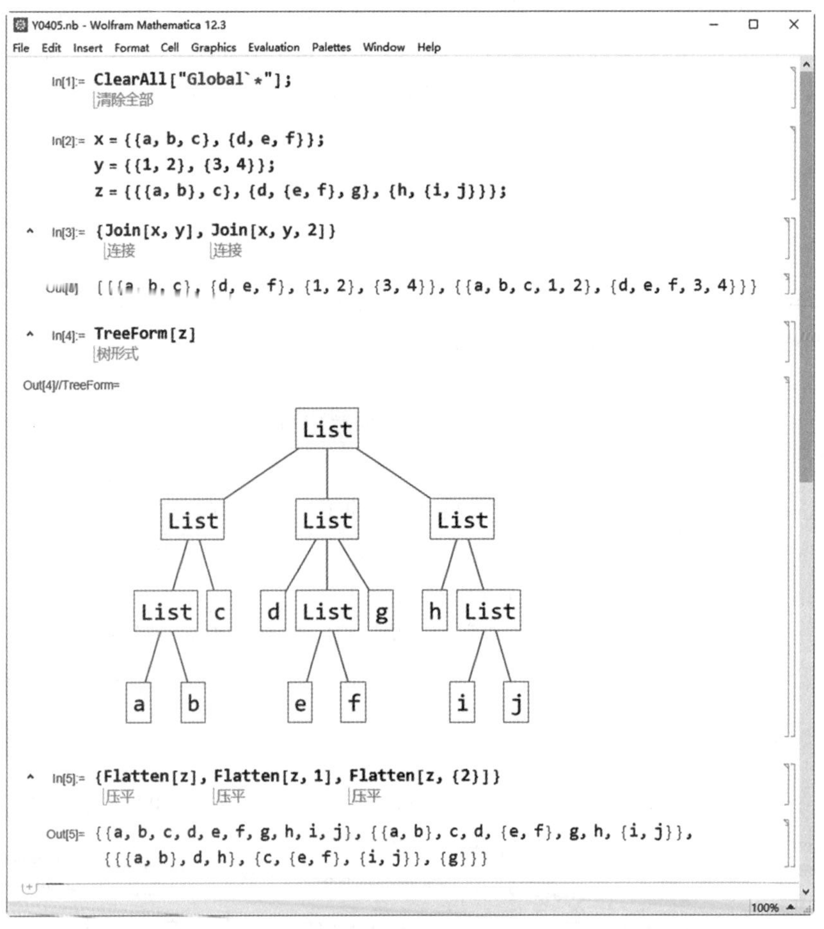

图 4-6 列表合成函数典型应用实例

在图 4-6 中,“In[2]”定义了列表 x 为“{{a, b, c}, {d, e, f}}”、列表 y 为“{{1, 2}, {3, 4}}”和列表 z 为“{{{a, b}, c}, {d, {e, f}, g}, {h, {i, j}}}”。在“In[3]”中“Join[x, y]”等价于“Join[x, y, 1]”,将列表 x 和 y 合并为一个列表,在新的列表中,x 的元素(子列表)在前,y 的元素(子列表)在后;“Join[x, y, 2]”将列表 x 和 y 在第 2 层上进行合并,列表 x 和 y 的结构如图 4-7 所示。

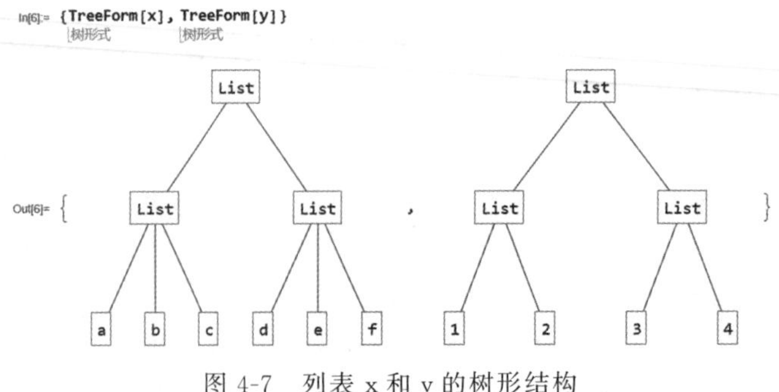

图 4-7 列表 x 和 y 的树形结构

由图 4-7 可知，列表 x 的第 2 层为“(a, b, c), (d, e, f)”，列表 y 的第 2 层为“(1, 2), (3, 4)”，“Join[x, y, 2]”在第 2 层上按对应位置，将“(a, b, c)”与“(1, 2)”合并，将“(d, e, f)”与“(3, 4)”合并，得到“{{a, b, c, 1, 2},{d, e, f, 3, 4}}”。

在图 4-6 的“In[4]”中调用“TreeForm[z]”给出了列表 z 的树形结构，如“Out[4]”所示，列表 z 共有 4 层，即第 0～第 3 层。在“In[5]”中，“Flatten[z]”将 z 压平为一层列表，即“{a, b, c, d, e, f, g, h, i, j}”；“Flatten[z,1]”表示仅把列表 z 的第 1 层压平，由“Out[4]”可知，列表 z 的第 1 层为“{{a,b},c},{d, {e, f}, g},{h, {i,j}}”，将这一层的最外层括号压掉，得到“{{a, b}, c, d, {e, f}, g, h, {i, j}}”。“Flatten[z, {2}]”这种压平方式为将列表 z 的第 2 层对应位置上的元素合并，由“Out[4]”可知，列表 z 的第 2 层为“({a,b}, c),(d, {e, f}, g),(h, {i, j})”，第 1 个对应位置上的元素合并为“{{a, b}, d, h}”、第 2 个对应位置上的元素合并为“{c, {e,f}, {i,j}}”、第 3 个对应位置上只有一个元素“{g}”，最后得到“{{{a, b}, d, h}, {c, {e, f}, {i, j}}, {g}}”。

图 4-8 和图 4-9 为 Partition 函数的典型应用实例。

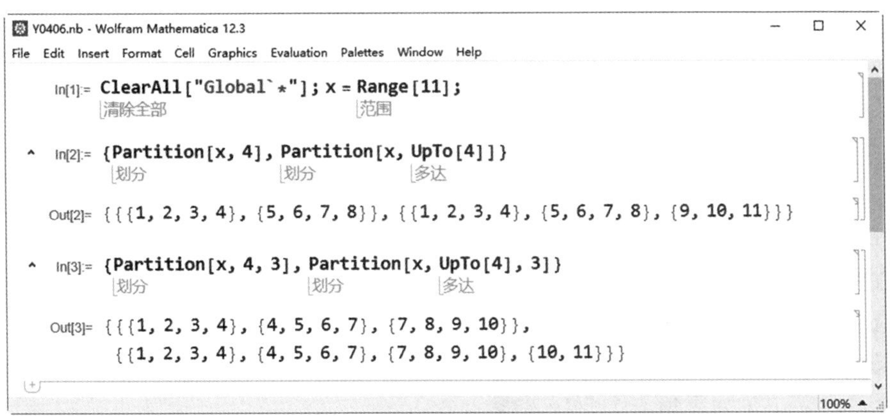

图 4-8 列表分解函数典型应用实例

在图 4-8 中，“In[1]”定义了列表 x 为 Range[11]，即为“{1, 2, …, 11}”。在“In[2]”中“Partition[x, 4]”将列表 x 分成长度为 4 的子列表的组合，即“{{1, 2, 3, 4}, {5, 6, 7, 8}}”，其中列表 x 的最后三个元素省略了；“Partition[x, UpTo[4]]”将列表 x 分成长度最长为 4 的子列表的组合，即“{{1, 2, 3, 4}, {5, 6, 7, 8}, {9, 10, 11}}”，这里列表 x 的最后三个元素保留了。

在“In[3]”中，“Partition[x, 4, 3]”将列表 x 分解为长度为 4 的子列表的组合列表，相邻两个子列表的偏移为 3 个元素，得到“{{1, 2, 3, 4}, {4, 5, 6, 7}, {7, 8, 9, 10}}”，最后的一组不够分而省掉了；“Partition[x, UpTo[4], 3]”含义与前一个表达式相同，只是使用了“UpTo[4]”，保留了最后的不够分的子列表，得到“{{1, 2, 3, 4}, {4, 5, 6, 7}, {7, 8, 9, 10}, {10, 11}}”。

图 4-9 使用了图 4-8 中的列表 x。在图 4-9 中，语句“Partition[x, 4, 3, {4, 1}]”将列表 x 分解为长度为 4 的子列表的组合列表，相邻两个子列表的偏移为 3 个元素，且要求列表 x 的第 1 个元素必须为“组合列表”的第 1 个子列表的第 4 个元素、列表 x 的最后一个元素必须位于“组合列表”的最后一个子列表的第 1 个位置或其之后的位置(可以不出现)。这里得

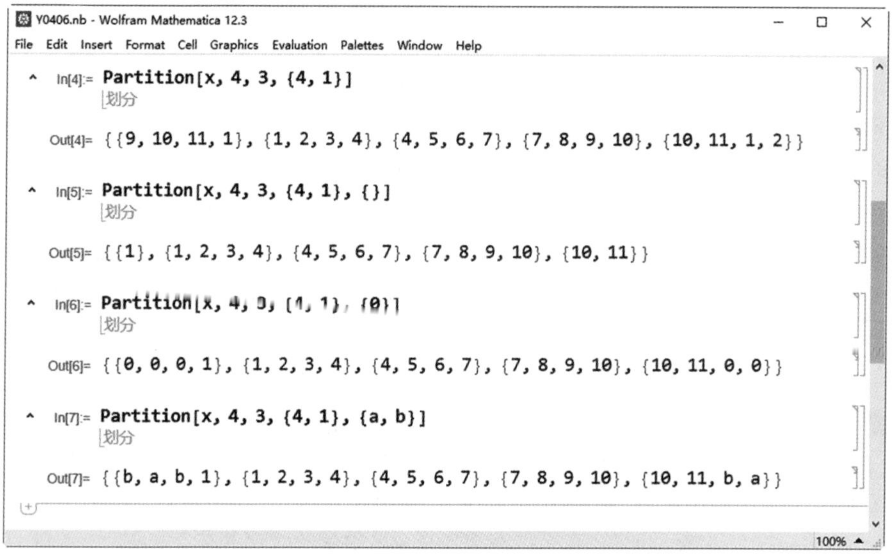

```
Y0406.nb - Wolfram Mathematica 12.3
File Edit Insert Format Cell Graphics Evaluation Palettes Window Help

In[4]:= Partition[x, 4, 3, {4, 1}]
        划分
Out[4]= {{9, 10, 11, 1}, {1, 2, 3, 4}, {4, 5, 6, 7}, {7, 8, 9, 10}, {10, 11, 1, 2}}

In[5]:= Partition[x, 4, 3, {4, 1}, {}]
        划分
Out[5]= {{1}, {1, 2, 3, 4}, {4, 5, 6, 7}, {7, 8, 9, 10}, {10, 11}}

In[6]:= Partition[x, 4, 3, {4, 1}, {0}]
        划分
Out[6]= {{0, 0, 0, 1}, {1, 2, 3, 4}, {4, 5, 6, 7}, {7, 8, 9, 10}, {10, 11, 0, 0}}

In[7]:= Partition[x, 4, 3, {4, 1}, {a, b}]
        划分
Out[7]= {{b, a, b, 1}, {1, 2, 3, 4}, {4, 5, 6, 7}, {7, 8, 9, 10}, {10, 11, b, a}}

100%
```

图 4-9　带填充的列表分解函数典型应用实例

到“{{9, 10, 11, 1}, {1, 2, 3, 4}, {4, 5, 6, 7}, {7, 8, 9, 10}, {10, 11, 1, 2}}”。由这个“组合列表”结果可知,“组合列表”的每个子列表具有 4 个元素,且相邻列表偏移了 3 个元素,列表 x 的第 1 个元素 1 位于“组合列表”的第 1 个子列表的第 4 个位置,列表 x 的最后一个元素 11 位于“组合列表”的最后一个子列表的第 2 个位置上(由于分解规则,元素 11 无法位于该子列表的第 1 个位置上,按语法要求,只要元素 11 位于第 1 个位置或其后的位置(包括不存在)均可)。然后,“组合列表”的第 1 个子列表的第 4 个位置前的元素和最后一个子列表的第 2 个位置后的元素,按照列表 x 的循环方式填充,即第 1 个子列表填充为“{9, 10, 11, 1}”,最后一个子列表填充为“{10, 11, 1, 2}”。

在图 4-9 中,“In[5]”中的语句“Partition[x, 4, 3, {4, 1}, { }]”与“In[4]”类似,只是对于生成的“组合列表”第 1 个子列表和最后一个子列表不进行填充,故得到“{{1}, {1, 2, 3, 4}, {4, 5, 6, 7}, {7, 8, 9, 10}, {10, 11}}”。在“In[6]”中,语句“Partition[x, 4, 3, {4, 1}, {0}]”与“In[4]”类似,只是填充方式使用元素 0,故得到“{{0, 0, 0, 1}, {1, 2, 3, 4}, {4, 5, 6, 7}, {7, 8, 9, 10}, {10, 11, 0, 0}}”。在“In[7]”中,语句“Partition[x, 4, 3, {4, 1}, {a, b}]”与“In[4]”类似,只是使用列表“{a, b}”中的元素循环填充,“组合列表”的第 1 个子列表中使用左填充方式,得到“{b,a,b,1}”,从第 3 个位置向左填充“b, a, b”;“组合列表”的最后一个子列表中使用右填充方式,从第 2 个位置开始填充“a, b, a”,由于第 2 位置被元素 11 占用,故得到“{10, 11, b, a}”。这里的填充方式和 PadRight 与 PadLeft 函数中的填充方式相同。“In[7]”的执行结果为“{{b, a, b, 1}, {1, 2, 3, 4}, {4, 5, 6, 7}, {7, 8, 9, 10}, {10, 11, b, a}}”,如“Out[7]”所示。

4.1.2　基本初等数学函数

Mathematica 软件致力于数学问题的求解,对于初等数学而言,几乎实现了初等代数和初等几何(含《几何原本》)的常见数学问题的求解。本小节仅讨论一些基础的初等数学问题相关的内置函数，例如，多项式、因式分解和解代数方程等。

这里，多项式运算相关的函数主要介绍 Expand、Collect、Factor、Together、Simplify 和 FullSimplify 等函数。其中，Expand 函数用于展开多项式，其语法为“Expand[表达式]”或“Expand[表达式，选项]”，这里最常用的“选项”为“Trig－> True”或“Trig－> False”，分别表示展开三角函数和不展开三角函数。Collect 函数为合并同类项函数，其语法为“Collect[表达式，自变量名或自变量列表]”，表示自变量名相同的项合并为一项。Factor 函数是 Expand 函数的逆函数，其语法为“Factor[表达式]”或“Factor[表达式，Extension－>代数数列表]”，表示将“表达式”对应的多项式进行因式分解，可使用“Extension”对分解的系数域进行界定。Together 函数表示有理多项式的通分，其相反意义的函数为 Apart。Together 函数的语法为“Together[表达式]”，Apart 函数的语法为“Apart[表达式]”或“Apart[表达式，自变量名]”。Simplify 函数将多项式最简化，其语法为“Simplify[表达式]”或“Simplify[表达式，简化条件]”，“简化条件”可为“x∈ Reals”等。FullSimplify 函数和 Simplify 函数含义相同，但进行更多的迭代算法以找到可能的多项式最简形式。

图 4-10 展示了上述函数的典型实例。

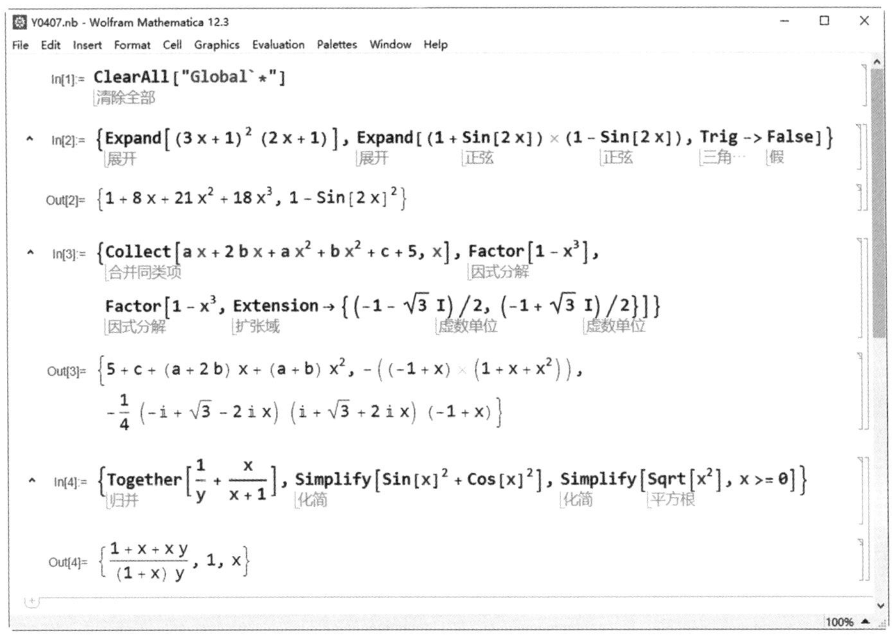

图 4-10　多项式运算函数的典型实例

在图 4-10 中，“In[2]”中的“Expand[$(3x+1)^2(2x+1)$]”实现多项式的展开，得到“$1+8x+21x^2+18x^3$”，借助于“TraditionalForm”可以按降幂排列多项式的各项；“Expand[(1+Sin[2x])(1－Sin[2x])，Trig－> False]”在展开多项式“(1+Sin[2x])(1－Sin[2x])”时，不展开三角函数，因此得到“1－Sin[2x]^2”。在“In[3]”中，“Collect[$a\ x + 2\ b\ x + a\ x^2 + b\ x^2 + c + 5$，x]”仅把 x 视为自变量进行合并同类项的操作，得到“$5 + c + (a + 2\ b)\ x + (a + b)\ x^2$”；“Factor[$1-x^3$]”实现多项式“$1-x^3$”的因式分解得到“$-((-1+x)\ (1+x+x^2))$”；而“Factor[$1-x^3$，Extension→{($-1-\sqrt{3}$I)/2，($-1+\sqrt{3}$I)/2}]”对多项式“$1-x^3$”进行因式

分解且允许使用给定的代数数，得到结果“$-\frac{1}{4}(-\mathrm{i}+\sqrt{3}-2\mathrm{i}x)(\mathrm{i}+\sqrt{3}+2\mathrm{i}x)(-1+x)$”。

在图 4-10 中，“In[4]”中语句“Together$\left[\frac{1}{y}+\frac{x}{x+1}\right]$”执行通分操作得到“$\frac{1+x+xy}{(1+x)y}$”；语句“Simplify[Sin[x]^2+Cos[x]^2]”得到 1；语句“Simplify[Sqrt[x^2]，x>=0]”由于指定的条件“x>=0”得到结果“x”。“In[4]”的执行结果如“Out[4]”所示。

对于整数进行因子分解的函数主要是 FactorInteger 函数等，这里把一些常见的基本数论函数也作了说明，如表 4-1 所示。

表 4-1　常用的基本数论函数

序号	函数形式	作　　用
1	FactorInteger[n]	给出 n 的素因子及其指数列表
2	FactorInteger[n，k]	给出 n 的部分分解结果，仅显示 k 个不同的因子
3	Divisible[n，m]	如果 n 被 m 整除，则返回真；否则，返回假
4	Mod[n，m]	返回 n 除以 m 的余数，余数取值范围为{0,1，…，m−1}
5	Mod[n，m，d]	返回 n 除以 m 的余数，余数的取值在 d～d+m−1
6	Quotient[n,m]	返回 n 除以 m 的整数商
7	QuotientRemainder[n,m]	返回 n 除以 m 的整数商和余数列表，组合了函数 Quotient 和 Mod 的功能
8	GCD[n_1，n_2，…]	返回给定的一组整数的最大公约数
9	LCM[n_1，n_2，…]	返回给定的一组整数的最小公倍数
10	IntegerDigits[n]	返回整数 n 的各位数字列表
11	IntegerDigits[n,b]	返回整数 n 的基 b 的各位数字列表
12	IntegerDigits[n,b,len]	返回长度为 len 的整数 n 的基 b 的各位数字列表，len 大于实际的数据长度时，在列表左边补 0
13	NumberDigit[x，n]	返回数 x 的第 n 位数字
14	NumberDigit[x，n，b]	返回数 x 的基 b 的第 n 位数字

求解代数方程的函数主要有 Solve、FindRoot 和 Reduce 等，这些函数的用法列于表 4-2 中。

表 4-2　求解代数方程的函数列表

序列	函数形式	作　　用
1	Solve[方程或方程组，变量]	求“方程或方程组”的解
2	Solve[方程或方程组，变量，定义域]	给定“定义域”，求“方程或方程组”的解
3	FindRoot[函数或方程，{x，x_0}]	求“函数”等于 0 或“方程”当其自变量 x 在 x_0 附近的解
4	FindRoot[{多个函数或方程组}，{{x，x0}，{y，y0}，…}]	求方程组(或“多个函数”都等于 0)在自变量值(x_0，y_0，…)附近的解集
5	Reduce[方程或不等式，变量]	求方程或不等式的解(或解集)
6	Reduce[方程或不等式，变量，定义域]	给定“定义域”，求方程或不等式的解(或解集)

图 4-11 为表 4-1 中各个函数的典型实例。

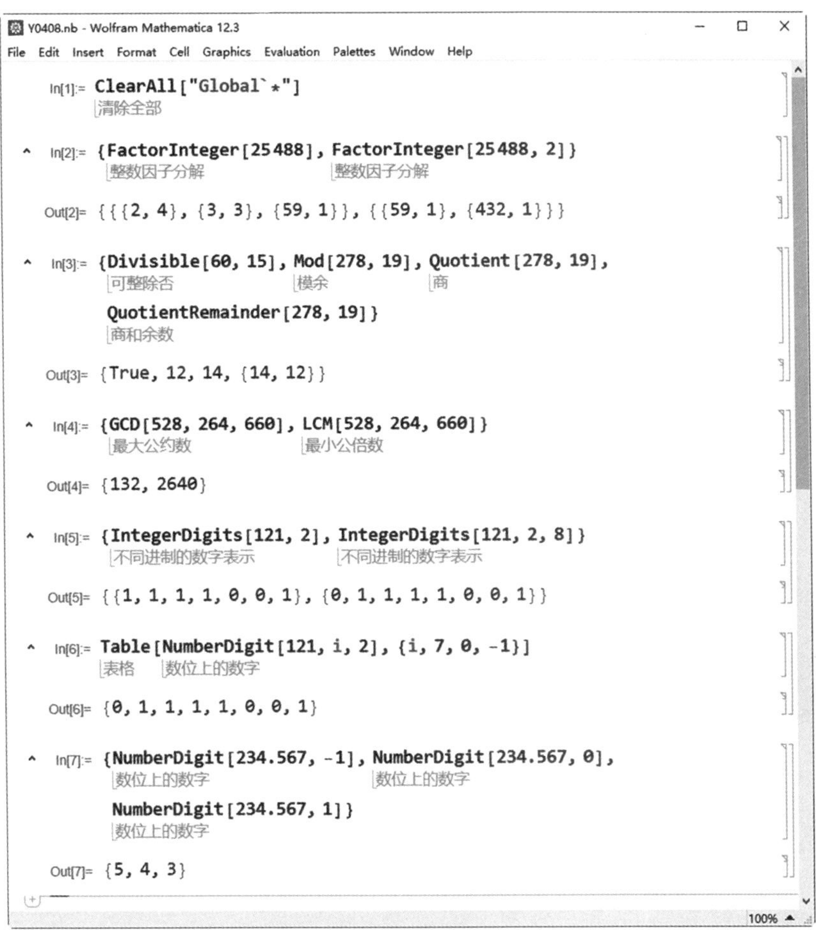

图 4-11 表 4-1 中各函数典型实例

在图 4-11 中，“In[2]”中的语句“FactorInteger[25488]”计算整数“25488”的全部素因子和这些因子的幂，如“Out[2]”所示，为“{{2, 4}, {3, 3}, {59, 1}}”，即 25488 = $2^4 \times 3^3 \times 59^1$；语句“FactorInteger[25488, 2]”返回 2 个不同因子和它们的幂的形式，如“Out[2]”所示，为“{{59,1},{432,1}}”，表示 25488 = $59^1 \times 432^1$。

在“In[3]”中，“Divisible[60,15]”返回“True”表示“60”能被 15 整除；“Mod[278,19], Quotient[278, 19], QuotientRemainder[278, 19]”依次计算 279 除以 19 的余数、商和余数与商的列表，如“Out[3]”所示。

在“In[4]”中，语句“GCD[528, 264, 660], LCM[528, 264, 660]”分别计算了“528、264、660”三个数的最大公约数和最小公倍数，如“Out[4]”所示，为“132”和“2640”。

在“In[5]”中，“IntegerDigits[121, 2], IntegerDigits[121, 2, 8]”分别给出了整数 121 的二进制数位列表和长度为 8 的二进制数位列表(此时，最高位补 0)。同样，“In[6]”中语句“Table[NumberDigit[121, i, 2], {i, 7, 0, −1}]”调用函数“NumberDigit”返回整数 121 第 7～第 0 位各位上的二进制数位的列表，如“Out[6]”所示，与“In[5]”中的语句“IntegerDigits[121, 2, 8]”返回的结果相同。函数“NumberDigit”可用于读取各种数值的

各位数字，例如，“In[7]”的语句“NumberDigit[234.567，−1]，NumberDigit[234.567，0]，NumberDigit[234.567，1]”分别读取数值“234.567”的十分位、个位和十位上的数字，如“Out[7]”所示，为“5，4，3”。

图 4-12 为表 4-2 中各函数的典型实例。

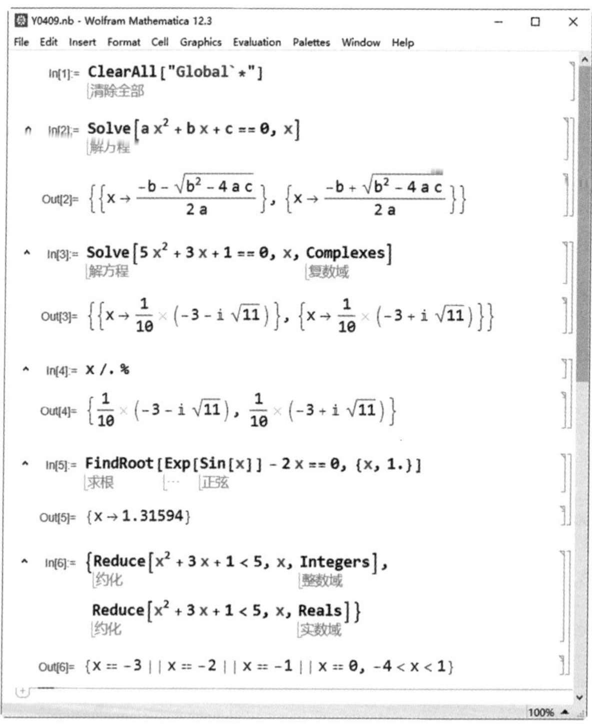

图 4-12　表 4-2 中各函数典型实例

在图 4-12 中，“In[2]”中的语句“Solve[a x^2＋b x＋c＝＝0，x]”求解了通用一元二次方程的两个根，如“Out[2]”所示。“In[3]”中的语句“Solve[5 x2＋3 x ＋ 1＝＝0，x，Complexes]”为在复数域内求解方程“5 x^2＋3 x ＋ 1＝0”，其解如“Out[3]”所示。可以使用 ReplaceAll 函数（即运算符“/.”）将“Out[3]”的以规则形式表示的解集转化为列表，如“In[4]”和“Out[4]”所示。此外，SolveValues 函数可以列表的形式返回方程或方程组的解集。

在“In[5]”中，语句“FindRoot[Exp[Sin[x]] − 2 x ＝＝0，{x，1.}]”在 x＝1.0 附近搜索方程“Exp[Sin[x]] − 2 x ＝0”的一个根，如“Out[5]”所示，为“{x−＞1.31594}”。在“In[6]”中，“Reduce[x^2＋3x＋1＜5，x，Integers]，Reduce[x^2＋3x＋1＜5，x，Reals]”使用 Reduce 函数分别在整数域和实数域求解不等式“x^2＋3x＋1＜5”，得到结果如“Out[6]”所示，为“x＝＝−3||x＝＝−2||x＝＝−1||x＝＝0”和“−4＜x＜1”。

4.1.3　基本高等数学函数

Mathematica 软件是高等数学的最佳实验平台，可以求解几乎全部的高等数学问题。本小节仅讨论微分和积分运算相关的高等数学方面的内置函数，如表 4-3 所示。

表 4-3 微积分相关的内置函数

序号	函数形式	作用
1	Limit[函数, x-> x0]	求自变量 x-> x0 时"函数"的极限值
2	Limit[函数, {x, y, z, …}-> {x0, y0, z0, …}]	求自变量{x, y, z, …}->{x0, y0, z0, …}时"函数"的极限值
3	Derivative[n_1, n_2, …][f]	对函数 f 的第一个自变量求导 n_1 次、对第二个自变量求导 n_2 次,依此类推,完成求导。其中,Derivative[1][f]相当于 f′,Derivative[2][f]相当于 f″。当参数 n_1、n_2 等为负整数时,可求不定积分
4	D[f,x]	求函数 f 对 x 的偏导数
5	D[f, {x,n}]	求函数 f 对 x 的 n 阶偏导数
6	D[f, x,y,…]	求函数 f 对 x、y 等的联合偏导数
7	D[f, {x,n},{y,m},…]	求函数 f 对 x 的 n 阶偏导再对 y 的 m 阶偏导等
8	D[f,{{x_1, x_2, …}}]	返回{D[f, x_1],D[f, x_2],…}
9	Integrate[f, x]	求函数 f[x]的不定积分
10	Integrate[f,{x, x_{min}, x_{max}}]	求定积分 $\int_{xmin}^{xmax} f dx$,定积分支持 Assumptions 选项
11	Integrate[f, {x, xmin, xmax}, {y, ymin, ymax}, …]	求多重定积分
12	NIntegrate[f, {x, xmin, xmax}]	返回定积分的近似数值解
13	NIntegrate[f, {x, xmin, xmax}, {y, ymin, ymax},…]	返回多重定积分的近似数值解
14	Series[f, {x, x_0, n}]	返回函数 f 在点 x_0 处的 n 阶幂级数
15	Series[f, x-> x0]	返回函数 f 在 x0 处的幂级数前导项(可用作等价无穷小的项)
16	Series[f, {x, x0, nx},{y, y0, ny},…]	返回多变量函数 f 的幂级数
17	FourierSeries[表达式, t, n]	返回"表达式"的 n 阶傅里叶级数
18	FourierSeries[表达式, {t_1, t_2, …},{n_1, n_2, …}]	返回多变量"表达式"的傅里叶级数
19	Fourier[列表]	返回"列表"的离散傅里叶变换
20	InverseFourier[列表]	返回"列表"的离散傅里叶逆变换
21	FourierTransform[表达式, t, ω]	返回"表达式"的连续傅里叶变换
22	InverseFourierTransform[表达式,ω, t]	返回"表达式"的连续傅里叶逆变换

图 4-13 为表 4-3 中所示函数的典型实例。

在图 4-13 中,"In[2]"计算了高等数学中的两个重要极限,即当 x 趋于无穷大时,(1+1/x)x 趋于自然常数 e;当 x 趋于 0 时,Sin[x]/x 趋于 1,如"Out[2]"所示。在"In[3]"中计算了 Sin[x]的微分和不定积分,在 Wolfram 中,不定积分均省略了常数项,因此,Sin[x]的不定积分显示为"-Cos[x]"而不是"-Cos[x]+C"的形式。微分和积分均可以借助于符号形式,其中微分符号用"Esc+pd+Esc"键输入,而积分符号用"Esc+int+Esc"键输入。在

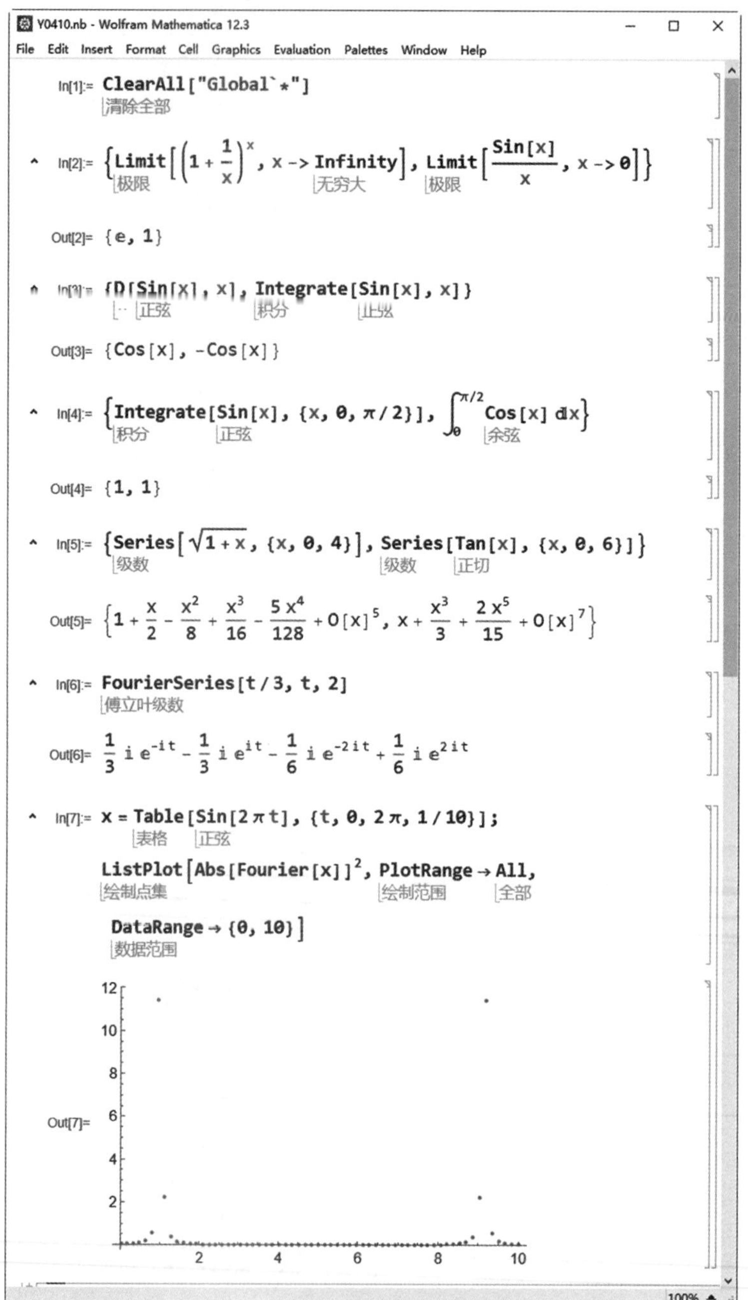

图 4-13　微积分相关的函数应用实例

“In[4]”中计算了 Sin[x]和 Cos[x]在[0,π/2]上的定积分，这里的“$\int_0^{\pi/2}$ Cos[x]dx”的输入方式为：“Esc+int+Esc”键+“Ctrl+－”+“0”+“Ctrl+5”+“Esc+pi+Esc”键+“/2”+光标右移+“Cos[x]”+“Esc+dd+Esc”键+“x”。两个积分结果均为 1，如“Out[4]”所示。

在图 4-13 的“In[5]”中，借助于 Series 函数求“$\sqrt{1+x}$”和“Tan[x]”的麦克劳林级数，其结果如“Out[5]”所示。在“In[6]”中使用函数 FourierSeries 求“t/3”的傅里叶级数，如

“Out[6]”所示。在“In[7]”中，使用 Table 函数生成了“Sin[2 π t]”的一个采样序列 x，采样频率为 10Hz。然后，调用“ListPlot[Abs[Fourier[x]]^2, PlotRange－> All, DataRange－>{0,10}]”绘制 x 的功率谱，这里，“Abs[Fourier[x]]”为计算列表 x 的傅里叶变换(复数序列)的模值，“ListPlot”函数根据列表 x 绘制散点图，选项“PlotRange－> All”表示显示全部数据点，“DataRange－>{0,10}”表示 x 轴的显示数据范围，由于 ListPlot 自动把列表 x 的第一个点的横坐标默认为 1，第二个点的横坐标默认为 2，等等。这里使用“DataRange－>{0,10}”相当于将上述这种默认的横坐标按一一映射方式映射到区间[0,10]上。在“Out[7]”中显示了“Sin[2 π t]”的功率谱散点图，由“Out[7]”可知，函数的频率值为 1(9 为其对称频点)。将“In[7]”中的“ListPlot”修改为“ListLinePlot”将得到功率谱的折线图，如图 4-14 所示。

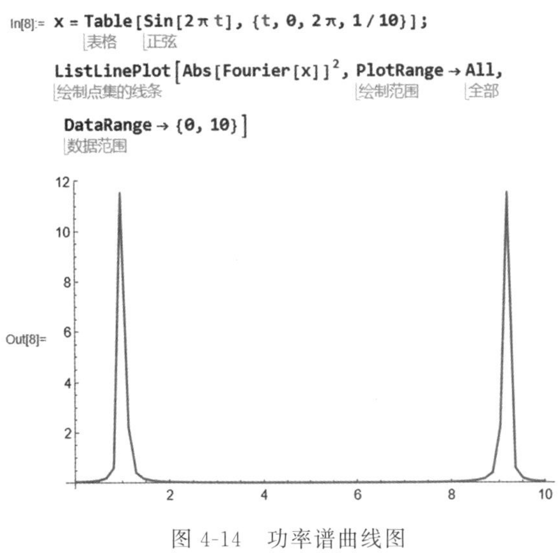

图 4-14 功率谱曲线图

由信号分析理论可知，采样间隔(数据点的间隔)的倒数在频谱图上对应着采样频率的 2 倍时，识别的信号的频率才是正确的。由图 4-14 可知，研究的信号的频率主要集中在 1Hz 左右。

4.1.4 基本矩阵函数

Wolfram 技术包括了现有矩阵理论的绝大多数处理方法。本节重点介绍行列式计算、矩阵的迹和特征值等相关的函数，如表 4-4 所示，为读者后续进一步深入学习矩阵理论相关的函数服务。

表 4-4 矩阵分析相关的内置函数

序号	函数形式	作 用
1	Det[矩阵]	计算“矩阵”的行列式的值
2	PositiveDefiniteMatrixQ[矩阵]	当“矩阵”为正定矩阵时，返回真；否则，返回假
3	PositiveSemidefiniteMatrixQ[矩阵]	当“矩阵”为半正定矩阵时，返回真；否则，返回假
4	MatrixRank[矩阵]	返回“矩阵”的阶

续表

序号	函 数 形 式	作　　用
5	Tr[矩阵]	返回“矩阵”的迹
6	Eigenvalues[矩阵]	计算“矩阵”的特征值(注：该函数可以计算广义特征值)
7	Eigenvectors[矩阵]	计算“矩阵”的特征向量(注：该函数可以计算广义特征向量)
8	Eigensystem[矩阵]	返回“矩阵”的特征值和特征向量列表(注：该函数可以计算广义特征值和广义特征向量)
9	Inverse[矩阵]	计算“矩阵”的逆阵
10	PseudoInverse[矩阵]	计算长方形“矩阵”的伪逆,其算法基于奇异值分解算法,对于可逆方阵,退化为 Inverse 函数

图 4-15 列举了表 4-4 中函数的典型应用实例。

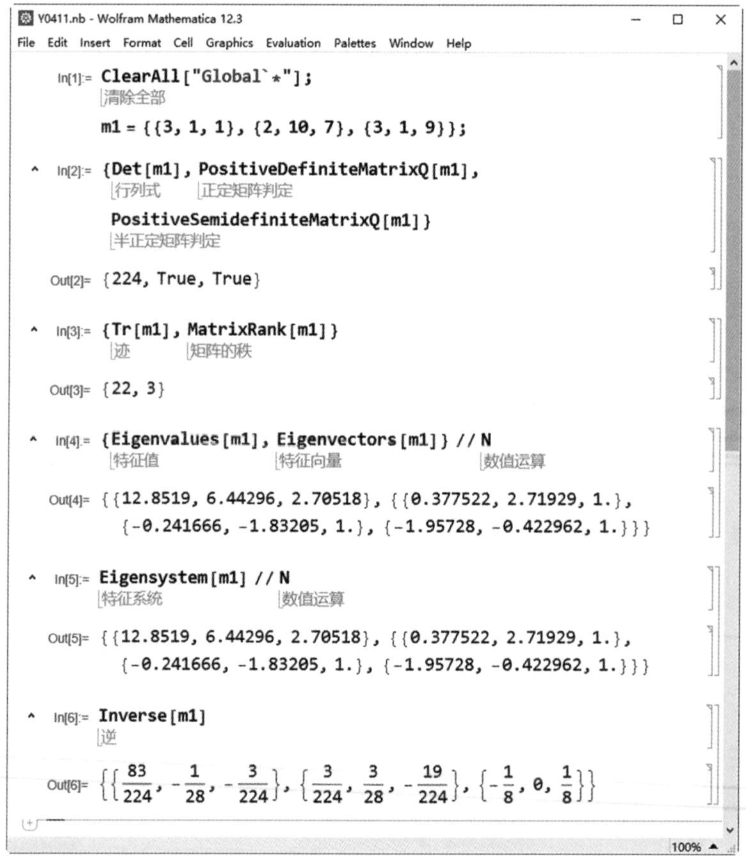

图 4-15　基本的矩阵函数典型实例

在图 4-15 中,“In[1]”定义了列表 m1 为一个 3×3 的矩阵,可以借助“m1//MatrixForm”以矩阵形式显示。在“In[2]”中“Det[m1]”计算了矩阵 m1 的行列式的值,为 224;“PositiveDefiniteMatrixQ[m1]”返回“True”表示矩阵 m1 为正定矩阵,那么 m1 一定为半正定矩阵,即“PositiveSemidefiniteMatrixQ[m1]”也返回“True”。在“In[3]”中

“{Tr[m1], MatrixRank[m1]}”计算了矩阵 m1 的迹和阶,分别为 22 和 3,如“Out[3]”所示。

在“In[4]”中“{Eigenvalues[m1], Eigenvectors[m1]}//N”计算了矩阵 m1 的特征值和特征向量,而“In[5]”中“Eigensystem[m1]//N”相当于“In[4]”中两个函数的作用。这两个输入的输出如“Out[4]”和“Out[5]”所示,完全相同。这里,m1 的特征值为“{12.8519, 6.44296, 2.70518}”,它们对应的特征向量为“{{0.377522, 2.71929, 1.}, {−0.241666, −1.83205, 1.}, {−1.95728, −0.422962, 1.}}”。在“In[6]”中语句“Inverse[m1]”计算了矩阵 m1 的逆矩阵,如“Out[6]”所示。

事实上,Wolfram 语言不但集成了高等数学所涉及的数学问题求解方法,而且对于线性代数或高等代数和矩阵理论等课程而言,也是最佳的理论实验平台。Wolfram 语言的符号计算和任意精度计算方法对于矩阵分析来说是强有力的工具。限于篇幅,这里对矩阵运算不作更多的讨论,感兴趣的读者可参阅文献[2]。

4.1.5 函数调用形式

Wolfram 语言中,函数调用有多种形式,一些常用的调用形式如下:

(1) f[x],调用函数 f,使用方括号括住变量 x。对于函数复合时,使用形如“f[g[x]]”的形式。

(2) x//f,这种写法称为后缀写法,含义与 f[x]完全相同。这种写法也可以表示函数复合运算,如 x//g//f,与 f[g[x]]含义相同。这里的“//”优先级很低,其前面的表达式无须用括号“()”括起来。

(3) f@x,这种写法称为前缀写法,这种写法在表示函数复合形式时更易于理解,例如:f@g@x,与 f[g[x]]含义相同,但比 f[g[x]]容易理解。

(4) x~f~y,这种写法将函数写在两个自变量的中间,称为“函数名居中表示法”,等价于 f[x,y],对于多个函数复合,例如:x~f~y~g~z,表示 g[f[x,y],z]。这种表示方法在 Mathematica 1.0 版就出现了,但是由于函数调用习惯上的问题,不建议使用。

(5) f/@{x, y, …},这种语法等价于{f[x], f[y], …},是 Map 函数的符号表示形式,“/@”相当于将其左边的函数作用于其右边列表的每一个元素(可以是子列表)。

(6) f@@{x, y, …},表示 f[x,y,…],这种表示方法是 Apply 函数的符号形式,Apply 函数更加灵活,Apply[f, 列表, {n}],n 表示列表的第 n 层,将 f 替换列表的第 n 层的子列表的标头。

(7) f@@@{{x1,x2,…},{y1,y2,…},{z1,z2,…}},表示{f[x1,x2,…],f[y1,y2,…],f[z1,z2,…]},相当于 Apply[f, {{x1,x2,…},{y1,y2,…},{z1,z2,…}},{1}],表示将 f 替换列表的第 1 层的子列表的标头。

(9) f/*g/*h,这种符号称为函数的右复合,对应内置函数 RightComposition,例如,“(f/*g/*h)[x]”或者“(f/*g/*h)@x”等价于“h[g[f[x]]]”,在“(f/*g/*h)[x]”中,圆括号不能少,因为“[ ]”的优先级更高。

(10) f@*g@*h,这种符号称为函数的左复合,对应内置函数 Composition,例如,“(f@*g@*h)[x]”或“f@*g@*h@x”等价于“f[g[h[x]]]”。在语句“(f@*g@*h)[x]”中,圆括号不能少。

上述的函数调用形式可以混合使用，并可以实现无限制的函数复合。为了方便理解上述函数调用方式，图 4-16 给出了一些具体的例子。

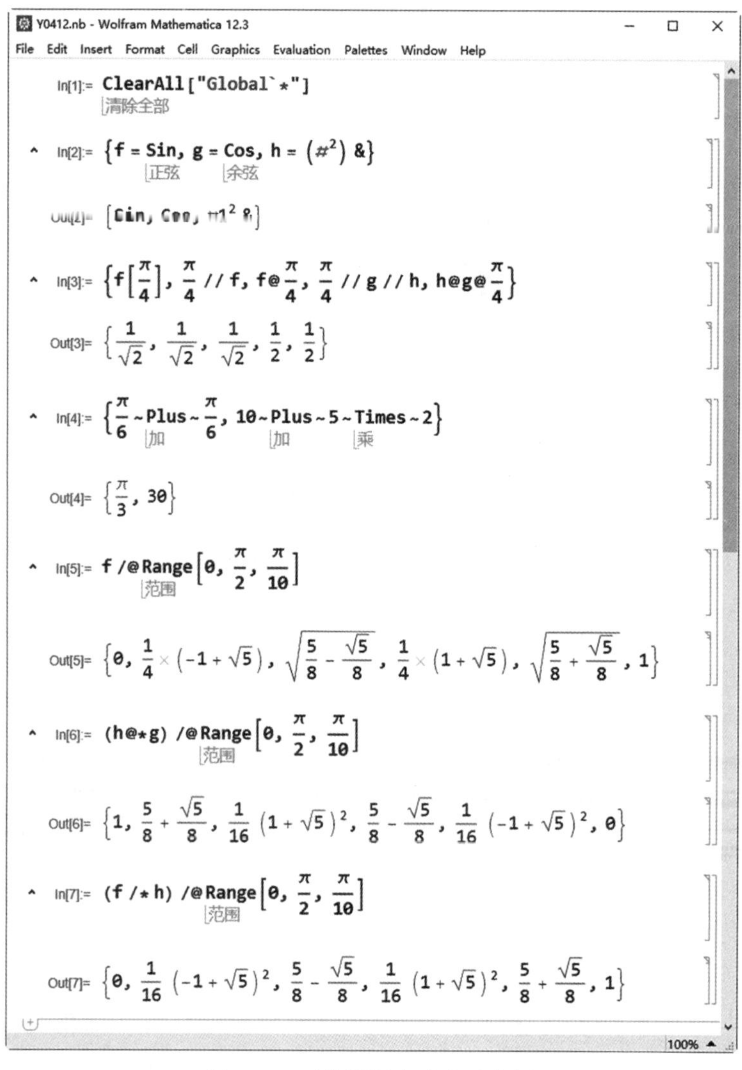

图 4-16　函数调用方式典型实例

在图 4-16 中，“In[2]”中语句“{f=Sin, g=Cos, h=(#^{2})&}”定义符号 f 为 Sin、符号 g 为 Cos、符号 h 为(#^{2})&。这里的“(#^{2})&”为纯函数，是一个平方函数。在“In[3]”中，“f$\left[\frac{\pi}{4}\right]$，$\frac{\pi}{4}$//f，f@$\frac{\pi}{4}$”中的三个表达式作用相同，都是计算 Sin[π/4]，而“$\frac{\pi}{4}$//g//h，h@g@$\frac{\pi}{4}$”中两者含义相同，都是计算(Cos[π/4])^2。

在图 4-16 的“In[4]”中，“Plus”为执行加法运算的函数，其符号为“+”。这里的“$\frac{\pi}{6}$～Plus～$\frac{\pi}{6}$”相当于$\frac{\pi}{6}+\frac{\pi}{6}$；而“10～Plus～5～Times～2”相当于计算(10+5) * 2，其中的

“Times”为乘法函数。在“In[5]”中，“f/@Range$\left[0,\frac{\pi}{2},\frac{\pi}{10}\right]$”表示函数 f(即 Sin 函数)依次作用于列表的每个元素，得到结果“$\left\{0,\frac{1}{4}(-1+\sqrt{5}),\sqrt{\frac{5}{8}-\frac{\sqrt{5}}{8}},\frac{1}{4}(1+\sqrt{5}),\sqrt{\frac{5}{8}+\frac{\sqrt{5}}{8}},1\right\}$”，如“Out[5]”所示。在“In[6]”中，“(h@ * g)”相当于纯函数“$(\text{Cos}[\#])^2$&”，即先对参数施加函数 g，再对结果施加函数 h。在“In[7]”中，“(f/ * h)”是一种右复合方式，先对参数施加函数 f，再对结果施加函数 h。因此，“In[6]”表示对列表的每个元素求余弦值，再对求得的每个余弦值平方；“In[7]”表示对列表的每个元素求正弦值，再对求得的每个正弦值平方，它们的执行结果分别如“Out[6]”和“Out[7]”所示。

4.2 自定义函数

在函数体中不出现全局变量的自定义函数是满足软件工程设计要求的自定义函数。在 Wolfram 语言中，设计自定义函数时，应尽可能多地调用内置函数实现它的部分功能，不仅可以减少自定义函数的代码量，还可提高自定义函数的执行效率。

4.2.1 函数定义

在 Wolfram 语言中，内置函数均以大写字母开头。内置函数的命名方法称为“大骆驼”法，即尽量使用完整的英文单词定义函数名(仅少数常用的函数使用了缩写)，且第一个字母大写，其余字母小写，如果内置函数名中包括多个英文单词，则每个英文单词的首字母均大写。例如，函数“AngleVector[角]”包含了两个英文单词，每个单词的首字母大写，该函数返回以 x 轴以基准的“角”(以弧度为单位)对应的单位向量。一般地，内置函数根据其参数的不同，具有多种功能。仍以函数“AngleVector”为例，当函数形式为“AngleVector[{幅值，角}]”，返回极坐标系中长度为“幅值”、角度为“角”(以弧度为单位)的向量表示。此外，内置函数还有属性和选项，对于函数“AngleVector”，通过“Attributes[AngleVector]”和“Options[AngleVector]”查看。

现在，回到自定义函数。为了与内置函数进行区分，建议自定义函数名不能以大写字母开头。在本书中，自定义函数使用了“小骆驼”的命名方法，即自定义函数尽可能使用完整的英文单词命名，若自定义函数名为一个英文单词或其缩写，全部使用小写字母；若自定义函数名称包括多个英文单词或锁定，则自第二个单词开始，首字母大写。例如，自定义一个与内置函数“AngleVector”作用相同的自定义函数，可以使用“angleVector”来命名自定义函数。自定义函数应与内置函数一样，可以具有多种参数输入形式，并能根据参数的不同情况实现不同的功能(这一点类似于 C++语言中函数的重载)。在 Wolfram 语言中，遇到具有多种参数形式的同名函数时，其搜索(或称匹配)的方式是“先特殊、后一般”的方法。例如，有两种参数：“th_Integer”和“th_”，它们依次表示“参数名为 th，匹配一个整型参数”和“参数名为 th，匹配任意一个参数”。显然，前者“th_Integer”相对于后者“th_”而言是更“特殊”的情况，此时，若一个函数，例如“angleVector”，具有两种调用形式：“angleVector[th_Integer]”和“angleVector[th_]”，那么在笔记本文件中输入一条语句，例如“angleVector[0.25]”时，

Wolfram 语言将首先将输入的函数与形式“angleVector[th_Integer]”进行匹配，如果匹配成功，则执行该种函数形式定义的功能，其他形式不再匹配；如果匹配不成功，再与通用形式“angleVector[th_]”匹配。事实上，Wolfram 语言调用任一个函数时，都将从该函数的最“特殊”的形式开始匹配，直到匹配到最“一般”或最“通用”的形式为止，这个过程中最先匹配成功的函数形式将被执行，然后，不再进行后续的匹配工作。如果所有的函数形式均与输入的函数参数形式不匹配，则不执行任何操作，而是原样输出/输入的函数形式。若有相同“等级”的参数形式，按这种形式的函数的定义先后顺序匹配。

下面定义函数“angleVector”，实现的功能与内置函数相似，只是自定义函数“angleVector”可以设定输入的角度参数值的单位为“度”，也可以为“弧度”。这样的自定义函数“angleVector”，需要两个参数：第一个参数为角度值，第二个参数为“度”或“弧度”选择项。图 4-17 为满足上述要求的自定义函数“angleVector”。

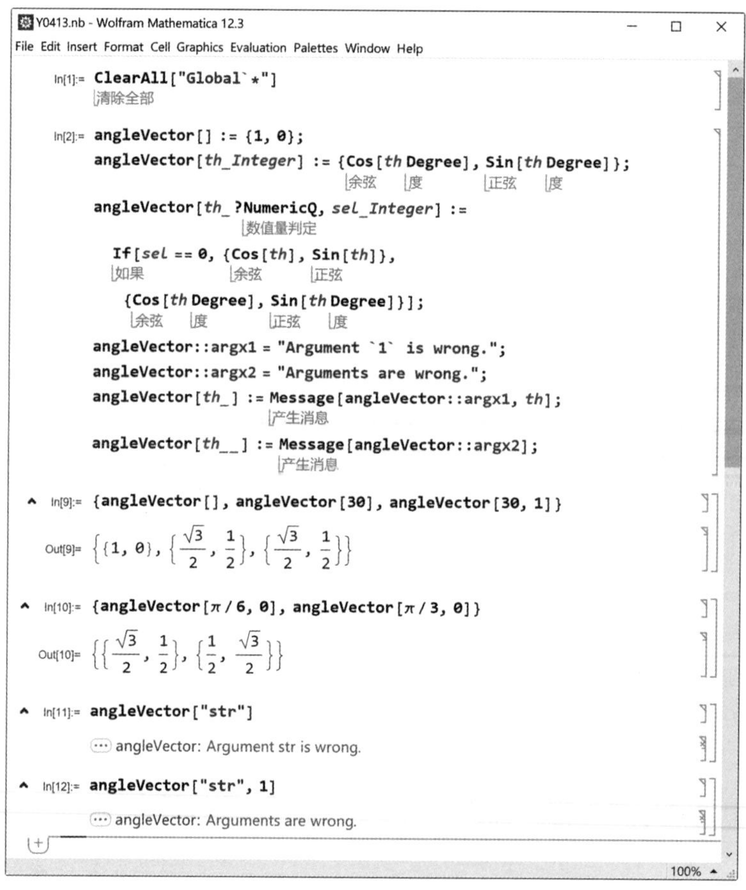

图 4-17 自定义函数“angleVector”

在图 4-17 中，“In[2]”定义了 angleVector 函数，按照其参数的情况，共有 5 种定义。其中，最特殊的情况为“angleVector[]:={1,0}”，表示没有输入参数时，返回 x 轴上的单位向量“{1, 0}”；其次为“angleVector[th_Integer]:={Cos[th Degree],Sin[th Degree]}”，表示当输入参数为整数时，则对应的角度值的单位为“度”；再次为“angleVector[th_? NumericQ, sel_Integer]:= If[sel==0,{Cos[th], Sin[th]}, {Cos[th Degree], Sin[th Degree]}]”，由于

这种形式具有两个参数，对于具有两个参数的所有输入函数 angleVector 而言，这种形式是最特殊的。两个输入参数中，th 表示输入的角度值，sel 表示选择使用“度”还是“弧度”作为角度值的单位，如果 sel 为 0 表示使用“弧度”制，否则表示使用“度”。如果输入不是上述三种情况，则会查询更一般的函数形式，对于单个参数最一般或最通用的函数形式为“angleVector[th_]:=Message[angleVector::argx1,th]”，该形式为最一般的形式，因为任何单个参数都能和“th_”相匹配，这里定义了一个出错信息“angleVector::argx1 = "Argument `1` is wrong.";”，其结构为“函数名::自定义的出错类型=自定义的出错信息字符串”，在“自定义的出错信息字符串”中，可以使用占位符“`1`”“`2`”等，表示此处插入一个参数信息。当输入的带有一个参数的“angleVector”函数和其特殊形式无法匹配时，必将与“angleVector[th_]”匹配，从而执行“Message”函数，打印(或称显示)一条出错信息。最后，如果输入的参数多于一个，则输入的函数的最一般形式为“angleVector[th__]:= Message[angleVector::argx2]”，这里参数为“th__”(两个下画线)，表示可匹配一个或多个参数，这个函数执行时打印一条出错信息“"Arguments are wrong."”。

现在回到图 4-17，在“In[9]”中，语句“angleVector[]”将匹配自定义函数形式“angleVector[]:={1,0}”，从而得到“{1,0}”；语句“angleVector[30]”将匹配自定义函数形式“angleVector[th_Integer]:={Cos[th Degree], Sin[th Degree]}”，将 30 视为 30°，得到“$\left\{\frac{\sqrt{3}}{2},\frac{1}{2}\right\}$”；语句“angleVector[30,1]”将匹配自定义函数形式“angleVector[th_? NumericQ, sel_Integer]:= If[sel==0, {Cos[th], Sin[th]},{Cos[th Degree], Sin[th Degree]}];”，由于 sel 参数的值为 1，这里的参数 30 为 30°，从而得到“$\left\{\frac{\sqrt{3}}{2},\frac{1}{2}\right\}$”。

在“In[10]”中，两条语句“angleVector[π/6,0]”和“angleVector[π/3,0]”均匹配自定义函数形式“angleVector[th_? NumericQ, sel_Integer]:= If[sel==0, {Cos[th], Sin[th]}, {Cos[th Degree], Sin[th Degree]}];”，由于语句中 sel 为 0，这里的参数 π/6 和 π/3 均被视为弧度，从而得到结果如“Out[10]”所示。

在“In[11]”中，语句“angleVector["str"]”匹配自定义函数“angleVector[th_]:= Message[angleVector::argx1, th]”，从而得到出错信息“angleVector::argx1: Argument str is wrong.”。在“In[12]”中，语句“angleVector["str",1]”匹配自定义函数“angleVector[th__]:= Message[angleVector::argx2]”(这里的双下画线“__”匹配一个或多个参数)，从而返回出错信息“angleVector::argx2: Arguments are wrong.”。

从上面的自定义函数“angleVector”的设计上可以总结出以下几个要点：

(1) 在 Wolfram 语言中，设计自定义函数就是针对各种参数情况设计一个个单独的实现。在调用自定义函数时，Wolfram 语言根据参数的情况自动匹配合适的函数形式，并执行匹配后的函数。

(2) 应该为自定义函数设计最“特殊”的匹配形式，例如上面的“angleVector[]:= {1,0}”。

(3) 应该为自定义函数设计最“一般”的匹配形式，即能匹配任何参数的自定义函数形式。

(4) 应尽可能多地给出详尽的出错信息，以提醒如何修正输入参数。

(5) 扩展自定义函数的功能,只需要添加新的函数定义(即新定义一个含有不同参数类型的函数)即可,无须修改(或不应修改)已有的函数定义。

在图 4-17 的基础上,下面进一步讨论函数参数的默认值问题。在自定义函数形式"angleVector[th_? NumericQ, sel_Integer]:= If[sel= =0, {Cos[th], Sin[th]}, {Cos[th Degree], Sin[th Degree]}]"中,如果设定参数 sel 的默认值为 0,这样语句"angleVector[π/6,0]"可以输入为语句"angleVector[π/6]",这时需使用默认参数的表示函数"Optional"或其简略形式":",对于这里的参数 sel 而言,可以写成"Optional[sel_Integer, 0]"或"sel_:0"(后者无法指定 sel 的类型)。设定了默认值后的函数及其执行情况如图 4-18 所示。

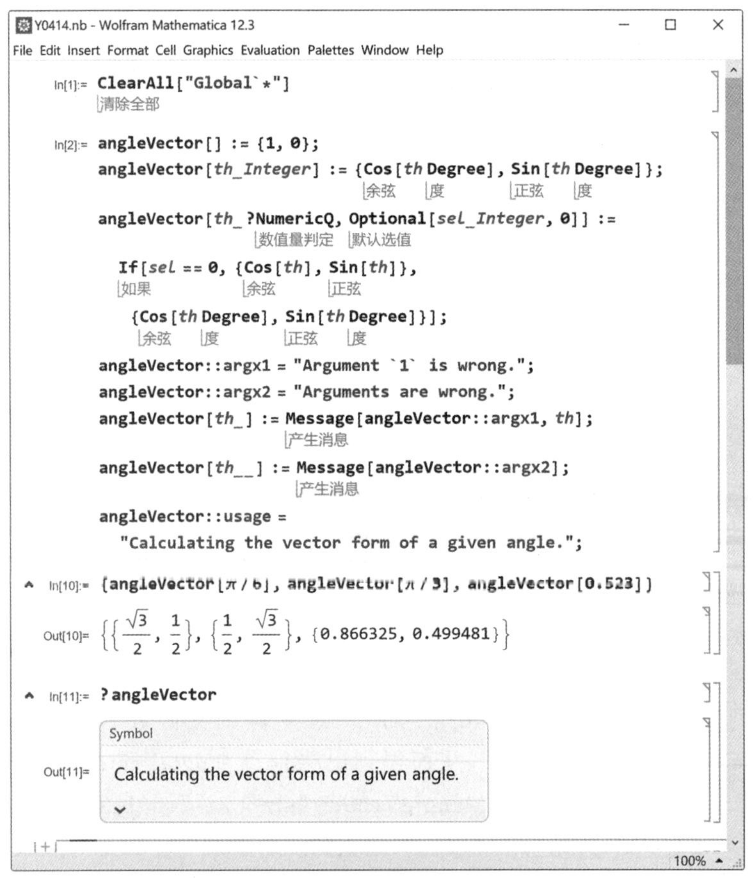

图 4-18 设定了默认值后的 angleVector 函数

对比图 4-17,在图 4-18 中,"In[2]"修改了定义默认值方式的函数形式"angleVector[th_? NumericQ, Optional[sel_Integer, 0]]:= If[sel= =0, {Cos[th], Sin[th]}, {Cos[th Degree], Sin[th Degree]}]",在这个函数调用中,如果 sel 使用默认值 0,则可以省略。在"In[10]"中,"{angleVector[π/6], angleVector[π/3], angleVector[0.523]}"均省略了参数 sel,即使用 sel 参数的默认值 0,从而得到结果"$\left\{\left\{\frac{\sqrt{3}}{2},\frac{1}{2}\right\},\left\{\frac{1}{2},\frac{\sqrt{3}}{2}\right\},\{0.866325,0.499481\}\right\}$"。此外,在"In[2]"中还添加了一条语句"angleVector::usage="Calculating the vector form of a given angle."",这条语句用于解释函数的作用。在"In[11]"中,执行语句

“?angleVector”，将显示上述的解释函数的作用的信息，如“Out[11]”所示。

自定义函数一般使用延时赋值方式，即使用“:=”进行赋值。但是对于自定义函数中的“特殊”形式，可以使用立即赋值(即“=”)方式。延时赋值与立即赋值的区别在于：延时赋值的符号(或称函数)，只有在调用时才计算赋值表达式；而立即赋值在赋值时对赋值表达式进行计算，将计算的结果赋给设定的符号(或称函数)。图 4-19 的两种函数定义能清晰地说明这两种赋值的区别。

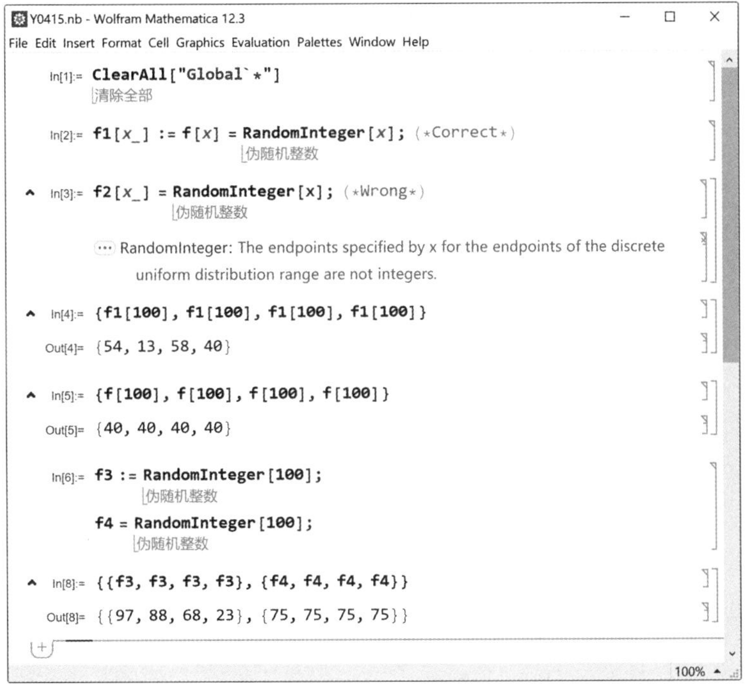

图 4-19 延时赋值和立即赋值的区别

在图 4-19 中，“In[2]”定义了函数“f1”，使用了延时赋值，即将表达式“f[x] = RandomInteger[x]”赋给函数 f1，每次调用函数 f1 时，才会代入参数值计算这个表达式。这个自定义函数是正确的。在“In[3]”中定义函数“f2”，使用立即赋值方式，函数体为表达式“RandomInteger[x]”，此时立即进行计算，然后，RandomInteger 内置函数的参数只能为整数，因此报错，即这种自定义函数是错误的。

在“In[4]”中调用了 4 次“f1[100]”，每次调用均进行一次计算，故返回了 4 个不同的随机数，如“Out[4]”所示。再调用 f1 函数，也得到了一个 f 符号(或函数)，但是 f 函数是立即赋值的。在“In[5]”中调用了 4 次“f[100]”，得到的是同一个随机数，如“Out[5]”所示。实际上，f[100]保存了最后一次调用 f1[100]的值。

在“In[6]”中，符号 f3 为延时赋值，符号 f4 为立即赋值。因为单元“In[6]”有两条语句，所以下一个单元中的输入编号为“In[8]”。在“In[8]”中调用了 4 次 f3 和 4 次 f4，在“Out[8]”中展示了它们的结果。由于 f3 为延时赋值，每次调用均执行一次它的定义语句，故得到 4 个不同的随机数；而 f4 是立即赋值，4 次调用都是上次执行 f4 时得到的值，是相同的。

一般地，用延时赋值的方式自定义函数总是正确的，但是每次调用函数都将执行一次自定义的函数体，如果自定义函数是递归调用的函数，则每次调用它都将执行大量重复的计算，非常费时。有时为了节省运算时间，采用直接赋值方式定义函数的“特殊”情况。例如，将求一个非负整数的 Fibonacci 数自定义为一个递归函数，Fibonacci 数列为“1，1，2，3，5，8，13，…”，即数列的第 n 项为其前两项(即第 n－1 项和第 n－2 项)之和，记为 fib[n]：=fib[n－1]＋fib[n－2]。例如，计算两个函数值 fib[10]和 fib[6]，延时赋值方式的自定义函数将分别独立地计算这两个函数值；如果使用立即赋值的方式，当计算得到 f[10]时，f[6]的值已经被保存在符号量中，不需要再次计算。可以用立即赋值与延时赋值相结合的方式定义递归函数，这种形式的自定义函数以牺牲存储空间的代价提高运行效率，如图 4-20 所示。

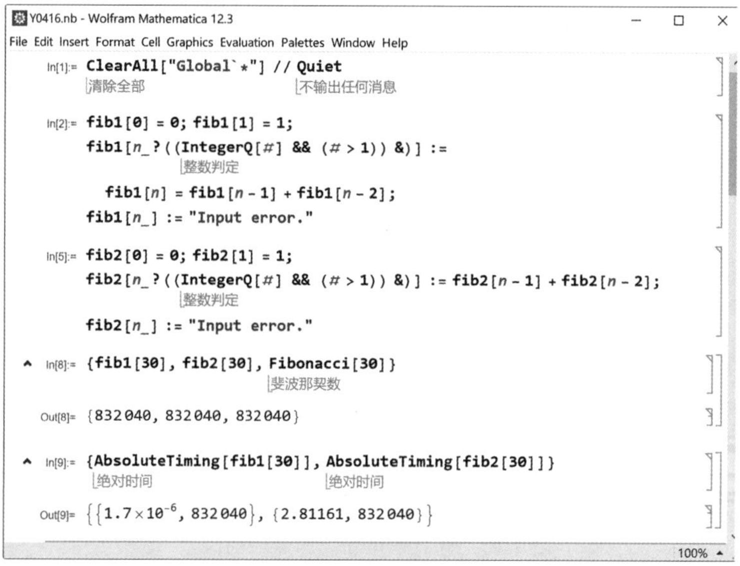

```
Y0416.nb - Wolfram Mathematica 12.3
File Edit Insert Format Cell Graphics Evaluation Palettes Window Help

In[1]:= ClearAll["Global`*"] // Quiet
        清除全部                 不输出任何消息

In[2]:= fib1[0] = 0; fib1[1] = 1;
        fib1[n_?((IntegerQ[#] && (# > 1)) &)] :=
                   整数判定
          fib1[n] = fib1[n - 1] + fib1[n - 2];
        fib1[n_] := "Input error."

In[5]:= fib2[0] = 0; fib2[1] = 1;
        fib2[n_?((IntegerQ[#] && (# > 1)) &)] := fib2[n - 1] + fib2[n - 2];
                   整数判定
        fib2[n_] := "Input error."

In[8]:= {fib1[30], fib2[30], Fibonacci[30]}
                                  斐波那契数
Out[8]= {832040, 832040, 832040}

In[9]:= {AbsoluteTiming[fib1[30]], AbsoluteTiming[fib2[30]]}
         绝对时间                   绝对时间
Out[9]= {{1.7×10^-6, 832040}, {2.81161, 832040}}
                                                        100%
```

图 4-20　自定义函数 fib1 和 fib2

在图 4-20 中，“In[2]”定义了函数 fib1，首先“特殊”情况使用立即赋值，即“fib1[0] ＝ fib1[1] ＝ 1”；然后，定义“fib1[n_?((IntegerQ[＃] && (＃＞1))&)]：＝fib1[n]＝fib1[n－1]＋fib1[n－2]”，这里使用了延时赋值将表达式“fib1[n]＝fib1[n－1]＋fib1[n－2]”赋给“fib1[n_]”，在表达式中，使用立即赋值方式保存 fib1[n]的值，即每次调用“fib1[n]”函数时，都将调用一次立即赋值将结果保存在符号 fib[n]中；最后，定义最一般的参数形式 fib1，即“fib1[n_]：＝"Input error."”。在“In[5]”中定义了函数 fib2，与“In[2]”中的函数 fib1 唯一不同的一点在于，在 fib2 的定义中没有使用立即赋值方式，即“fib2[n_?((IntegerQ[＃] && (＃＞1))&)]：＝ fib2[n－1] ＋ fib2[n－2]”(省略了与“In[2]”中“fib1[n]＝”相对应的“fib2[n]＝”)。

Wolfram 语言内置函数 Fibonacci 实现了 fib1 和 fib2 同样的功能。在“In[8]”中，语句“{fib1[30]，fib2[30]，Fibonacci[30]}”使用自定义函数 fib1、fib2 和内置函数 Fibonacci 计算了第 30 个 Fibonacci 数，计算结果相同，如“Out[8]”所示。这表明自定义函数 fib1 和 fib2 的实现是正确的。

在"In[9]"中，使用函数 AbsoluteTiming 记录了两个函数"fib1[30]"和"fib2[30]"的执行时间，可见，"fib1[30]"只需要 1.7 微秒，而"fib2[30]"需要 2.81161 秒。显然，使用了延时赋值与立即赋值相结合的方式定义的函数的执行速度更快。

当自定义函数完全设计好后，应设置其属性，保护自定义函数不被修改。对于图 4-20 中的自定义函数"fib1"，假设该自定义函数已经满足设计要求，则可借助于语句"Attributes[fib1] = {Protected}"将函数 fib1 的属性设为保护属性，之后，函数 fib1 不能再修改（也无法添加新的定义，而且使用"ClearAll["Global` * "]"不能清除该函数的定义）。如果需要修改 fib1 函数，则需要先调用"Attributes[fib1]=."清除它的保护属性。所有的内置函数都具有保护属性。

一个比较常用的函数属性为"Listable"，具有该属性的函数作用于一个列表时，将作用于该列表的各个元素。回到图 4-18 中的自定义函数 angleVector，通过语句"Attributes[angleVector] = {Listable}"设置函数 angleVector 的属性为"Listable"。然后，angleVector 可以作用于列表上，如图 4-21 所示。

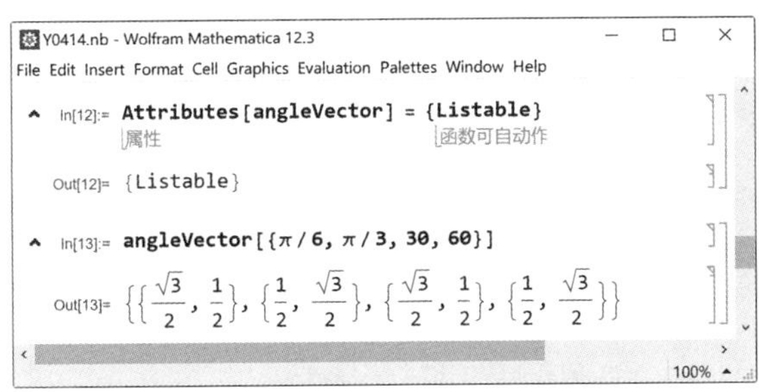

图 4-21 函数属性"Listable"作用实例

在图 4-21 中，"In[12]"中语句"Attributes[angleVector] = {Listable}"将自定义函数 angleVector 的属性设置为"Listable"。由于函数 angleVector 具有"Listable"属性，所以"In[13]"中的语句"angleVector[{π/6, π/3, 30, 60}]"相当于"{angleVector[π/6], angleVector[π/3], angleVector[30], angleVector[60]}"，其结果如"Out[11]"所示。

4.2.2 函数选项设置

类似于内置函数的参数可以设置选项一样，自定义函数的函数参数也可以设定选项。这里重新设计图 4-18 中的自定义函数 angleVector，使用选项参数的方法设定输入的角度值以弧度为单位还是以度为单位、输出的向量以精确值还是以近似值表示。

在自定义函数的功能定义之前，可以先使用它的函数名借助于 Options 配置其选项，例如，对于自定义函数"angleVector"，给它设置两个选项如下：

```
Options[angleVector] = {unit -> radius, value -> accurate}
```

上面的语句给自定义函数设定了两个选项，选项名为 unit 和 value，选项名可以使用符号或字符串，unit 选项的默认值为 radius，表示使用弧度为单位；value 选项的默认值为 accurate，表示运行结果以精确值存储，这是一个非强制性的选项，如果函数 angleVector 的输入为浮点数，则即使选项 value 设为 accurate，函数的输出仍然是浮点数。选项的值可以设为符号、数值或字符串。

在上面配置了选项后，自定义函数的函数定义部分具有如下形式：

```
angleVector[Optional[th_?NumericQ,0], opts:OptionsPattern[]]
```

在上面 angleVector 的函数定义部分中，选项参数放在普通参数的后面，这里的"Optional[th_?NumericQ, 0]"表示参数名为 th，匹配一个参数，必须为数值类型，默认值为 0；"opts:OptionsPattern[]"表示参数名为 opts(可以省略)，其中函数"OptionsPattern[]"对应着选项部分(如果使用某个系统函数的选项，可以用"OptionsPattern[系统函数名]"表示)，选项以规则列表的形式定义，其中定义了选项的默认值。在函数体中，"opts"表示输入的选项，如果没有输入选项，则为默认选项；使用"OptionValue[选项名]"得到对应的选项值。

图 4-22 为使用了选项参数的自定义函数 angleVector。

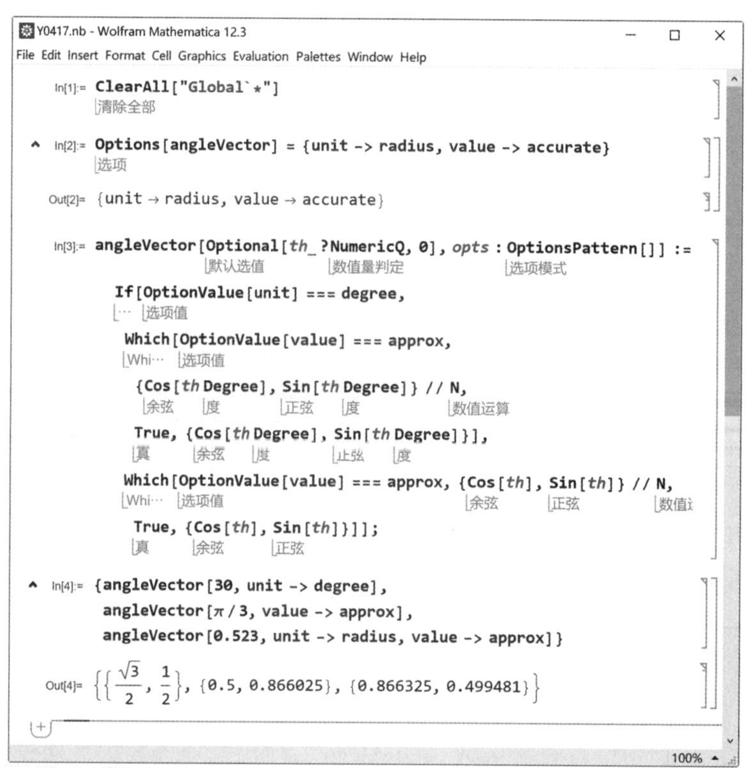

图 4-22　自定义函数的选项参数

在图 4-22 中，"In[2]"中语句"Options[angleVector] = {unit -> radius, value -> accurate}"为自定义函数"angleVector"定义了选项，默认值为"unit -> radius, value -> accurate"。在"In[3]"中定义了函数"angleVector"，其中函数定义部分"angleVector[Optional[th_?NumericQ, 0], opts:OptionsPattern[]]"表示函数名为"angleVector"；第一个参数"Optional[th_?NumericQ, 0]"表示参数名为 th，必须为数值类型，默认值为 0；第二个参数为选项参数，参数名为 opts(可以省略)，具有规则的形式。规则形如"a -> b"，即将 a 转换为 b，对应着函数"Rule[a,b]"。"In[3]"表明"angleVector"的函数体为一个 If 语

句：当选项“unit”为“degree”(即 OptionValue[unit]===degree(此处为三个等号，对应着函数 SameQ))时，第一个参数值以“度”为单位，执行以下的分支语句：“Which[OptionValue[value]===approx,{Cos[th Degree], Sin[th Degree]}//N, True, {Cos[th Degree], Sin[th Degree]}]”，表示如果选项“value”为“approx”，则使用函数 N 计算“{Cos[th Degree], Sin[th Degree]}”的近似值；否则，直接返回“{Cos[th Degree], Sin[th Degree]}”的值。当选项“unit”不为“degree”(即 OptionValue[unit]===degree 为假)时，第一个参数值以“弧度”为单位，执行以下的分支语句：“Which[OptionValue[value]===approx,{Cos[th], Sin[th]}//N, True,{Cos[th], Sin[th]}]”，表示如果选项“value”为“approx”，则使用函数 N 计算“{Cos[th], Sin[th]}”的近似值；否则，直接返回“{Cos[th], Sin[th]}”的值。

在“In[4]”中，调用函数“angleVector[30, unit-> degree]”时使用了选项“unit-> degree”，表示第一个参数为 30 度，函数返回值为“$\left\{\frac{\sqrt{3}}{2},\frac{1}{2}\right\}$”；调用函数“angleVector[π/3, value-> approx]”时使用了选项“value-> approx”，表示返回值尽可能使用近似值，如“Out[4]”中的第二个子列表所示为“{0.5,0.866025}”；调用函数“angleVector[0.523, unit-> radius, value-> approx]”时使用了选项“unit-> radius, value-> approx”，表示函数的第一个参数 0.523 采用弧度制，且返回近似值，如“Out[4]”中的第三个子列表所示为“{0.866325, 0.499481}”。

4.3 纯函数

Wolfram 语言支持匿名函数，这类函数只有对应法则，称为纯函数，使用内置函数“Function”或符号“&”构造纯函数。本节将首先介绍纯函数的定义方式，事实上，在前面章节中曾多次使用过纯函数；然后，借助于嵌套函数深入介绍纯函数的用法。

4.3.1 纯函数定义

纯函数有两种构造方法，其一为借助于内置函数 Function；其二为借助于符号“&”。设有一函数定义为 $f(x)=1-2x^2$。使用纯函数表示这个函数有以下两种方式：

(1) Function[x,1-2x^2]。这种方式符合语法“Function[变量或变量列表, 函数体]”，其中，“变量或变量列表”可以使用任意符号，例如“Function[t, 1-2t^2]”与“Function[x, 1-2x^2]”是同一个纯函数。当有多个变量时，使用变量列表，例如纯函数“Function[{x,y,z}, x+y+z]”具有三个变量，调用方式形如“Function[{x,y,z},x+y+z][3,4,5]”，得到结果 12。

(2) (1-2#^{2}&)。这种方式符合语法“函数体 &”，这里的函数体中的形式变量使用“#”表示，如果有多个变量，使用“#1”表示第一个变量、“#2”表示第二个变量、……、“#n”表示第 n 个变量。此外，符号“&”的优先级比较低，建议在使用时用括号“( )”将纯函数括起来。当这种方式的纯函数用于规则中时，括号不能省略，形如“选项->(函数体 &)”。

图 4-23 为纯函数的典型用法实例。

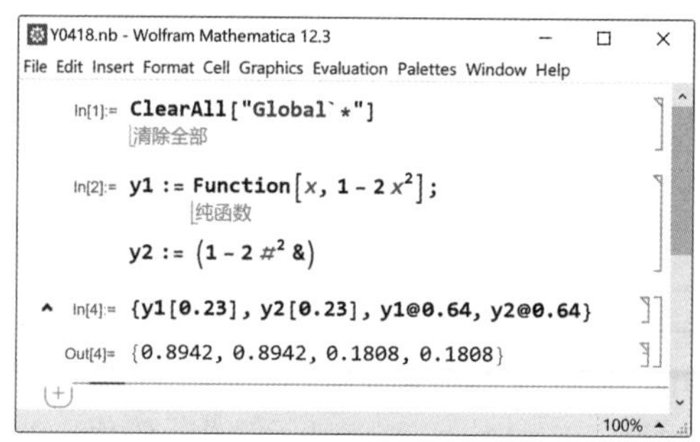

图 4-23　纯函数的典型用法实例

在图 4-23 中，“In[2]”定义了两个纯函数，分别用延时赋值的方式赋给符号 y1 和 y2，这两个纯函数是相同的。在“In[4]”中“{y1[0.23]，y2[0.23]，y1@0.64，y2@0.64}”依次给函数 y1 和 y2 设定参数 0.23 和 0.64，最后得到结果“{0.8942，0.8942，0.1808，0.1808}”，如“Out[4]”所示。

此外，在“函数体 &”这种纯函数语法中，“##”表示纯函数的全部参数，“##n”表示从第 n 个参数开始的全部参数。例如，“f[##2，#1]&[1,2,3,4,5]”将得到“f[2,3,4,5,1]”。

4.3.2　嵌套函数

本节将介绍两个嵌套函数，即 NestList 和 FoldList 函数。其中，NestList 函数的语法为：“NestList[函数，表达式，n]”，它返回一个长度为 n+1 的列表，各个列表元素依次为“函数”作用于“表达式”0～n 次所得的值。这里的“函数”主要是具有单个参数的纯函数或表示函数的符号。FoldList 函数的语法为：①“FoldList[f，x，{a，b，…}]”，得到列表{x，f[x，a]，f[f[x，a]，b]，…}；②FoldList[f，{a，b，c，…}]，得到列表{a，f[a，b]，f[f[a，b]，c]，…}。这里的符号“f”主要是具有两个参数的纯函数或表示函数的符号。

图 4-24 为嵌套函数的典型应用实例。

在图 4-24 中，“In[2]”中语句“NestList[1+1/#&，1，10]”，将嵌套执行纯函数“1+1/#&”得到一个长为 11 的列表，第一个元素为 NestList 函数的第二个参数“1”，第二个元素为 NestList 函数的第二个参数“1”代入纯函数“1+1/#&”后的计算结果 2，第三个元素为上一个计算结果“2”代入纯函数“1+1/#&”后的计算结果 3/2，以此类推。而函数“Nest”返回“NestList”函数的最后一个元素，这里“Nest[1+1/#&，1，10]”返回“NestList[1+1/#&，1，10]”的最后一个元素值 144/89。

在“In[3]”中，“FoldList[#1+1/#2 &，1，Range[10]]”返回一个长度为 11 的列表，第一个元素为 FoldList 函数的第二个参数“1”；第二个元素为该函数的第二个参数“1”作为纯函数“#1+1/#2 &”的第一个参数、该函数的第三个参数的第一个元素“1”作为纯函数的第二个参数的计算结果“2”；第三个元素为上一个计算结果“2”作为纯函数的第一个参数、第三个元素的第二个参数“2”作为纯函数的第二个参数的计算结果“5/2”，以此类推。而函数“Fold”返回“FoldList”函数的最后一个元素，这里“Fold[#1+1/#2 &，1，Range[10]]”返回“FoldList[#1+1/#2 &，1，Range[10]]”的最后一个元素，即“9901/2520”。

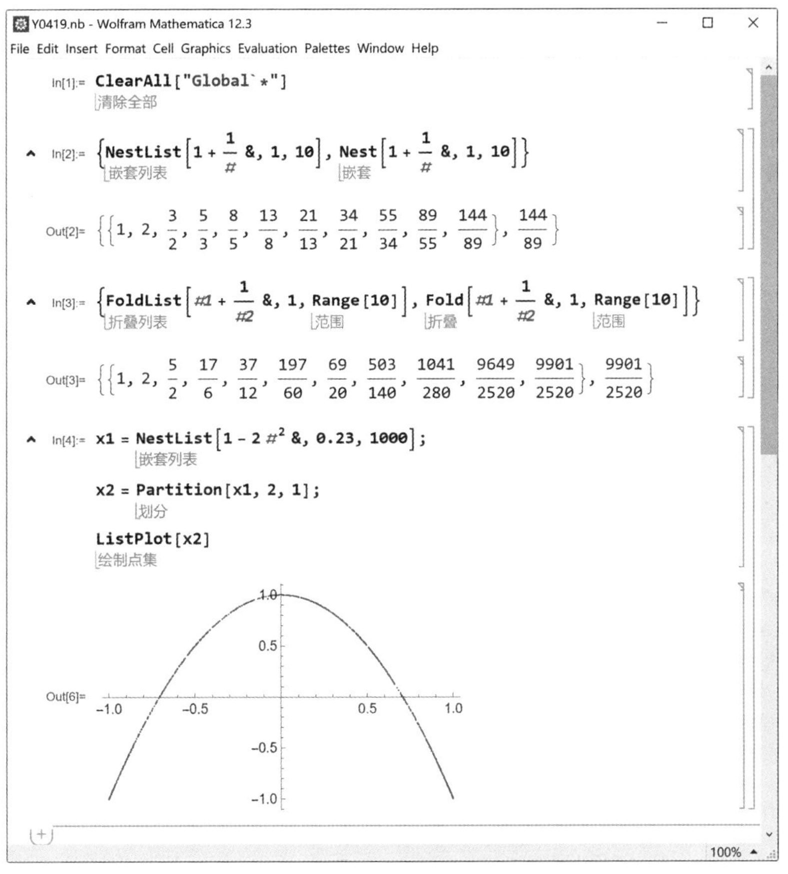

图 4-24 嵌套函数的典型应用实例

在“In[4]”中，调用“NestList”函数循环迭代纯函数“$1-2\#^{2}\&$”1000 次，初始值为 0.23，得到一个长度为 1001 的序列，赋给全局变量 x1。该函数称为 Logistic 映射。然后，借助于 Partition 函数将 x1 分割为两两一组的列表，保存在全局变量 x2 中。最后借助于“ListPlot”函数绘制了 x2 的散点图，该图称为 Logistic 映射的相图。ListPlot 函数将在 7.1.3 节中详细介绍。

本章小结

由于 Wolfram 语言是函数式的语言，所以，精通 Wolfram 语言必须掌握一定数量的内置函数。这与 C 语言编程完全不同，C 语言程序员需要考虑的是，借助于 C 语言的数据结构实现程序员的算法，所以，C 语言程序又称为“数据结构＋算法”，其中“数据结构”是 C 语言的，而“算法”是程序员设计的。C 语言的内置函数只有几十个，对算法没有帮助。但是，在 Wolfram 语言中，内置函数有 6000 多个，数量还在不断增加，几乎涵盖了整个数学领域（和其他众多领域）。在 Wolfram 语言下编程，应该在这 6000 多个内置函数实现的功能基础上再进行新的算法的设计，而不应再像 C 语言那样从零出发设计算法（显然，Wolfram 语言也支持这类设计方法）。

掌握更多的内置函数的最好方法是借助于 Mathematica 文档中心(入口位于菜单“Help|Wolfram Documentation”),其中的每个内置函数均有详细的用法说明和典型实例,并且这些实例可以在帮助文档中修改和执行。在掌握了大量内置函数的基础上,还需要进一步掌握应用这些函数借助于模块技术进行自定义函数或程序包的设计方法。本章详细介绍了内置函数、自定义函数和纯函数设计方法,后续还将进一步介绍模块编程和程序包设计方法,这些内容为读者精通 Wolfram 语言编程奠定了良好的基础。

第5章 模块编程技术

Wolfram 语言是函数式的语言，模块编程是自定义函数的主要方法。模块编程通过内置函数 Module、Block、With 或 Compile 实现，这些内置函数起到“容器”的作用，将其中的语句或语句组组织在一起，实现特定的自定义功能。除此之外，Module 函数可定义局部变量，Module 函数是定义自定义函数的常用“容器”，每次调用 Module 函数都将生成不同的局部变量；Block 函数可以使全局变量的值局部化，即在 Block 函数中出现的全局变量的赋值操作不影响全局变量的值，例如，在笔记本中定义“x=5”，然后，执行 Block 函数“Block[{x, y}, y=x; x=10; {y, x}]”将得到“{10, 10}”，而在 Block 函数外部访问 x 的值，仍然为 5。With 函数在执行前用常量替换掉函数中相应的符号，例如，“With[{x=3}, x+1]”将返回 4。一般地，由于 With 函数单纯地执行常量替换符号操作，所以 With 函数的执行速度最快；Block 函数直接使用全局变量(或局部定义的变量)的名称，执行速度比 Module 函数快；Module 函数每次执行都将创建新的局部变量，其执行速度最慢。但是，由于 Module 模块具有将变量局部化的特征，其应用最广泛。Compile 函数将其中的语句组编译为可执行的机器代码，以提高函数的运行效率。

5.1 Module 模块

Module 模块由 Module 函数实现。在 Wolfram 语言中，任一笔记本中定义的变量均为全局变量，在所有其他的笔记本中均可访问。为了使变量的作用域局部化，最常用的方法是借助于 Module 函数。在 Module 函数中，定义的变量均为局部变量，其作用域为整个 Module 函数。

5.1.1 Module 函数

Module 函数的语法如下：

(1) Module[{x, y, z, …}, 语句组]，这里的“x, y, z, …”为定义的局部变量名，“语句组”为由分号“;”分隔的任意数量的语句，“语句组”的最后一条语句的执行结果为 Module 函数的返回值。

(2) Module[{x, y=y0, z, …}, 语句组]，该语法与上述语法相似，该语法说明自定义的局部变量可以在定义时赋初始值。

一般地，使用 Module 函数实现自定义函数，例如计算一个数的绝对值，如图 5-1 所示。

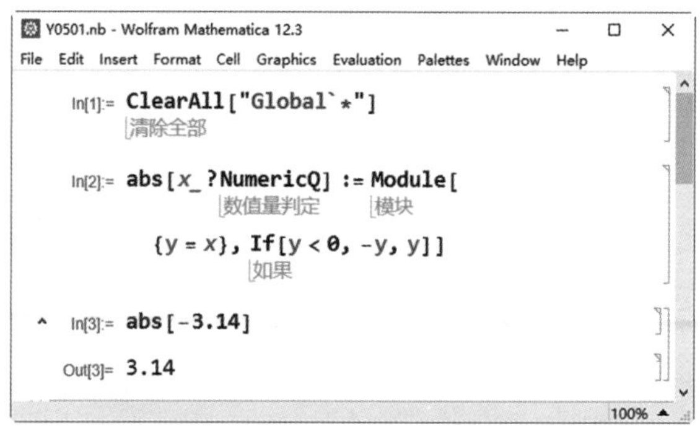

图 5-1　使用 Module 函数自定义函数

使用 Trace 函数可以跟踪自定义函数的全部执行过程，如图 5-2 所示。

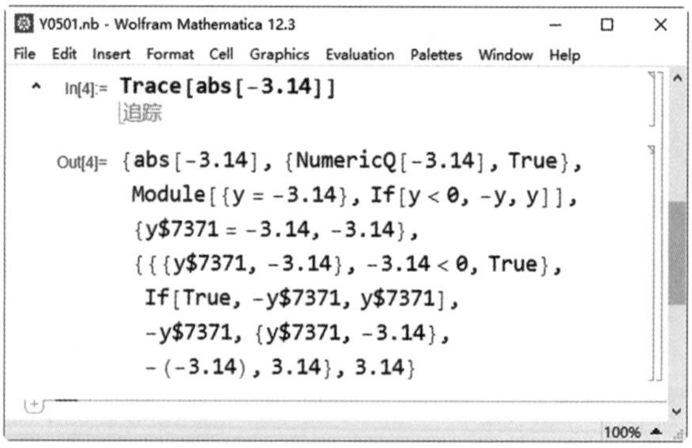

```
Y0501.nb - Wolfram Mathematica 12.3
File Edit Insert Format Cell Graphics Evaluation Palettes Window Help
In[4]:= Trace[abs[-3.14]]
        追踪
Out[4]= {abs[-3.14], {NumericQ[-3.14], True},
         Module[{y = -3.14}, If[y < 0, -y, y]],
         {y$7371 = -3.14, -3.14},
         {{{y$7371, -3.14}, -3.14 < 0, True},
          If[True, -y$7371, y$7371],
          -y$7371, {y$7371, -3.14},
          -(-3.14), 3.14}, 3.14}
100%
```

图 5-2　自定义函数 abs 的执行过程

在图 5-2 中，“In[4]”中的“Trace[abs[－3.14]]”将展示自定义函数的执行过程，如“Out[4]”所示。由“Out[4]”可知，“abs[－3.14]”的执行步骤如下：

第一步：“abs[－3.14]”，将函数调用发送到 Mathematica 内核。

第二步：“{NumericQ[－3.14]，True}”，判断参数 x(这里为－3.14)是否为数值，返回“True”。

第三步：“Module[{y=－3.14}，If[y＜0，－y，y]]”，解析函数体。

第四步：“{y$7371＝－3.14，－3.14}”，在 Module 函数中重命名局部变量 y 为“y$7371”，这里的后缀“$7371”称为模块编号，该编号保存在一个系统全局变量“$ModuleNumber”中，随着模块的创建和调用其数值自动增加。Wolfram 语言使用这种方法为 Module 函数分配专用的临时局部变量。这一步执行了自定义变量并初始化的语句“{y=x}”。

第五步：“{{{y$7371，－3.14}，－3.14＜0，True}，If[True，－y$7371，y$7371]，－y$7371，{y$7371，－3.14}，－(－3.14)，3.14}”，这一步首先解析语句“If[y＜0，－y，y]”中的条件表达式，即将所有的局部变量和常数代入该条件表达式，判断结果为“True”；然后，解析“If”函数，得到“－y$7371”；最后，解析“－y$7371”得到结果“3.14”。

第六步：返回结果“3.14”。

通过在上述第五步的解析过程可知，Wolfram 语言使用回溯的方式，解析各个符号（变量），直到发现它们的数值。例如，解析“－y＄7371”时，将再次解析“y＄7371”。

Module 函数中可以包括内置函数和自定义函数，如图 5-3 所示。

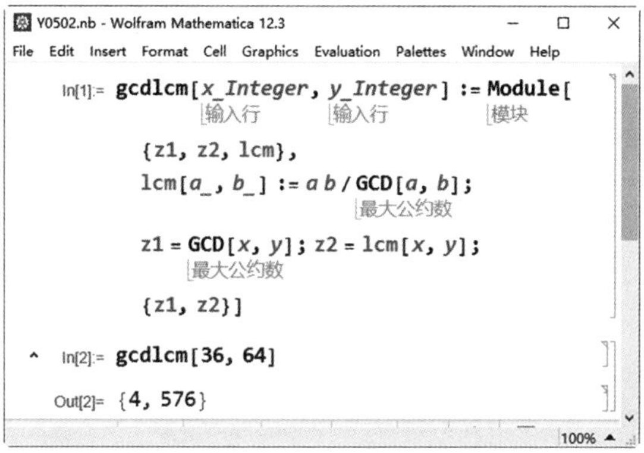
Y0502.nb - Wolfram Mathematica 12.3
File Edit Insert Format Cell Graphics Evaluation Palettes Window Help
In[1]:= gcdlcm[x_Integer, y_Integer] := Module[
输入行
输入行
模块
{z1, z2, lcm},
lcm[a_, b_] := a b / GCD[a, b];
最大公约数
z1 = GCD[x, y]; z2 = lcm[x, y];
最大公约数
{z1, z2}]
In[2]:= gcdlcm[36, 64]
Out[2]= {4, 576}
100%

图 5-3　Module 函数中可内嵌自定义函数

在图 5-3 中，“In[1]”使用 Module 函数定义了函数 gcdlcm，该函数具有两个整型参数 x 和 y，返回这两个参数的最大公约数和最小公倍数。在 Module 函数中，定义了局部变量 z1、z2 和符号 lcm，其中，z1 用于保存最大公约数，z2 用于保存最小公倍数，符号 lcm 为自定义函数“lcm[a_,b_]:=a b/GCD[a,b]”，用于计算两个整数的最小公倍数，这里的“GCD”为计算最大公约数的内置函数。然后，语句“z1=GCD[x,y]”得到 x 和 y 的最大公约数；语句“z2=lcm[x,y]”得到 x 和 y 的最小公倍数。最后，“{z1,z2}”作为 Module 函数的返回值，即为包含最大公约数 z1 和最小公倍数 z2 的列表。

在“In[2]”中调用“gcdlcm[36,64]”计算 36 和 64 的最大公约数和最小公倍数，其结果为“{4,576}”，如“Out[2]”所示。

Module 函数中的局部变量可以赋初始值，如图 5-4 所示。

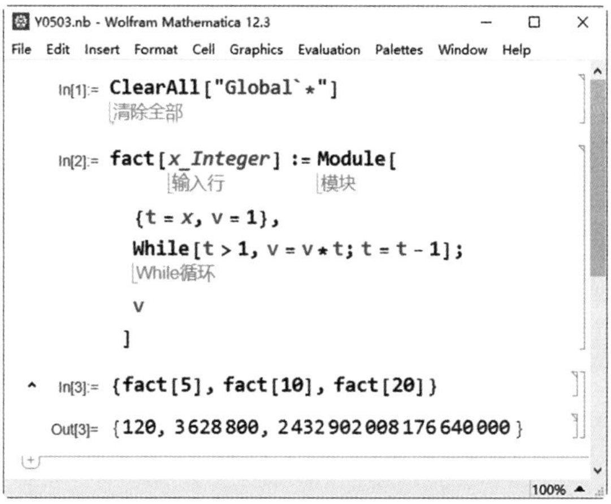
Y0503.nb - Wolfram Mathematica 12.3
File Edit Insert Format Cell Graphics Evaluation Palettes Window Help
In[1]:= ClearAll["Global`*"]
清除全部
In[2]:= fact[x_Integer] := Module[
输入行
模块
{t = x, v = 1},
While[t > 1, v = v*t; t = t - 1];
While循环
v
]
In[3]:= {fact[5], fact[10], fact[20]}
Out[3]= {120, 3628800, 2432902008176640000}
100%

图 5-4　Module 函数局部变量初始化

在图 5-4 中，“In[2]”使用 Module 函数定义了函数 fact，具有一个整型参数 x，计算 x 的阶乘。在 Module 函数中，定义了局部变量 t 和 v，t 用 x 初始化，v 的初始值为 1。由于参数

x在自定义函数fact调用时将被赋予数值，所以，x在Module函数中以常数的形式存在，不能作为变量赋值，一般地，将参数x赋给一个局部变量，例如这里的“t”。在“While[t>1, v=v*t;t=t-1]”循环体中，计算t的阶乘，结果保存在局部变量v中。最后，“v”作为Module函数的输出。

在“In[3]”中，“{fact[5], fact[10], fact[20]}”依次计算了5、10和20的阶乘，如“Out[3]”所示。

5.1.2 Module模块实例

这里借助Module函数解决一个实际问题，即房贷计算问题。假设某人为买一套住房向银行贷款100万元，年利率为4.5%，按月计算复利(月利率为0.045/12)，计划15年还清全部贷款，且每月还款金额相同(按月等额还款方式)，编程计算每月应还款多少元。这里使用循环搜索解的方式(不套用公式计算)，开始时设置较大的步长，然后，设置小步长，精确度至少为0.01元。

这里设每月应还款x元，月利率为rate，设从银行发放贷款的下一个月开始还款，设剩余还款金额保存在变量pt中，于是，第0个月pt初始化为总贷款额度；第1月后，pt = pt*(1+rate)-x；第二个月后，pt = pt*(1+rate)-x(此处pt为第一个月后的pt)，以此类推，直到pt为0，表示还款完成。按这种思路编写的程序如图5-5所示。

在图5-5中，定义了house函数，具有money、years和rateofyear三个参数，分别表示贷款总额、还款年限和年利率。在Module模块中，定义了局部变量“{pt, y=years, rate, x, n=108}”，这里pt表示剩余还款额度，y初始化为还款年限数，rate用于保存月利率，x为每月还款额，n设置为10^8，用作Do循环的最大循环次数。然后，执行语句“rate=rateofyear/12; pt=money; x=0;”设置月利率rate，设置剩余还款额pt为总贷款额，设置每月还款额x为0元。接着进入如下的Do循环：

```
"Do[Table[pt = pt * (1 + rate) - x,{i,1,y * 12}]; If[pt > 0,pt = money;x = x + 100,Break[]], {j,1,n}];"
```

在上述Do循环中，首先使用给定的月还款额x，进行还款操作“Table[pt=pt*(1+rate)-x, {i,1,y*12}]”，如果执行后，“pt>0”，说明每月还款额x过少，于是“pt=money; x=x+100”，即令pt为总还款额，每月还款额x增加100元。在Do循环中重复这一过程，直到pt小于或等于0，说明每月还款额x已大于需要的真实每月还款额。由于步长为100元，所以，真实的每月还款额在区间[x-100,x]内。

在下一个Do循环前，先执行“x=x-100; pt=money;”，即将每月还款额x设置为刚好不够还款的额度(在步长为100元的情况下)，并将待还款额pt设为总还款额money，再执行下面的Do循环：

```
"Do[Table[pt = pt * (1 + rate) - x,{i,1,y * 12}]; If[pt > 0,pt = money;x = x + 10,Break[]],{j,1,n}];"
```

上述Do循环与前一个Do循环实现的功能类似，只是将每月还款额x的步长设为10，经过上述Do循环，真实的每月还款额将落在区间[x-10,x]内。

回到图5-5中，上述Do循环后面的Do循环操作与此类似，每月还款额x的步长取为1元，如下所示：

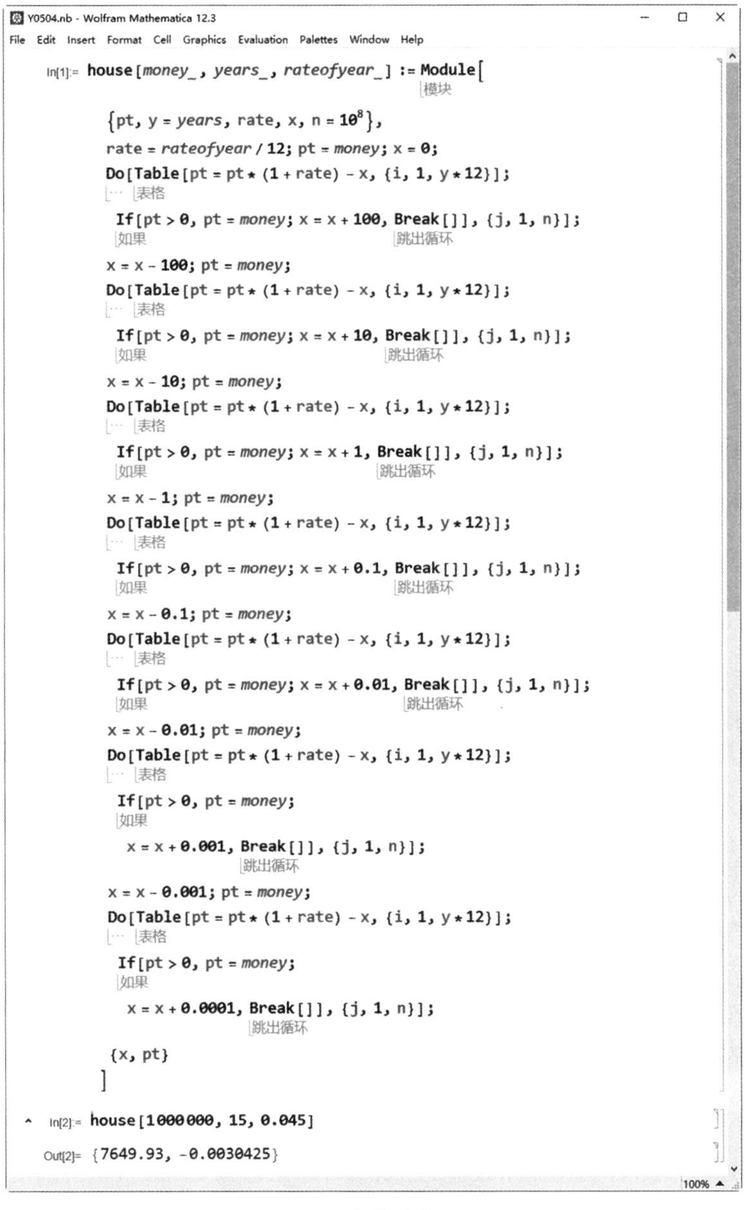

```
Y0504.nb - Wolfram Mathematica 12.3
File Edit Insert Format Cell Graphics Evaluation Palettes Window Help

In[1]:= house[money_, years_, rateofyear_] := Module[
                                              模块
    {pt, y = years, rate, x, n = 10^8},
    rate = rateofyear / 12; pt = money; x = 0;
    Do[Table[pt = pt * (1 + rate) - x, {i, 1, y * 12}];
           表格
     If[pt > 0, pt = money; x = x + 100, Break[]], {j, 1, n}];
     如果                                跳出循环
    x = x - 100; pt = money;
    Do[Table[pt = pt * (1 + rate) - x, {i, 1, y * 12}];
           表格
     If[pt > 0, pt = money; x = x + 10, Break[]], {j, 1, n}];
     如果                               跳出循环
    x = x - 10; pt = money;
    Do[Table[pt = pt * (1 + rate) - x, {i, 1, y * 12}];
           表格
     If[pt > 0, pt = money; x = x + 1, Break[]], {j, 1, n}];
     如果                              跳出循环
    x = x - 1; pt = money;
    Do[Table[pt = pt * (1 + rate) - x, {i, 1, y * 12}];
           表格
     If[pt > 0, pt = money; x = x + 0.1, Break[]], {j, 1, n}];
     如果                                跳出循环
    x = x - 0.1; pt = money;
    Do[Table[pt = pt * (1 + rate) - x, {i, 1, y * 12}];
           表格
     If[pt > 0, pt = money; x = x + 0.01, Break[]], {j, 1, n}];
     如果                                 跳出循环
    x = x - 0.01; pt = money;
    Do[Table[pt = pt * (1 + rate) - x, {i, 1, y * 12}];
           表格
     If[pt > 0, pt = money;
     如果
      x = x + 0.001, Break[]], {j, 1, n}];
                     跳出循环
    x = x - 0.001; pt = money;
    Do[Table[pt = pt * (1 + rate) - x, {i, 1, y * 12}];
           表格
     If[pt > 0, pt = money;
     如果
      x = x + 0.0001, Break[]], {j, 1, n}];
                      跳出循环
     {x, pt}
    ]

In[2]:= house[1000000, 15, 0.045]

Out[2]= {7649.93, -0.0030425}
                                                            100%
```

图 5-5 房贷计算问题

```
"x = x - 10;pt = money;
Do[Table[pt = pt * (1 + rate) - x,{i,1,y * 12}]; If[pt > 0,pt = money;x = x + 1,Break[]],{j,1,n}];"
```

这里，首先将每月还款额 x 设置为刚好不够还款的额度（在步长为 10 元的情况下），并将待还款额 pt 设为总还款额 money，接着执行 Do 循环直到 pt 小于或等于 0，此时，真实的每月还款额将落在区间[x—1，x]内。

然后，进一步缩小步长至 0.1 元，执行如下代码：

```
"x = x - 1;pt = money;
Do[Table[pt = pt * (1 + rate) - x,{i,1,y * 12}]; If[pt > 0,pt = money;x = x + 0.1,Break[]],{j,1,n}];"
```

上述代码的分析与前述 Do 循环类似，执行完该 Do 循环后，真实的每月还款额将落在区间[x－0.1，x]内。

之后，进一步缩小步长至 0.01 元，执行如下代码：

```
"x = x - 0.1;pt = money;
Do[Table[pt = pt * (1 + rate) - x,{i,1,y * 12}]; If[pt > 0,pt = money;x = x + 0.01,Break[]],{j,1,n}];"
```

上述代码执行完成后，真实的每月还款额将落在区间[x－0.01，x]内。

接着，再次缩小步长至 0.001 元，执行如下代码：

```
"x = x - 0.01;pt = money;
Do[Table[pt = pt * (1 + rate) - x,{i,1,y * 12}]; If[pt > 0,pt = money;x = x + 0.001,Break[]],{j,
1,n}];"
```

上述代码执行完成后，真实的每月还款额将落在区间[x－0.001，x]内。

最后，将每月还款额的步长设为 0.0001 元，执行如下代码：

```
"x = x - 0.001;pt = money;
Do[Table[pt = pt * (1 + rate) - x,{i,1,y * 12}]; If[pt > 0,pt = money;x = x + 0.0001,Break[]],{j,
1,n}];"
```

执行完上述 Do 循环后，最后得到的每月真实还款额将位于区间[x－0.0001，x]内，而题目要求精确度至少为 0.01 元，因此，这时可取 x 为每月还款额。

在“In[2]”中调用“house[1000000,15,0.045]”，得到结果为“{7649.93，－0.0030425}”，即每月还款额应为 7649.93 元，如“Out[2]”所示。

为了方便介绍算法的实现过程，将图 5-5 中的自定义函数 house 代码写得比较冗长，图 5-6 中将 house 函数的代码作了简化整理。

对比图 5-5，在图 5-6 自定义函数 house 的 Module 函数中，多定义了一个局部变量 dx，用于保存每月还款额的步长，初始值为 100 元。在 Module 函数中，令“x＝money/(12y)”，设置 x 的初始值为零利率的每月还款额。然后，使用两重 Do 循环，内层 Do 循环与图 5-5 中的每个 Do 循环类似，如下：

```
"Do[pt = money; Table[pt = pt * (1 + rate) - x,{i,1,y * 12}]; If[pt > 0,x = x + dx, Break[]], {j,1,n}];"
```

在这个 Do 循环中，首先将剩余还款额 pt 赋为总还款额 money；然后，使用当前的每月还款额 x 进行还款；如果 pt 大于 0，说明每月还款额 x 小于实际的每月应还款额，将 x 增加到 x＋dx；循环执行这个操作，直到 pt 小于或等于 0，说明实际的每月应还款额在区间[x－dx，x]上。

在外层的 Do 循环中，将 x 设为 x－dx，即在步长为 dx 的情况下，刚好不够还款的每月还款额度；将 dx 缩小 10 倍，即“dx＝dx/10.0;”。然后，回到循环体的开头继续执行，直到剩余还款额 pt 的绝对值小于 0.01 元为止。最后，将 x＝x＋dx 作为实际的每月还款额。

在图 5-6 的“In[3]”中，调用“house[1000000,15,0.045]”，得到实际的每月还款额为 7649.93 元，如“Out[3]”所示。

图 5-5 和图 5-6 的程序具有通用性，输入任意的贷款额、贷款年限和年利率均可以计算出每月应还款额度。在图 5-6 的“In[4]”中，调用“house[2000000,20,0.050]”计算了贷款额 200

```
Y0505.nb - Wolfram Mathematica 12.3
File Edit Insert Format Cell Graphics Evaluation Palettes Window Help

In[1]:= ClearAll["Global`*"]
        清除全部

In[2]:= house[money_, years_, rateofyear_] := Module[
                                               模块
   {pt, y = years, rate, x, dx = 100, n = 10^8},
   rate = rateofyear / 12; pt = money; x = money / (12 y);
   Do[
   Do循环
    Do[pt = money;
    Do循环
     Table[pt = pt * (1 + rate) - x, {i, 1, y * 12}];
     表格
     If[pt > 0, x = x + dx, Break[]], {j, 1, n}];
     如果                  跳出循环
    x = x - dx; dx = dx / 10.0;
    If[Abs[pt] < 0.01, x += dx; Break[]],
    [… 绝对值                   跳出循环
    {k, 1, n}];
   x
  ]

In[3]:= house[1000000, 15, 0.045]
Out[3]= 7649.93

In[4]:= house[2000000, 20, 0.050]
Out[4]= 13199.1
```

图 5-6　简化后的 house 函数

万元、贷款 20 年和年利率为 5%时每月还款额,结果为 13199.1 元,如“Out[4]”所示。

图 5-6 的程序可以使用 While 循环实现,代码更加简洁,如图 5-7 所示。

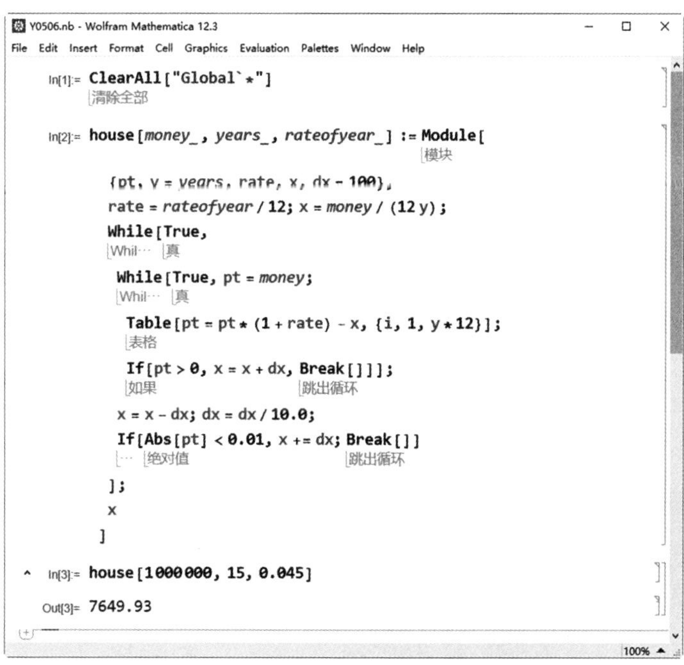

```
Y0506.nb - Wolfram Mathematica 12.3
File Edit Insert Format Cell Graphics Evaluation Palettes Window Help

In[1]:= ClearAll["Global`*"]
        清除全部

In[2]:= house[money_, years_, rateofyear_] := Module[
                                               模块
   {pt, y = years, rate, x, dx = 100},
   rate = rateofyear / 12; x = money / (12 y);
   While[True,
   Whil… 真
    While[True, pt = money;
    Whil… 真
     Table[pt = pt * (1 + rate) - x, {i, 1, y * 12}];
     表格
     If[pt > 0, x = x + dx, Break[]]];
     如果                  跳出循环
    x = x - dx; dx = dx / 10.0;
    If[Abs[pt] < 0.01, x += dx; Break[]]
    [… 绝对值                   跳出循环
   ];
   x
  ]

In[3]:= house[1000000, 15, 0.045]
Out[3]= 7649.93
```

图 5-7　使用 While 实现的 house 函数

对比图 5-6 可知，在图 5-7 中，使用 While 循环替代了 Do 循环，改进后无须关心 Do 循环的执行次数。

5.2 Block 模块

Block 模块由 Block 函数实现。与 Module 函数类似，Block 函数是变量局部化的重要方法。与 Module 函数不同之处在于，Block 函数为每个变量（或符号）在 Block 函数内部分配临时的值，这些临时的值不影响每个变量（或符号）在 Block 函数外的取值；而不是像 Module 函数那样创建新的局部变量。一定意义上，Block 函数可以完全替代 Module 函数。Block 函数的执行速度比 Module 函数更快，Block 函数可用于所有使用 Module 函数的情况下；此外，Block 函数可以临时地调整系统全局变量的值，以达到这些全局变量作用局部化的效果。

5.2.1 Block 函数

Block 函数的语法如下所示：

(1) Block[{x, y, z, …}, 语句组]，其中，"{x, y, z, …}"为局部变量列表，这些局部变量可以与笔记本中的全局变量同名；"语句组"为由分号";"分隔的任意多条语句。

(2) Block[{x, y=y0, z, …}, 语句组]，该语法说明局部变量列表中的各个局部变量可以赋初始值。

下面通过图 5-8 所示程序说明 Block 函数与 Module 函数的异同点。

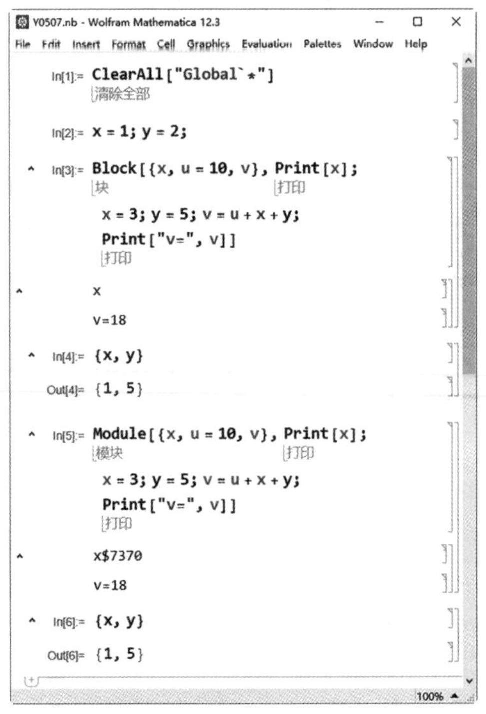

图 5-8　Block 函数和 Module 函数的异同点

图 5-8 中，在“In[2]”中定义了全局变量 x 和 y，分别赋值为 1 和 2。“In[3]”为 Block 函数，定义了局部变量 x、u 和 v，其中，u 初始化为 10；然后，调用“Print[x]”打印 x，将得到“x”；接着，对局部变量 x 赋值 3，这不影响全局变量 x；之后，对全局变量 y 赋值 5，令“v=u+x+y”，此时，v=10+3+5=18，最后“Print["v=",v]”打印 v 的值为“v=18”。在“In[4]”中显示“{x,y}”的值为“{1,5}”，即全局变量 x 不受同名的局部变量的影响，全局变量 y 在 Block 函数中重新赋值为 5。

在“In[5]”中使用 Module 函数实现相同的功能，这里“Print[x]”得到了“x$7370”，即一个新的局部变量，命名规则为“局部变量名$模块编号”。在“In[6]”中显示“{x,y}”的值为“{1,5}”，即全局变量 x 不受 Module 函数中“同名”局部变量的影响，而全局变量 y 在 Module 函数中被赋值，这与 Block 函数实现的功能相同。

图 5-9 中的程序只能使用 Block 函数。

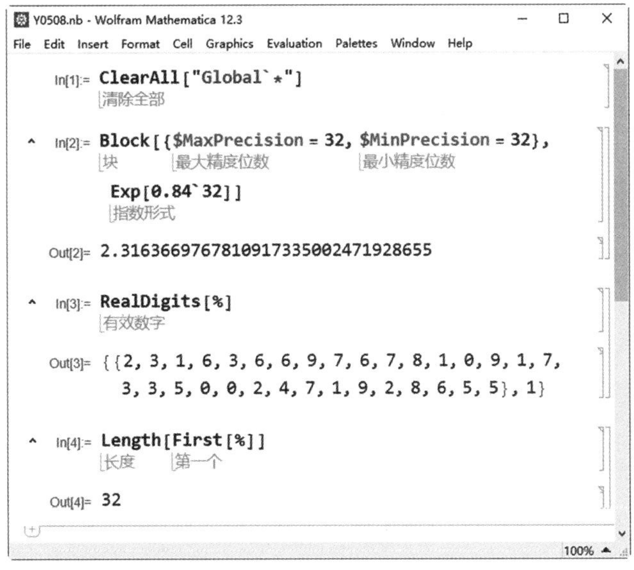

图 5-9 Block 函数使系统变量作用域局部化

在图 5-9 中，“In[2]”使用 Block 函数计算精度为 32 的浮点数运算。这里只能使用 Block 函数，因为 Module 函数为每个局部变量创建新的变量形式。在 Block 函数中，设定了系统全局变量 $MaxPrecision 和 $MinPrecision 的新值，均为 32，表示使用精度为 32 的浮点数运算，这并不影响系统全局变量 $MaxPrecision 和 $MinPrecision 的全局设定值。然后，计算了“Exp[0.84'32]”，这里的“'32”表示浮点数的精度为 32，计算结果如“Out[2]”所示。在“In[3]”中函数“RealDigits”将“Out[2]”中的浮点数的各位提取出来，以列表的形式保存，如“Out[3]”所示，列表中的第 1 个元素“{2, 3, 1, 6, 3, 6, 6, 9, 7, 6, 7, 8, 1, 0, 9, 1, 7, 3, 3, 5, 0, 0, 2, 4, 7, 1, 9, 2, 8, 6, 5, 5}”为“Out[2]”各位上的数字，第 2 个元素“1”表示小数点的位置在第 1 个元素之后。在“In[4]”中“Length[First[%]]”显示了“Out[2]”中数位的个数为 32，如“Out[4]”所示。

由图 5-8 和图 5-9 可知，Block 函数可以取代 Module 函数，实现符号（或变量）的作用域局部化，只是 Block 函数为符号分配新的存储空间（而不改变符号的名称），而 Module 函数将为符号创建新的副本(用“符号名 $ 模块编号”命名该副本),由于每次运行 Module 函数,其“模块编号”均增加,故每次调用 Module 函数为局部符号(或变量)创建的副本都不相同。但是 Module 函数却不能完全替代 Block 模块,特别是在如图 5-9 所示的情况下,只能使用 Block 函数,而不能使用 Module 函数。由于 Block 函数的运算速度快于 Module 函数,所以,应尽可能使用 Block 函数进行模块化编程。

5.2.2 Block 模块实例

假设在图 5-10 所示的边长为 2 的正方形(正方形的中心位于坐标原点)中随机撒入细沙粒,若沙粒在正方形中服从均匀分布,则位于单位圆中的沙粒数与落入正方形中的总沙粒数之比应为单位圆的面积与正方形的面积之比。通过这种方式可以近似计算圆周率,如图 5-11 所示。

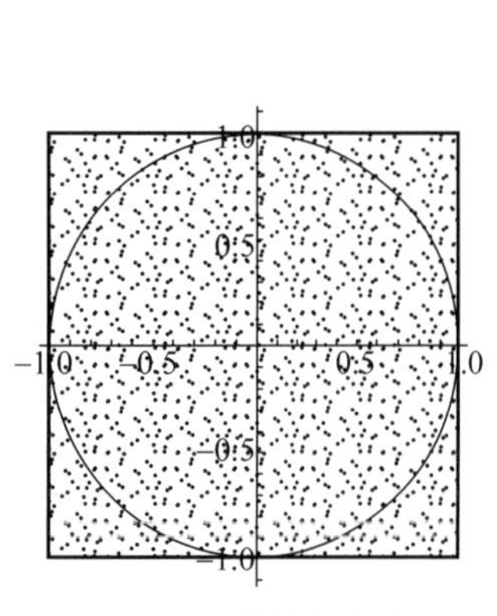

图 5-10 蒙特卡实验

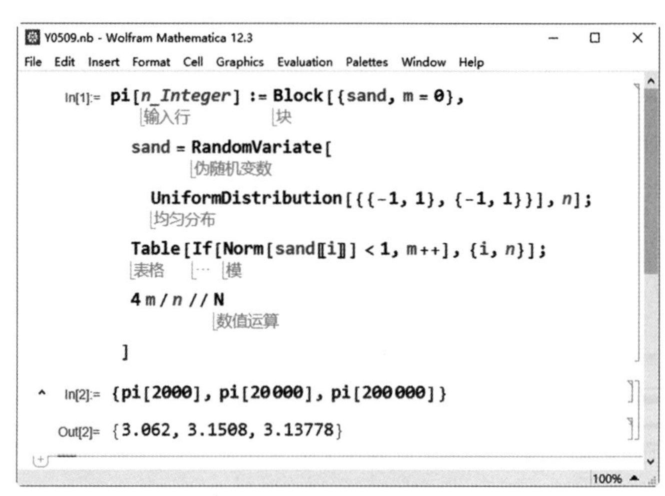

图 5-11 计算圆周率

在图 5-11 的“In[1]”中定义了函数 pi,具有一个整型参数 n,表示使用的沙粒的总数量。在 Block 函数中定义了两个局部变量 sand 和 m,m 初始化为 0,用于记录落在单位圆内的沙粒个数。然后,调用 RandomVariate 内置函数生成在图 5-10 所示正方形内均匀分布的 n 个随机变量,赋给 sand。接着,“Table[If[Norm[sand[[i]]]< 1,m++],{i,n}]”统计落入单位圆中的沙粒数,赋给变量 m。最后,计算“4m/n//N”得到圆周率的近似值。

在“In[2]”中,调用“{pi[2000], pi[20000], pi[200000]}”计算了当沙粒个数为 2000、20000 和 200000 时的圆周率的值,如“Out[2]”所示。可见,沙粒数越多,圆周率的计算结果越准确。

现在回到图 5-7 中,添加一条语句统计使用 Module 函数的 house 函数的执行时间,如图 5-12 所示。

然后,将图 5-7 中的“Module”改为“Block”,即使用 Block 函数实现 house 函数,其余内容保持不变,如图 5-13 所示。

在图 5-13 中,使用 Block 函数实现了自定义函数 house,house 函数的其余内容与图 5-7 中的内容相同。对于图 5-12 中“In[4]”和图 5-13 中“In[3]”的执行结果,可知,Block 函数实

```
Y0506.nb - Wolfram Mathematica 12.3
File Edit Insert Format Cell Graphics Evaluation Palettes Window Help

In[4]:= house[1000000, 15, 0.045] // AbsoluteTiming
                                     绝对时间

Out[4]= {0.0153025, 7649.93}
```

图 5-12　Module 函数实现的 house 函数执行时间

```
Y0510.nb - Wolfram Mathematica 12.3
File Edit Insert Format Cell Graphics Evaluation Palettes Window Help

In[1]:= ClearAll["Global`*"]
        清除全部

In[2]:= house[money_, years_, rateofyear_] := Block[
                                                  块
          {pt, y = years, rate, x, dx = 100},
          rate = rateofyear / 12; x = money / (12 y);
          While[True,
          Whil…  真
           While[True, pt = money;
           Whil…  真
            Table[pt = pt * (1 + rate) - x, {i, 1, y * 12}];
            表格
            If[pt > 0, x = x + dx, Break[]]];
            如果                 跳出循环
           x = x - dx; dx = dx / 10.0;
           If[Abs[pt] < 0.01, x += dx; Break[]]
           …  绝对值                    跳出循环
          ];
          x
         ]

In[3]:= house[1000000, 15, 0.045] // AbsoluteTiming
                                     绝对时间

Out[3]= {0.0149613, 7649.93}
```

图 5-13　Block 函数的 house 函数执行时间

现的 house 函数的执行时间为 0.0149613 秒，比 Module 函数实现的 house 函数的执行时间（0.0153025 秒）短。当程序更加复杂时，Block 函数将明显地快于 Module 函数。对比图 5-7 和图 5-13 可知，任意的 Module 函数均可直接将“Module”改为“Block”函数，程序仍然工作正常。

5.3 With 模块

With 模块由 With 函数实现，With 函数通过给局部变量赋初始值的方式使局部变量成为 With 函数中的“局部常数”。With 函数体中首先执行这些局部变量的初始值替换，然后，对替换后的表达式进行计算，不需要创建新的局部变量存储空间，因此，With 函数的执行效率比 Block 和 Module 函数更高。

5.3.1 With 函数

With 函数的语法如下：

```
With[{x = x0, y = y0, z = z0, …}, 语句组]
```

在 With 函数中，“{x=x0，y=y0，z=z0，…}”声明局部“变量”的同时必须赋初始值，而且，这里的局部“变量”被其赋予的值替代，而不再是通常意义上的“变量”，即不能再对它进行赋值操作。

With 函数的基本用法如图 5-14 所示。

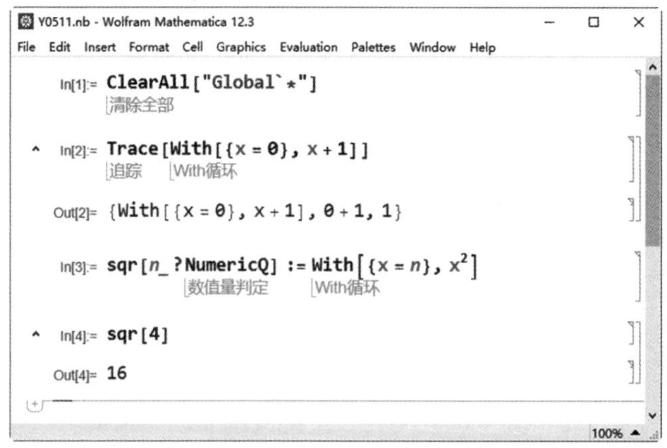

图 5-14　With 函数基本用法

在图 5-14 中，“In[2]”用 Trace 函数跟踪了 With 函数的执行。由“Out[2]”可知，在解析了“With[{x=0},x+1]”之后，直接将 x 替换为常数 0，最后返回 1。因此，无法在 With 函数中对 x 进行赋值操作，因为 With 函数体中没有 x 了。可以将 With 函数理解为将“常量”局部化。

在“In[3]”中，使用 With 函数定义了函数 sqr，这里的 With 函数直接将 x 替换为 n，返回 n2。在“In[4]”中调用“sqr[4]”，得到 16，如“Out[4]”所示。

5.3.2 With 模块实例

With 函数的语法为“With[{x=x0，y=y0，z=z0，…}，语句组]”，其实现的功能为用局部“变量”列表中的初始值“常量”替换“语句组”中的局部“变量”，有些类似于“ReplaceAll”函数实现的功能。With 函数的这种替换有两个主要的应用场合，一是生成复杂的纯函数，二是函数的替换。

图 5-15 展示了 With 函数的两个典型应用实例。

在图 5-15 中，“In[2]”定义了函数 f，具有 a、b 和 c 三个参数，在 With 函数中，令“y=a x^2+b x+c”，代换纯函数中的 y。在“In[3]”中，“{f[3,4,5]，f[3,4,5][1]，f[1,2,1][1]}”依次得到参数为 3、4 和 5 的纯函数“Function[x,5+4 x+3 x^2]”和当这个纯函数作用在 1 上

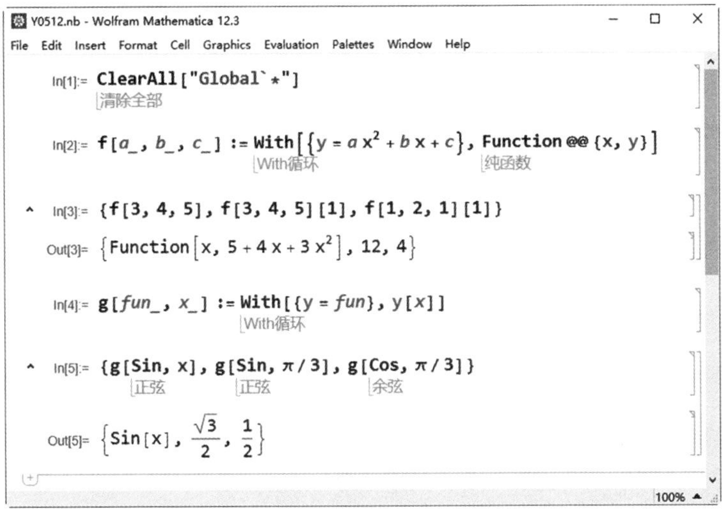

```
Y0512.nb - Wolfram Mathematica 12.3
File Edit Insert Format Cell Graphics Evaluation Palettes Window Help

In[1]:= ClearAll["Global`*"]
        清除全部

In[2]:= f[a_, b_, c_] := With[{y = a x^2 + b x + c}, Function @@ {x, y}]
                          With循环                    纯函数

In[3]:= {f[3, 4, 5], f[3, 4, 5][1], f[1, 2, 1][1]}
Out[3]= {Function[x, 5 + 4 x + 3 x^2], 12, 4}

In[4]:= g[fun_, x_] := With[{y = fun}, y[x]]
                       With循环

In[5]:= {g[Sin, x], g[Sin, π/3], g[Cos, π/3]}
          正弦       正弦          余弦
Out[5]= {Sin[x], √3/2, 1/2}
```

图 5-15　With 函数的典型应用实例

的函数值 12 以及参数为 1、2 和 1 的纯函数作用于 1 上的函数值 4，如“Out[3]”所示。

在“In[4]”中，用 With 函数定义了函数 g，具有两个参数 fun 和 x，其中 fun 表示函数名，x 表示“fun”的参数。在“In[5]”中调用了“{g[Sin，x]，g[Sin，π/3]，g[Cos，π/3]}”，结果如“Out[5]”所示，为“$\left\{\text{Sin}[x],\frac{\sqrt{3}}{2},\frac{1}{2}\right\}$”。

5.4　Compile 模块

Wolfram 语言的内置函数均作了优化处理，具有与机器代码相当的执行效率。对于自定义函数，应尽可能调用内置函数实现所定义的功能，这样保证自定义函数具有较高的执行效率。对于执行数值计算的自定义函数，可以借助于 Compile 模块将其编译为机器代码执行。Wolfram 语言提供了两种编译目标：①编译为运行于 Wolfram 虚拟机上的机器代码；②编译为 C 语言机器代码。Compile 模块对自定义函数执行了编译处理，这种编译仅对整型、浮点型、复数类型和逻辑型（True 和 False）的数据有效，因此，仅能对一小部分内置函数进行编译，也就是说，只有使用整型、浮点型、复数类型和逻辑型的数据且包含了可以被编译的内置函数的自定义函数，才能被 Compile 模块编译。可以通过指令“Compile ' CompilerFunctions[]”查看可以被编译的部分内置函数列表（一些内置函数可以被编译但是没有列于其中）。

5.4.1　配置 MinGW64 编译器

这里使用 MinGW64 编译器实现自定义函数的代码编译。

登录网址 http://mingw-w64.org/doku.php/download，如图 5-16 所示。

在图 5-16 中，单击 MingW-W64-builds，进入图 5-17 所示界面。

在图 5-17 中单击“Sourceforge”，下载 MinGW-W64 安装文件。下载后的文件名为

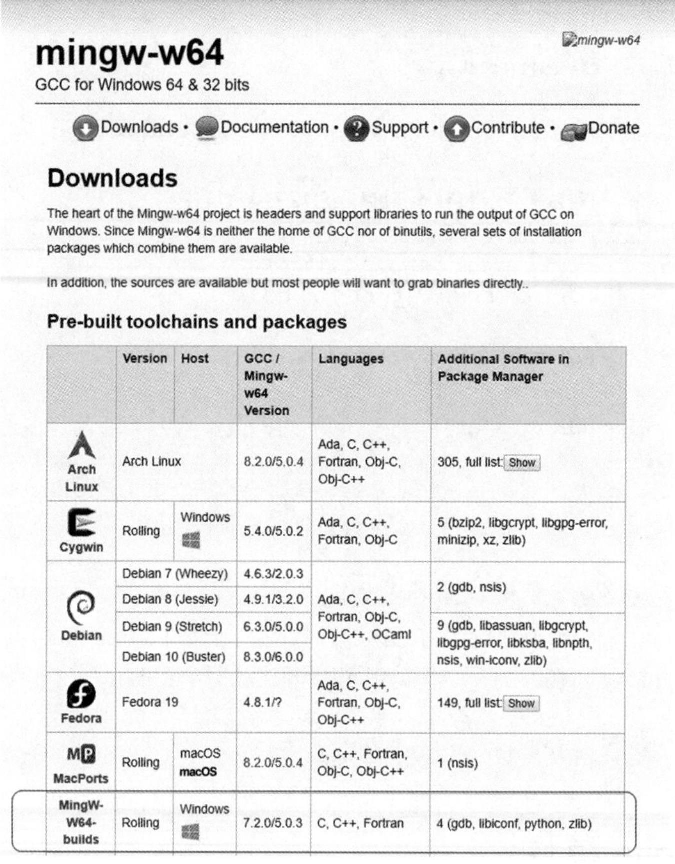

图 5-16　下载 MinGW-W64 安装程序

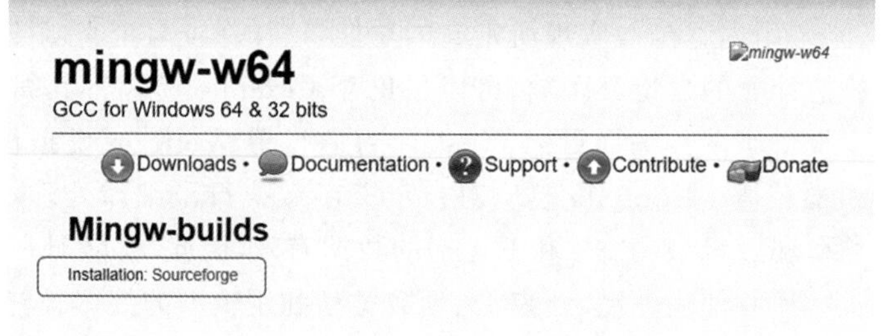

图 5-17　MinGW-W64 下载链接

mingw-w64-install. exe，文件大小约为 938KB。在 Windows 10（64 位）环境下运行文件 mingw-w64-install. exe，进入图 5-18 所示安装界面，其中，架构“Architecture”中选择“x86_64”，版本号为“8. 1. 0”。

在图 5-18 中单击“Next”按钮，进入图 5-19 所示窗口。

图 5-19 中默认安装目录为 C:\Program Files\mingw-w64\x86_64-8. 1. 0-posix-seh-rt_v6-rev0。然后，单击“Next”进行安装（需联网）。安装完成后，MinGW-W64 所在的目录为“C:\Program Files\mingw64\mingw64”，目录和文件结构如图 5-20 所示。

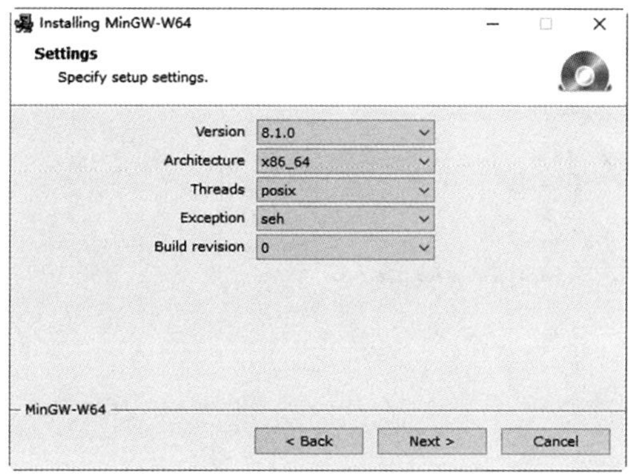

图 5-18　安装 MinGW-W64

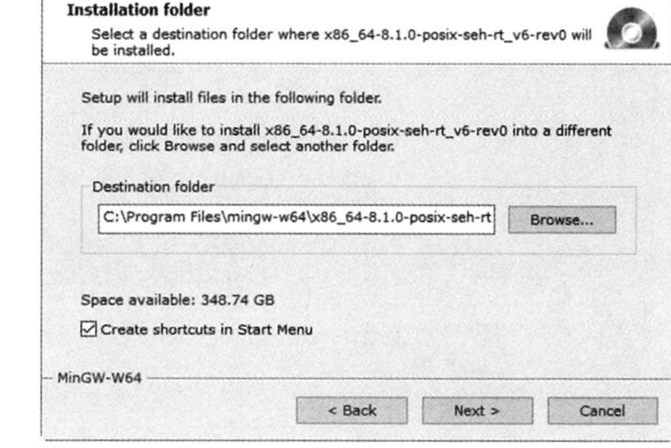

图 5-19　安装目录设置

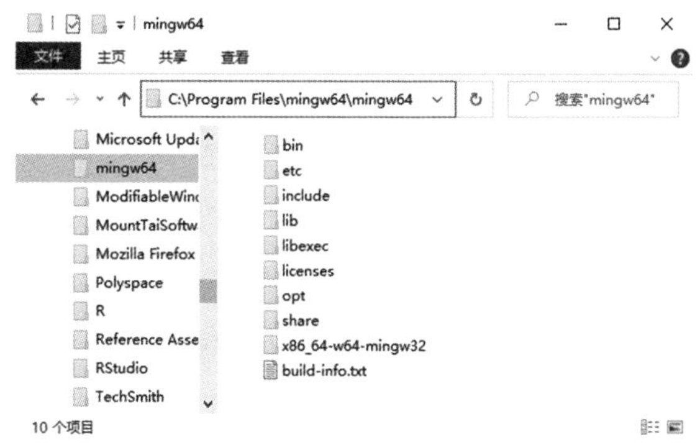

图 5-20　MinGW-W64 目录结构

右击“我的电脑”，在弹出菜单中选择“属性”；然后，进入“高级系统设置”；在“高级”选项卡中，单击“环境变量(N)…”，在弹出的“系统变量(S)”界面“编辑”路径“Path”，在其列表的最后一行添加路径“C:\Program Files\mingw64\mingw64\bin”。

现在，在目录 E:\ZYMaths\YongZhang\ZYCPrj 中编写 myhello.c 文件，如图 5-21 所示。

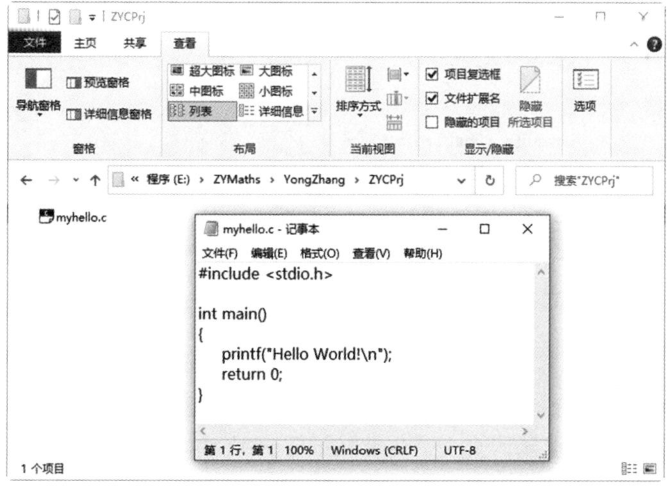

图 5-21　myhello.c 文件

打开“命令提示符”工作窗口，工作路径设为 E:\ZYMaths\YongZhang\ZYCPrj，如图 5-22 所示。

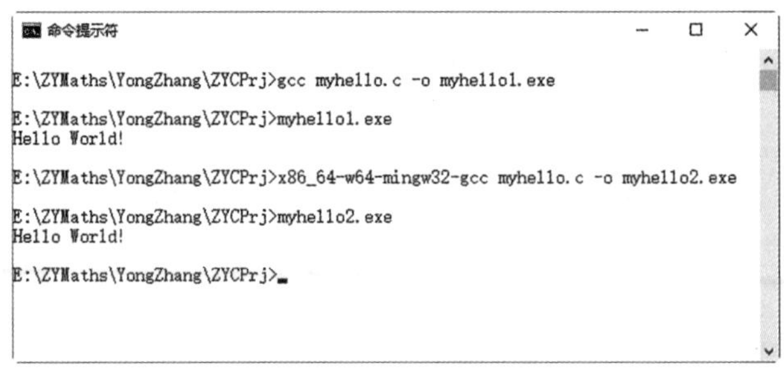

图 5-22　编译 myhello. c 并执行

在图 5-22 中，调用了 gcc 和 x86_64-w64-mingw32-gcc 编译了 myhello. c 文件，并分别生成了 myhello1. exe 和 myhello2. exe 文件。执行这两个可执行文件均显示“Hello World!”，说明 MinGW-W64 安装成功。

现在，在计算机 C 盘根目录下建立子目录 MinGW-w64，然后，将图 5-20 中所示内容复制到目录 C:\MinGW-w64 中。之后，编辑 C:\ProgramData\Mathematica\Kernel 目录下的 init. m 文件，设定其内容如下：

```
Needs["CCompilerDriver'GenericCCompiler'"];
$CCompiler = {"Compiler" -> GenericCCompiler, "CompilerInstallation" ->"C:/MinGW - w64", "
CompilerName" ->"x86_64 - w64 - mingw32 - gcc.exe"};
```

文件 init. m 在 Mathematica 启动时自动被调用，将编译器配置为 MinGW-w64。

在 Mathematica 软件中，新建笔记本 Y0513. nb，输入如图 5-23 所示的代码，在 Block 函数中指定编译目标为 C 语言可执行代码，即“$CompilationTarget = "C"”，可实现对 Compile 函数代码的编译。

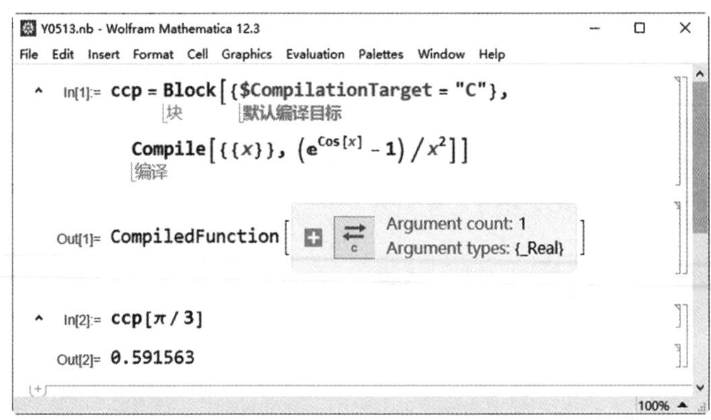

图 5-23　使用 MinGW-W64 编译 Block 模块

在图 5-23 中，Compile 函数有一个参数 x，该参数将用作自定义函数 ccp 的参数，如“In[2]”所示，执行结果如“Out[2]”所示。此外，在 Compile 模块中使用选项“CompilationTarget -> "C"”，可将 Wolfram 代码编译为 C 语言可执行代码，将在下一节中详细介绍 Compile 函数。

当编译包含了已编译模块的代码时，需要配置编译选项为“CompilationOptions ->{"InlineExternalDefinitions" -> True}”，如图 5-24 所示。

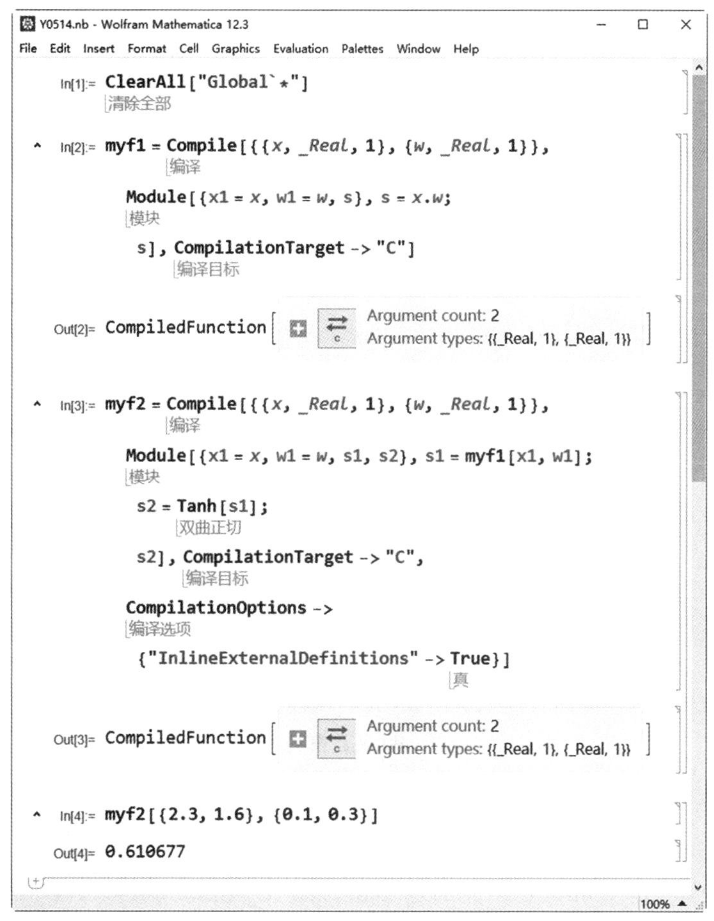

图 5-24 Compile 编译配置

在图 5-24 中“In[2]”所示的 myf1 函数中，使用选项“CompilationTarget->"C"”将其编译为 C 语言可执行代码；在“In[3]”所示的 myf2 函数中，调用了 myf1 函数，故使用了选项“CompilationOptions -> {"InlineExternalDefinitions" -> True}”。在“In[4]”中调用“myf2[{2.3,1.6},{0.1,0.3}]”得到执行结果 0.610677，如“Out[4]”所示。下一节将深入介绍 Compile 函数。

5.4.2 Compile 函数

Compile 函数用于生成编译执行的代码模块，以提高代码的执行效率。目前 Wolfram 语言仅支持整型、实型、复数类型和逻辑型的数据处理方式的代码的编译。由于 Wolfram 语言是函数式的语言，而自定义函数必将调用内置函数和其他的自定义函数，所以，自定义函数的代码编译实质上是将其调用的内置函数和其他的自定义函数在可执行代码的级别上建立了接口。通过这种方式提高编译后的自定义函数(即 Compile 函数)的代码执行效率。

Compile 函数的调用语法如下：

(1) Compile[{x1,x2,…}, 语句组]

这里的“{x1,x2,…}”为 Compile 函数定义的函数的参数，默认为实数类型，“语句组”可以为 Module 函数或 Block 函数，也可以为由分号“;”分隔的大量语句组成，如图 5-25 所示。

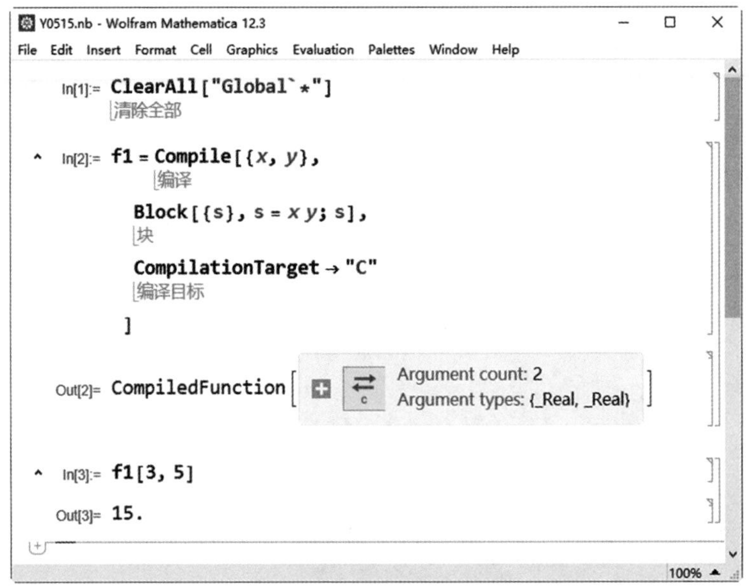

图 5-25 Compile 函数第一种语法实例

在图 5-25 的“In[2]”中，使用 Compile 函数定义了函数 f1，具有 x 和 y 两个参数，默认为实型参数。Compile 函数体由 Block 函数组成，这里 Block 函数实现了参数 x 与 y 相乘，积 s 作为返回值，也是 Compile 函数的返回值。而“CompilationTarget->"C"”为编译选项，如果省略该选项，相当于“CompilationTarget->"WVM"”，即编译为运行于 Wolfram 虚拟机上的机器代码。编译成功的函数如“Out[2]”所示，为“CompiledFunction”函数，显示的“Argument count: 2”表示具有 2 个参数，“Argument types: {_Real, _Real}”表示 2 个参数均为实数类型，单击“⊞”将显示更多的编译后的函数信息。

(2) Compile[{{x1, 类型}, {x2, 类型}, …}, 语句组]

这里的“{{x1, 类型}, {x2, 类型}, …}”为 Compile 函数定义的函数的参数及其类型声明，注意：这里的“类型”仅支持整型、实型、复数类型和逻辑型(True 或 False，逻辑型用“True|False”显式指定)。当这里的“类型”为整数、浮点数类型和复数类型时，分别用“_Integer”“_Real”和“_Complex”指定，表示为单个的数值参数。这里的“语句组”可以为 Module 函数或 Block 函数，也可以为由分号“;”分隔的任意多条语句。

在 Compile 函数中可以使用笔记本中定义的全局变量，但是一般情况下，不应在 Compile 函数中使用全局变量，而应全部使用局部变量，因此，Compile 函数体常由 Module 或 Block 函数组成。Compile 函数中也可以使用 With 函数，在使用 With 函数时需注意，With 函数并不能定义局部变量，只能其将定义的局部“变量”替换为“常量”或“函数”符号进行后续计算，With 函数用于 Compile 函数中，一般只用作函数替换使用。

Compile 函数的这种语法实例如图 5-26 所示。

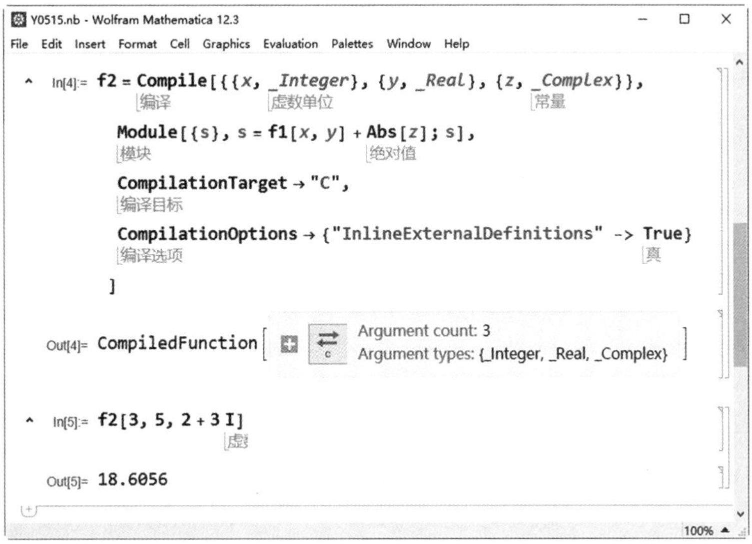

```
Y0515.nb - Wolfram Mathematica 12.3
File Edit Insert Format Cell Graphics Evaluation Palettes Window Help

In[4]:= f2 = Compile[{{x, _Integer}, {y, _Real}, {z, _Complex}},
          Module[{s}, s = f1[x, y] + Abs[z]; s],
          CompilationTarget → "C",
          CompilationOptions → {"InlineExternalDefinitions" -> True}
        ]

Out[4]= CompiledFunction[ Argument count: 3
                          Argument types: {_Integer, _Real, _Complex} ]

In[5]:= f2[3, 5, 2 + 3 I]

Out[5]= 18.6056
```

图 5-26　Compile 函数的第二种语法实例

在图 5-26 中,"In[4]"使用 Compile 函数定义了一个函数 f2,具有 x、y 和 z 三个参数,依次为整型、实型和复数类型的参数。在 Module 函数内部,使用了自定义函数 f1,然后,添加了选项"CompilationOptions->{"InlineExternalDefinitions" -> True}",表示本函数使用了编译了的自定义函数。自定义函数 f2 实现了 x * y+|z|的计算。在"In[5]"中调用了"f2[3,5,2+3I]",得到结果"18.6056",如"Out[5]"所示。

(3) Compile[{{x1, 类型, 维度}, {x2, 类型, 维度}, …}, 语句组]

Compile 函数的这种语法比第(2)种语法多了一个参数的"维度",如图 5-27 所示。

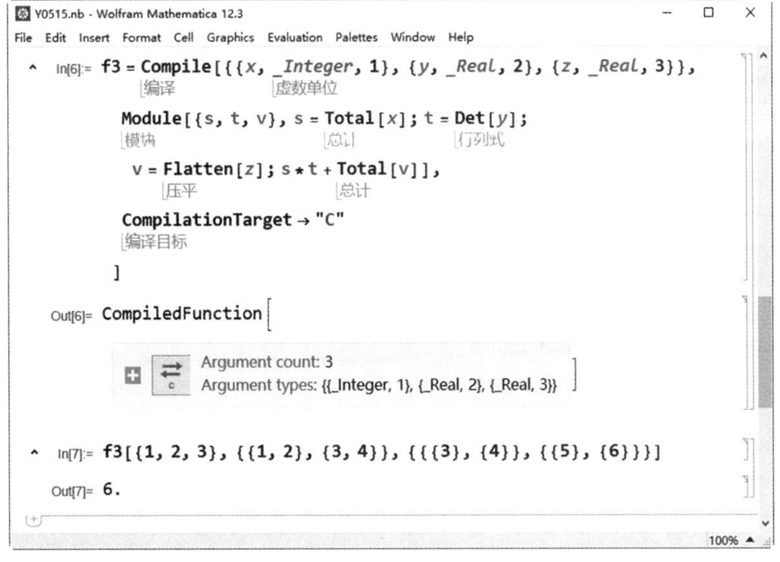

图 5-27　Compile 函数的第三种用法

在图 5-27 中,“In[6]”使用 Compile 函数的第(3)种语法定义了函数 f3,具有 x、y 和 z 三个参数,这里的参数 x 为一维列表,参数 y 为二维列表,参数 z 为三维列表。在 Module 函数内,“s=Total[x]”将列表 x 的元素之和赋给 s,“t=Det[y]”将二维列表 y(必须输入方阵)的行列式赋给 t,“v=Flatten[z]”将三维列表 z 压平为一维列表,赋给 v。“s * t+Total[v]”作为 Module 函数的返回结果,也是 Compile 函数的返回结果。在“In[7]”中,执行调用“f3[{1,2,3},{{1,2},{3,4}},{{{3},{4}},{{5},{6}}}]”,这里,第一个参数“{1,2,3}”为一维列表,第二个参数“{{1,2},{3,4}}”为一个二维列表,第三个参数“{{{3},{4}},{{5},{6}}}”为一个三维列表,计算结果为“6.”,如“Out[7]”所示。

5.4.3 Compile 模块实例

本节将介绍两个使用 Compile 函数实现的实例,其一为生成 Logistic 混沌序列,其二为使用 RC4 进行数据流加密与解密。

实例一　Logistic 混沌序列发生器

这里,使用的离散 Logistic 映射的形式为 xn+1=1-2,状态的取值范围为区间(-1,1),将状态序列转化为 0~255 的整数序列,程序如图 5-28 所示。

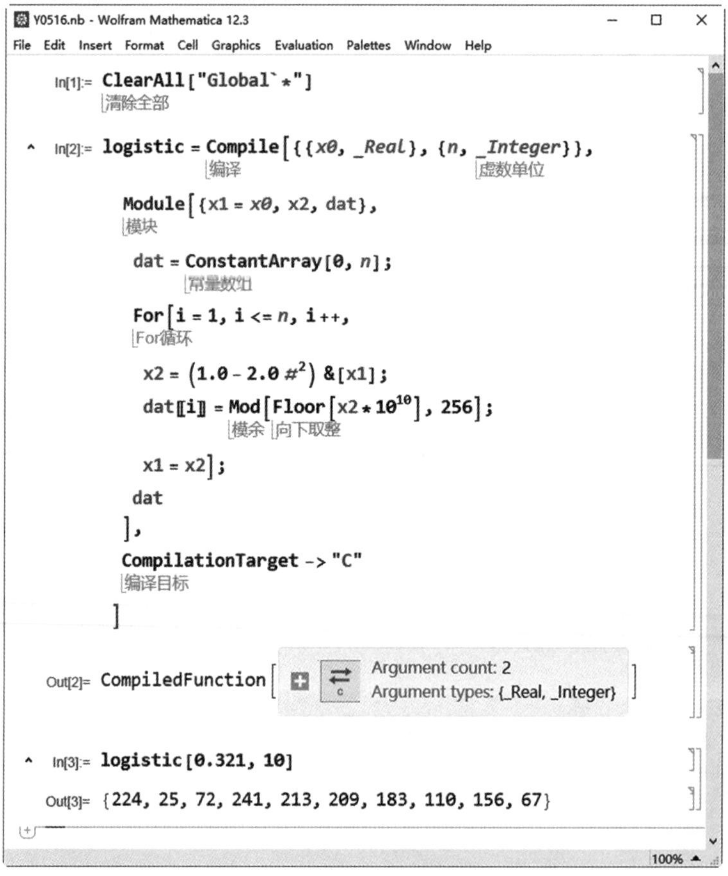
Y0516.nb - Wolfram Mathematica 12.3
File Edit Insert Format Cell Graphics Evaluation Palettes Window Help
In[1]:= ClearAll["Global`*"]
清除全部
In[2]:= logistic = Compile[{{x0, _Real}, {n, _Integer}},
编译
虚数单位
Module[{x1 = x0, x2, dat},
模块
dat = ConstantArray[0, n];
常量数组
For[i = 1, i <= n, i++,
For循环
x2 = (1.0 - 2.0 #^2) &[x1];
dat[[i]] = Mod[Floor[x2 * 10^10], 256];
模余
向下取整
x1 = x2];
dat
],
CompilationTarget -> "C"
编译目标
]
Out[2]= CompiledFunction[
Argument count: 2
Argument types: {_Real, _Integer}
]
In[3]:= logistic[0.321, 10]
Out[3]= {224, 25, 72, 241, 213, 209, 183, 110, 156, 67}
100%

图 5-28　Logistic 混沌序列发生器

在图 5-28 中，“In[2]”使用 Compile 函数定义了函数 logistic，具有两个参数 x0 和 n，分别表示 Logistic 映射的初值和生成的序列的长度，这里的“x0”和“n”在函数内部应视为常数，不能作为变量使用。在 Module 模块中，定义了局部变量 x1(赋初值 x0)、x2 和 dat，这里的“x1”和“x2”用于表示 Logistic 映射的两个状态，“dat”用于存储生成的伪随机序列。然后，“dat=ConstantArray[0,n]”将 dat 变量初始化为长度为 n 且元素值为 0 的一维列表。接着，在 For 循环中，循环变量 i 从 1 至 n，循环执行语句组“x2=(1.0-2.0#^2)&[x1]; dat[[i]]=Mod[Floor[x2*10^10], 256]; x1=x2”n 次，每次执行先由状态 x1 迭代得到状态 x2，然后，由状态 x2 得到序列的第 i 个值 dat[[i]]，再将 x2 赋给 x1 进行下一次迭代。这里的 Logistic 映射使用了纯函数的形式“(1.0-2.0#2)&”。

在“In[3]”中，调用了 logistic 自定义函数“logistic[0.321,10]”，设置初始值参数为 0.321，序列长度参数为 10，得到结果“{224,25,72,241,213,209,183,110,156,67}”，如“Out[3]”所示。

实例二　RC4 加密与解密数据流

RC4 密码，全称为“Rivest Cipher 4”，是一种典型的分组密钥，习惯上称之为流密码，因为 RC4 可用于互联网中的实时数据流传输。RC4 的密钥长度可为 1～256B，建议实际保密通信应用中使用 128 字节以上的密钥。

这里，设 **p** 表示明文，**k** 表示密钥，*c* 表示密文，均为基于字节的向量。RC4 加密过程如图 5-29 所示。

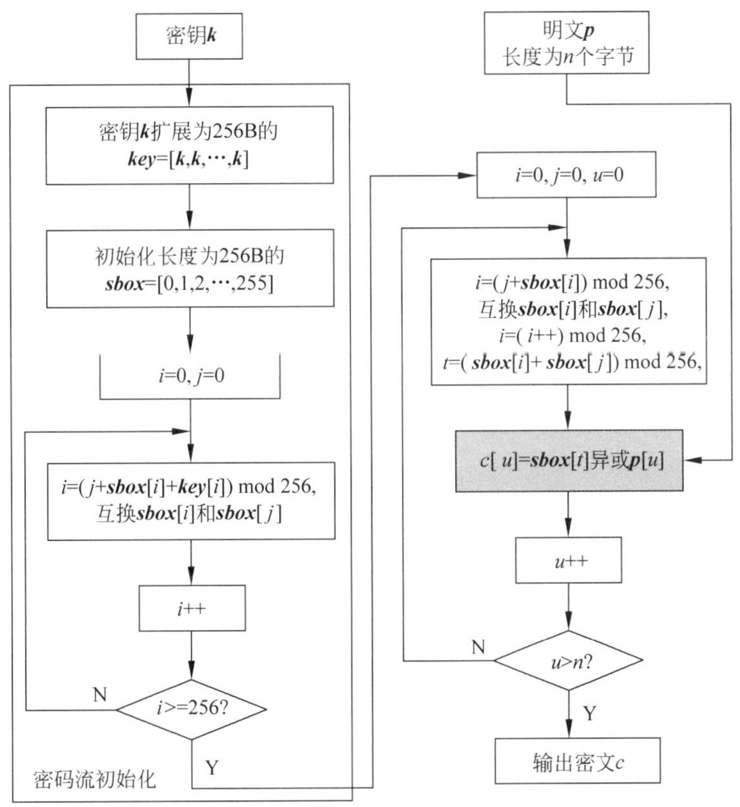

图 5-29　RC4 加密过程

结合图 5-29 可知，对于 RC4 加密过程，输入为密钥 $\boldsymbol{k}$ 和长度为 n 个字节的明文 $\boldsymbol{p}$，输出为长度为 n 个字节的密文 c。具体的加密步骤如下：

1. 密码流初始化

第 1 步：将密钥 $\boldsymbol{k}$ 扩展为长度为 256 字节的 $\boldsymbol{key}$。设密钥 $\boldsymbol{k}$ 的长度为 m 个字节，则

$$\boldsymbol{key}[i++]=\boldsymbol{k}[(i++) \bmod m],\ i=0,1,2,\cdots,255$$

第 2 步：初始化长度为 256 字节的数组 $\boldsymbol{sbox}$，即 $\boldsymbol{sbox}=[0,1,2,\cdots,255]$。

第 3 步：循环变量 i 从 0 至 255，循环执行以下两条语句：

① $j=(j+\boldsymbol{sbox}[i]+\boldsymbol{key}[i]) \bmod 256$；

② 互换 $\boldsymbol{sbox}[i]$与 $\boldsymbol{sbox}[j]$的值。

经过上述 3 步得到的 $\boldsymbol{sbox}$ 称为初始密码流。

2. 加密算法

已知明文 $\boldsymbol{p}$ 的长度为 n。初始化变量 $i=0$、$j=0$。变量 u 为 $0\sim n-1$，循环执行以下语句：

① $j=(j+\boldsymbol{sbox}[i]) \bmod 256$；

② 互换 $\boldsymbol{sbox}[i]$与 $\boldsymbol{sbox}[j]$的值；

③ $t=(\boldsymbol{sbox}[i]+\boldsymbol{sbox}[j]) \bmod 256$；

④ $i=(i++) \bmod 256$；

⑤ $\boldsymbol{c}[u]=\boldsymbol{sbox}[t]$ 异或 $\boldsymbol{p}[u]$。

最后得到的 $\boldsymbol{c}$ 即为密文。

需要注意的是，RC4 密码不是一次一密算法，使用 RC4 密码的通信双方在“密码流初始化”之后，将随着图 5-29 中循环变量 u 的增加持续加密过程。RC4 可能的不安全性在于密码流的重复(或循环再现)。因此，RC4 密码不宜长期使用，在使用一段时间(加密了足够长的数据)后，应借助于公钥技术替换 RC4 密码的密钥 $\boldsymbol{k}$。此外，RC4 不宜加密大量的重复性内容，这种情况下即使密码流是变化的，仍然有信息泄露的危险。

RC4 密码的解密过程与加密过程相似，但有两点不同：①输入为密钥 $\boldsymbol{k}$ 和密文 $\boldsymbol{c}$，输出为还原后的明文 $\boldsymbol{p}$；②图 5-29 中有灰色填充的方框中的内容由原来的“$\boldsymbol{c}[u]=\boldsymbol{sbox}[t]$ 异或 $\boldsymbol{p}[u]$”变为“$\boldsymbol{p}[u]=\boldsymbol{sbox}[t]$ 异或 $\boldsymbol{c}[u]$”。

借助于 Compile 函数实现的 RC4 密码(密钥为 $\boldsymbol{k}$、明文为 $\boldsymbol{p}$、密文为 $\boldsymbol{c}$)自定义函数如图 5-30 和图 5-31 所示。

在图 5-30 中，“In[2]”用 Compile 函数定义了函数 stream，该函数具有一个输入参数 k，表示密钥，为在 0～255 取值的整数序列(一维列表)，如“In[3]”所示。在“In[3]”使用了 20 个字节表示的整数序列作为密钥 k，即密钥 k 的长度为 160 比特。

回到图 5-30 的“In[2]”，在 Compile 函数内部的 Module 函数中，定义了局部变量 key 保存密钥 k 扩展至 256 字节后的密钥，用语句“key＝PadRight[k,256,k]”实现，这里的“PadRight”函数将密钥 k 向右填充为长度为 256 的列表，使用密钥 k 填充，相当于把密钥 k 循环扩展为长度为 256 的序列。Module 函数还定义了局变量 j，并初始化为 0；定义了局部变量 sbox，在“sbox＝Range[0,255]”，将 sbox 初始为列表{0, 1, …, 255}。在 For 循环

```
Y0517.nb - Wolfram Mathematica 12.3
File  Edit  Insert  Format  Cell  Graphics  Evaluation  Palettes  Window  Help

In[1]:= ClearAll["Global`*"]
        清除全部

In[2]:= stream = Compile[{{k, _Integer, 1}},
                 编译           虚数单位
          Module[{key, j = 0, sbox},
          模块
           key = PadRight[k, 256, k]; sbox = Range[0, 255];
                 右填充                      范围
           For[i = 1, i <= 256, i++, j = Mod[sbox[[i]] + key[[i]] + j, 256];
           For循环                        模余
            {sbox[[i]], sbox[[j + 1]]} = {sbox[[j + 1]], sbox[[i]]};];
           sbox], CompilationTarget → "C"
                  编译目标
         ]

Out[2]= CompiledFunction[ Argument count: 1
                          Argument types: {{_Integer, 1}} ]

In[3]:= k = {110, 110, 218, 136, 1, 54, 119, 10, 174, 198, 25, 79, 82,
          226, 99, 3, 171, 173, 49, 147};

In[4]:= (sbox = stream[k]) // Short
                              简短形式

Out[4]//Short=
        {113, 9, 185, 53, 73, <<246>>, 254, 116, 98, 242, 150}
```

图 5-30　密码流初始化

“For[i=1，i<=256，i++，j=Mod[sbox[[i]] + key[[i]] + j，256]；{sbox[[i]]，sbox[[j+1]]}={sbox[[j+1]]，sbox[[i]]}；]”中，根据密钥 key 的值，打乱 sbox 中各个元素的顺序。然后，sbox 作为 stream 函数的输出。

在图 5-30 中的“In[4]”中，输入密钥 k，由“(sbox=stream[k])//Short”得到加密用的 sbox，这里“Short”函数表示仅显示 sbox 的部分数据，sbox 为一个长度为 256 的列表，元素为 0～255 共 256 个整数的特定的乱序排列。

现在，由图 5-30 过渡到图 5-31。在图 5-31 中，由 Compile 函数定义了函数 rc4，具有两个参数，一个为表示明文序列的 p，另一个为表示密钥的 k。在 Module 函数内部，定义了 6 个局部变量，其中，i 和 j 均初始化为 0；n 存储明文序列的长度，即“n=Length[p]”；sbox 由密钥 k 经图 5-30 的函数 stream 得到，即“sbox=stream[k]”；c 保存密文，初始化为元素均为 0 的列表，即“c=ConstantArray[0，n]”，密文 c 的长度与明文 p 的长度相同。在 Table 函数中实现对明文序列 p 的加密，其中，u 为循环变量(1～n)，循环执行以下操作：

(1) j=Mod[j+sbox[[i+1]]，256]，根据 i 的值借助于 sbox 更新 j 的值；

(2) {sbox[[i+1]]，sbox[[j+1]]}={sbox[[j+1]]，sbox[[i+1]]}，交换 sbox 的第 i+1 个和第 j+1 个元素；

(3) t=Mod[sbox[[i+1]]+sbox[[j+1]]，256]，由 sbox 的第 i+1 个和第 j+1 个元素之和得到临时变量 t 的值；

(4) i=Mod[i+1，256]，更新 i 的值；

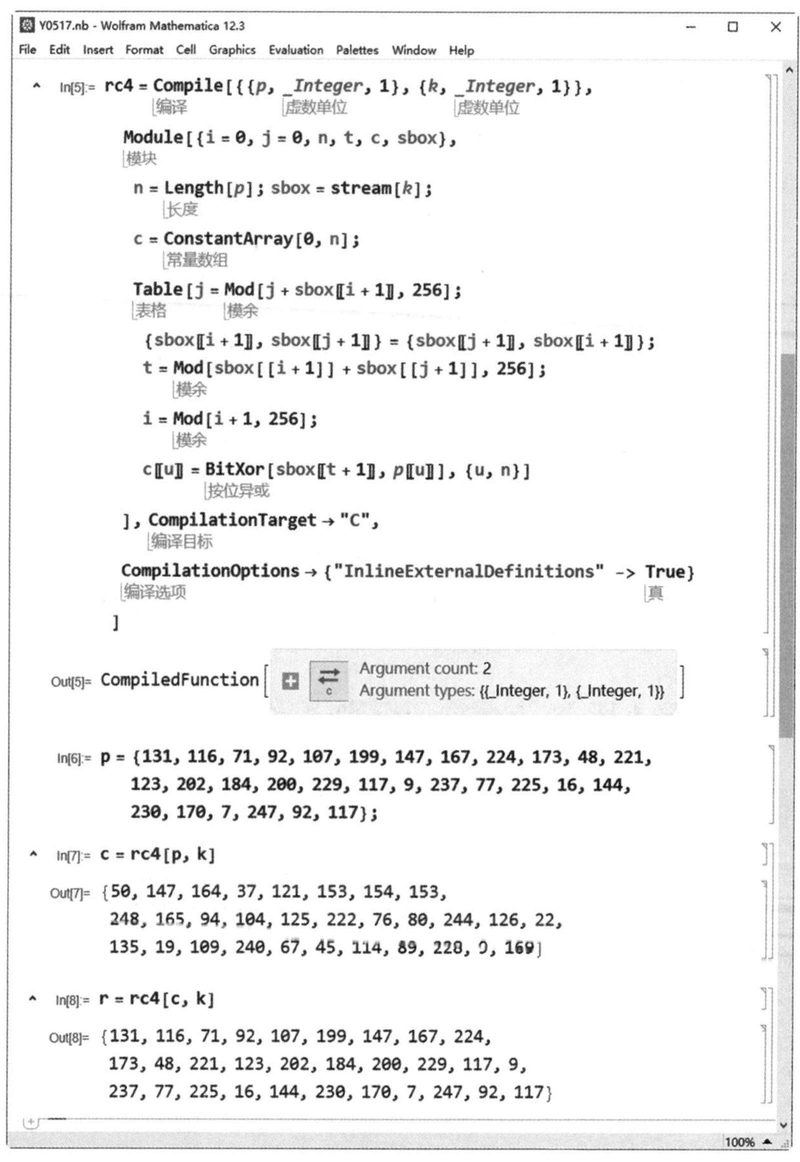

图 5-31　RC4 密码

(5) c[[u]]=BitXor[sbox[[t+1]], p[[u]]],由 sbox 的第 t+1 个元素与明文 p 的第 u 个元素相异或得到密文 c 的第 u 个元素。这些操作对应着 RC4 密码的加密过程。

最后,Table 函数的输出 c 为 Compile 函数的输出,c 即为加密后的密文。

回到图 5-30,密钥 k 为"{110, 110, 218, 136, 1, 54, 119, 10, 174, 198, 25, 79, 82, 226, 99, 3, 171, 173, 49, 147}",在图 5-31 中,明文序列 p 为"{131, 116, 71, 92, 107, 199, 147, 167, 224, 173, 48, 221, 123, 202, 184, 200, 229, 117, 9, 237, 77, 225, 16, 144, 230, 170, 7, 247, 92, 117}",如"In[6]"所示。在"In[7]"中调用"c=rc4[p,k]",使用密钥 k 对明文 p 进行加密,得到密文 c 为"{50, 147, 164, 37, 121, 153, 154, 153, 248, 165, 94, 104, 125, 222, 76, 80, 244, 126, 22, 135, 19, 109, 240, 67, 45, 114, 89, 228,

9, 169}”,如“Out[7]”所示。

在图 5-31 的“In[8]”中,调用“r=rc4[c,k]”,使用密钥 k 对刚生成的密文序列 c 进行解密,解密后的文本 r 为“{131, 116, 71, 92, 107, 199, 147, 167, 224, 173, 48, 221, 123, 202, 184, 200, 229, 117, 9, 237, 77, 225, 16, 144, 230, 170, 7, 247, 92, 117}”,如“Out[8]”所示,与原始的明文序列 p 完全相同。这是因为,上述 RC4 密码的加密函数和解密函数是相同的。

由于在图 5-31 的 rc4 函数中调用了 stream 函数,故使用了选项“CompilationOptions->{"InlineExternalDefinitions" -> True}”。

5.5 并行编程

对于复杂的算法,设计其并行计算处理算法是件非常困难的事情,需要考虑算法执行过程中可能出现的诸多因素。在 Wolfram 语言中,并行计算由 Wolfram 内置函数 Parallelize 管理,这是一个为并行计算高效分配算法资源的函数。内置函数放在 Parallelize 函数中,Wolfram 语言将自动进行并行化处理,以尽可能多的并行指令执行这些内置函数。

在 Mathematica 软件的笔记本中,选择菜单“Edit | Preferences…”,在弹出的窗口“Preferences”中选择选项卡“Parallel”,并在该页面选择“Local Kernels”页面,在这个页面可以设定执行并行计算的内核数。可设定的内核数受计算机的 CPU 内核总数以及 Mathematica 的版权限制,最多可支持 16 个并行内核。设定了并行内核个数后,下面介绍并行编程相关的内置函数,首先介绍并行计算函数 Parallelize 函数,然后介绍并行处理函数 ParallelTable、ParallelMap、ParallelDo、ParallellSum、ParallelProduct 和 ParallelArray 函数等。

5.5.1 并行计算函数

Parallelize 函数的语法为“Parallelize[语句组]”,自动使用并行计算方式计算“语句组”,Parallelize 有一个 Method 选项,常用的选项为“Method->"FinestGrained"”和“Method->"CoarsestGrained"”,分别表示将计算任务分成尽可能小的计算子单元(细粒度划分)和将计算任务按计算机并行内核的数量进行分隔(粗粒度划分)。

这里用 Parallelize 函数计算乘方 x^y,使用“平方—乘算法”。“平方—乘算法”实现乘方 x^y 的方法为:将 y 转化为二进制形式,例如 y 为 10101110b,则 x^y 为 $x^{10101110b}$。令 s=1,从 y 的二进制序列的最左边为 1 的位开始向右遍历,当某位为 1 时,s 的平方乘以 x 赋给 s,即 $s=s^2 \cdot x$;当某位为 0 时,s 的平方赋给 s,即 $s=s^2$。这一过程本质上由 y 的二进制序列构造 y 的十进制数的值,因此,“平方—乘算法”是正确的。

Parallelize 函数的典型实例如图 5-32 所示。

图 5-32 中,“In[2]”为实现“平方—乘算法”的自定义函数 sqmul,具有两个整型参数 x 和 y,计算 xy。在 Module 模块中,定义了两个局部变量 h 和 s,h 用于保存 y 的二进制数的各个数位,“h=IntegerDigits[y, 2]”;s 用于保存最后的结果,初始化为 1。Table 函数实现“平方—乘算法”,“Table[s=s2; If[t==1, s=s * x], {t, h}]”,循环变量 t 在列表 h 中取

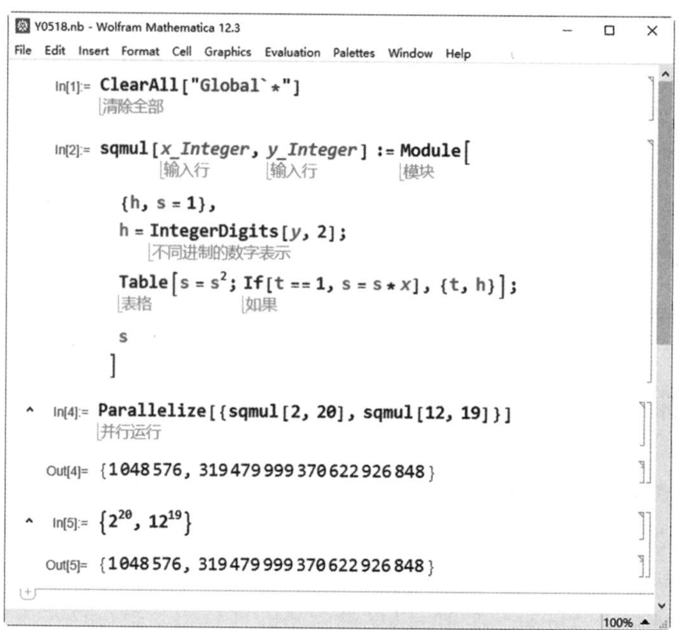

图 5-32 Parallelize 函数典型实例

值，当 t 为 0 时，s 的平方赋给 s；当 t 为 1 时，s 的平方乘以 x 赋给 s。最后，s 作为函数 sqmul 的返回值。在"In[4]"中将"{sqmul[2,20], sqmul[12,19]}"作为函数 Parallelize 的参数，执行结果如"Out[4]"所示。"In[5]"和"Out[5]"为 Wolfram 语言计算 2^{20} 和 12^{19} 的结果，以供参考对比。

需要注意的是，并非使用了并行计算函数后，计算任务的执行时间一定会大幅度减少。并行计算需要将原来的计算任务划分为可并行执行的计算子单元，并需要考虑各个计算子单元间的数据通信，对于并不复杂的运算任务而言，这些并行预处理工作花费的时间可能比计算任务本身的执行时间更长。并行计算主要应用于非常复杂和耗时的计算任务中。

5.5.2 并行处理函数

并行处理函数都有对应的单线程函数，例如，ParallelTable 函数与单线程函数 Table 函数对应，其语法也类似；ParallelMap 函数与单线程函数 Map 对应，其语法也类似。但是并行处理函数将其中的变量局部化，如果读取其中的变量，必须使用 SetSharedVariable 函数使这些变量全局化。

这里主要介绍常用的并行处理函数，其中，图 5-33 演示了 ParallelTable 和 ParallelDo 函数的典型用法。

在图 5-33 中，"In[2]"调用 Table 函数"Table[Pause[1];i^2,{i,4}]//AbsoluteTiming"并统计其执行的时间，这里"Pause[1]"为延时 1 秒，由于 Table 函数是单线程顺序执行语句组"Pause[1]; i^2"4 次(循环变量 i 为 1～4)，故运行时间至少为 4 秒，结果"Out[2]"显示运行时间为 4.06139 秒。而"In[4]"调用并行处理函数 ParallelTable 函数"ParallelTable[Pause[1];

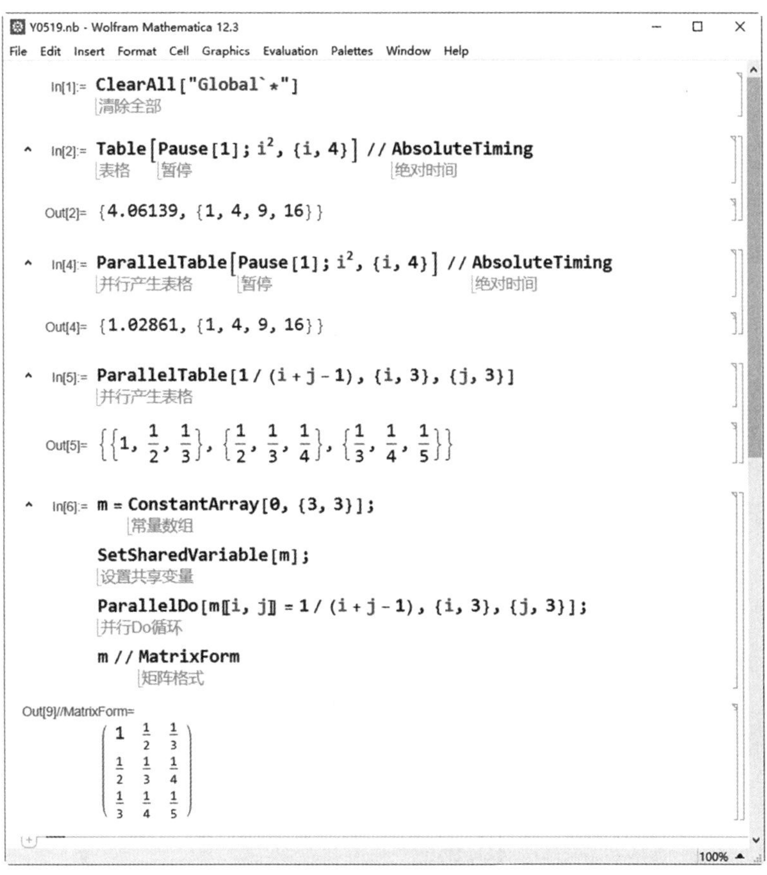

图 5-33 并行处理函数 ParallelTable 和 ParallelDo

i^2, {i,4}]//AbsoluteTiming”，这里并行执行语句组“Pause[1]; i^2”，执行时间如“Out[4]”所示，为 1.02861 秒。除了将变量局部化外，ParallelTable 与 Table 的作用相同，在“In[5]”中，“ParallelTable[1/(i+j−1),{i,3},{j,3}]”计算了 3 阶 Hilbert 矩阵，如“Out[5]”所示。

在图 5-33 中，“In[6]”定义了全局变量 m，为 3×3 的全 0 矩阵；然后，调用函数“SetSharedVariable[m]”将 m 设为并行处理共享变量，接着，调用并行处理函数 ParallelDo 函数“ParallelDo[m[[i,j]]=1/(i+j−1),{i,3},{j,3}]”计算 3 阶 Hilbert 矩阵，最后，以矩阵形式输出 m，如“Out[9]”所示。

使用并行处理函数时需要注意，如果程序本身是顺序执行的方式设计的，即前面语句组的执行结果将影响其后的语句组，此时使用并行处理函数可能得不到正确的结果，如图 5-34 所示。

在图 5-34 中，“In[6]”拟使用并行 ParallelTable 函数计算 $1^2+2^2+\cdots+10^2$，但是这个函数对于每个循环变量 i 的取值作并行处理，最后得到的结果 s 为 i=10 和 s 初始值为 0 的情况下的值，即 100，如“Out[9]”所示。这不是设计的算法的正确结果。这时应使用“In[10]”的并行求和函数 ParallelSum，即“ParallelSum[i^2,{i,10}]”，计算结果为 385，如“Out[10]”所示。此外，Wolfram 语言还有并行乘法函数 ParallelProduct，在“In[11]”中计算了 10 的阶乘，即“ParallelProduct[i,{i,10}]”，结果为 3628800，如“Out[11]”所示。

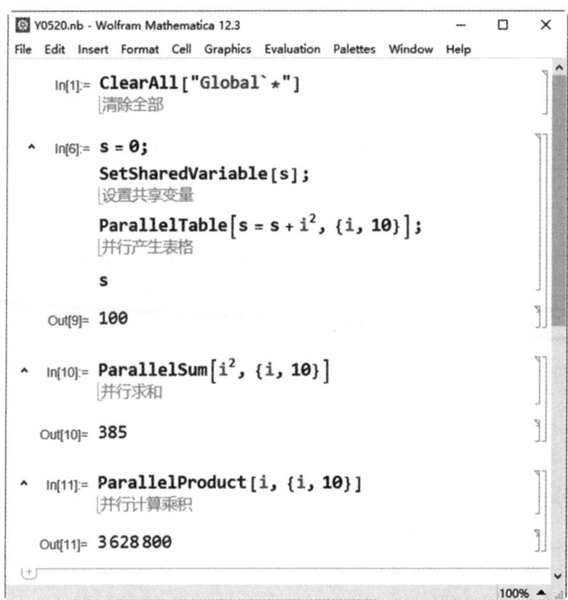

图 5-34　并行处理函数的注意事项

最后需要介绍的三个常用并行处理函数为 ParallelMap、ParallelArray 和 ParallelEvaluate，如图 5-35 所示。

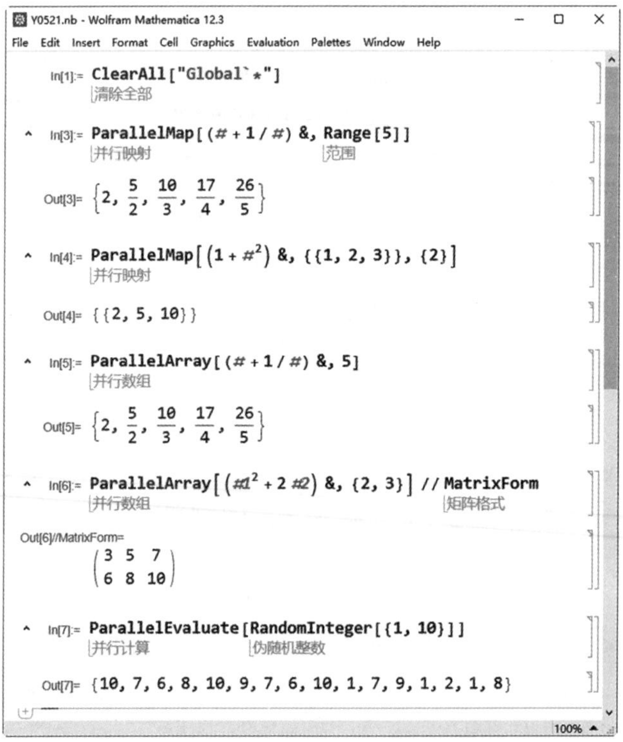

图 5-35　并行处理函数 ParallelMap、ParallelArray 和 ParallelEvaluate

在图 5-35 中,“In[3]”使用平行处理函数 ParallelMap 将纯函数“(#+1/#)&”作用于列表“Range[5]”(即“{1,2,3,4,5}”上,得到结果如“Out[3]”所示。ParallelMap 函数是 Map 函数的并行版本,同样可以作用于列表的不同层上,例如“In[4]”中,ParallelMap 函数将纯函数“(1+#^{2})&”作用于列表“{{1,2,3}}”第 2 层上的各个元素上,得到结果如“Out[4]”所示。

ParallelArray 函数是 Array 函数的并行版本,图 5-35 中的“In[5]”使用 ParallelArray 函数将纯函数“(#+1/#)&”作用于{1,2,3,4,5}上,输出结果如“Out[5]”所示,与“In[3]”的计算结果相同。“In[6]”使用 ParallelArray 函数将纯函数“(#1^2+2#2)&”作用于{i,j}上,这里 i={1,2},j={1,2,3},得到二维列表如“Out[6]”所示。

ParallelEvaluate 函数是单线程 Evaluate 函数的并行版本,“ParallelEvaluate[表达式]”将使用所有的并行内核计算“表达式”的值,而且各个内核之间互不相关。在图 5-35 的“In[7]”中,“ParallelEvaluate[RandomInteger[{1,10}]]”使用所有的并行内核执行函数“RandomInteger[1, 10]”得到 1～10 的伪随机整数,如“Out[7]”所示,这里共 16 个内核,得到一个长度为 16 的伪随机整数列表。

本章小结

Wolfram 语言有 6000 多个内置函数,涵盖了数学、物理、化学、生物和计算机科学等众多领域的常用计算方法,熟练掌握并灵活应用这些内置函数是精通 Mathematica 软件的关键,而有效地组织内置函数的方法是借助于模块编程技术。本章详细介绍了 Wolfram 语言的四种模块化编程方法,即 Module 模块、Block 模块、With 模块和 Compile 模块。Module 模块可以定义局部变量并为局部变量赋初值,并可以组织任意多的内置函数共同完成特定的计算功能,是最常用的模块化编程手段。与 Module 模块类似,Block 模块也可以定义局部变量并为局部变量赋初值,但是 Block 模块还可以将全局变量的值局部化,即给全局变量赋予新的值,并使这个值的作用域为整个 Block 模块,而 Block 模块外部,全局变量的值不受影响。一般地,认为 Block 模块可以替代 Module 模块,也就是说,所有的 Module 函数均可以直接变换为 Block 函数,其计算结果仍然正确且执行效率更高。Compile 函数是针对数值计算的情况下,将 Wolfram 语言函数编译为机器代码以提高算法的执行效率。这种优化本质上为 Compile 函数中使用的内置函数提供了机器代码级别的接口,可以使用 Wolfram 语言自带的编译器生成 Wolfram 语言虚拟机上执行的机器代码,也可以借助于外部编译器(如 Visual Studio 或 MinGW64)等对 Compile 函数进行编译优化。有时需要对比两个算法的运算速度,此时,借助于单线程的 Compile 模块可以相对公平地评测算法速度性能。

第6章 字符串与数据集

字符串是 Wolfram 语言的原子数据类型,以双引号括起来的任意文本(含数字和特别符号)均为字符串,Wolfram 语言集成了大量基于字符串的内置函数,例如,合并字符串、读取字符串的子串、统计字符串中的字符个数等。本章将详细介绍 Wolfram 语言中字符串的各种处理方法,本章的另一部分内容将介绍数据集。数据集是 Wolfram 语言处理结构化数据的一种方式,借助于关联和内置函数 Dataset 实现,数据集包含了结构化数据的存储和处理方法。

6.1 字符串

在 Wolfram 语言中,由双引号括起来的一串文本(含数字和符号)称为字符串,字符串是原子数据类型,列表操作函数无法作用于字符串。字符串的定义和判定如图 6-1 所示。

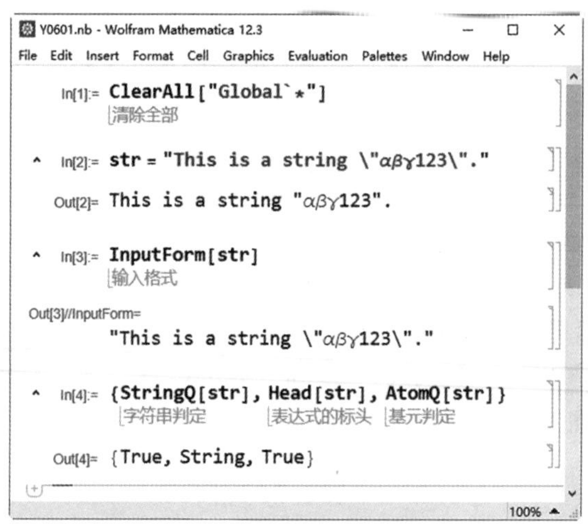

图 6-1 字符串的定义与判定

在图 6-1 中,“In[2]”定义了字符串“This is a string\"αβγ123\".”,这里,“\"”是字符串中包括双引号的方法,称为转义字符;“α”由“Esc+a+Esc”键输入,“β”由“Esc+b+Esc”键输入,“γ”由“Esc+g+Esc”键输入。字符串在输出中未带有双引号,如“Out[2]”所示,

“In[3]”中调用 InputForm 函数显示 str 的完整输入形式，如“Out[3]”所示，带有双引号。在“In[4]”中，函数 StringQ 用于判定输入的表达式是否为字符串，函数 Head 返回表达式的标头，函数 AtomQ 用于判定表达式是否为原子类型，这里“{StringQ[str], Head[str], AtomQ[str]}”返回“{True, String, True}”，如“Out[4]”所示。

6.1.1 字符串合并与拆分

尽管列表操作函数无法作用于字符串中的字符，但是 Wolfram 语言内置了大量操作字符串中字符的函数，这些函数对字符串的操作类似于列表操作函数对列表元素的操作。本节将介绍字符串的合并与拆分函数，后续内容介绍与字符串操作相关的其他函数。

将多个字符串合并为一个字符串的函数主要有两个：其一为 StringJoin，其语法为：StringJoin[字符串 1, 字符串 2, …]或 StringJoin[{字符串 1, 字符串 2, …}]，或者使用操作符“<>”，即“字符串 1 <>字符串 2 <>…”的含义也是连接多个字符串。其二为 StringRiffle，其语法为：

(1) StringRiffle[字符串列表]，将“字符串列表”中的字符串连接为一个新的字符串，各个字符串之间用空格分隔。

(2) StringRiffle[字符串列表, 分隔符]，将“字符串列表”中的字符串连接为一个新的字符串，各个字符串之间用指定的“分隔符”分隔。

(3) StringRiffle[字符串列表, {句首字符串, 分隔符, 句尾字符串}]，该语法与上述第(2)个语法类似，只是将“句首字符串”添加到连接后的字符串开头，而将“句尾字符串”添加到连接后的字符串末尾。

(4) StringRiffle[两层结构的字符串列表]，将“两层结构的字符串列表”连接为一个新的字符串，各个子列表间以回车换行分隔，子列表的字符串间以空格分隔。

(5) StringRiffle[多层字符串列表, 分隔符 1, 分隔符 2, …]，将“多层字符串列表”连接为一个新的字符串，使用“分隔符 1”分隔第 1 层的子列表，使用“分隔符 2”分隔第 2 层的子列表，以此类推。

上述两个函数用法实例如图 6-2 所示。

在图 6-2 中，“In[2]”定义了全局变量 str、str1、str2、str3 和 str4，其中，str 为“{"Some", "birds","are","singing. "}”，str1 为“"Some"”，str2 为“"birds"”，str3 为“"are"”，str4 为“"singing. "”。在“In[3]”中，“StringJoin[str1, str2, str3, str4]”将 str1、st2、str3 和 str4 合并为一个新的字符串“Somebirdsaresinging. ”，如“Out[3]”所示。“In[4]”执行了“In[3]”相同的功能，由“In[4]”的“StringJoin[{str1, {str2, {str3}}, str4}]”可知，StringJoin 函数将不关心字符串列表的层数，而是将所有层的字符串直接合并，如“Out[4]”所示。

在图 6-2 中，“In[5]”的“StringRiffle[{str1, str2, str3, str4}]”将这四个字符串连接为一个新的字符串，并使用空格分隔各个字符串，“Some birds are singing. ”，如“Out[5]”所示。“In[6]”中“StringRiffle[{str1, str2, str3, str4},{"Look! ", " ", " Terrific!"}]”将这四个字符串连接为一个新的字符串，使用空格分隔各个字符串，并在字符串头添加“Look!”、字符串尾添加“Terrific!”，如“Out[6]”所示。“In[7]”中“StringRiffle[{str, str}," Look! "," "]”连接两个同名的子列表 str，两者之间用“Look!”连接，子列表 str 内部的字符串间用空格连接，得到一个新的字符串“Some birds are singing. Look! Some birds

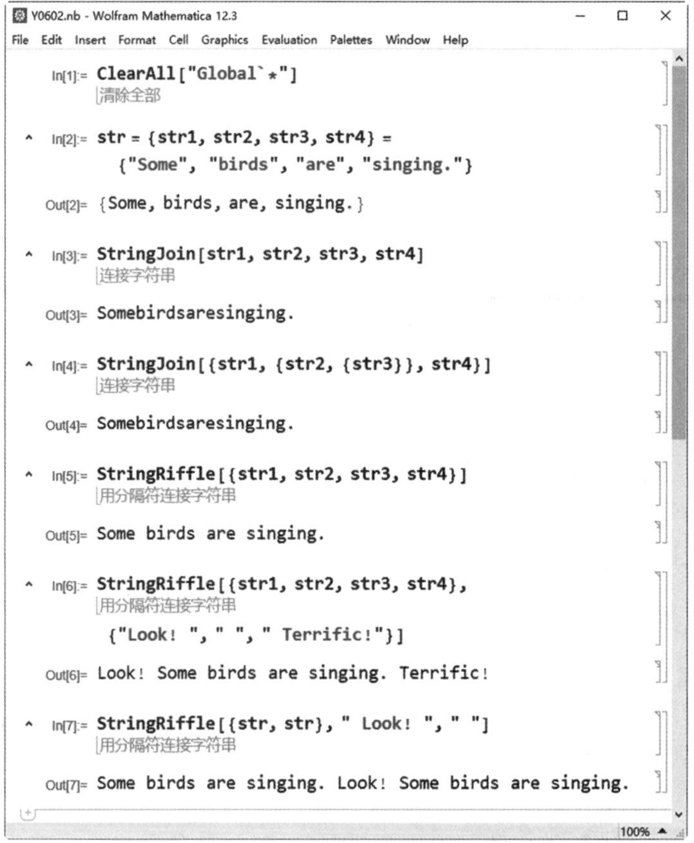

图 6-2　字符串合并实例

are singing. ”,如“Out[7]”所示。

与函数 StringJoin 和 StringRiffle 作用相反的两个函数为 StringPartition 和 StringSplit。其中,函数 StringPartition 的语法如下:

(1) StringPartition[字符串, n],将“字符串”拆分为长度为 n 的字符串列表,若最后一个字符串的字符个数不够 n 个,则该字符串丢弃。

(2) StringParition[字符串, n, k],将“字符串”拆分为长度为 n 的字符串列表,相邻字符串错开(或偏移)k 个字符,若最后一个字符串的字符个数不够 n 个,则该字符串丢弃。

在上述两个语法中,可以使用 UpTo[n]替换 n,这种情况下,最后一个字符串无论长度是否为 n,均保留。

StringSplit 函数的语法如下:

(1) StringSplit[字符串],以“字符串”中的空格为分隔符,将“字符串”分隔为一个字符串列表。

(2) StringSplit[字符串, 分隔符],以“字符串”中与指定的“分隔符”相匹配的字符为分隔符,将“字符串”分隔为一个字符串列表。

(3) StringSplit[字符串, {分隔符 1, 分隔符 2, …}],以指定的多个分隔符对“字符串”进行分隔,得到一个字符串列表。

(4) StringSplit[字符串, 分隔符->值],以指定的"分隔符"对"字符串"进行分隔,得到一个新的字符串列表,在字符串列表中(对应于"分隔符"的位置)插入"值"。例如,"StringSplit["Some birds", " "-> 1]"将得到"{Some, 1, birds}"。

(5) StringSplit[字符串, {分隔符 1->值 1, 分隔符 2->值 2, …}],以指定的多个分隔符对"字符串"进行分隔,对应于"分隔符 1"的位置插入"值 1",对应于"分隔符 2"的位置插入"值 2",以此类推。

(6) StringSplit[字符串, 分隔符, n],以指定的"分隔符"分隔字符串,至多分出 n 个子串(即如果能分出越过 n 个子串,则分出 n-1 个子串后,第 n 个子串不再分隔)。例如,"StringSplit["Some birds are singing", " ", 2]"将得到"{Some, birds are singing}",这里得到包括 2 个字符串的列表。

(7) StringSplit[{字符串 1, 字符串 2, …}, 分隔符],以指定的"分隔符"分别分隔多个"字符串",得到一个两层的字符串列表。

StringSplit 函数可以使用选项"IgnoreCase-> True",表示忽略大小写,还可以使用正则表达式进行模式匹配。

StringPartition 和 StringSplit 函数的典型实例如图 6-3 所示。

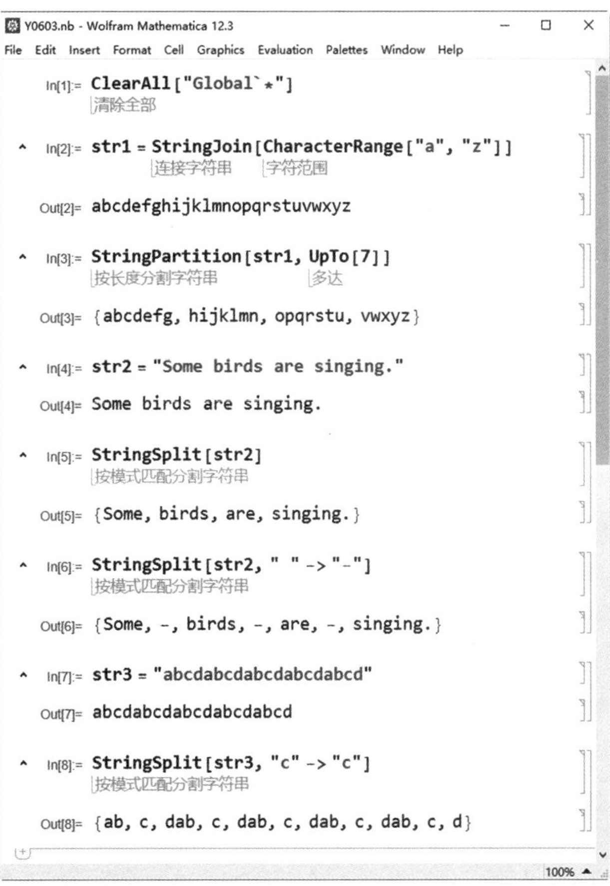

图 6-3 StringPartition 和 StringSplit 函数典型实例

在图 6-3 中，"In[2]"定义了全局变量 str1，赋值为 26 个英文字母组成的字符串"abcdefghijk lmnopqrstuvwxyz"，如"Out[2]"所示，这里的"CharacterRange["a", "z"]"生成"a"到"z"的字符(串)列表，然后，调用 StringJoin 将其合并为一个字符串。在"In[3]"中，"StringPartition[str1, UpTo[7]]"将 str1 字符串分隔为至多 7 个字符一组的字符串列表"{abcdefg, hijklmn, opqrstu, vwxyz}"，如"Out[3]"所示。"In[4]"输入字符串 str2 为"Some birds are singing."，"In[5]"中"StringSplit[str2]"以空格为界将 str2 分隔为一个字符串列表"{Some, birds, are, singing.}"，如"Out[5]"所示。"In[6]"中语句"StringSplit[str2, " "->"-"]"以空格为界将 str2 分隔为一个字符串列表，并在对应空格的列表处添加"-"，得到"{Some, -, birds, -, are, -, singing.}"，如"Out[6]"所示。"In[7]"定义了全局字符串变量 str3 为"abcdabcdabcdabcdabcd"，"In[8]"中语句"StringSplit[str3, "c"->"c"]"以字符串 str3 中的字符"c"为分隔符，将字符串 str3 分隔为字符串列表，并在对应于"c"的列表位置上插入"c"，得到"{ab,c,dab,c,dab,c,dab,c,dab,c,d}"，如"Out[8]"所示。

字符串字符的提取、删除和插入使用函数 StringTake、StringDrop 和 StringInsert 实现，这些函数的语法如表 6-1 所示。表 6-1 也列出了 StringLength、StringCount 函数的语法。

表 6-1　StringTake、StringDrop 和 StringInsert 等函数的语法

序号	语　法	作　用
1	StringTake[字符串, n]	提取"字符串"的前 n 个字符，组成一个新的字符串
2	StringTake[字符串, -n]	提取"字符串"的后 n 个字符，组成一个新的字符串
3	StringTake[字符串, {n}]	提取"字符串"的第 n 个字符
4	StringTake[字符串, {m, n}]	提取"字符串"的第 m～第 n 个字符，组成一个新的字符串
5	StringTake[字符串, {{m1, n1}, {m2, n2},…}]	生成一个字符串列表，第一个子列表为"字符串"的第 m1～第 n1 个字符组成的新字符串，第二个子列表为"字符串"的第 m2～第 n2 个字符组成的新字符串，以此类推
6	StringTake[字符串列表, 提取位置]	按指定的"提取位置"对"字符串列表"进行字符提取操作，得到一个新的字符串列表
7	StringDrop[字符串, n]	删除"字符串"的前 n 个字符，得到一个新的字符串
8	StringDrop[字符串, -n]	删除"字符串"的后 n 个字符，得到一个新的字符串
9	StringDrop[字符串, {n}]	删除"字符串"的第 n 个字符，得到一个新的字符串
10	StringDrop[字符串, {m, n}]	删除"字符串"的第 m～第 n 个字符，得到一个新的字符串
11	StringDrop[字符串列表, 删除位置]	按指定的"删除位置"对"字符串列表"进行字符串删除操作，得到一个新的字符串列表
12	StringInsert[字符串 1, 字符串 2, n]	将"字符串 2"插入到"字符串 1"的第 n 个位置，得到一个新的字符串

续表

序号	语 法	作 用
13	StringInsert[字符串 1，字符串 2，－n]	将“字符串 2”插入到“字符串 1”的倒数第 n 个位置，得到一个新的字符串
14	StringInsert[字符串 1，字符串 2，{n1，n2，…}]	将“字符串 2”插入到“字符串 1”的第 n1、n2 等位置处，得到一个新的字符串
15	StringInsert[字符串列表，字符串，n}]	将“字符串”插入到“字符串列表”的各个子列表的字符串的第 n 个位置处，得到一个新的字符串列表
16	StringLength[字符串]	返回字符串的长度，即字符串中字符的总个数
17	StringCount[字符串，字符或子字符串]	返回“字符或子字符串”在“字符串”中出现的次数
18	StringCount[字符串，模式]	返回与“模式”相匹配的子字符串在“字符串”中出现的次数

图 6-4 展示了表 6-1 中的各个函数的典型实例。

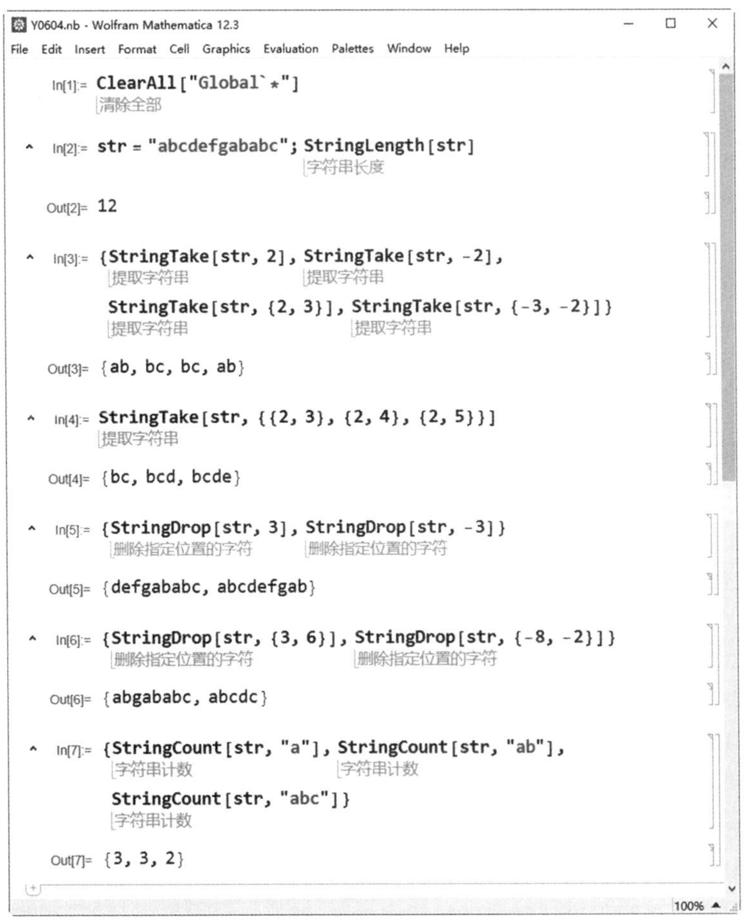

图 6-4　字符串中字符的提取与删除操作

在图 6-4 中，“In[2]”定义了字符串 str 为“abcdefgababc”，借助语句“StringLength[str]”获取了字符串 str 的长度为 12。“In[3]”中，“{StringTake[str,2], StringTake[str,-2], StringTake[str,{2,3}], StringTake[str,{-3,-2}]}”依次获取字符串 str 中前 2 个字符、后 2 个字符、第 2~3 个字符和倒数第 3~2 个字符组成的字符串，为“{ab, bc, bc, ab}”，如“Out[3]”所示。在“In[4]”中，“StringTake[str,{{2,3},{2,4},{2,5}}]”依次获取字符串 str 的第 2~3 个字符、第 2~4 个字符和第 2~5 个字符组成的字符串列表，为“{bc, bcd, bcde}”，如“Out[4]”所示。

在图 6-4 的“In[5]”中，“{StringDrop[str,3], StringDrop[str,-3]}”中的两个表达式分别删除字符串 str 的前 3 个字符和后 3 个字符，得到剩下的字符串组成的列表“{defgababc, abcdefgab}”，如“Out[5]”所示。在“Out[6]”中，“{StringDrop[str,{3,6}], StringDrop[str,{-8,-2}]}”中的两个表达式分别删除字符串 str 中的第 3~6 个字符和倒数第 8~2 个字符，之后，得到两个新的字符串组成一个列表“{abgababc, abcdc}”，如“Out[6]”所示。在“In[7]”中，“{StringCount[str,"a"], StringCount[str,"ab"], StringCount[str,"abc"]}”中的三个表达式分别统计了字符串 str 中“a”、“ab”和“abc”的个数，为“{3, 3, 2}”，如“Out[7]”所示。

6.1.2 字符串替换操作

字符串替换函数主要包括 StringReplacePart、StringReplace 和 StringReplaceList。下面介绍这三种函数的语法，其中 StringReplacePart 函数的语法如下：

(1) StringReplacePart[字符串 1, 字符串 2, {m, n}]，将“字符串 1”中第 m~n 个字符替换为“字符串 2”。

(2) StringReplacePart[字符串 1, 字符串 2, {{m1, n2}, {m2,n2}, …}]，将“字符串 1”中指定的多个位置(第 m1~n1 个位置，第 m2~n2 个位置，等等)替换为“字符串 2”。

(3) StringReplacePart[字符串, {字符串 1, 字符串 2, …}, {{m1, n1}, {m2, n2}, …}]，将“字符串”中第 m1~n1 个位置的字符替换为“字符串 1”，将其第 m2~n2 个位置的字符替换为“字符串 2”，以此类推。

StringReplace 函数的语法如下：

(1) StringReplace[字符串, 字符串 1->字符串 2]，将“字符串”中出现的“字符串 1”全部替换为“字符串 2”，按从左向右的方式进行替换，这里的“字符串 1->字符串 2”称为替换规则。

(2) StringReplace[字符串, {字符串 1->新字符串 1, 字符串 2->新字符串 2, …}]，按给定的多个替换规则，替换“字符串”中与替换规则相匹配的子串。

(3) StringReplace[字符串, 替换规则, n]，按给定的“替换规则”，替换“字符串”中与替换规则相匹配的前 n 个子串。

(4) StringReplace[字符串列表, 替换规则]，按给定的“替换规则”，对“字符串列表”中各个子列表的字符串进行替换操作。

StringReplaceList 函数的语法如下：

(1) StringReplaceList[字符串, 替换规则]，按给定的“替换规则”，对“字符串”中的每个匹配生成一个新的字符串，然后，将这些字符串组合为一个列表。

（2）StringReplaceList[字符串，替换规则，n]，按给定的“替换规则”，对“字符串”中的前 n 个匹配的每个匹配生成一个新的字符串，然后，将这些字符串组合为一个列表。

图 6-5 为 StringReplacePart 函数的典型实例，图 6-6 为函数 StringReplace 和 StringReplaceList 的典型实例。

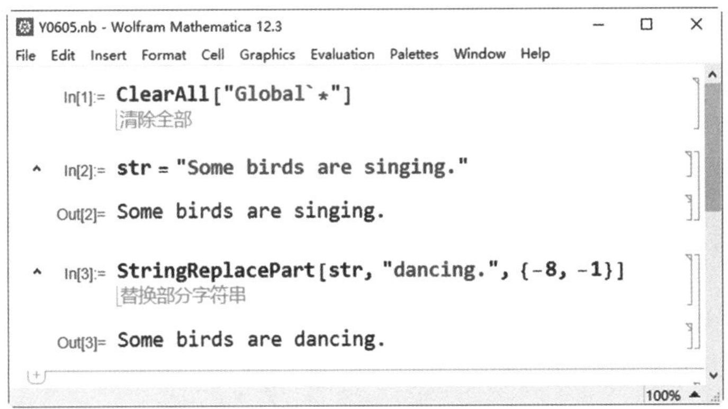

图 6-5　StringReplacePart 函数实例

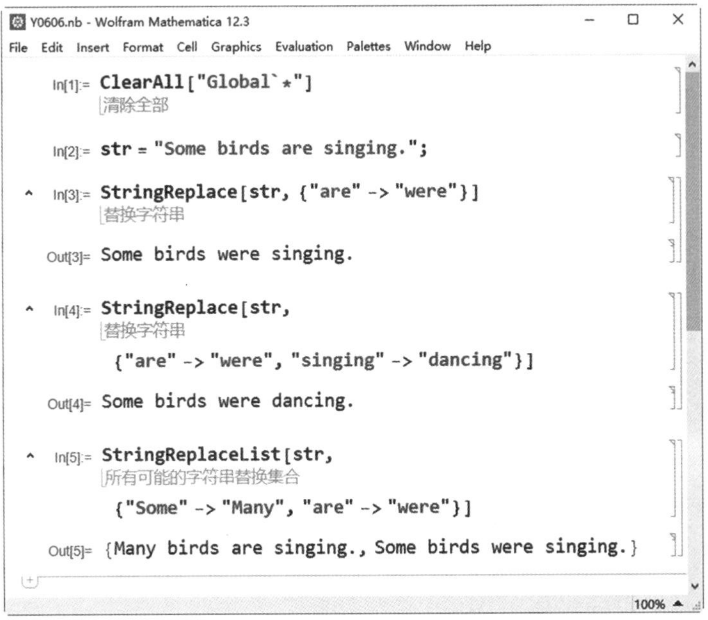

图 6-6　StringReplace 和 StringReplaceList 函数实例

在图 6-5 中，“In[2]”定义了字符串 str 为“Some birds are singing.”，“In[3]”中语句“StringReplacePart[str,"dancing.",{−8,−1}]”将字符串 str 的倒数第 8～1 个字符（即“singing.”）替换为“dancing.”，得到“Some birds are dancing.”。

在图 6-6 中，“In[2]”定义了字符串 str 为“Some birds are singing.”。“In[3]”中语句“StringReplace[str,{"are"−>"were"}]”将字符串 str 中的“are”替换为“were”，得到“Some birds were singing.”，如“Out[3]”所示。在“In[4]”中，语句“StringReplace[str，{"are"−>"were"，"singing"−>"dancing"}]”将字符串 str 中的“are”替换为“were”，将“singing”替换

为"dancing",得到"Some birds were dancing.",如"Out[4]"所示。在"In[5]"中,语句"StringReplaceList[str, {"Some"->"Many", "are"->"were"}]"对字符串 str 作两次替换,分别得到"Many birds are singing."和"Some birds were singing.",前者的替换规则为""Some"->"Many"",后者的替换规则为""are"->"were"",如"Out[5]"所示。

6.1.3 字符串模式匹配

上一节介绍字符串替换函数均支持字符串模式匹配操作,这里以函数 StringCases 为例介绍字符串模式匹配,然后,介绍函数 StringPosition、StringExtract、StringFreeQ 和 StringContainsQ 的用法。

字符串模式由字符串模式函数 StringExpression 定义,习惯上用"~~"表示。在字符串模式函数中,常用的匹配模式有:①"string",直接匹配字符串"string";②"_"表示匹配任意一个字符;③"__"(双下画线)表示匹配一个或多个字符;④"___"(三下画线)表示匹配零个或多个字符;⑤"x:模式"将模式命名为 x,x 后面为下画线时,可省略冒号;⑥"模式.."表示模式可重复一次或任意多次;⑦"模式…"表示模式可重复零次或任意多次;(8)AnyOrder[模式 1, 模式 2, …]表示给定多个模式的任意组合;⑨FixedOrder[模式 1, 模式 2, …]表示给定模式的顺序组合;⑩"模式/;表达式"表示当"表达式"为真时匹配该"模式";⑪"模式? 测试条件"表示当"测试条件"为真时匹配该"模式";⑫"Whitespace"匹配一串空格;⑬"NumberString"匹配数字形式的字符串;⑭"RegularExpression[正则表达式字符串]"用于正则表达式匹配,将在下一节介绍;⑮"Shortest[模式]"和"Longest[模式]",分别表示匹配"模式"中最短的"模式"和最长的"模式",缺少为后者。

函数 StringCases 的语法如下:

(1) StringCases[字符串, 模式],返回"字符串"中与"模式"相匹配的子串。

(2) StringCases[字符串, 模式, n],返回"字符串"中与"模式"相匹配的前 n 个子串。

(3) StringCases[字符串, {模式 1, 模式 2, …}],返回"字符串"中匹配多个模式中的任一个模式的子串,组合成一个列表的形式。

(4) StringCases[字符串列表, 模式],返回一个列表,其每个元素为"字符串列表"中的字符串与"模式"匹配的子串。

(5) StringCases[字符串, 字符串 1->字符串 2],在"字符串"中存在与"字符串 1"相匹配的一个或多个子串时,以列表形式返回相应个数的"字符串 2"。

图 6-7 展示了字符串匹配函数 StringCases 的典型实例。

在图 6-7 中,"In[1]"定义了字符串 str 为"abc 123 xyz 321 ABC 789xyz"。"In[2]"中语句"StringCases[str, "abc", IgnoreCase-> True]"将字符串 str 中与"abc"(匹配时不区分大小写)相匹配的部分以列表的形式返回,得到"{abc, ABC}",如"Out[2]"所示,这里的"IgnoreCase-> True"指示匹配时不区分大小写。"In[3]"中语句"StringCases[str, NumberString]"返回字符串 str 中数字形式的子串,得到"{123,321,789}",如"Out[3]"所示。在"In[4]"的语句"StringCases[str, StringExpression["x",_,"z"]]"中,"StringExpression["x",_,"z"]"(其中的下画线为单下画线)表示以"x"开头、中间有一个字符且以"z"结尾的任意字符串,这里"In[4]"将字符串 str 中以"x"开头和"z"结尾的包含三个字符的字符串提取出来,得到"{xyz, xyz}",如"Out[4]"所示。"In[5]"与"In[4]"作用相

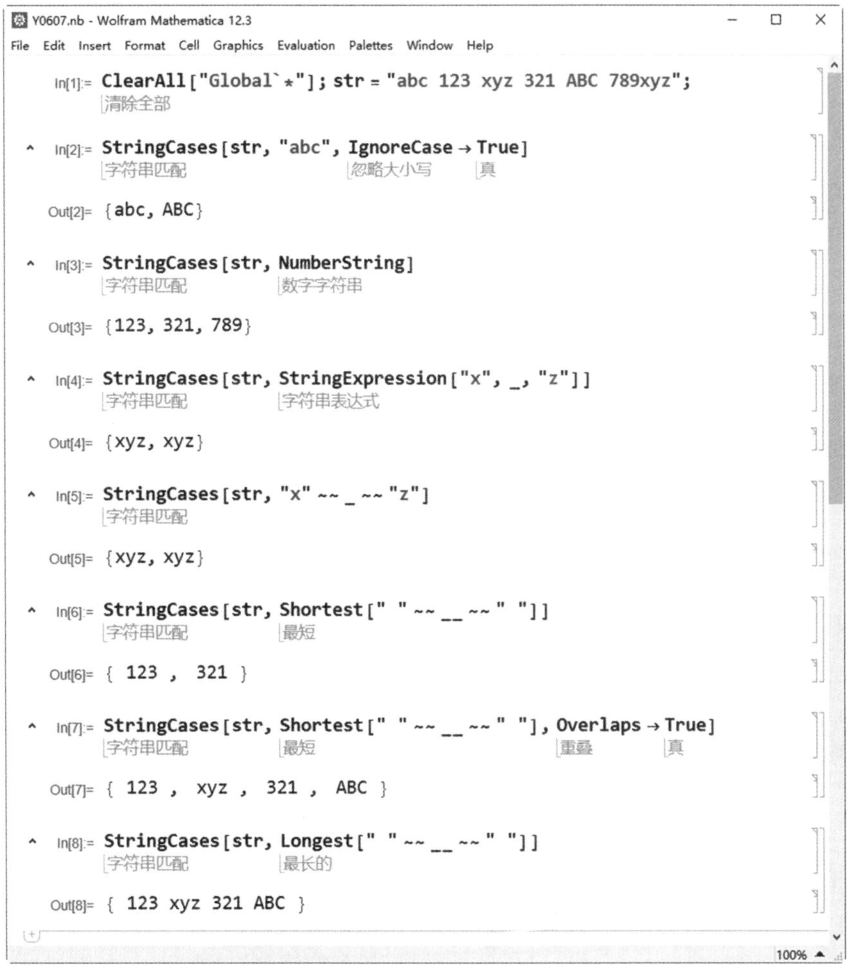

```
Y0607.nb - Wolfram Mathematica 12.3
File  Edit  Insert  Format  Cell  Graphics  Evaluation  Palettes  Window  Help

In[1]:= ClearAll["Global`*"]; str = "abc 123 xyz 321 ABC 789xyz";
        清除全部

In[2]:= StringCases[str, "abc", IgnoreCase → True]
        字符串匹配              忽略大小写      真

Out[2]= {abc, ABC}

In[3]:= StringCases[str, NumberString]
        字符串匹配      数字字符串

Out[3]= {123, 321, 789}

In[4]:= StringCases[str, StringExpression["x", _, "z"]]
        字符串匹配      字符串表达式

Out[4]= {xyz, xyz}

In[5]:= StringCases[str, "x" ~~ _ ~~ "z"]
        字符串匹配

Out[5]= {xyz, xyz}

In[6]:= StringCases[str, Shortest[" " ~~ __ ~~ " "]]
        字符串匹配      最短

Out[6]= { 123 ,  321 }

In[7]:= StringCases[str, Shortest[" " ~~ __ ~~ " "], Overlaps → True]
        字符串匹配      最短                            重叠         真

Out[7]= { 123 ,  xyz ,  321 ,  ABC }

In[8]:= StringCases[str, Longest[" " ~~ __ ~~ " "]]
        字符串匹配      最长的

Out[8]= { 123 xyz 321 ABC }
```

图 6-7 字符串匹配函数典型实例

同，“In[5]”中的“"x"~~_~~"z"”与“In[4]”中的“StringExpression["x",_,"z"]”含义相同。

在图 6-7 中，“In[6]”的语句“StringCases[str, Shortest[" "~~__~~" "]]”中“Shortest[" "~~__~~" "]”(其中的下画线为双下画线)表示模式为以“空格”开头和“空格”结尾的最短的子串，在 str 中匹配这个模式的子串有“123”“xyz”“321”和“ABC”，但是匹配从左向右进行(自动跳过已匹配的子串)，所以最后得到结果为“{ 123 , 321 }”，如“Out[6]”所示。“In[7]”在“In[6]”的基础上添加了“Overlaps−> True”表示从左向右依次匹配模式，但不跳过已匹配成功的子串，此时，得到“{ 123 , xyz , 321 , ABC }”，如“Out[7]”所示。在“In[8]”中，“StringCases[str,Longest[" "~~__~~" "]]”(其中的下画线为双下画线)表示匹配 str 中以“空格”开头和“空格”结尾的最长的子串，得到“{ 123 xyz 321 ABC }”，如“Out[8]”所示。

下面介绍函数 StringPosition、StringExtract、StringFreeQ 和 StringContainsQ 的常用语法，如表 6-2 所示。

表 6-2 函数 StringPosition、StringExtract、StringFreeQ 和 StringContainsQ 的常用语法

序号	语　法	作　用
1	StringPosition[字符串 1，字符串 2]	返回一个二维列表，其各个子列表依次记录"字符串 2"在"字符串 1"中从左向右出现的位置，即每个子列表包含 2 个元素，为"字符串 2"在"字符串 1"中出现的始末位置
2	StringPosition[字符串，模式]	返回一个二维列表，其各个子列表依次记录"字符串"中从左向右与"模式"相匹配的字符串出现的位置，即每个子列表包含 2 个元素，为匹配"模式"的子串在"字符串"中出现的始末位置
3	StringPosition[字符串，模式，n]	在"StringPosition[字符串，模式]"作用基础上，仅显示前 n 个匹配的位置
4	StringPosition[字符串，{模式 1，模式 2，…}]	在"StringPosition[字符串，模式]"作用基础上，返回与多个模式中任一个相匹配的子串在"字符串"中的位置
5	StringPosition[{字符串 1，字符串 2，…}，模式]	在"StringPosition[字符串，模式]"作用基础上，对字符串列表中的每个字符串均得到其与"模式"相匹配的子串的位置
6	StringExtract[字符串，n]	返回字符串中以"空格"为分隔符的第 n 个子串
7	StringExtract[字符串，{n1，n2，…}]	返回字符串中以"空格"为分隔符的第 n1、n2、…个子串
8	StringExtract[字符串，分隔符->位置]	返回字符串中以"分隔符"为分隔符的第"位置"个位置上的子串
9	StringExtract[带有换行的字符串，n_1，n_2，…]	对于带有一个换行的字符串(无空白行的矩阵样式的字符串)，n_1 作为行号，然后，从第 n_1 行的字符串(以"空格"为分隔符)中取出其第 n_2 个位置的子串；对于带有多个空白换行的字符串(中间有空白行的矩阵样式字符串)，空白行的个数为字符串的层数－2，若层次为 m，则参数可取为 n_1，n_2，…，n_m。注意：n_1～n_{m-2} 的取值需均为 1。
10	StringExtract[带有换行的字符串，分隔符 1->n1，分隔符 2->n2，…]	作用与"StringExtract[带有换行的字符串，n_1，n_2，…]"相同，只是这里使用"分隔符 1""分隔符 2"等作为分隔符
11	StringFreeQ[字符串，模式]	谓词函数，当"字符串"中无与"模式"相匹配的子串时，返回真；否则，返回假
12	StringFreeQ[字符串，{模式 1，模式 2，…}]	当"字符串"中无与模式列表中的所有"模式"匹配的子串时，返回真；否则，返回假
13	StringFreeQ[字符串列表，模式]	对"字符串列表"中的每个字符串进行模式匹配，当匹配失败时，返回真；否则，返回假。最后，得到一个逻辑值的列表
14	StringContainsQ[字符串，模式]	谓词函数，当"字符串"中存在与"模式"相匹配的子串时，返回真；否则，返回假
15	StringContainsQ[字符串列表，模式]	对"字符串列表"中的每个字符串进行模式匹配，当匹配成功时，返回真；否则，返回假。最后，得到一个逻辑值的列表

表 6-2 中函数 StringPosition 和 StringExtract 的典型实例如图 6-8 所示，函数 StringFreeQ 和 StringContainsQ 的典型实例如图 6-9 所示。

```
Y0608.nb - Wolfram Mathematica 12.3
File Edit Insert Format Cell Graphics Evaluation Palettes Window Help

In[1]:= ClearAll["Global`*"]; str = "abc123456defg12345678xyz";
        清除全部

In[2]:= StringPosition[str, "123"]
        字符串位置
Out[2]= {{4, 6}, {14, 16}}

In[3]:= StringPosition[str, {"123", "xyz"}]
        字符串位置
Out[3]= {{4, 6}, {14, 16}, {22, 24}}

In[4]:= StringPosition[str, Shortest[("a" | "e") ~~ __ ~~ "1"]]
        字符串位置            最短
Out[4]= {{1, 4}, {11, 14}}

In[5]:= {StringExtract[str, "123" -> 2], StringExtract[str, "3456" -> 3]}
         按位置提取字符串块                  按位置提取字符串块
Out[5]= {456defg, 78xyz}
```

图 6-8　函数 StringPosition 和 StringExtract 典型实例

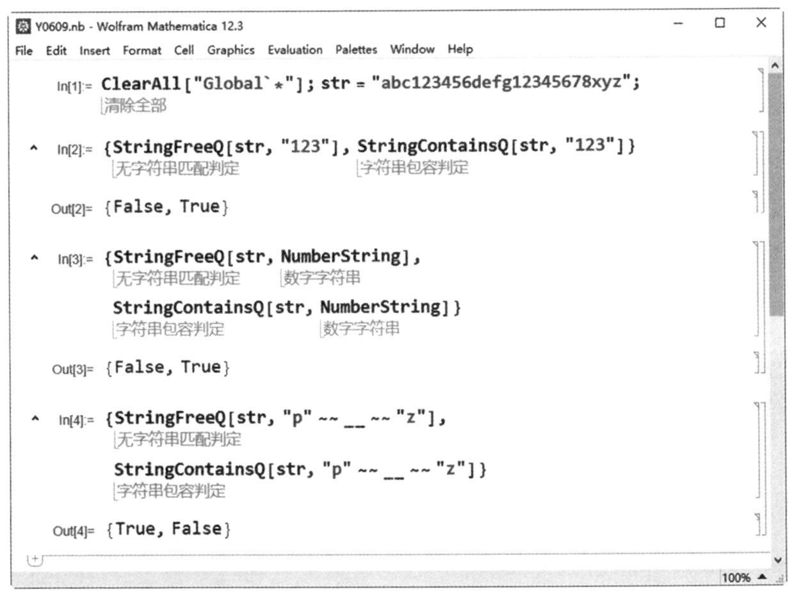

图 6-9　函数 StringFreeQ 和 StringContainsQ 典型实例

在图 6-8 中，“In[1]”定义了字符串 str 为“abc123456defg12345678xyz”。“In[2]”中语句“StringPosition[str,"123"]”返回字符串“123”在字符串 str 中的位置，得到“{{4,6},{14,16}}”，表示字符串“123”在字符串 str 中出现了两次，第一次出现在 str 的第 4～6 个位置，第二次出现在第 14～16 个位置。“In[3]”中语句“StringPosition[str,{"123","xyz"}]”返

回字符串“123”和“xyz”在字符串 str 中出现的位置列表，得到“{{4,6},{14,16},{22,24}}”，结合“In[2]”和“Out[2]”可知，这里字符串“xyz”出现在 str 的第 22～24 个位置。“In[4]”中语句“StringPosition[str, Shortest[("a"|"e")~~__~~"1"]]”(其中的下画线为双下画线)表示以字符“a”或“e”开头、以字符“1”结尾的最短的字符串出现的位置，得到“{{1,4},{11,14}}”，如“Out[4]”所示。在“In[5]”中，语句“StringExtract[str,"123"->2]”表示以字符串“123”为分隔符的第 2 个子串，这里为“456defg”，语句“StringExtract[str,"3456"->3]}”表示以字符串“3456”为分隔符的第 3 个子串，为“78xyz”，于是，“In[5]”的执行结果为“{456defg, 78xyz}”，如“Out[5]”所示。

在图 6-9 中，“In[1]”定义了字符串“abc123456defg12345678xyz”。在“In[2]”中，语句“StringFreeQ[str, "123"]”返回假，因为字符串 str 中包含了字符串“123”；语句“StringContainsQ[str, "123"]”返回真，因为字符串 str 中包含了“123”。故“In[2]”得到“{False,True}”，如“Out[2]”所示。由于字符串 str 中包含了数字形式的字符，所以“StringFreeQ[str, NumberString]”将返回假，而“StringContainsQ[str, NumberString]”将返回真。于是，“In[3]”中语句“{StringFreeQ[str, NumberString], StringContainsQ[str, NumberString]}”返回“{False,True}”，如“Out[3]”所示。在“In[4]”中，“"p"~~__~~"z"”(其中的下画线为双下画线)表示以字符“p”开头且以字符“z”结尾的长度大于或等于 3 个字符串，而字符串 str 中无此类字符串，所以，“In[4]”中的语句“StringFreeQ[str, "p"~~__~~"z"]”和“StringContainsQ[str, "p"~~__~~"z"]}”将分别返回真和假，从而“In[4]”返回“{True, False}”，如“Out[4]”所示。由此可见，函数 StringFreeQ 和 StringContainsQ 是一对逻辑上作用相反的函数，对于同样的输入(同一个字符串和同样的模式)，一个返回真时，另一个将返回假。

6.1.4 正则表达式

在 C# 和 Java 语言的字符串处理中都广泛使用正则表达式；同样，Wolfram 语言支持标准的正则表达式，借助于函数 RegularExpression 实现，典型的正则表达式结构如表 6-3 所示。

表 6-3 典型的正则表达式结构

序号	正则表达式	Wolfram 表达式	含 义
1	.	_	任意一个字符(换行符“\n”除外)
2	[$c_1c_2\cdots c_n$]	Characters["$c_1c_2\cdots c_n$"]	c_1、c_2、…、cn 等字符中的任意一个
3	($p_1p_2\cdots p_n$)	(p_1~~p_2~~…~~p_n)	字符串 $p_1p_2\cdots p_n$
4	[c_1-c_2]	CharacterRange["c_1","c_n"]	在 c_1～c_n 的任意一个字符
5	[^$c_1c_2\cdots c_n$]	Except[Characters["$c_1c_2\cdots c_n$"]]	除 c_1～c_n 的任意一个字符
6	p*	p…	零个或多个 p
7	p+	p..	一个或多个 p
8	p?	p|""	零个或 1 个 p
9	p{m,n}		p 出现 m～n 次
10	p_1|p_2	p_1|p_2	p_1 或 p_2
11	p*?, p+?, p??		匹配最短的字符串或字符

续表

序号	正则表达式	Wolfram 表达式	含 义
12	\\d	DigitCharacter	数字 0～9 的字符
13	\\D	Except[DigitCharacter]	非数字 0～9 的字符
14	\\s	WhitespaceCharacter	空格、换行、Tab 符或其他的空白符
15	\\S	Except[WhitespaceCharacter]	除空白符之外的字符
16	\\w	WordCharacter	构成单词的字符(如字母和数字等)
17	\\W	Except[WordCharacter]	非构成单词的字符
18	[[:class:]]		在名为“class”的类型中的字符，Wolfram 语言支持 POSIX 字符类：alnum、alpha、ascii、blank、cntrl、digit、graph、lower、print、punct、space、upper、word 和 xdigit
19	[^[:class:]]		不在名为“class”的类型中的字符
20	^	StartOfString	字符串头
21	$	EndOfString	字符串尾
22	\\b	WordBoundary	字边界
23	\\B	Except[WordBoundary]	非字边界
24	(.)\\1	x_～～x_	在 RegularExpression["(.)\\1"]内部对正则表达式进行编号(或命名)，在外部用“$1”表示

图 6-10 列举了表 6-3 中一些正规表达式的典型实例。

在图 6-10 中，“In[2]”定义了字符串 str 为“abcd12345abcd12345 ABCD aaaCCC”。在“In[3]”中，正则表达式“RegularExpression["abcd"]”为字符串“abcd”，于是，“In[3]”中语句“StringCases[str, RegularExpression["abcd"], IgnoreCase—> True]”表示从字符串 str 中匹配字符串“abcd”(匹配时忽略大小写)，得到“{abcd,abcd,ABCD}”，如“Out[3]”所示。在“In[4]”中，正则表达式“RegularExpression["\\d+"]”表示一个或多个数字字符，语句“StringCases[str, RegularExpression["\\d+"]]”从字符串 str 中匹配一个或多个数字字符组成的字符串，得到“{12345, 12345}”，如“Out[4]”所示。在“In[5]”中，正则表达式“RegularExpression["(.[[:digit:]]{1,8}.)"]”表示以任一字符开头、中间可以为 1～8 个数字字符且以任一字符结尾的字符串，于是语句“StringCases[str, RegularExpression["(.[[:digit:]] {1,8}.)"]]”得到“{d12345a, d12345 }”(第 2 个“5”后面有一个空格)，如“Out[5]”所示。在“In[6]”中，正则表达式“RegularExpression["(.[^[:digit:]]{1,8}.)"]”表示以任一字符开头、中间为 1～8 个除数字字符之外的字符、且以任一字符结尾的字符串，于是，“In[5]”匹配后的执行结果为“{abcd1, 5abcd1, 5 ABCD aa, aCCC}”，如“Out[6]”所示。在“In[7]”中，正则表达式“RegularExpression["[a—c]+"]”表示由字符 a、b 和 c 组成的长度至少为 1 的字符串，由于“In[7]”使用了“IgnoreCase—> True”(匹配时忽略大小写)，故“In[7]”的匹配结果为“{abc, abc, ABC, aaaCCC}”，如“Out[7]”所示。在“In[8]”的语句“StringCases[str, RegularExpression["\\D"]]”中，正则表达式“RegularExpression["\\D"]”表示除数字之外的其他字符，因此，“In[8]”中的 str 匹配该正则表达式后得到“{a, b, c, d, a, b, c, d, , , A, B, C, D, , a, a, a, C, C, C}”，如“Out[8]”所示。

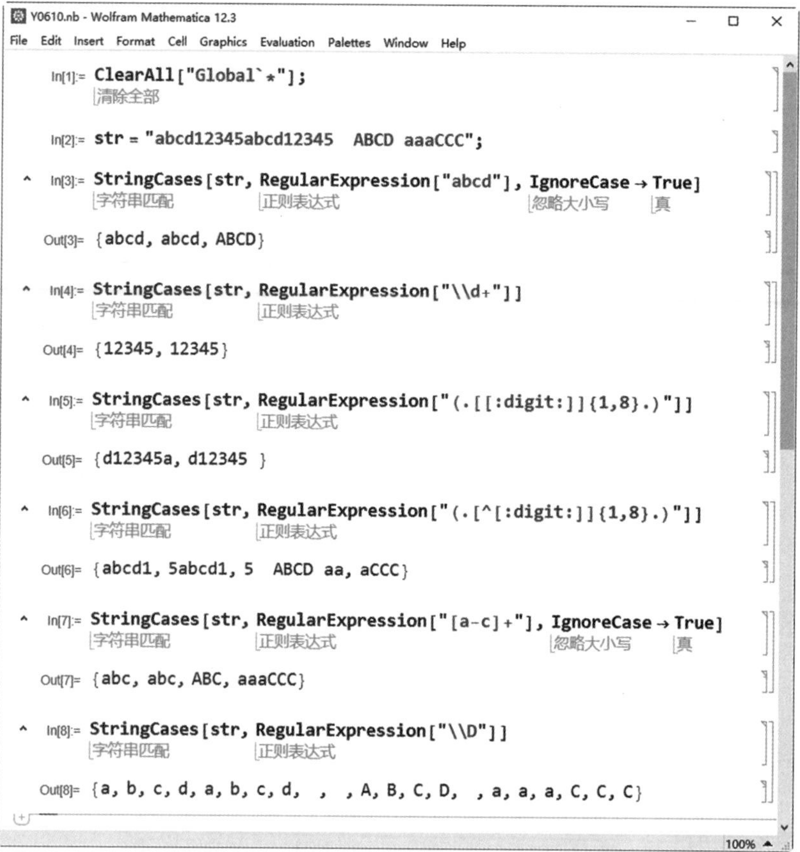

图 6-10　正规表达式的典型实例

6.1.5 字符串变换函数

常用的字符串变换函数如表 6-4 所示。

表 6-4　字符串变换函数常用语法

序号	函数常用语法	作　用
1	ToString[表达式] ToString[表达式, StandardForm]	将“表达式”变换为字符串；若使用“StandardForm”选项表示以标准格式显示字符串
2	ToExpression[字符串]	将“字符串”变换为可计算的表达式，如果“字符串”为数字形式(如“4.3”)，将得到相应的数值(这里为浮点数 4.3)
3	IntegerString[整数, 基数, 长度]	将“整数”展成基于“基数”的数字字符串，字符串的长度为指定的“长度”
4	FromDigits[字符串, 基数]	这是 FormDigits 的一个用法，将“字符串”转换为整数，使用指定的“基数”，当“基数”为 10 时可省略
5	Text[表达式]	将“表达式”转化为标准形式的字符串
6	StringReverse[字符串]	将“字符串”反序
7	StringTrim[字符串]	删除“字符串”头部和尾部的空格
8	ToUpperCase[字符串]	将“字符串”中的小写字母转化为大写字母

续表

序号	函数常用语法	作　用
9	ToLowerCase[字符串]	将"字符串"中的大写字母转化为小写字母
10	Characters[字符串]	得到"字符串"对应的字符列表
11	DigitQ[字符串]	若"字符串"均由 0～9 的数字组成，则返回真；否则，返回假
12	LetterQ[字符串]	若"字符串"全由字母组成，则返回真；否则，返回假
13	UpperCaseQ[字符串]	若"字符串"全由大写字母组成，则返回真；否则，返回假
14	LowerCaseQ[字符串]	若"字符串"全由小写字母组成，则返回真；否则，返回假
15	StringLength[字符串]	返回"字符串"的长度，即字符串中包含的字符的个数
16	StringCount[字符串，子串]	返回"子串"出现在"字符串"中的次数
17	StringCount[字符串，模式]	返回"模式"字符串出现在"字符串"中的次数
18	Sort[字符串列表]	对字符串列表中的字符串进行排序(按标准字典顺序，大写字母排在小写字母之后)
19	ToCharacterCode[字符串]	返回"字符串"的整数编码列表，使用 ASCII 码和 Unicode 编码
20	FromCharacterCode[编码列表]	将"编码列表"转化为字符串

表 6-4 中各个函数的典型用法实例如图 6-11 所示。

在图 6-11 中，"In[2]"的语句"{ToString[Unevaluated[2+3==5]]}//InputForm"中"Unevaluated"对其参数不进行计算，这样可将表达式"2+3==5"转化为字符串，为"{"2 + 3 == 5"}"，如"Out[2]"所示。在"In[3]"中，语句"ToExpression["4.3"]+1.0"将字符串"4.3"转化为数值再与 1.0 相加得到 5.3，如"Out[3]"所示。在"In[4]"中，"IntegerString[100, 2, 8]//InputForm"将整数 100 转化为 8 比特长的二进制字符串，为""01100100""，"FromDigits["1101", 2]"将字符串"1101"作为二进制字符串转化为整数，得到"13"，"In[4]"的输出如"Out[4]"所示。

在图 6-11 的"In[5]"中，"Text[x^2+2x+1]"以字符串形式输出"1+2x+x2"；"StringReverse["abcd"]"以反序形式输出字符串"abcd"，得到"dcba"；"StringTrim[" abc "]"删除参数字符串的头尾空格，得到字符串"abc"。在"In[6]"中，"ToUpperCase["abc"]"将字符串"abc"转化为大写字符串"ABC"；"ToLowerCase["ABC"]"将字符串"ABC"转化为小写字符串"abc"；"UpperCaseQ["ABC"], LowerCaseQ["abc"], DigitQ["123"], LetterQ["abcd"]"均返回真；"StringLength["abcde"]"返回字符串"abcde"的长度，得到 5；"StringCount["ababa","a"]"返回字符"a"在字符串"ababa"中出现的次数，得到 3。在"In[7]"中，"Sort[{"am", "AM", "bag", "pig", "box"}]"按字典顺序排序给定的字符串列表，得到结果为"{am, AM, bag, box, pig}"，如"Out[7]"所示。在"In[8]"中，"ToCharacterCode["We fly."]"生成字符串"We fly."中的各个字符的编码列表，如"Out[8]"所示，为"{87,101,32,102,108,121,46}"。"In[9]"中语句"FromCharacterCode[%]"根据"Out[8]"中的编码列表得到字符串"We fly."，如"Out[9]"所示。

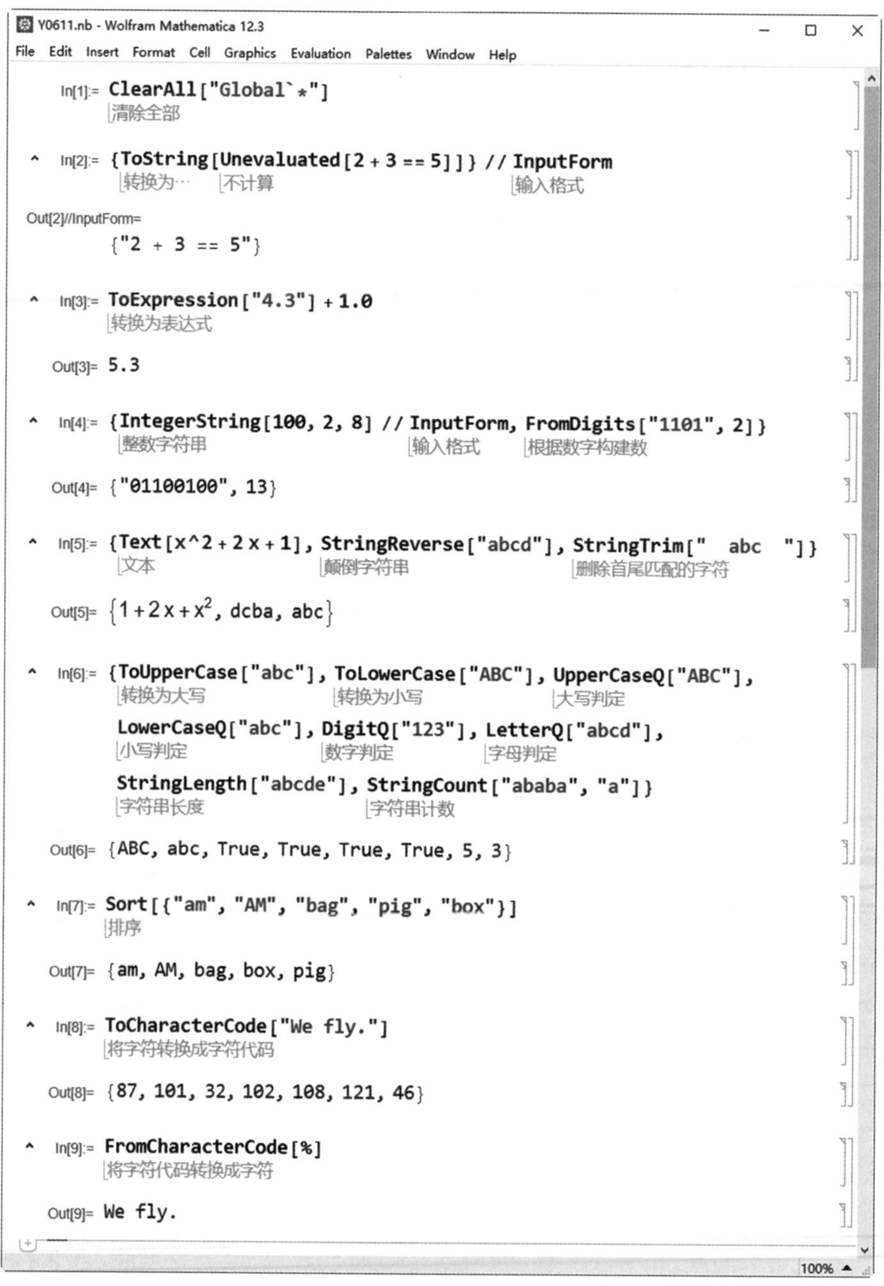

图 6-11　字符串变换函数典型用法实例

6.2　规则与关联

在 Wolfram 语言中，除了列表之外，表示数据的方式还有规则、关联和数据集，本节主要介绍规则和关联，6.3 节将介绍数据集。

6.2.1　规则

规则有三种形式，即单向规则 Rule、延时规则 RuleDelayed 和双向规则 TwoWayRule。其中单向规则可记为 Rule[x,y]，或 x—> y，表示从 x 至 y 的转换，其典型实例如图 6-12 所示。

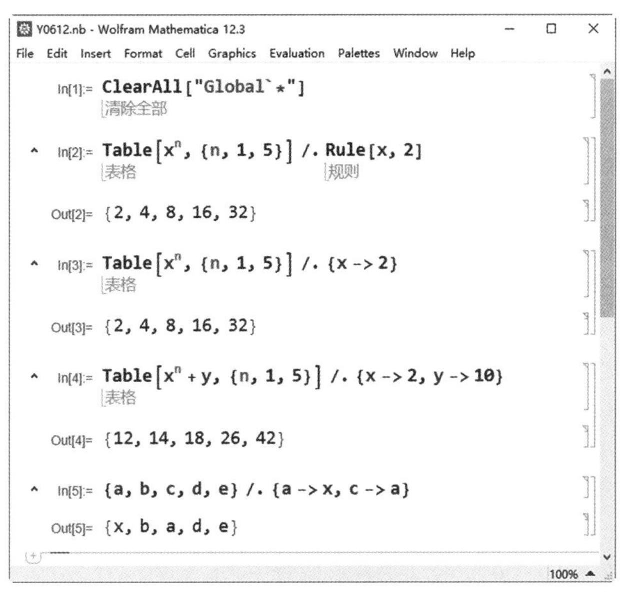

图 6-12　单向规则典型实例

在图 6-12 中，"In[2]"中语句"Table[x^n,{n,1,5}]/. Rule[x,2]"先由 Table 函数创建一个列表"{x, x^2, x^3, x^4, x^5}"，再按规则"Rule[x, 2]"将 x 替换为 2，得到"{2, 4, 8, 16, 32}"，如"Out[2]"所示。"In[3]"中的语句"Table[x^n,{n,1,5}]/. {x—> 2}"与"In[2]"作用相同，这时使用"x—> 2"表示规则，与"Rule[x, 2]"等价。在"In[4]"中，语句"Table[x^n+y,{n,1,5}] /. {x—> 2, y—> 10}"中有两个规则"x—> 2"和"y—> 10"，该语句首先执行 Table 函数，得到一个列表"{x+y, x^2+y, x^3+y, x^4+y, x^5+y}"，然后，同时将上述两个规则应用于这个列表中，得到"{12, 14, 18, 26, 42}"，如"Out[4]"所示。在"In[5]"中，语句"{a,b,c,d,e}/. {a—> x,c—> a}"进一步说明，当有多个规则时，规则的替换是同时进行的，这里，同时将列表中的 a 替换为 x、c 替换为 a，于是得到"{x, b, a, d, e}"，如"Out[5]"所示。

延时规则使用 RuleDelayed 函数，或符号":>"表示，例如，RuleDelayed[x,y]或 x:> y，表示 x 至 y 的延时转换。延时规则与规则只有一点不同，即规则定义后立即执行替换，而延时规则在调用时才执行替换。延时规则的典型实例如图 6-13 所示。

在图 6-13 中，"In[2]"的语句"{x, x, x, x} /. RuleDelayed[x, RandomInteger[100]]"中，延时规则"RuleDelayed[x, RandomInteger[100]"将 x 延时替换为 RandomInteger[100]，即在每次执行"x"的调用时才执行该规则，即这里的延时规则将被调用 4 次，得到 4 个随机数，如"Out[2]"所示，这里为"{46, 5, 70, 43}"。"In[3]"和"In[2]"是相同的，在"In[3]"中延时规则用"x:> RandomInteger[100]"，而不是"RuleDelayed[x, RandomInteger[100]"，这两

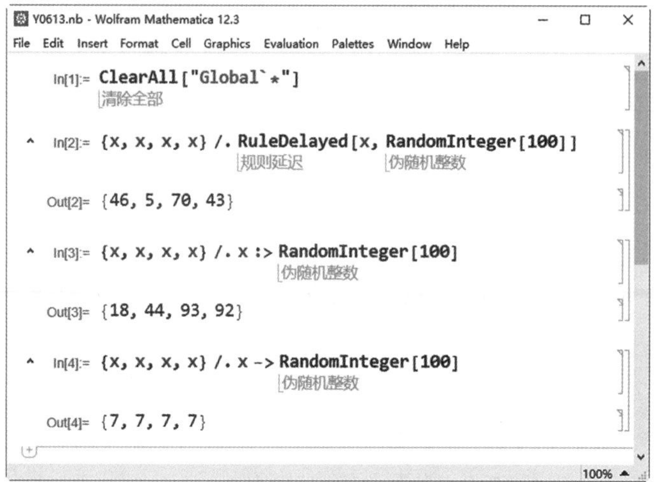

图 6-13　延时规则典型实例

者等价，但是，伪随机数发生器将再次生成 4 个不同的伪随机数，如“Out[3]”所示，这里为“{18，44，93，92}”。为了对比延时规则和单向规则的不同，在“In[4]”的语句“{x,x,x,x} /. x—> RandomInteger[100]”中使用了单向规则“x—> RandomInteger[100]”，这里，规则仅被执行一次，将得到一个伪随机数，然后执行替换，结果如“Out[4]”所示，这里为“{7，7，7，7}”。

双向规则用函数 TwoWayRule 表示，或者使用符号“<—>”表示，例如，TwoWayRule[x，y]和“x<—>y”表示 x 和 y 相交换。双向规则常用于无向图中，表示两个端点间的连接；而单向规则常用于有向图中，表示从一个端点指向另一个端点。双向规则的典型实例如图 6-14 所示。

在图 6-14 中，“In[2]”的语句“Flatten[Table[a<—>b,{a,1,3},{b,a+1,3}]]”生成一个双向规则列表“{1<—>2,1<—>3,2<—>3}”，如“Out[2]”所示。然后，在“In[3]”中调用语句“Graph[%，VertexLabels—> Automatic]”，生成如“Out[3]”所示的无向图。在“In[4]”中调用语句“Flatten[Table[a—> b，{a,1,3},{b,a,3}]]”生成一个单向规则列表“{1—>1，1—>2，1—>3，2—>2，2—>3，3—>3}”，如“Out[4]”所示。然后，在“In[5]”中调用语句“Graph[%，VertexLabels—> Automatic]”绘制了如“Out[5]”所示的有向图。

6.2.2　关联

关联建立在规则的基础上，是一种灵活的数据结构，将规则“x—> y”中的 x 视为键、y 视为值。在关联中，一个规则就是一个键—值对，键必须是唯一的。借助于函数 Association 可以将一个规则列表转化为一个关联，借助于函数 Normal 可以将一个关联转化为一个规则列表。

下面借助于图 6-15 中的实例介绍关联的数据访问方法。

在图 6-15 中，“In[2]”借助于函数 Association 将规则列表“{a—>3，b—>8，c—>5，d—>3}”转化为关联 as1，为“<|a—>3,b—>8,c—>5,d—>3|>”，如“Out[2]”所示。也可以使用符号“<| |>”输入关联，如“In[3]”所示，输入关联 as2 为“<|"apple"—>6.4，"orange"

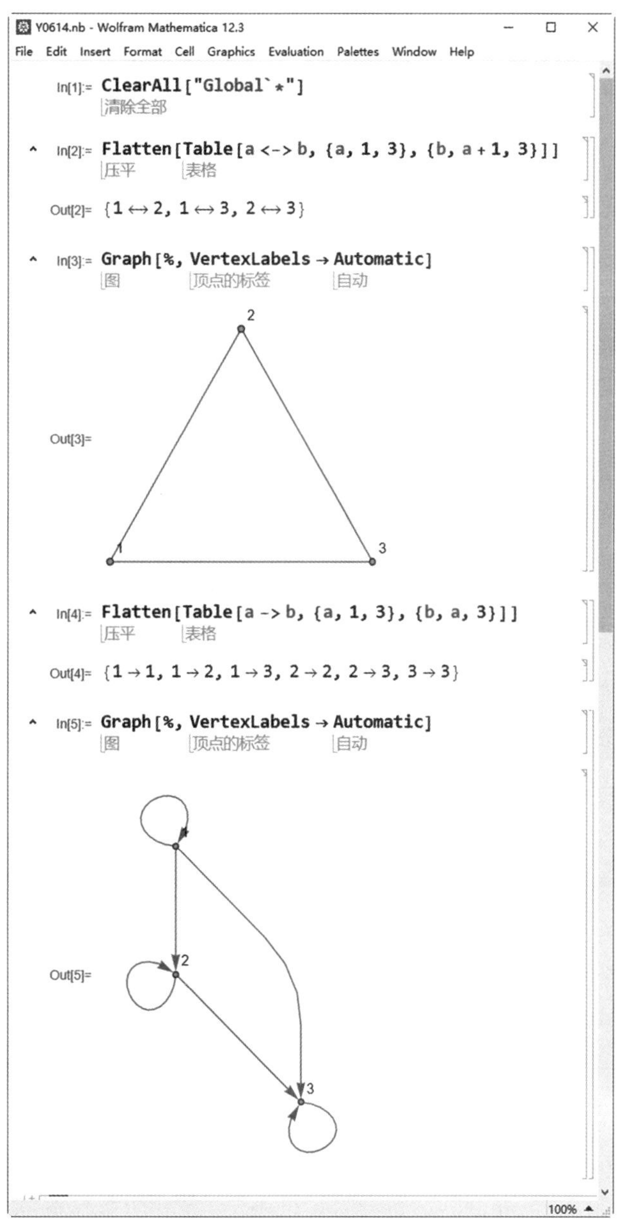

图 6-14　双向规则典型实例

—> 3.5, "banana"—> 3.2, "pear"—> 4.7|>"。由"Out[2]"和"Out[3]"可知，关联的键可以为符号，也可以为字符串，甚至可以为数值等各种类型；关联的值同样可以取各种类型。

获取关联的键的函数为 Keys，在图 6-15 的"In[4]"中，语句"{Keys[as1], Keys[as2]}"获取关联 as1 和 as2 的键列表，得到"{{a, b, c, d}, {apple, orange, banana, pear}}"，如"Out[4]"所示。获取关联的值的函数为 Values，在图 6-15 的"In[5]"中，语句"{Values[as1], Values[as2]}"返回关联 as1 和 as2 的值列表，为"{{3, 8, 5, 3}, {6.4, 3.5, 3.2, 4.7}}"，如"Out[5]"所示。

可以根据关联的键访问其对应的值，在图 6-15 的"In[6]"中，"as1[b]"将得到关联 as1 中

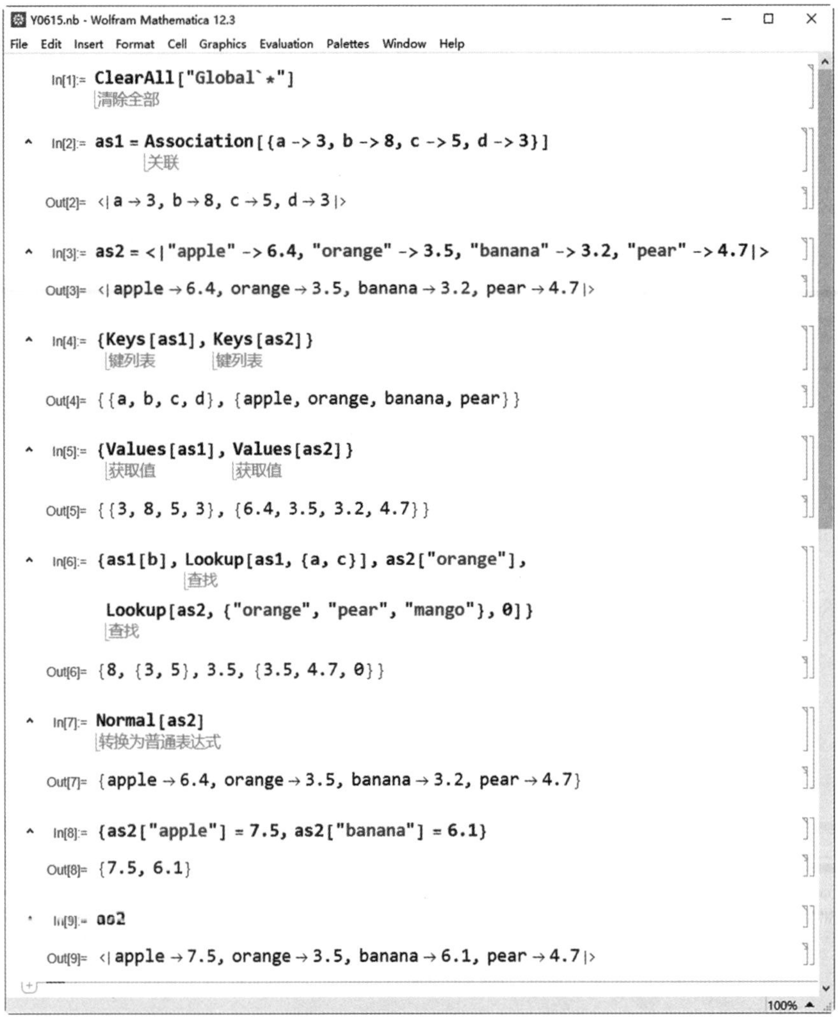

```
Y0615.nb - Wolfram Mathematica 12.3
File Edit Insert Format Cell Graphics Evaluation Palettes Window Help

In[1]:= ClearAll["Global`*"]
        清除全部

In[2]:= as1 = Association[{a -> 3, b -> 8, c -> 5, d -> 3}]
              关联
Out[2]= <|a → 3, b → 8, c → 5, d → 3|>

In[3]:= as2 = <|"apple" -> 6.4, "orange" -> 3.5, "banana" -> 3.2, "pear" -> 4.7|>
Out[3]= <|apple → 6.4, orange → 3.5, banana → 3.2, pear → 4.7|>

In[4]:= {Keys[as1], Keys[as2]}
         键列表      键列表
Out[4]= {{a, b, c, d}, {apple, orange, banana, pear}}

In[5]:= {Values[as1], Values[as2]}
         获取值        获取值
Out[5]= {{3, 8, 5, 3}, {6.4, 3.5, 3.2, 4.7}}

In[6]:= {as1[b], Lookup[as1, {a, c}], as2["orange"],
                 查找
         Lookup[as2, {"orange", "pear", "mango"}, 0]}
         查找
Out[6]= {8, {3, 5}, 3.5, {3.5, 4.7, 0}}

In[7]:= Normal[as2]
        转换为普通表达式
Out[7]= {apple → 6.4, orange → 3.5, banana → 3.2, pear → 4.7}

In[8]:= {as2["apple"] = 7.5, as2["banana"] = 6.1}
Out[8]= {7.5, 6.1}

In[9]:= as2
Out[9]= <|apple → 7.5, orange → 3.5, banana → 6.1, pear → 4.7|>
                                                              100%
```

图 6-15　关联的数据访问实例

键 b 对应的值 8；Lookup 函数可以同时查找多个键对应的值，例如，“Lookup[as1，{a,c}]”返回键 a 和 c 对应的值列表“{3，5}”；“as2["orange"]”得到关联 as2 的键“orange”对应的值 3.5；而“Lookup[as2，{"orange"，"pear"，"mango"}，0]”查找关联 as2 的键“orange”“pear”“mango”对应的值，如果某个键不存在，则其值设为 0，这里“mango”这个键不存在，它对应的值为 0，于是，得到“{3.5，4.7，0}”。

使用 Normal 函数可以将关联转化为规则列表，例如，在图 6-15 的“In[7]”中语句“Normal[as2]”将关联 as2 转化为规则列表“{apple－>6.4，orange－>3.5，banana－>3.2，pear－>4.7}”，如“Out[7]”所示。

可以通过赋值方法修改关联的值，例如，在图 6-15 的“In[8]”中，语句“{as2["apple"]＝7.5，as2["banana"]＝6.1}”将关联 as2 中的键“apple”和“banana”重新赋值，由“In[9]”的结果“Out[9]”即“<|apple－>7.5，orange－>3.5，banana－>6.1，pear－>4.7|>”可知，赋值已生效。

图 6-16 的实例展示了向关联中添加规则和删除规则的方法。

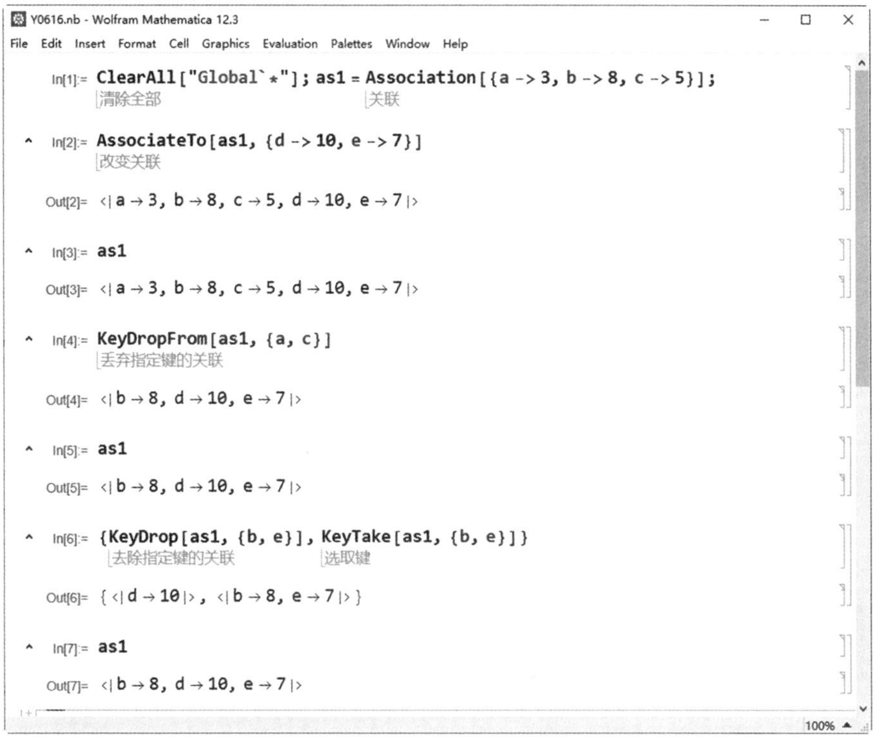

```
Y0616.nb - Wolfram Mathematica 12.3
File Edit Insert Format Cell Graphics Evaluation Palettes Window Help

In[1]:= ClearAll["Global`*"]; as1 = Association[{a -> 3, b -> 8, c -> 5}];
         清除全部                          关联
In[2]:= AssociateTo[as1, {d -> 10, e -> 7}]
         改变关联
Out[2]= <|a → 3, b → 8, c → 5, d → 10, e → 7|>
In[3]:= as1
Out[3]= <|a → 3, b → 8, c → 5, d → 10, e → 7|>
In[4]:= KeyDropFrom[as1, {a, c}]
         丢弃指定键的关联
Out[4]= <|b → 8, d → 10, e → 7|>
In[5]:= as1
Out[5]= <|b → 8, d → 10, e → 7|>
In[6]:= {KeyDrop[as1, {b, e}], KeyTake[as1, {b, e}]}
          去除指定键的关联          选取键
Out[6]= {<|d → 10|>, <|b → 8, e → 7|>}
In[7]:= as1
Out[7]= <|b → 8, d → 10, e → 7|>
100%
```

图 6-16 向关联中添加或删除规则实例

在图 6-16 中,"In[1]"定义了关联 as1 为"<|a—>3, b—>8, c—>5|>"。在"In[2]"中语句"AssociateTo[as1, {d—>10, e—>7}]"借助于函数 AssociationTo 向关联 as1 中添加规则列表"{d—>10, e—>7}",得到"<|a—>3, b—>8, c—>5, d—>10, e—>7|>"。由"In[3]"和"Out[3]"可知,现在的关联 as1 为"<|a—>3, b—>8, c—>5, d—>10, e—>7|>"。

与函数 AssociateTo 作用相反的函数为 KeyDropFrom,后者从关联中删除键-值对。在图 6-16 的"In[4]"中,语句"KeyDropFrom[as1, {a, c}]"将删除关联 as1 中的键 a 和 c 及其值,得到"<|b—>8, d—>10, e—>7|>"。由"In[5]"和"Out[5]"可知,现在的关联 as1 为"<|b—>8, d—>10, e—>7|>"。函数 KeyDrop 和函数 KeyDropFrom 功能类似,但是 KeyDrop 不改变原来的关联;同样,KeyTake 函数可以提取关联中的键-值对,但是不改变原来的关联。在"In[6]"的语句"{KeyDrop[as1, {b, e}], KeyTake[as1, {b, e}]}"中,"KeyDrop[as1, {b, e}]"返回关联 as1 中除去键 b 和 e 之后的内容;而"KeyTake[as1, {b, e}]"返回关联 as1 中键 b 和 e 的内容,于是得到"{<|d—>10|>, <|b—>8, e—>7|>}"。由"In[7]"和"Out[7]"可知,关联 as1 的内容仍然为"<|b—>8, d—>10, e—>7|>"。

关联的操作分为两类,一类是对关联的键进行操作,这类函数有 KeyMemberQ、KeyFreeQ、KeyMap、KeyValueMap、KeySelect、KeySort 和 KeySortBy 等,都带有前缀"Key";另一类是对关联的值进行操作,可对关联作用的列表函数均属于这一类,例如 Map、Sort、Select、ListPlot 和 Total 等。图 6-17 列举了几个关联的操作实例。

在图 6-17 中,"In[1]"定义了两个关联 as1 和 as2,分别为"<|"c"—>3, "b"—>8,

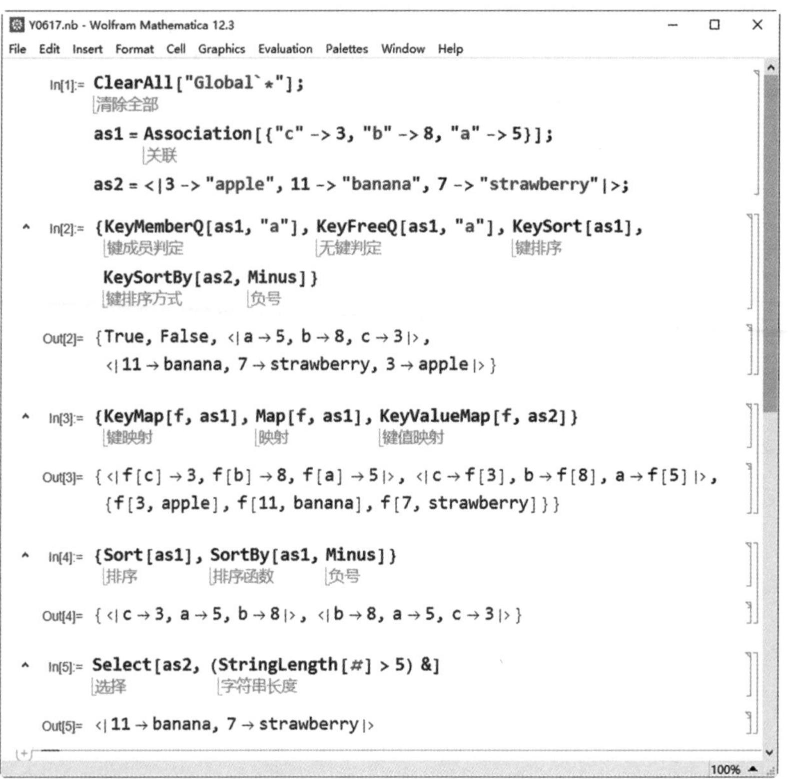

图 6-17　关联的操作实例

"a"—>5|>”和“<|3—>"apple", 11—>"banana", 7—>"strawberry"|>”。在“In[2]”中，“KeyMemberQ[as1, "a"]”判断“a”是否属于关联 as1 的键，如果是，返回真；否则，返回假。这里返回“True”，表明“a”是关联 as1 的键。“KeyFreeQ[as1, "a"]”判断“a”是否为关联 as1 的键，如果不是，返回真；否则，返回假。这里返回“False”，说明“a”是关联 as1 的键。“KeySort[as1]”将关联 as1 按键的升序排列，得到“<|a—>5, b—>8, c—>3|>”。“KeySortBy[as2, Minus]”将关联 as2 按键的降序排列(其中的键为数值)，得到“<|11—>banana, 7—>strawberry, 3—>apple|>”，从而“In[2]”的输出“Out[2]”为“{True, False, <|a—>5, b—>8, c—>3|>, <|11—>banana, 7—>strawberry, 3—>apple|>}”。

在图 6-17 的“In[3]”中，“KeyMap[f, as1]”将函数 f 作用于关联 as1 的各个键上，得到一个新的关联“<|f[c]—>3, f[b]—>8, f[a]—>5|>”，“Map[f, as1]”将函数 f 作用于关联 as1 的各个值上，得到一个新的关联“<|c—>f[3], b—>f[8], a—>f[5]|>”，“KeyValueMap[f, as2]”将函数 f 作用于关联 as2 的键和值上，使一组“键, 值”作为函数的参数，得到一个列表“{f[3, apple], f[11, banana], f[7, strawberry]}”。

在图 6-17 的“In[4]”中，“Sort[as1]”按关联 as1 的值对关联进行升序排列，得到一个新的关联“<|c—>3, a—>5, b—>8|>”；“SortBy[as1, Minus]”按关联 as1 的值对关联进行降序排列，得到一个新的关联“<|b—>8, a—>5, c—>3|>”。

在“In[5]”的语句“Select[as2, (StringLength[#]>5)&]”中，由于 as2 为关联，这里的纯函数“(StringLength[#]>5)&”中的参数为关联中每个“键—值”对的值，如果这个“值”

表示的字符串的长度大于 5，则将其对应的“键-值”对从关联中挑选出来，组成一个新的关联，得到“<|11—> banana，7—> strawberry|>”，如“Out[5]”所示。

在 Wolfram 语言中，有些函数以关联的形式返回结果，如图 6-18 所示。

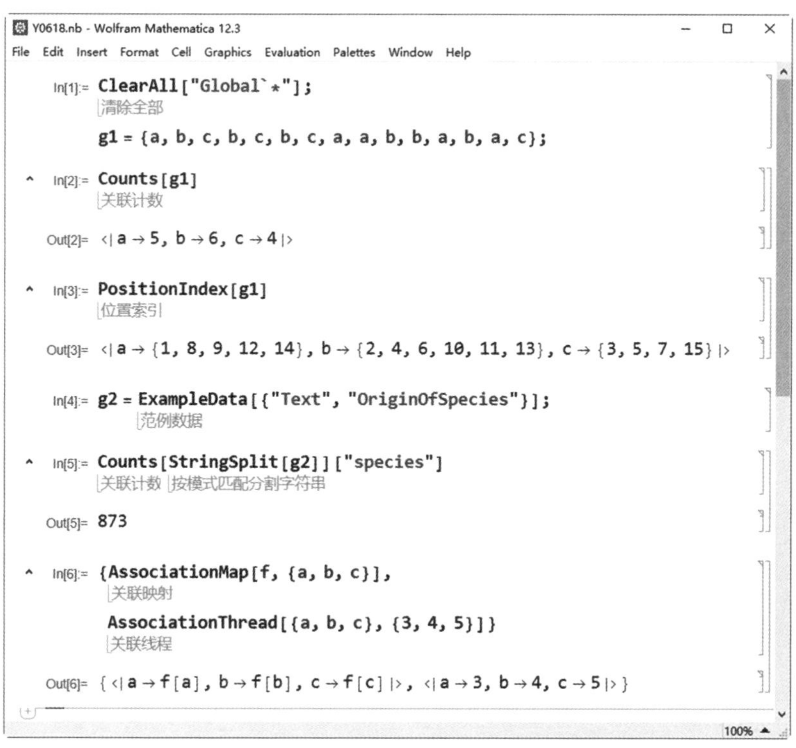

图 6-18　以关联的形式返回结果的常用函数实例

在图 6-18 中，“In[1]”定义了列表 g1 为“{a, b, c, b, c, b, c, a, a, b, b, a, b, a, c}”。函数 Counts 统计列表中各个元素的出现次数，以关联的形式呈现结果，在“In[2]”中语句“Counts[g1]”以关联的形式得到列表 g1 中各个元素的出现次数，为“<|a—> 5，b—> 6，c—> 4|>”，如“Out[2]”所示。函数 PositionIndex 以关联的形式返回列表中各个元素的出现位置，“In[3]”中语句“PositionIndex[g1]”得到列表 g1 中各个元素的位置，其中的元素为关联的键，元素的位置列表作为相应的键的值，为“<|a—>{1,8,9,12,14}，b—>{2,4,6,10,11,13}，c—>{3,5,7,15}|>”，如“Out[3]”所示。

在图 6-18 中，“In[4]”的语句“g2＝ExampleData[{"Text","OriginOfSpecies"}]”从 Wolfram 资料库中读取《物种起源》的文本，赋给 g2。在“In[5]”中，语句“Counts[StringSplit[g2]]["species"]”首先调用 StringSplit 函数将 g2 分隔为单词列表，然后，调用 Counts 函数得到一个关联，最后，取出关联中“species”键的值，为“873”，如“Out[5]”所示，表明单词“species”在《物种起源》一书中出现了 873 次。函数 AssociationMap 可以由函数和列表创建关联，其中的列表值作为键，在“In[6]”中的语句“AssociationMap[f,{a,b,c}]”得到关联“<|a—> f[a]，b—> f[b]，c—> f[c]|>”；函数 AssociationThread 可以由两个列表创建关联，前一个列表的元素作为键，后一个列表的元素作为值，如“In[6]”中的语句“AssociationThread[{a,b,c}，{3,4,5}]”得到关联“<|a—> 3，b—> 4，c—> 5|>”。

6.3 数据集

数据集是以关联为基础、使用函数 Dataset 创建的结构化数据表,类似于通常意义下的结构化数据库或数据表。图 6-19 给出了一个简单的数据集创建与访问方法。

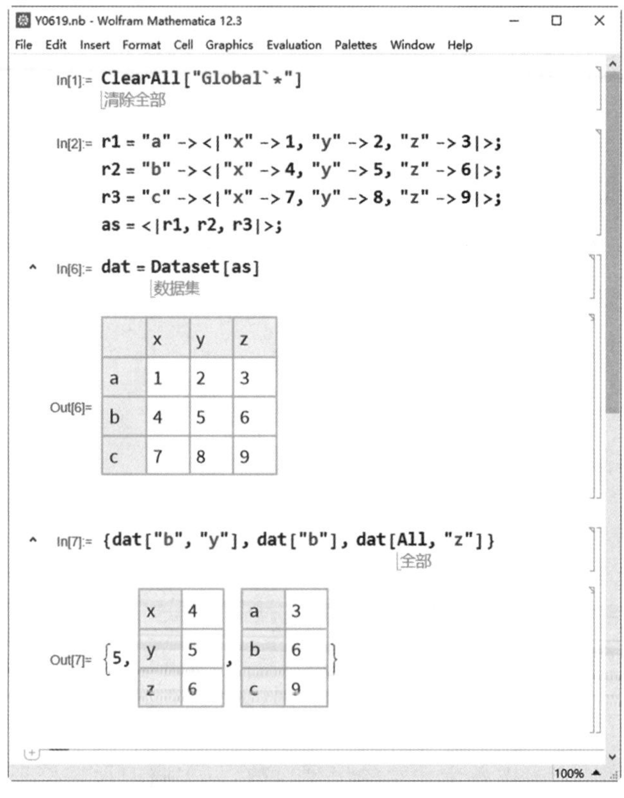

图 6-19　数据集创建与访问方法

在图 6-19 中,“In[2]”定义了 r1、r2 和 r3 三个规则,这三个规则的值均为关联,然后,定义了关联 as 由规则 r1、r2 和 r3 组成,此时 as 为“<|"a"−><|"x"−>1,"y"−>2,"z"−>3|>,"b"−><|"x"−>4,"y"−>5,"z"−>6|>, "c"−><|"x"−>7,"y"−>8,"z"−>9|>|>”。在“In[6]”中,语句“dat = Dataset[as]”创建了一个数据集,如“Out[6]”所示。由“Out[6]”可知,数据集呈现表格的样式(复杂的数据集的单元格中还可以再嵌套表格),表格的第一列为关联的键(即最外层的关联的键),表格的第一行为关联的值(仍为关联,称为内层的关联)的键。对于“Out[6]”所示的表格,可以通过指定行和列访问其中的元素。例如在“In[7]”中,“dat["b", "y"]”得到第“b”行和第“y”列交汇处的值“5”;“dat["b"]”返回数据集 dat 的第“b”行,仍然是一个数据集,如“Out[7]”中列表的第 2 个元素;“dat[All, "z"]”返回数据集 dat 的第“z”列,仍然为一个数据集,如“Out[7]”中列表的第 3 个元素。

数据集上的数据可以执行函数操作,这些函数分为两类,一类为升序算子;另一类为降序算子。函数施加于数据集的顺序为降序算子优先级最高,然后从深层的数据至浅层的数据施加函数运算,最后是升序算子。降序算子不改变数据集的结构,用作降序算子的函数包括"All"、位置、位置范围(如 i;;j)、键、Values、{位置 1，位置 2，…}等元素索引算子和 Select、SelectFirst、KeySelect、SortBy、KeySortBy、DeleteMissing、DeleteDuplicatesBy、TakeLargestBy、TakeSmallestBy、MaximalBy、MinimalBy 等过滤函数以及 GroupBy 函数；用作升序算子的函数包括 Counts、CountsBy、CountDistinct、CountDistinctBy、Total、Min、Max、Mean、Median、Quantile、Histogram、ListPlot、Merge、Catenate、TakeLargest、TakeSmallest 等聚合函数、Query 等查询函数和纯函数 Function 以及其他内置函数和任意自定义函数。升序算子可能改变数据集的结构。

在图 6-19 的基础上，图 6-20 给出一些数据集上的操作实例，

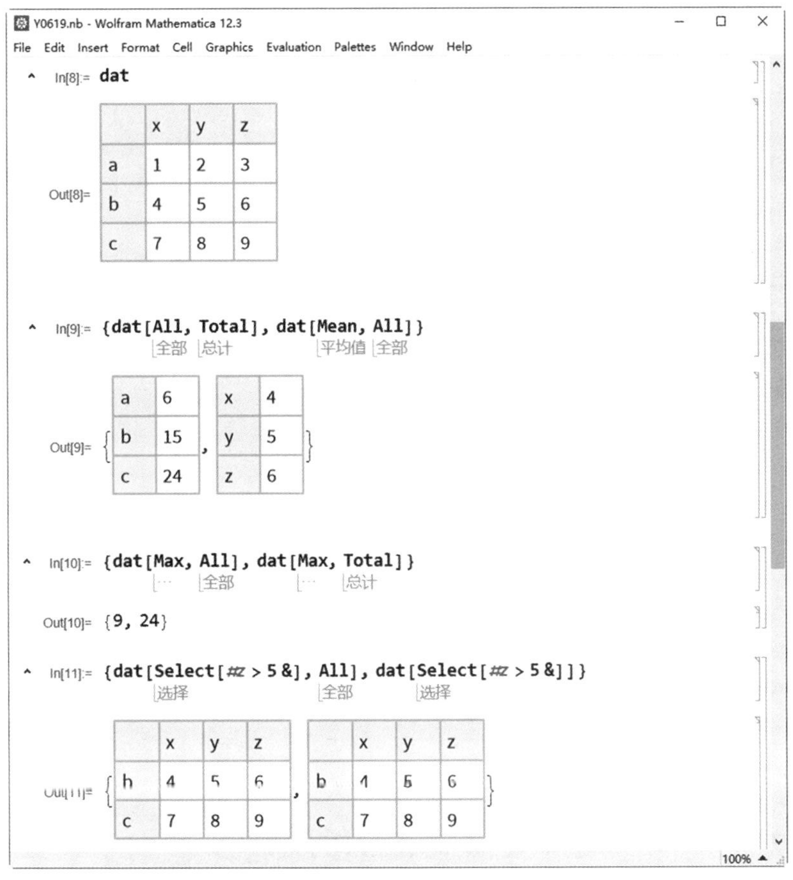

图 6-20　数据集上的操作实例

在图 6-20 中，"In[8]"和"Out[8]"再次展示图 6-19 中的数据集 dat。在"In[9]"中，"dat[All, Total]"为对数据集 dat 的每行求和，这里 All 为降序算子，先执行；Total 为升序算子，后执行，从而得到如"Out[9]"中的列表的第一个元素，仍为数据集。语句"dat[Mean, All]"对数据集 dat 的每一列求平均数，这里，All 为降序算子，先执行；Mean 为升序算子，后执行，从而得到如"Out[9]"中的列表的第二个元素，仍然数据集。可以使用 Normal 函数将数据集转化为关联。

在图 6-20 的"In[10]"中，语句"dat[Max, All]"中 All 为降序算子，先执行；Max 为升序算子，后执行，这里得到数据集 dat 所有元素的最大值 9。语句"dat[Max, Total]"中，

Max 和 Total 都是升序算子，这里先执行 Total（作用于更深层的数据），然后再执行 Max，得到数据集 dat 每列元素的和的最大值，为 24。

在“In[11]”中，两个语句“dat[Select[#z>5&], All]”和“dat[Select[#z>5&]]”等价，都是从数据集 dat 中挑选第 z 列大于 5 的行，结果如“Out[11]”所示，仍然为数据集。这里的“Select[#z>5&]”为算子形式，其中的“#z”表示第“z”列，当键为字符串时，在纯函数中可以省略引号，用#z 表示#"z"。

在图 6-20 的基础上，图 6-21 展示了数据集 dat 上的函数典型应用实例。

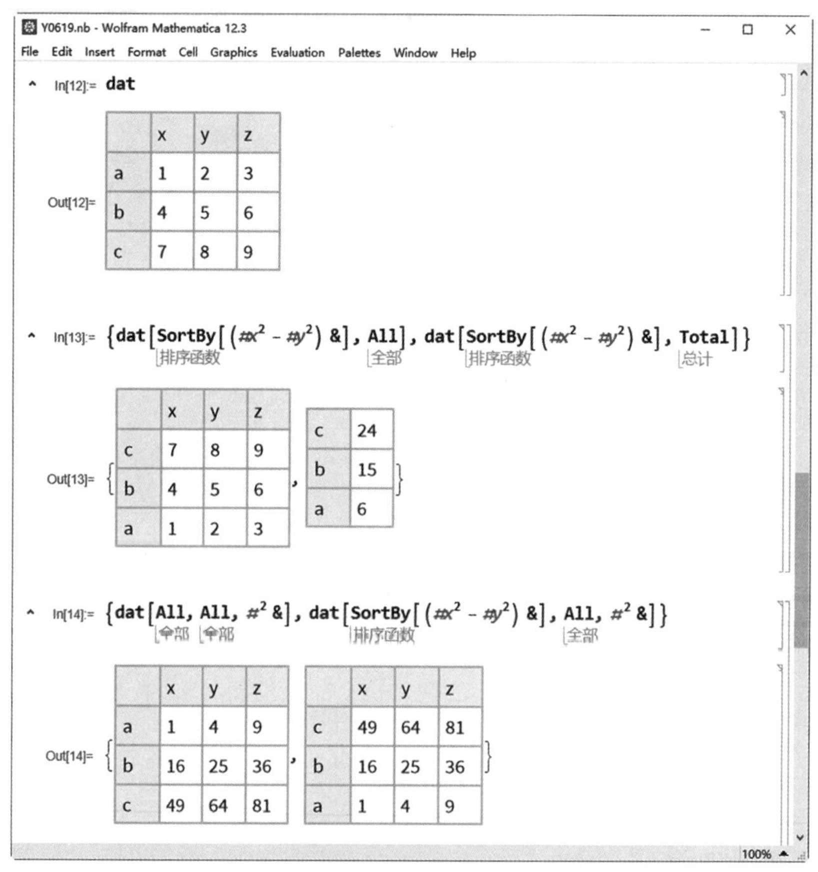

图 6-21　数据集 dat 上的函数典型应用实例

在图 6-21 的“In[13]”中，“dat[SortBy[($\#x^2-\#y^2$)&], All]”表示按第“x”列之平方与第“y”列的平方之差对数据集 dat 的行进行排序；语句“dat[SortBy[($\#x^2-\#y^2$)&], Total]”表示先按第“x”列的平方与第“y”列的平方之差对数据集 dat 的行进行排序，然后，对每列求和。“In[13]”的执行结果如“Out[13]”所示。这里的“$\#x^2$”相当于“$(\#x)^2$”。

在“In[14]”中，语句“dat[All, All, $\#^2$&]”对数据集 dat 的每个元素取平方；“dat[SortBy[($\#x^2-\#y^2$)&], All, $\#^2$&]”先执行“All”运算，再执行“SortBy[($\#x^2-\#y^2$)&]”操作，最后执行“$\#^2$&”操作。“In[14]”的执行结果如“Out[14]”所示，得到两个新的数据集。

6.4 模式匹配

本节重点介绍 Cases 函数的用法，Cases 函数的语法如下所示：

(1) Cases[列表，模式]，返回与“模式”相匹配的“列表”的元素构成的新列表。

(2) Cases[列表，模式—>新元素]，将与“模式”相匹配的“列表”的元素替换为“新元素”，构成一个新的列表。

(3) Cases[表达式，模式，层]，返回“表达式”的指定“层”与“模式”相匹配的部分的列表。

(4) Cases[表达式，模式—>新子式，层]，将“表达式”的指定“层”与“模式”相匹配的部分替换为“新子式”，构成一个新的列表。

(5) Cases[表达式，模式，层，n]，返回“表达式”的指定“层”与“模式”相匹配的前 n 个部分的列表。

基本的模式有：①“_”(单下画线)表示匹配任一个元素；②“__”(双下画线)表示匹配任一个或多个元素；③“___”(三下画线)表示匹配零个或多个元素；④“x:模式”将模式命名为 x，在“x:_”中，“冒号”可省略；⑤“_标头”，表示匹配“标头”类型的数据，例如“_Integer”表示匹配整型数据；⑥“Except[模式]”表示匹配“模式”之外的全部情况。图 6-22 列举了一些基本的模式匹配实例。

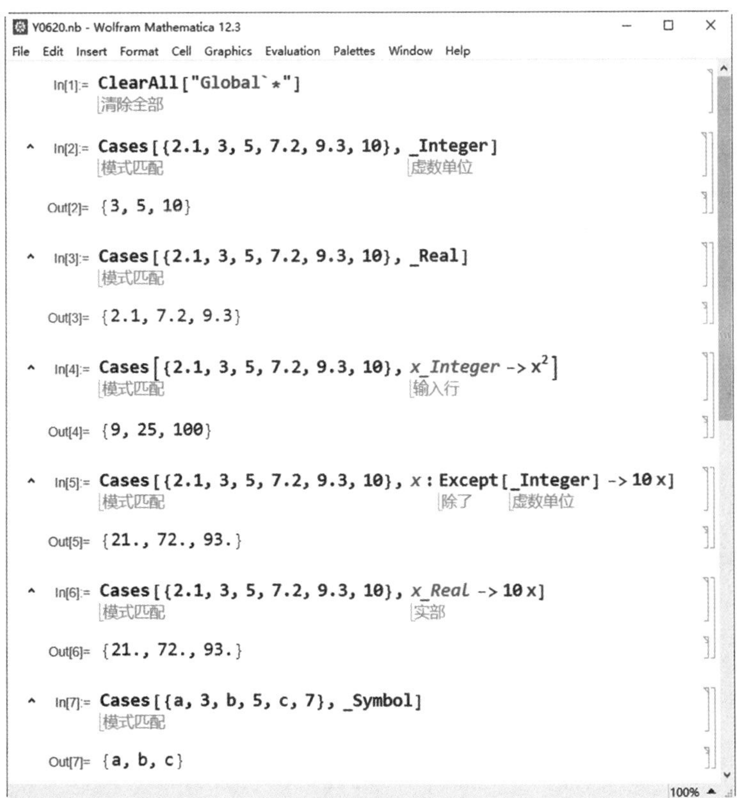

图 6-22　基本的模式匹配实例

在图 6-22 中，“In[2]”语句“Cases[{2.1, 3, 5, 7.2, 9.3, 10}, _Integer]”挑选列表“{2.1, 3, 5, 7.2, 9.3, 10}”中的整数元素，组成一个新的列表“{3, 5, 10}”，如“Out[2]”所示。“In[3]”语句“Cases[{2.1, 3, 5, 7.2, 9.3, 10},_Real]”挑选列表“{2.1, 3, 5, 7.2, 9.3, 10}”中的浮点数元素，组成一个新的列表“{2.1, 7.2, 9.3}”，如“Out[3]”所示。在“In[4]”中，语句“Cases[{2.1,3,5,7.2,9.3,10}, x_Integer－> x^2]”将列表“{2.1, 3, 5, 7.2, 9.3, 10}”中的整数挑选出来，取平方后组成一个新的列表“{9, 25, 100}”，如“Out[4]”所示。

在图 6-22 中，“In[5]”语句“Cases[{2.1, 3, 5, 7.2, 9.3, 10}, x:Except[_Integer]－> 10x]”和“In[6]”语句“Cases[{2.1, 3, 5, 7.2, 9.3, 10}, x_Real－> 10x]”的作用相同，均为从列表“{2.1, 3, 5, 7.2, 9.3, 10}”中挑选出浮点数，乘以 10 后组成一个新的列表“{21., 72., 93.}”，如“Out[5]”和“Out[6]”所示。在“In[7]”中，语句“Cases[{a, 3, b, 5, c, 7}, _Symbol]”挑选列表“{a, 3, b, 5, c, 7}”中的符号组成一个新的列表“{a, b, c}”，如“Out[7]”所示。

图 6-23 中列举了 Cases 的一些复杂的模式匹配实例。

在图 6-23 中，替换符全部使用了延时替换符“:>”，每次匹配成功后才进行替换操作。在“In[2]”中，语句“Cases[{f[3], 6, f[5], 8, f[7], 10}, f[x_]:> x＋10]”将列表“{f[3], 6, f[5], 8, f[7], 10}”中匹配形式“f[x]”的元素替换为“x＋10”，得到“{13, 15, 17}”，如“Out[2]”所示。在“In[3]”中，语句“Cases[{{3,2}, {5,5}, {6,8}, {7,7}, {10,10}}, {x_, x_}:> x^2]”将列表“{{3, 2}, {5, 5}, {6, 8}, {7, 7}, {10, 10}}”中匹配形式“{x, x}”(列表中仅含有两个元素，且该两个元素相同)的元素替换为“x^2”，结果为“{25, 49, 100}”，如“Out[3]”所示。在“In[4]”中，语句“Cases[{{3,2}, 12, {6, 8}, 17, {10, 10}}, {x_, y_}:> x＋y]”将列表“{{3,2}, 12, {6, 8}, 17, {10, 10}}”中匹配形式“{x, y}”(只有两个元素的列表)的元素替换为“x＋y”，得到“{5, 14, 20}”。

在图 6-23 的“In[5]”中，语句“Cases[{{1,2}, {2,3,3,5}, {8,1,2,3,9}, {2,7,7,3,8}}, {2, x__}:> 2＋Total[{x}]]”匹配形式为“{2, x__}”(列表的第一个元素为 2，其后有一个或多个元素，这里为双下画线)的元素，得到列表“{{1,2}, {2,3,3,5}, {8,1,2,3,9}, {2,7,7,3,8}}”中的两个元素“{2, 3, 3, 5}”和“{2, 7, 7, 3, 8}”，然后，将这两个元素按形式“2＋Total[{x}]”进行替换，得到结果为“{13, 27}”，如“Out[5]”所示。

在“In[6]”中定义了一个列表 s，为“{{6, 5, 10, Black, White, Black, White, Black, White, White, 3, 7, 8}, {White, Black, Black, 2, 3}}”。在“In[7]”中，语句“Cases[s, {a___, m:Longest[(Black|White)..], b___} :> {If[Length[{a}]> 0, {a}, Nothing], Framed[Length[{m}]], {b}}]”(此语句中的下画线均为三下画线)中的模式表示一个列表，其包括由黑色板或白色板组成的最长的序列，该序列命名为“m”，其前面的零个或多个元素命名为“a”，其后面的零个或多个元素命名为“b”。匹模成功后的部分，将执行替换“{If[Length[{a}]> 0, {a}, Nothing], Framed[Length[{m}]], {b}}”，替换操作含义为：如果“{a}”的长度大于 0，则得到“{a}”；否则，不显示；其后为“{m}”的长度加上边框，之后为“{b}”。“In[7]”的执行结果如“Out[7]”所示。

在图 6-23 的“In[8]”中，语句“Cases[{{1,2,3,4}, {8,6,4,3,10,2}}, {a___,b_,c_, d___} /;b < c:>{a,c,b,d}]”(其中，“a”和“d”后的下画线为三下画线，“b”和“c”后的下画线

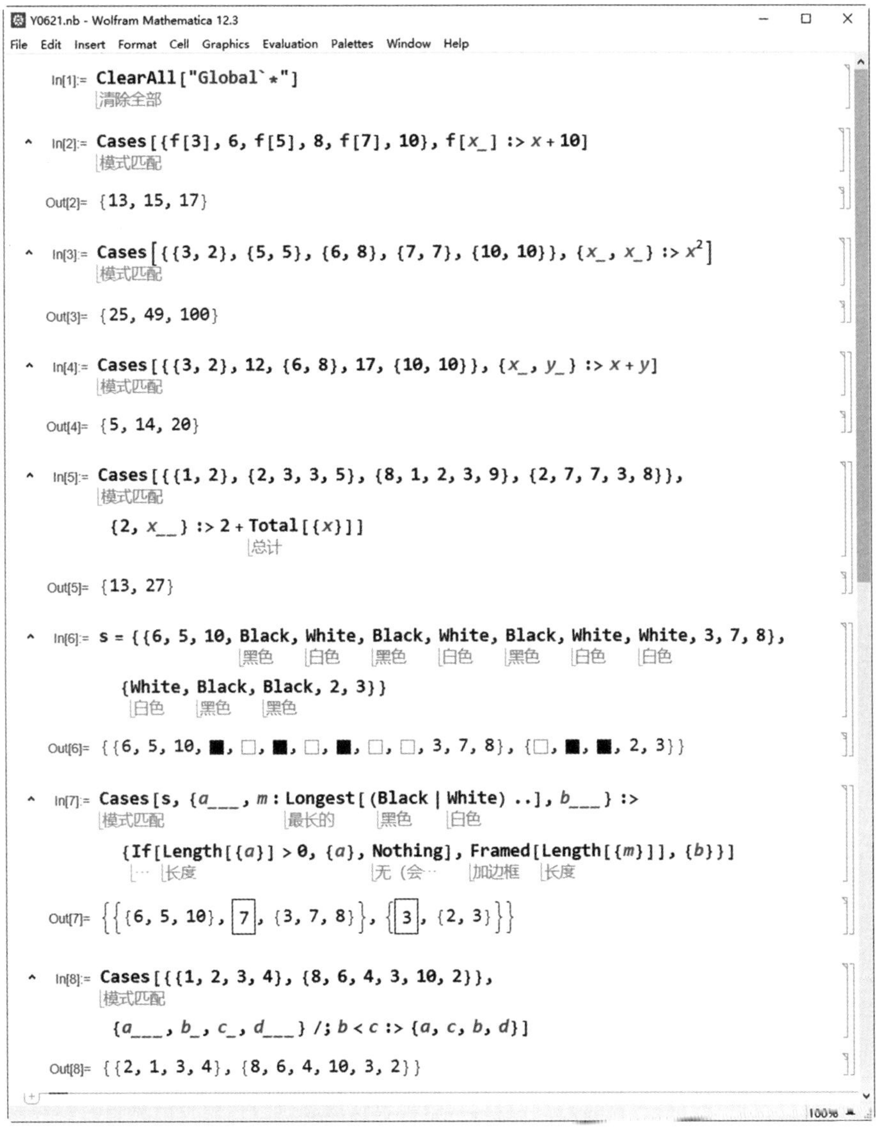

```
Y0621.nb - Wolfram Mathematica 12.3
File Edit Insert Format Cell Graphics Evaluation Palettes Window Help

In[1]:= ClearAll["Global`*"]
        清除全部

In[2]:= Cases[{f[3], 6, f[5], 8, f[7], 10}, f[x_] :> x + 10]
        模式匹配

Out[2]= {13, 15, 17}

In[3]:= Cases[{{3, 2}, {5, 5}, {6, 8}, {7, 7}, {10, 10}}, {x_, x_} :> x^2]
        模式匹配

Out[3]= {25, 49, 100}

In[4]:= Cases[{{3, 2}, 12, {6, 8}, 17, {10, 10}}, {x_, y_} :> x + y]
        模式匹配

Out[4]= {5, 14, 20}

In[5]:= Cases[{{1, 2}, {2, 3, 3, 5}, {8, 1, 2, 3, 9}, {2, 7, 7, 3, 8}},
        模式匹配
          {2, x__} :> 2 + Total[{x}]]
                          总计

Out[5]= {13, 27}

In[6]:= s = {{6, 5, 10, Black, White, Black, White, Black, White, White, 3, 7, 8},
                        黑色   白色   黑色   白色   黑色   白色   白色
          {White, Black, Black, 2, 3}}
           白色   黑色   黑色

Out[6]= {{6, 5, 10, ■, □, ■, □, ■, □, □, 3, 7, 8}, {□, ■, ■, 2, 3}}

In[7]:= Cases[s, {a___, m : Longest[(Black | White) ..], b___} :>
        模式匹配                  最长的   黑色    白色
          {If[Length[{a}] > 0, {a}, Nothing], Framed[Length[{m}]], {b}}]
              长度                 无（会…   加边框  长度

Out[7]= {{{6, 5, 10}, [7], {3, 7, 8}}, {[3], {2, 3}}}

In[8]:= Cases[{{1, 2, 3, 4}, {8, 6, 4, 3, 10, 2}},
        模式匹配
          {a___, b_, c_, d___} /; b < c :> {a, c, b, d}]

Out[8]= {{2, 1, 3, 4}, {8, 6, 4, 10, 3, 2}}
```

图 6-23　Cases 的复杂模式匹配实例

为单下画线）中的匹配为条件匹配，这个匹配的含义为：从左向右匹配列表，直到遇到“b”小于“c”且“b”前具有零个或多个元素、“d”后具有零个或多个元素的序列，然后将其替换为“{a, c, b, d}”。“In[8]”的执行结果为“{{2, 1, 3, 4}, {8, 6, 4, 10, 3, 2}}”，如“Out[8]”所示。

此外，模式匹配也支持谓词函数，如图 6-24 所示。

在图 6-24 中，“In[2]”语句“Cases[{1,π, 3.5, 4, 10.1}, _?NumberQ]”匹配列表中的数值类型，得到“{1, 3.5, 4, 10.1}”，如“Out[2]”所示，这里的“π”以符号形式存在，NumberQ[π]返回假，而 NumericQ[π]返回真。在“In[3]”中，语句“Cases[{1,π, 3.5, 4, 10.1}, Except[_?IntegerQ]]”匹配列表中除整数之外的元素，得到“{π, 3.5, 10.1}”。

模式匹配除了可以应用于 Cases 函数外，也可以应用于 Position、Count、ReplaceAll（常

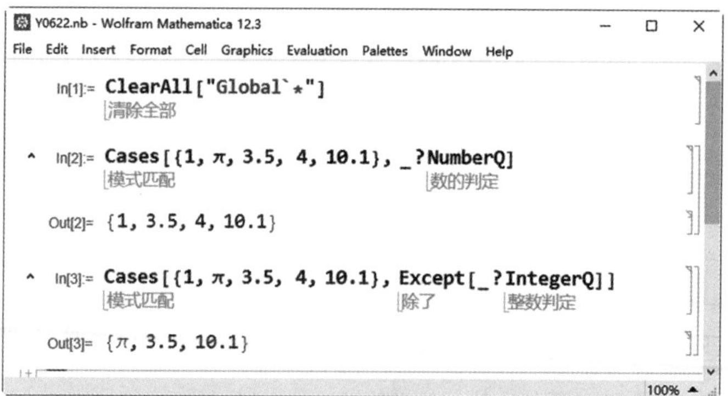

图 6-24　谓词函数的模式匹配实例

用“/.”表示)、ReplacePart、DeleteCases、MemberQ、FreeQ 和 MatchQ 等函数中。图 6-25 为借助于函数 ReplaceAll 和模式匹配实现的排序操作。

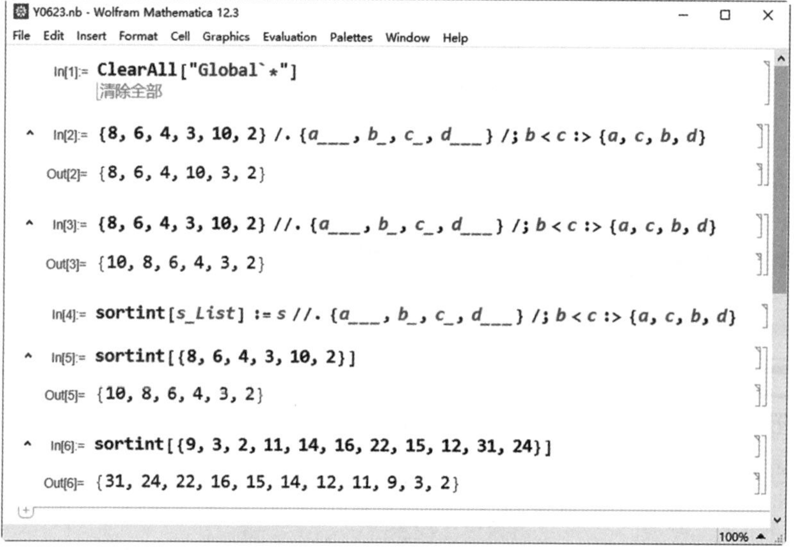

图 6-25　模式匹配实现排序操作

在图 6-25 的“In[2]”中语句“{8, 6, 4, 3, 10, 2}/.{a___, b_, c_, d___}/;b<c :> {a, c, b, d}”实现的功能与图 6-23“In[8]”中语句实现的功能类似，这里，使用 ReplaceAll 函数(即“/.”)，使用条件匹配“{a___, b_, c_, d___}/;b<c”，即满足 b 小于 c 且 b 前具有零个或多个元素、d 后具有零个或多个元素，匹配列表“{8, 6, 4, 3, 10, 2}”，匹配成功后，有“a = 8, 6,4”“b = 3”“c = 10”“d = 2”，然后，替换为“{a, c, b, d}”，得到“{8, 6, 4, 10, 3, 2}”，如“Out[2]”所示。在“In[3]”中，语句“{8, 6, 4, 3, 10, 2}//.{a___, b_, c_, d___}/;b<c :> {a, c, b, d}”，使用循环替换 ReplaceRepeated(即“//.”)，直到无法匹配为止，因此，得到按降序排列的列表“{10, 8, 6, 4, 3, 2}”，如“Out[3]”所示。在“In[4]”中，定义函数 sortint 为“sortint[s_List] := s//.{a___, b_, c_, d___}/;b<c :> {a, c, b, d}”，对参数列表 s 的元素进行降序排列。在“In[5]”中调用自定义函数 sortint 执行“sortint[{8, 6, 4, 3, 10, 2}]”，得到“{10, 8, 6, 4, 3, 2}”，如“Out[5]”所示；在“In[6]”中调用自定义

函数 sortint 执行“sortint[{9, 3, 2, 11, 14, 16, 22, 15, 12, 31, 24}]”,得到降序排列的列表“{31, 24, 22, 16, 15, 14, 12, 11, 9, 3, 2}”,如“Out[6]”所示。

本章小结

本章详细介绍了 Wolfram 语言中字符串的操作方法。Wolfram 语言内置了丰富的字符串处理函数,包括字符串的合并、拆分、插入、删除、替换、统计和变换函数,使得字符串处理在 Mathematica 软件中异常灵活方便。本章还介绍了规则、关联和数据集,规则提供了一种指向或替换关系;关联是建立在规则基础上的数据结构,具有“键—值”对的特点;数据集是建立在关联基础上的结构化数据表,数据集支持对其中数据的统计处理等操作(对应于常规数据库与 SQL 语言实现的功能),是对列表数据结构的扩充。本章最后介绍了模式匹配,并以内置函数 Cases 为例,详细列举了常用的模式匹配方法。

第7章 图形与声音

Mathematica 软件具有强大的绘图功能，甚至被用来制作电影特效。针对科学计算的结果展示而言，其二维绘图和三维绘图功能十分完备。本章将介绍 Mathematica 最常用的二维绘图函数和三维绘图函数，并结合科技论文中插图的要求，阐述这些绘图函数的常用参数和典型用法。

7.1 二维绘图

Mathematica 软件集成了大量的二维绘图函数，这里重点讨论常用的 12 种函数，即 Plot、DiscretePlot、ListPlot、ListLinePlot、Graphics、PolarPlot、ParametricPlot、ContourPlot、BarChart、PieChart、Show 和 Graphics 函数，并主要讨论这些函数常用的参数选项配置和典型用法。

7.1.1 Plot 函数

Plot 函数的基本语法为：Plot[函数，{变量，初值，终值}]，其典型实例如图 7-1 所示。

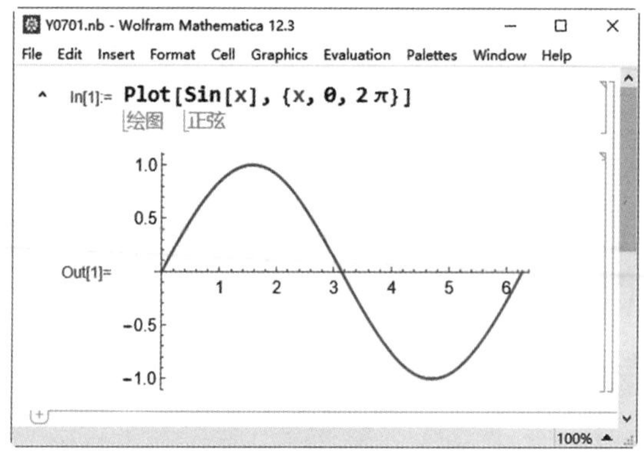

图 7-1 Plot 函数典型实例

在图 7-1 中，使用 Plot 函数绘制了正弦函数在 0～2π 的图像，Plot 函数在默认参数下将绘制坐标轴和曲线，这里的函数为 Sin[x]，变量为 x，初值为 0，终值为 2π。

下面给图 7-1 添加一些绘图选项，使得图 7-1 更加美观，这些选项包括：

(1) Axes 选项，默认为 True，即显示坐标轴，如果设为 False，则不显示坐标轴。

(2) Frame 选项，默认为 False，即不显示边框，如果设为 True，则显示边框。

(3) FrameLabel 选项，用于设置边框的标签，格式为“{{左标签，右标签}，{下标签，上标签}}”，如果某个标签不显示，则设为 None。

(4) LabelStyle 选项，用于设置标签的显示样式，如标签字体等。

(5) PlotStyle 选项，用于设置绘图的样式，如线的粗细和颜色等。

(6) ImageSize 选项，用于设置显示图像的大小。

在设置标签样式时，常用 Style[表达式，样式]函数，该函数用于设置“表达式”的显示“标式”。在图 7-1 的基础上，添加一些选项设置，得到如图 7-2 所示的图形。

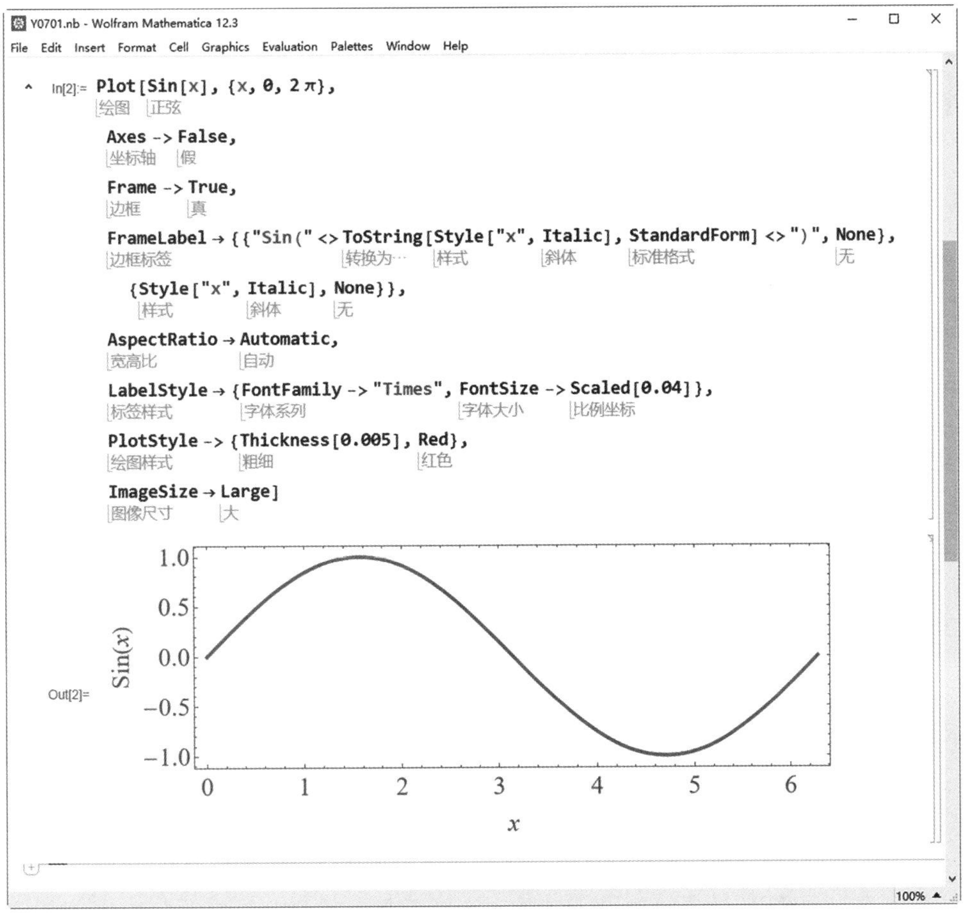

```
In[2]:= Plot[Sin[x], {x, 0, 2 π},
  Axes -> False,
  Frame -> True,
  FrameLabel → {{"Sin(" <> ToString[Style["x", Italic], StandardForm] <> ")", None},
    {Style["x", Italic], None}},
  AspectRatio → Automatic,
  LabelStyle → {FontFamily -> "Times", FontSize -> Scaled[0.04]},
  PlotStyle -> {Thickness[0.005], Red},
  ImageSize → Large]
Out[2]=
```

图 7-2 配置了参数选项的 Plot 函数绘图效果

相比于图 7-1，在图 7-2 中添加了以下选项：

(1) Axes→False，表示不显示坐标轴。

(2) Frame→True，表示显示边框。

(3) FrameLabel→{{"Sin("<> ToString[Style["x", Italic], StandardForm]<>")", None}, {Style["x", Italic], None}}，表示左标签为 Sin(x)，下标签为 x。

(4) AspectRatio→Automatic，表示横坐标和纵坐标的长度比例相同，默认为 1/GoldenRatio，其中，GoldenRatio=$(\sqrt{5}+1)/2\approx 1.618$。

(5) LabelStyle→{FontFamily->"Times",FontSize→Scaled[0.04]}，表示标签字体为“新罗马字体”，字号为 Scaled[0.04]，这里的“0.04”指字体大小与整个绘图面板的宽度的比值，Scaled 参数取值在 0~1。

(6) PlotStyle→{Thickness[0.005],Red}，设置绘图的线的宽度和颜色，Thickness 的参数表示线的宽度与整个绘图面板的宽度的比值，取值在 0~1。

(7) ImageSize→Large，表示绘图尺寸为 Large，共 5 种尺寸，即 Tiny、Small、Medium、Large 和 Full，表示图像逐渐变大，直至全屏。

在设置了上述参数后，绘制的正弦曲线如图 7-2 中的“Out[2]”所示。

Plot 函数可以同时绘制多个函数，要求这些函数的定义域相同。如图 7-3 所示，Plot 函数同时绘制了正弦函数和余弦函数在第一个正周期内的图形。

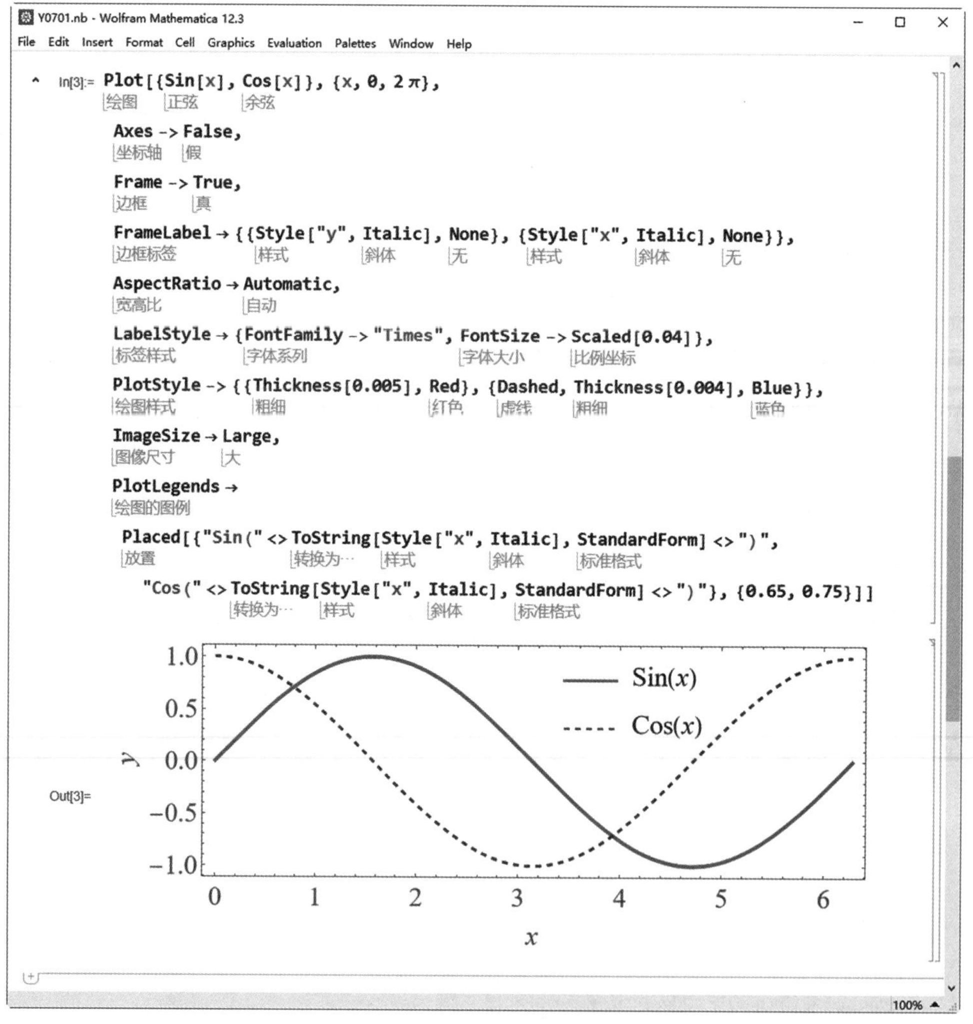

图 7-3 Plot 函数绘制正弦与余弦函数图形

与图 7-2 相比，图 7-3 中所做的修改有：

(1) Plot[{Sin[x],Cos[x]},{x,0,2π}，这里 Plot 函数的第一个参数为{Sin[x],Cos[x]}，表示要同时绘制这两个函数。

(2) FrameLabel→{{Style["y",Italic],None},{Style["x",Italic],None}}，这里，左边框的标签设为“y”。

(3) PlotStyle→{{Thickness[0.004],Red},{Dashed,Thickness[0.004],Blue}}，这里，PlotStyle 中的参数被绘制的图形循环使用，上面加上花括号后，表示{Thickness[0.004],Red}为第一个绘制的图形（正弦函数）服务，而{Dashed,Thickness[0.004],Blue}为第二个绘制的图形（余弦函数）服务。

(4) PlotLegends→Placed[{"Sin("<> ToString[Style["x",Italic],StandardForm]<>")","Cos(" <> ToString[Style["x", Italic], StandardForm]<>")"}, {0.65, 0.75}]]，这里，PlotLegends 选项用于添加图例，Placed 函数的第一个参数为{Sin(x), Cos(x)}（程序中使用了格式化的方法），Placed 函数的第二个参数为{0.65,0.75}表示其第一个参数的放置位置，此时图形左下角位置为(0,0)，图形跨度坐标为(0, 0)～(1, 1)。

Plot 函数常用的选项参数还有 AxesOrigin、PlotRange 和 Epilog 等。其中，AxesOrigin 指定坐标轴的“原点”放置的位置，即指定坐标轴的交叉点位置，仅用于显示美观。PlotRange 用于指定显示的范围，如果为 Full，则显示全部数据的范围；如果为 Automatic，则为了显示美观，可能有些异常数据不显示。Epilog 选项非常重要，用于在图形中插入图形对象，典型实例如图 7-4 所示。

在图 7-3 的基础上，图 7-4 增加了以下内容：

(1) Epilog→$\left\{\text{PointSize}[0.015],\text{Point}\left[\left\{\frac{\pi}{4},\text{Sin}\left[\frac{\pi}{4}\right]\right\}\right],\text{Point}\left[\left\{\frac{5\pi}{4},\text{Sin}\left[\frac{5\pi}{4}\right]\right\}\right]\right\}$，表示在图上添加两个点，Point 函数的参数指定点的位置，即点所在的横、纵坐标；PointSize 指定点的大小，其参数表示点的大小（直径）相对于绘图面板的宽度的比例。

(2) PlotLabels→{Placed[Style["(π/4,"√"2""/2)",15],{1.2,0.91}],Placed[Style["(5π/4,-"√"2""/2)",15],{4.3,-0.45}]]}，表示在图 7-4 中为新添加的两个圆点指定坐标值。

Epilog 在绘制分段函数时尤其有用，如图 7-5 所示。

在图 7-5 中，绘制了分段函数 $y=\lceil x\rceil$，具体绘图语句说明如下：

(1) PlotStyle→{Red,Thick}，表示使用红色粗线条画线。

(2) Epilog→{Table[Disk[{i,i},Offset[3]],{i,-1,3}],Table[{EdgeForm[Black],White,Disk[{i-1,i},Offset[3]]},{i,-1,3}]}，用于绘制图 7-5 中的每条线段的两个端点，其中，Disk[{i,i}, Offset[3]]表示以{i,i}为圆心、以 3 为半径画圆盘，Offset 在这里用于指定圆盘的绝对半径；EdgeForm 和 FaceForm 是一对，分别用于指定（填充）图形的边和（盘）面的特性（如颜色）等，这里的 Epilog 语句：

```
Epilog→{Table[{EdgeForm[Black],FaceForm[Black],Disk[{i,i},Offset[3]]},{i,-1,3}],
   Table[{EdgeForm[Black],FaceForm[White],Disk[{i-1,i},Offset[3]]},{i,-1,3}]}
```

表示产生五个黑色填充的圆盘（中心在(-1,-1)、(0,0)、(1,1)、(2,2)、(3,3)）和五个白色

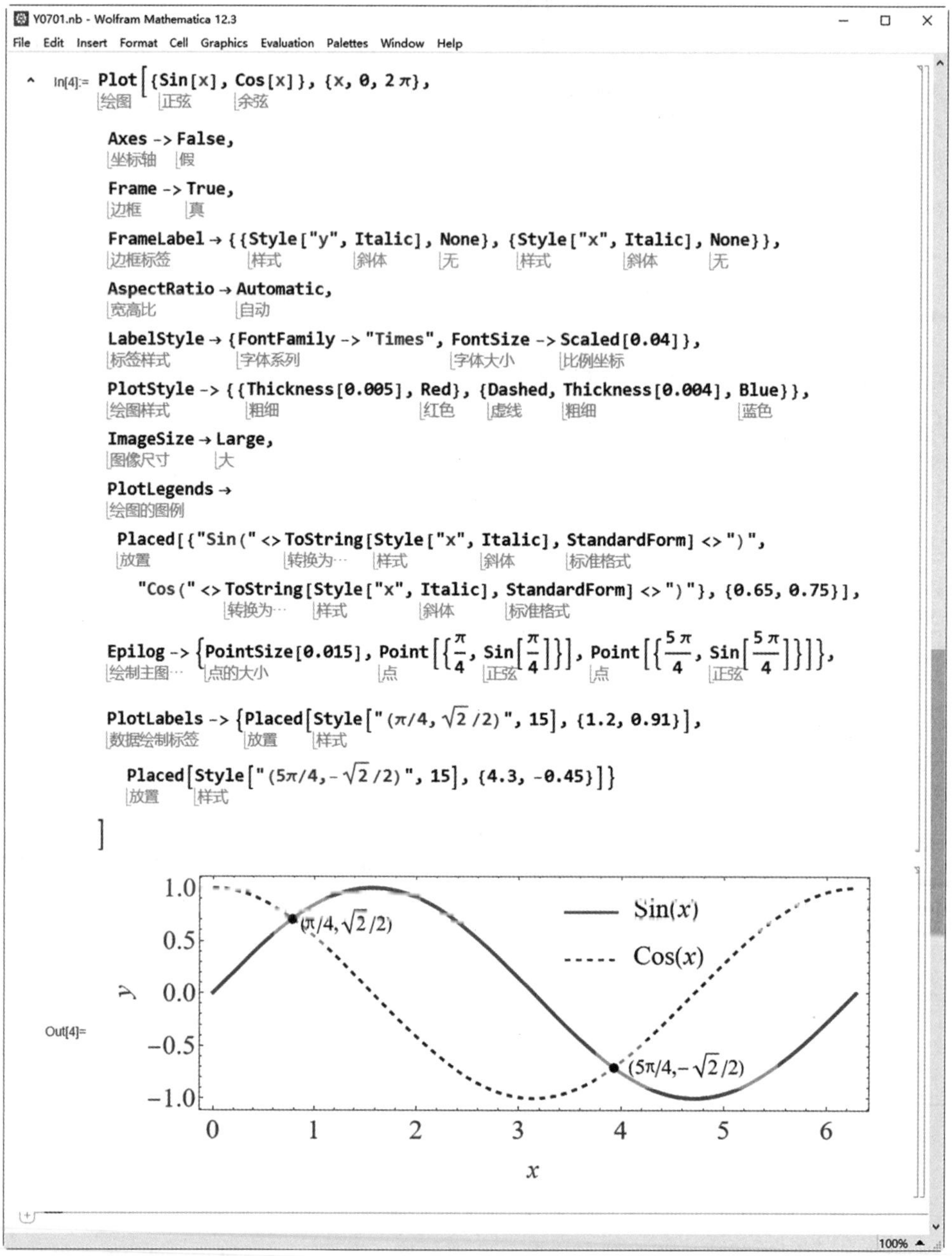
Y0701.nb - Wolfram Mathematica 12.3
File Edit Insert Format Cell Graphics Evaluation Palettes Window Help
In[4]:= Plot[{Sin[x], Cos[x]}, {x, 0, 2 π},
Axes -> False,
Frame -> True,
FrameLabel → {{Style["y", Italic], None}, {Style["x", Italic], None}},
AspectRatio → Automatic,
LabelStyle → {FontFamily -> "Times", FontSize -> Scaled[0.04]},
PlotStyle -> {{Thickness[0.005], Red}, {Dashed, Thickness[0.004], Blue}},
ImageSize → Large,
PlotLegends →
Placed[{"Sin(" <> ToString[Style["x", Italic], StandardForm] <> ")",
"Cos(" <> ToString[Style["x", Italic], StandardForm] <> ")"}, {0.65, 0.75}],
Epilog -> {PointSize[0.015], Point[{π/4, Sin[π/4]}], Point[{5 π/4, Sin[5 π/4]}]},
PlotLabels -> {Placed[Style["(π/4, √2 /2)", 15], {1.2, 0.91}],
Placed[Style["(5π/4, -√2 /2)", 15], {4.3, -0.45}]}
]
Out[4]=
Sin(x)
Cos(x)
(π/4,√2/2)
(5π/4,−√2/2)
y
x
100%

图 7-4　Epilog 典型实例

填充的圆盘(中心在(−2,−1)、(−1,0)、(0,1)、(1,2)、(2,3))。

在绘制圆盘时,如果不使用 Offset 函数设置绝对半径,而是使用语法 Disk[{x,y},r]绘制半径为 r 的圆盘,此时,r 可以设为 0.03,这时,应使用如下的语句:

```
Plot[Ceiling[x],{x, - 2,3}, PlotStyle→{Red,Thick}, ImageSize→Large,
Epilog→{Table[Disk[{i,i},0.03],{i, - 1,3}],
        Table[{EdgeForm[Black],FaceForm[White],Disk[{i - 1,i},0.03]},{i, - 1,3}]},
AspectRatio→Automatic]
```

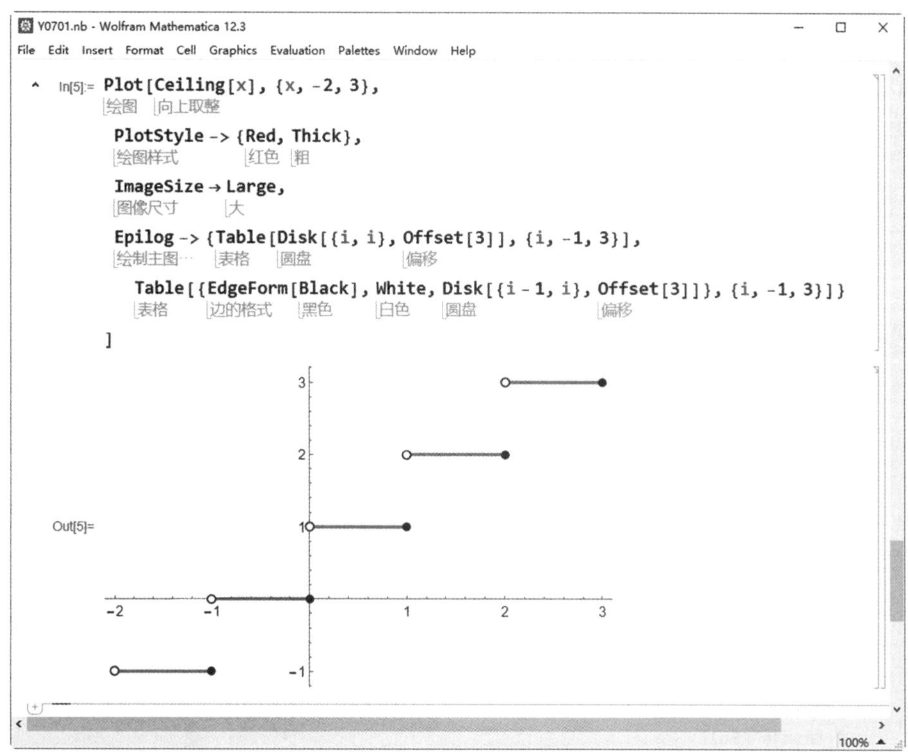

图 7-5　绘制分段函数

这里添加了一条语句：AspectRatio→Automatic 使得横轴和纵轴上的显示尺度相同，否则，圆盘将显示为椭圆盘。

7.1.2 DiscretePlot 函数

DiscretePlot 函数用于绘制离散(时间)序列的图形，其基本语法为“DiscretePlot[序列，{变量，最小值，最大值，步长}]”，其中，“最小值”为 1 可省略，步长为 1 可省略；“序列”可以为多个序列，当有多个序列时，使用花括号“{ }”括起来。DiscretePlot 函数的典型实例如图 7-6 所示。

在图 7-6 中，“In[1]”使用 Table 函数生成了一个正弦函数序列 x，使用了分号“;”结尾，表示这一行代码的输出不显示在笔记本中。然后，“In[2]”调用 DiscretePlot 函数绘制离散序列图，其中，各个参数选项的作用如下：

(1) x[[n]]，{n，1，Length[x]}，表示绘制的序列为 x，长度为从 1 至 x 的最后一个数据点。

(2) FrameTicks 的语法为 FrameTicks→{{左边框，右边框}，{下边框，上边框}}，如果某个边框不进行标注，则使用 None。各个边框标注的方法为{{值 1，字符串 1}，{值 2，字符串 2}，…}，即在“值 1”处显示标注“字符串 1”，因此，在图 7-6 中，下述代码

```
FrameTicks→{{{-1.,"-1.0"},{-0.5,"-0.5"},{0,"0"},{0.5,"0.5"},{1.,"1.0"}},None},
          {{{1,"0"},{13,"π/2"},{25,"π"},{37,"3π/2"},{49,"2π"}},None}}
```

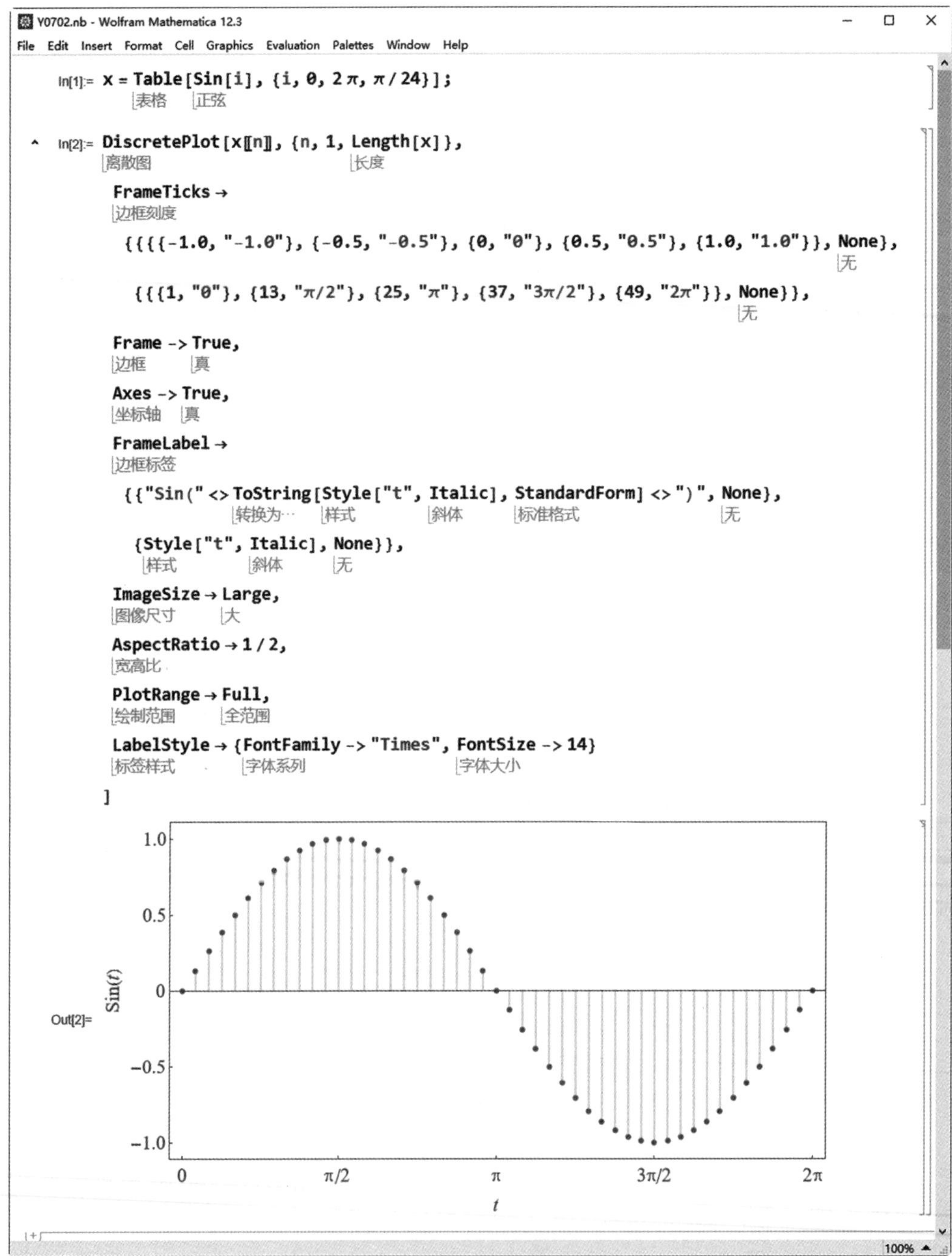

图 7-6　散离序列图典型实例

的含义为：在左边框上标注 −1.0、−0.5、0、0.5、1.0；在下边框上标注 0、π/2、π、3π/2 和 2π。

(3) LabelStyle→{FontFamily−>"Times",FontSize→14}，表示使用“新罗马”字体，字号大小为 14。

DiscretePlot 函数可用于同时绘制多个离散序列，如图 7-7 所示。

```
In[3]:= x = Table[Sin[i], {i, 0, 2 π, π / 24}];

In[4]:= DiscretePlot[{x[[n]], x[[n]] + 1}, {n, 1, Length[x]},
    FrameTicks →
     {{{{-1.0, "-1.0"}, {-0.5, "-0.5"}, {0, "0"}, {0.5, "0.5"}, {1.0, "1.0"}}, None},
      {{{1, "0"}, {13, "π/2"}, {25, "π"}, {37, "3π/2"}, {49, "2π"}}, None}},
    Frame -> True, Axes -> True,
    FrameLabel →
     {{"Sin(" <> ToString[Style["t", Italic], StandardForm] <> ")", None},
      {Style["t", Italic], None}},
    ImageSize → Large, AspectRatio → 1 / 2, PlotRange → Full,
    LabelStyle → {FontFamily -> "Times", FontSize -> 14}]
```

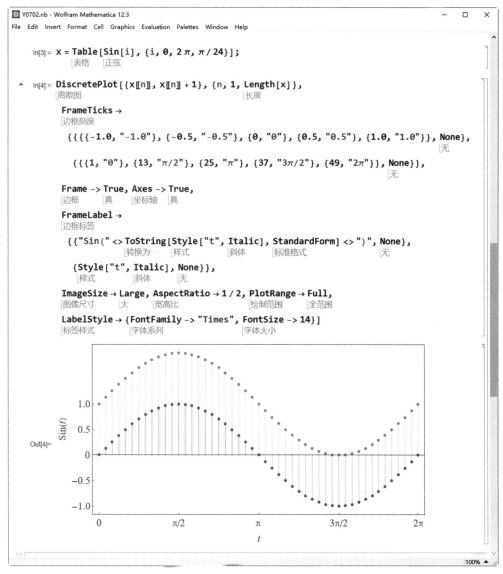

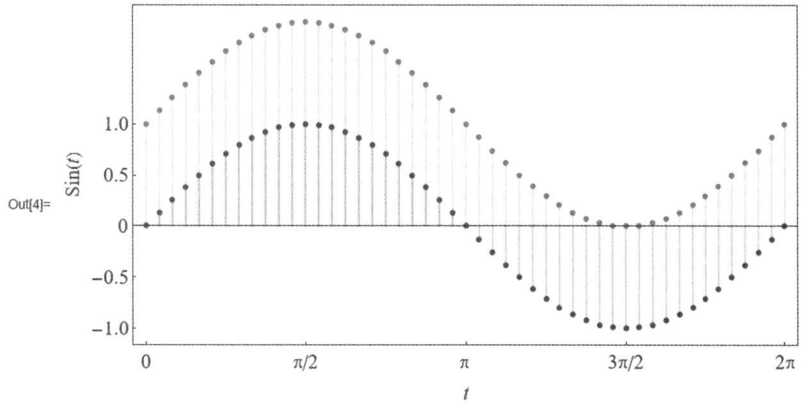

图 7-7 DiscretePlot 函数绘制两个序列

在图 7-7 中，绘制的曲线为{x[[n]],x[[n]]+1}。DiscretePlot 函数可用于绘制离散时间信号，多用于“信号与系统”等课程中。

7.1.3 ListPlot 函数

ListPlot 函数用于列表的绘制，典型语法为“ListPlot[列表或多个列表]”，如果为“多个列表”，需使用花括号“{ }”将“多个列表”括起来，即以嵌套列表的形式。ListPlot 函数最常用的选项为 Filling 和 PlotMarkers。ListPlot 函数的典型应用实例如图 7-8 所示。

在图 7-8 中，ListPlot 函数绘制了一个正弦序列和一个余弦序列，即{Table[Sin[i],{i,0,2π,π/12}],Table[Cos[i],{i,0,2π,π/12}]}；“PlotMarkers→"OpenMarkers"”表示使用

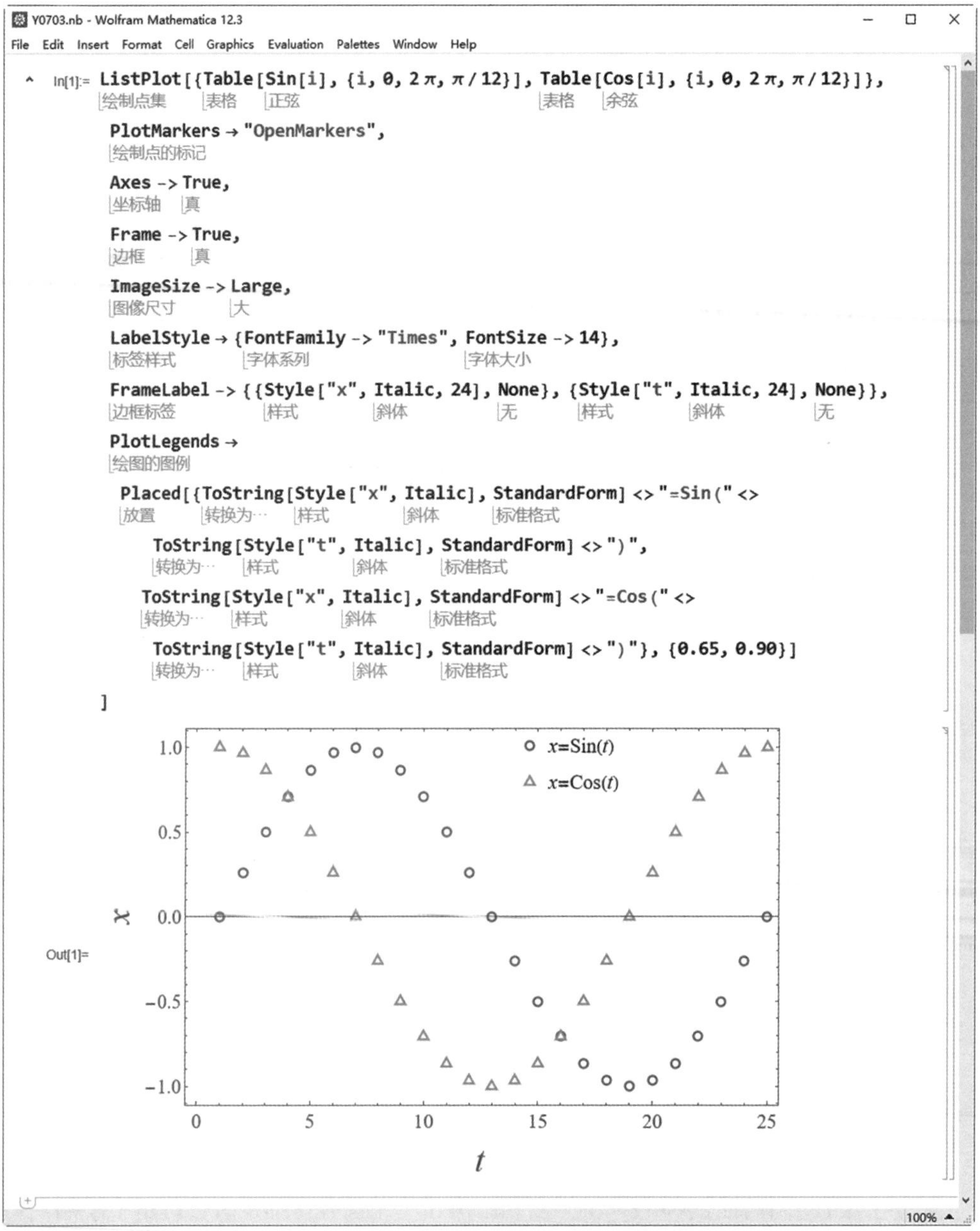

Y0703.nb - Wolfram Mathematica 12.3

File Edit Insert Format Cell Graphics Evaluation Palettes Window Help

```
In[1]:= ListPlot[{Table[Sin[i], {i, 0, 2π, π/12}], Table[Cos[i], {i, 0, 2π, π/12}]},
          PlotMarkers → "OpenMarkers",
          Axes -> True,
          Frame -> True,
          ImageSize -> Large,
          LabelStyle → {FontFamily -> "Times", FontSize -> 14},
          FrameLabel -> {{Style["x", Italic, 24], None}, {Style["t", Italic, 24], None}},
          PlotLegends →
           Placed[{ToString[Style["x", Italic], StandardForm] <> "=Sin(" <>
              ToString[Style["t", Italic], StandardForm] <> ")",
             ToString[Style["x", Italic], StandardForm] <> "=Cos(" <>
              ToString[Style["t", Italic], StandardForm] <> ")"}, {0.65, 0.90}]
        ]
```

Out[1]=

x=Sin(t)
x=Cos(t)

图 7-8　ListPlot 函数典型应用实例

Wolfram 语言预定义的标记绘制点，这里第一个序列的点用“圆圈”表示，第二个序列的点用“三角”表示；LabelStyle→{FontFamily->"Times",FontSize→14}表示标签使用“新罗马”字体，且字号为 14 号。ToString[Style["x",Italic],StandardForm]<>"=Sin("<>ToString[Style["t",Italic],StandardForm]<>")"表示“x=Sin(t)”。Style["t",Italic,24]表示字符“t”用斜体和 24 号字体表示。在图 7-8 中，下边框和左边框的标签(t 和 x)明显比坐标轴上显示的数字的字号要大。

Filling 选项用于指定点列的“填充”，如图 7-9 所示。

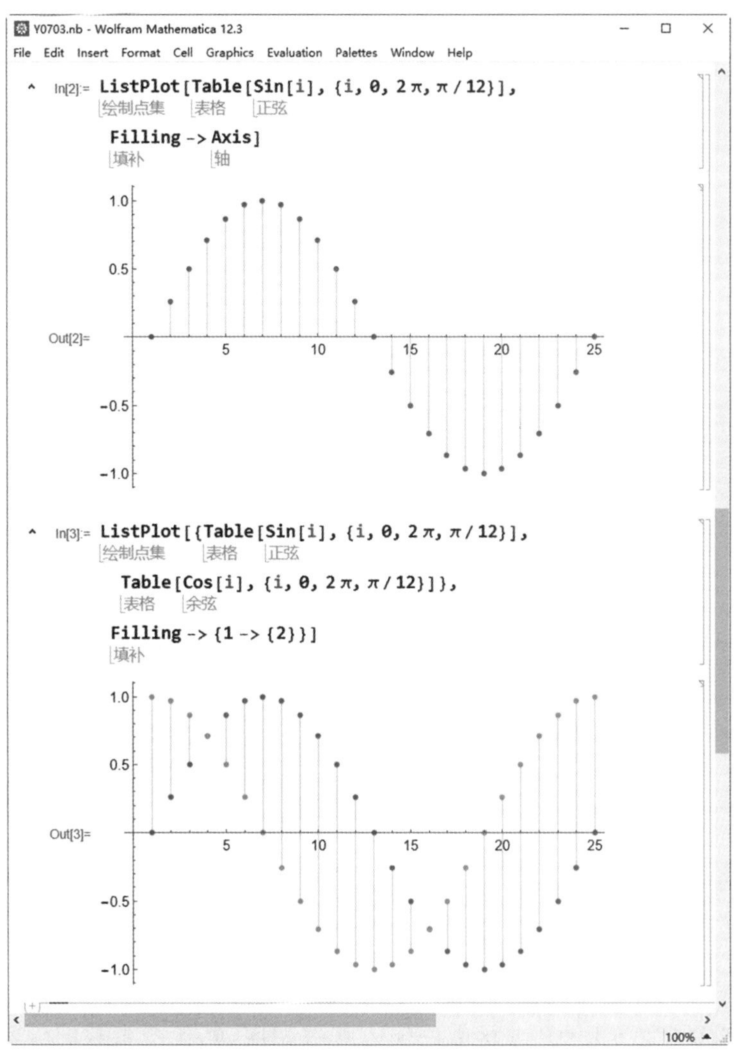

图 7-9　Filling 选项用法实例

在图 7-9"In[2]"中的"Filling→Axis"表示绘制每个点与横轴之间的线段，使用这个选项的 ListPlot 函数与 DiscretePlot 函数的基本功能相似；在"In[3]"中，Filling→{1→{2}}表示第一个序列的点与第二个序列的点之间的线段被绘制出来。在不指定点的"标记"方式的情况下，默认使用颜色区分不同列表中的点。

ListPlot 函数的参数为{{x_1,y_1},{x_2,y_2},{x_3,y_3},…}时，将以{x_i,y_i}为点的横、纵坐标绘点，如图 7-10 所示。

在图 7-10 中，绘制了分布在 $x^2+y^2=25$ 的圆上的点。这里的 Table[{x,$\sqrt{25-x^2}$},{x,−5,5,0.1}]构成了该圆的上半圆周上的点列，而 Table[{x,$-\sqrt{25-x^2}$},{x,−5,5,0.1}]构成了该圆的下半圆周上的点列，列表中的每个元素均为{x_i,y_i}的形式；使用 AspectRatio→Automatic 可使得横轴和纵轴的长度比例为 1，圆周呈圆形，否则，圆周会呈现椭圆形。

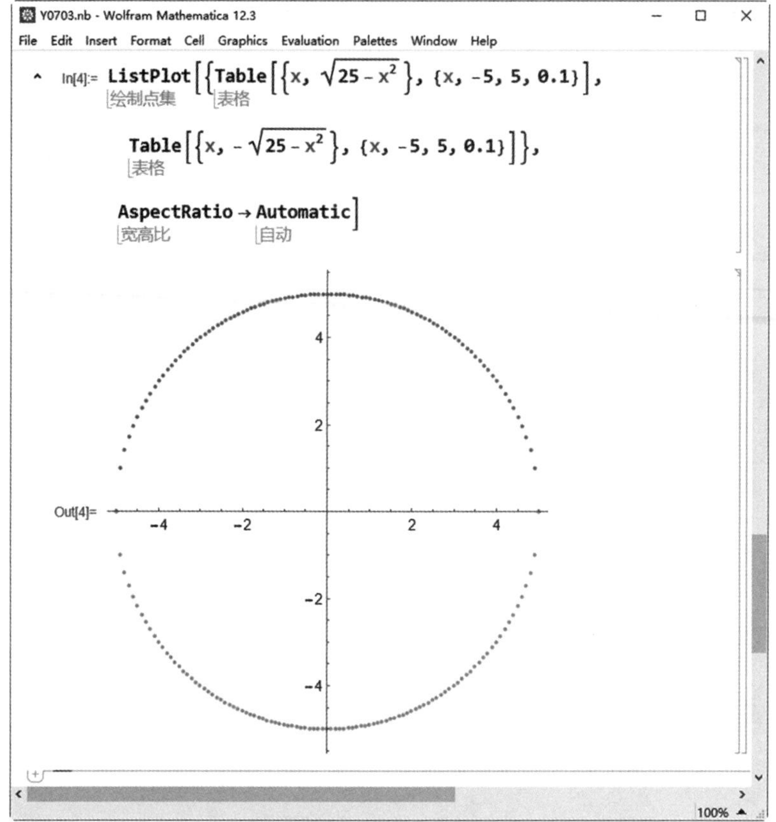

图 7-10 ListPlot 函数使用{x_i,y_i}形式列表参数的情况

7.1.4 ListLinePlot 函数

ListLinePlot 函数与 ListPlot 函数的输入参数相同,其各个参数的含义也相同,但是 ListPlot 绘制列表中的各个点,而 ListLinePlot 函数绘制列表中各个点的连线(默认情况不标记各个点)。将图 7-10 中"In[4]"的 ListPlot 函数更换为 ListLinePlot 函数,此时将不绘制各个点,而是绘制连通各个点的连线,其结果如图 7-11 所示。

在图 7-11 中,为了使得圆的显示效果更佳,在 Table 循环中使用了步长 0.01(在图 7-10 中步长为 0.1)。

7.1.5 Graphics 函数

Graphics 函数用于将二维图形图元数据转化为可视图形,其基本语法为:Graphics[二维图形图元, 选项参数],这里最常用的"选项参数"为"Frame－> True, FrameLabel－>{{左边框,右边框},{下边框,上边框}}",表示绘制边框,并为边框添加标签;而常用的"二维图形图元"为如下的图元函数。

(1) 圆。

Circle[{x,y}, r]生成圆心在坐标{x,y}处、半径为 r 的圆圈。

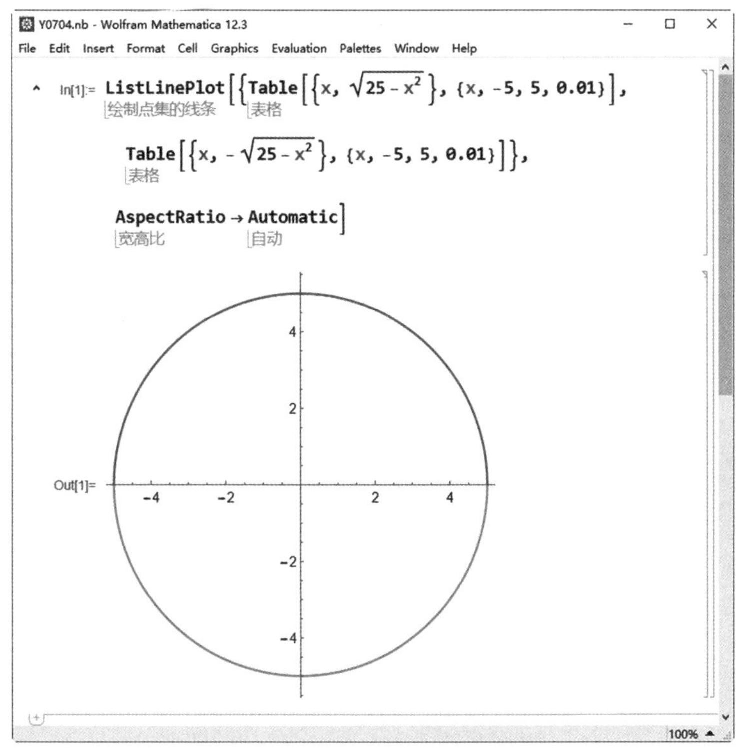

图 7-11 ListLinePlot 函数典型实例

(2) 圆盘。

Disk[{x,y}, r]生成圆心在坐标{x,y}处、半径为 r 的填充圆盘。

(3) 文本。

Text[字符串, {x,y}]在坐标{x,y}处显示“字符串”。

(4) 点。

Point[{x,y}]生成坐标{x,y}处的点。

(5) 线段。

Line[{{x1,y1},{x2,y2},…}]生成连接{x1,y1}、{x2,y2}等点的线段。

(6) 矩形。

Rectangle[{x1,y1},{x2,y2}]以{x1,y1}为左下角、以{x2,y2}为右上角生成实心矩形。

(7) 三角形。

Triangle[{{x1,y1},{x2,y2},{x3,y3}}]生成以点{x1,y1}、{x2,y2}和{x3,y3}为顶点的实心三角形。

(8) 多边形。

Polygon[{{x1,y1},{x2,y2},…}]生成以点{x1,y1}和{x2,y2}等为顶点的实心多边形。

上述介绍的函数均用于生成图元数据。图形往往具有多种属性,例如线型和颜色等,这里需要借助于 Directive 函数将这些属性包括起来,例如,Directive[Blue, Thick, Dashed],指定图元使用蓝色粗虚线绘制。此外,常用 EdgeForm 和 FaceForm 指定图形的边和图面的属性。其他常用的属性通过 Thickness、RGBColor、Opacity、GrayLevel、Dashing 和 PointSize 等函数指定，分别表示粗细、颜色、透明度、灰度、虚线和点的大小等。

Graphics 函数的功能十分强大；而 Plot 等函数由于本身已生成了 Graphics 对象，从而无须使用 Graphics 进行处理，例如，Plot[Sin[x],{x,0,2π}]和 Graphics[Plot[Sin[x],{x,0,2π}]]是相同的功能。这里重点介绍上述 8 种“二维图形图元”函数借助于 Graphics 函数生成二维图形的实例，如图 7-12 所示。

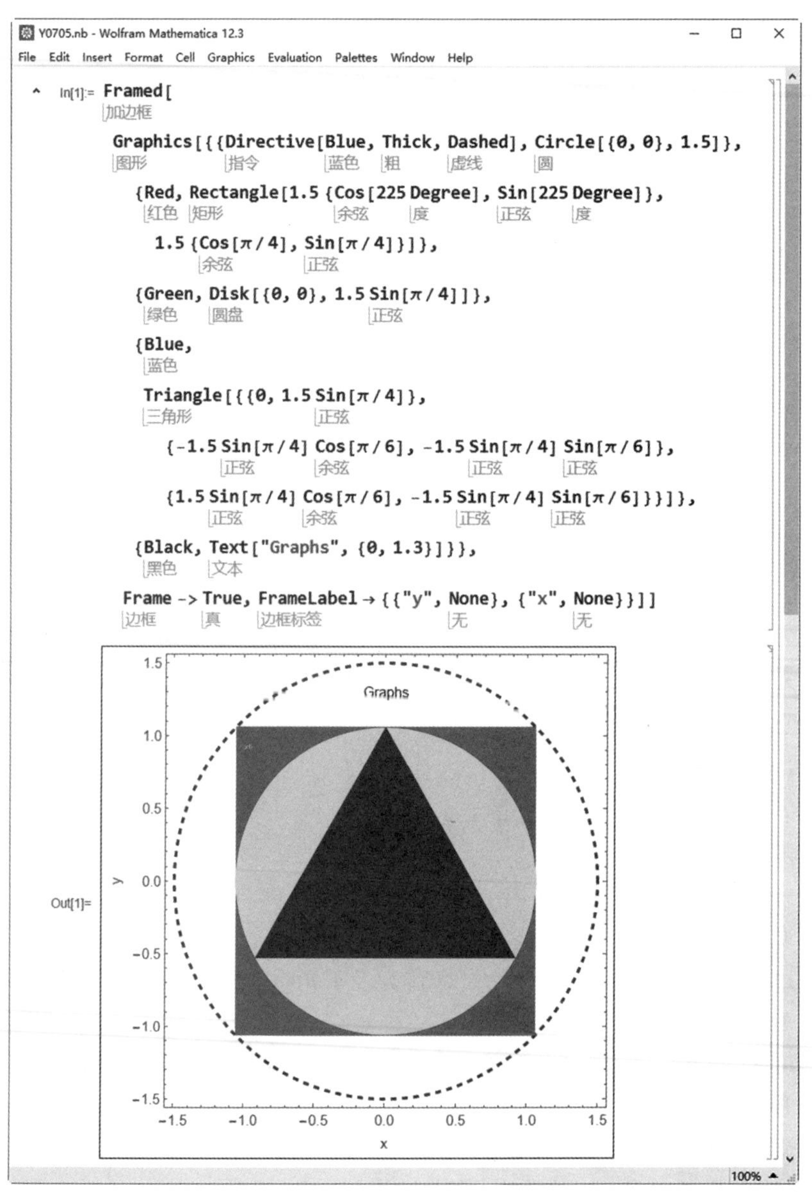

图 7-12　Graphics 函数典型实例

在图 7-12 中，Framed 函数用于给整个图形添加一个边框；Graphics 函数中共绘制了四个图形和一个文本，依次为：使用蓝色粗虚线作的圆(半径为 1.5，圆心坐标为{0,0})、红

色的内接填充正四边形、绿色的圆盘(作为正四边形的内切圆)、蓝色的正三角形(圆盘的内接正三角形)和一个黑色的文本“Graphs”。图 7-12 中,图形的坐标均使用了绝对坐标。

7.1.6 PolarPlot 函数

PolarPlot 函数是 Plot 函数的极坐标版本,其基本语法为:PolarPlot[r(θ),{θ,起始角度,终止角度}],其中,r(θ)是以极坐标表示的曲线函数。当绘制多条曲线时,使用{r_1(θ),r_2(θ),…}替换 r(θ)。PolarPlot 函数的典型实例如图 7-13 所示。

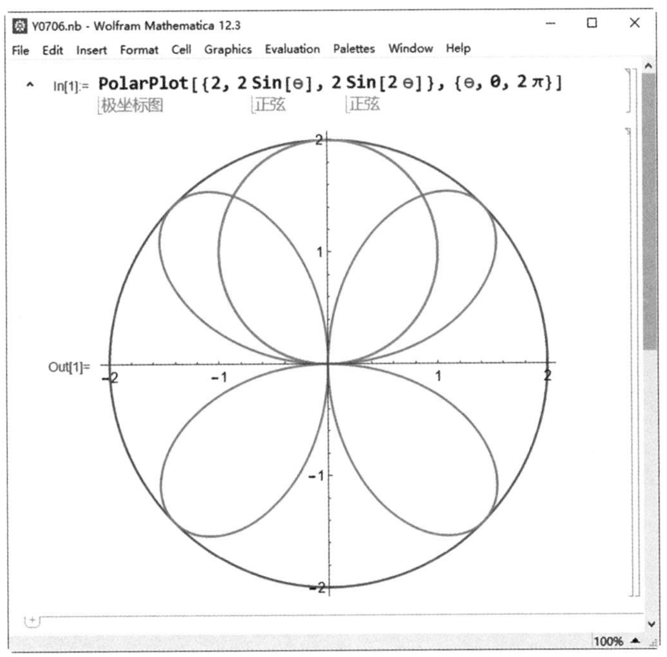

图 7-13 PolarPlot 函数的典型实例

在图 7-13 中,绘制了三个极坐标函数的曲线,即 r=2、r=2Sin(θ)和 r=2Sin(2θ)。在 Mathematica 中,θ 可以用作变量,输入方法为“Esc+th+Esc”键。

7.1.7 ParametricPlot 函数

ParametricPlot 函数是 Plot 函数的参数方程版本,其基本语法为:

```
ParametricPlot[{x(t), y(t)}, {t, 初值,终值}]
```

或

```
ParametricPlot[{x(u,v),y(u,v)},{u, 初值, 终值}, {v, 初值, 终值}]
```

其中,x(t)表示曲线在 x 轴上的取值为 t 的函数,y(t)表示曲线在 y 轴上的取值为 t 的函数。当绘制多条曲线时,使用{{x_1(t),y_1(t)},{x_2(t),y_2(t)},…}替换{x(t),y(t)}。

已知长轴为 5、短轴为 3 的椭圆曲线的参数方程为

$$\begin{cases} x(t) = 5\text{Sin}(t) \\ y(t) = 3\text{Cos}(t) \end{cases}$$

图 7-14 中绘制了上述参数方程的图形。

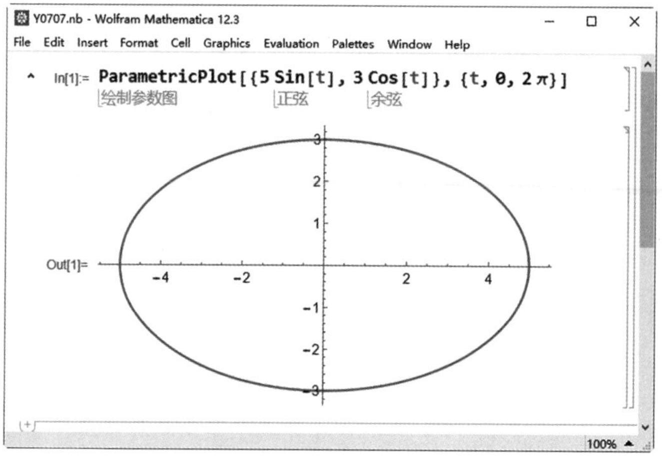

图 7-14　椭圆曲线

7.1.8 ContourPlot 函数

ContourPlot 函数用于绘制等高线，例如，绘制函数 f 的等高线图，使用"ContourPlot[f, {x, x_{min}, x_{max}}, {y, y_{min}, y_{max}}]"；同时，ContourPlot 函数也可用于绘制隐函数的曲线，即"ContourPlot[f==g, {x, x_{min}, x_{max}}, {y, y_{min}, y_{max}}]"。ContourPlot 函数的典型应用实例如图 7-15 所示。

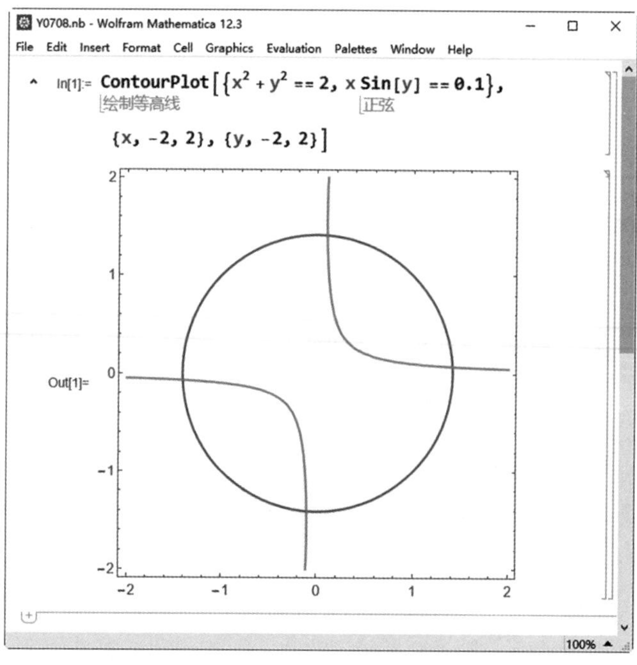

图 7-15　ContourPlot 函数典型实例

图 7-15 中绘制了两个隐函数的图形，其中，$x^2+y^2=2$ 为圆，而 xSin(y)=0.1 为关于原点的中心对称曲线。

7.1.9　BarChart 函数

BarChart 函数用于绘制序列的条形图，基本用法为“BarChart[列表，选项]”，常用的选项有 ChartLabels 和 ChartElements，分别用于指定每个柱形元素的标签和形状，典型应用实例如图 7-16 所示。

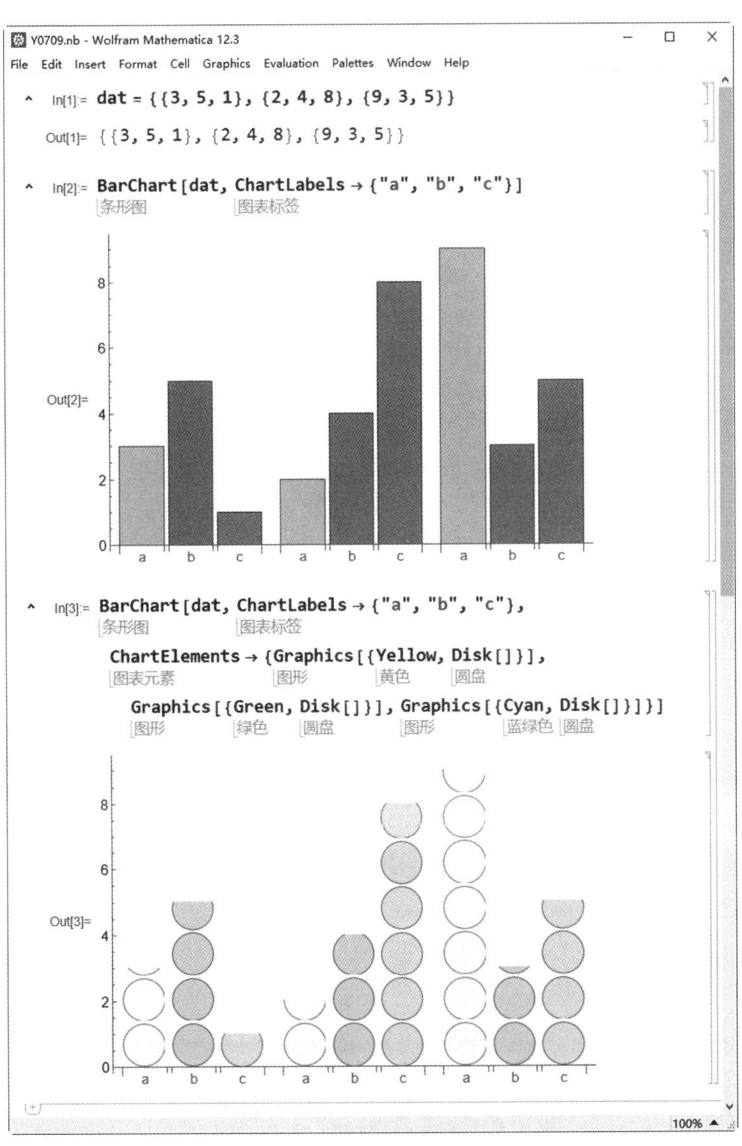

图 7-16　BarChart 典型应用实例

在图 7-16 中，“In[1]”输入一个嵌套列表 dat；“In[2]”使用 BarChart 函数绘制列表 dat 的柱状图，选项 ChartLabels 用于标注每个柱状图的标签；“In[3]”在“In[2]”的基础上，添加了一个选项 ChartElements，用于指定绘制柱状图的图形元素，这里使用黄色、绿色和蓝绿色的圆盘绘制柱状图。

7.1.10 PieChart 函数

PieChart 函数用于制作饼状图，其基本语法为“PieChart[列表，选项]”，常用的选项有 ChartLabels 和 SectorSpacing，用于确定各部分的标签和距离。PieChart 函数的典型应用实例如图 7-17 所示。

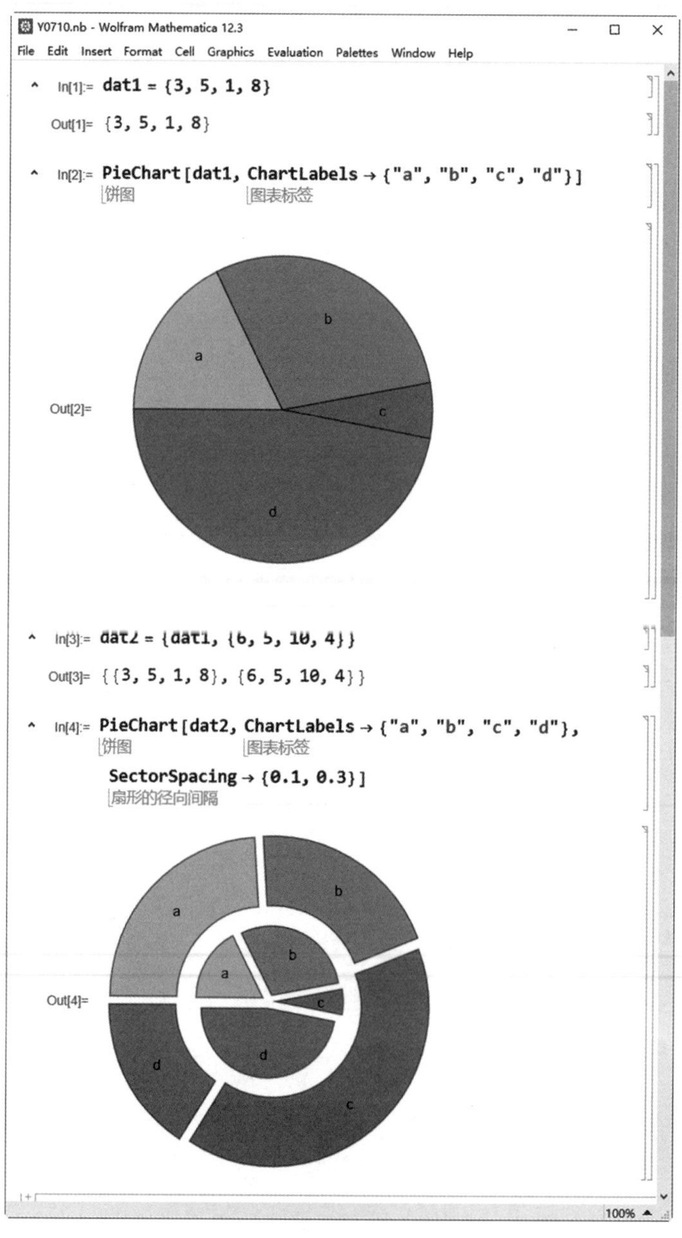

图 7-17　PieChart 函数的典型应用实例

在图 7-17 中，“In[1]”输入一个列表 dat1；“In[2]”调用 PieChart 函数绘制列表 dat1 的饼状图，其中，ChartLabels 用于为各个部分指定标签名；“In[3]”生成一个二维列表 dat2；“In[4]”调用 PieChart 绘制 dat2 的饼状图，选项 SectorSpacing 用于指定各个扇形的间距（这里是 0.1）和同心的两个饼图的间距（这里为 0.3）。

7.1.11 Show 函数

Show 函数有两个作用，其一用作为已有的图形添加新的选项，使之具有所需要的显示效果；其二为将多个图形叠加显示。Show 函数的典型应用实例如图 7-18 所示。

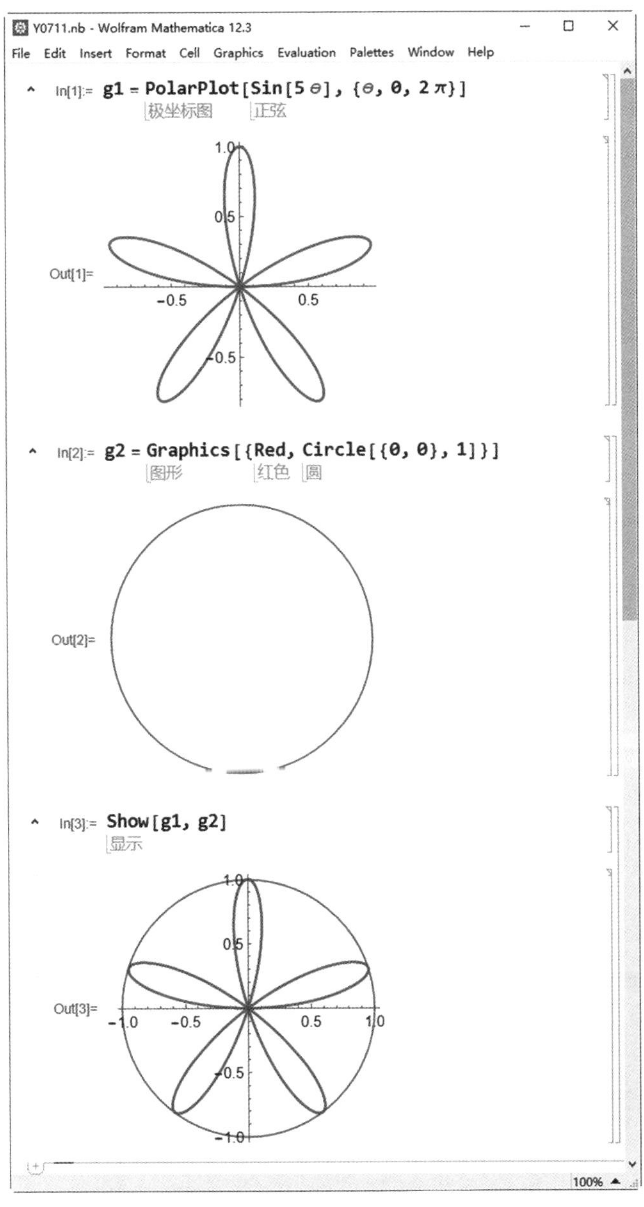

图 7-18 Show 函数的典型应用实例

在图 7-18 中，"In[1]"使用 PolarPlot 函数绘制了图形 g1；"In[2]"使用 Graphics 输出了红色的圆圈 g2；"In[3]"调用 Show 函数将两者叠加在一幅图像中。

7.1.12 GraphicsGrid 函数

GraphicsGrid 函数将多个图形按矩阵组合进行显示，其语法为："GraphicsGrid[{{g11, g12, …}, {g21, g22, …}, …}]"，其中的参数为二维嵌套列表，每个子列表对应着一行图形对象，子列表的个数为组合图像的行数。GraphicsGrid 函数的典型用法实例如图 7-19 所示。

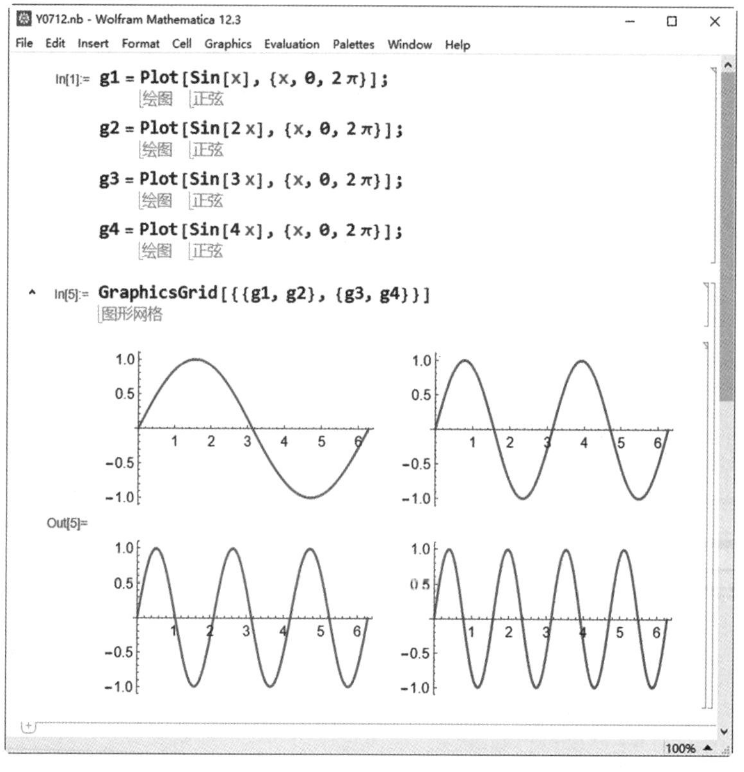

图 7-19　GraphicsGrid 函数典型用法实例

在图 7-19 中，"In[1]"首先绘制了正弦信号 Sin(x)的图形 g1，这里使用了分号";"表示图形 g1 不显示；然后，依次绘制了正弦信号 Sin(2x)、Sin(3x)和 Sin(4x)的图形 g2、g3 和 g4。"In[5]"调用 GraphicsGrid 函数生成两行两列的图像显示阵列，第一行显示 g1 和 g2；第二行显示 g3 和 g4，如图 7-19 中的"Out[5]"所示。这里的 GraphicsGrid 函数和前一节的 Show 函数都可以用于三维图形的组合显示。

7.2 三维绘图

Mathematica 软件具有强大的三维绘图功能，这里重点讨论常用的 10 种函数，即 Plot3D、DiscretePlot3D、ParametricPlot3D、RevolutionPlot3D、SphericalPlot3D、ListPlot3D、

ContourPlot3D、ListContourPlot3D、ListSurfacePlot3D 和 Graphics3D 函数，并主要讨论这些函数常用的参数配置和典型用法。

7.2.1 Plot3D 函数

在三维直角坐标系中绘制函数 z=f(x, y)的图形(空间曲面)使用函数 Plot3D，其基本语法为：

```
Plot3D[f(x,y), {x, x_min, x_max}, {y, y_min, y_max}, 选项]
```

或

```
Plot3D[{f_1(x,y), f_2(x,y), …}, {x, x_min, x_max}, {y, y_min, y_max}, 选项]
```

后者用于绘制多个图形。这里常用的选项有 Mesh 和 BoxRatios，分别用于设置曲面上的网络线和三个坐标轴的比例(默认为 1 : 1 : 0.4)。Plot3D 函数的典型用法实例如图 7-20 所示。

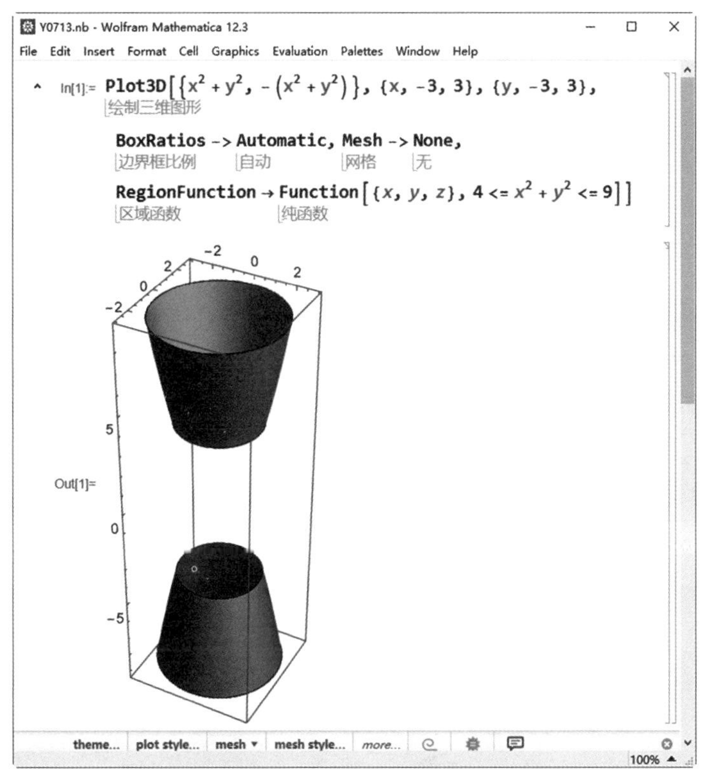

图 7-20 Plot3D 函数的典型用法实例

在图 7-20 中，绘制了两个关于 x-y 平面对称的曲面，其中选项 BoxRatios 设为 Automatic，表示三个坐标轴的尺度比例相同；Mesh 设为 None，表示在曲面上不绘制网格线；RegionFunction 用于设定函数的取值区域，借助于 Function 函数(纯函数)指定范围，这里的设定表示绘制 z 轴上 z=4 和 z=9 两个平面间的曲面。

7.2.2 DiscretePlot3D 函数

DiscretePlot3D 函数绘制在平面上离散取值的函数图形，典型用法为：

```
DiscretePlot3D[f(i,j), {i, imin, imax, di}, {j, jmin, jmax, dj}]
```

或

```
DiscretePlot3D[f(i,j), {i, {i1, i2, …}}, {j, {j1, j2, …}}]
```

其中，"{i, i_{min}, i_{max}, di}"表示 i 从 i_{min} 按步长 di 增至 i_{max}，当步长 di 为 1 时可以省略。同理，"{j, j_{min}, j_{max}, dj}"表示 j 从 j_{min} 按步长 dj 增至 j_{max}，当步长 dj 为 1 时可以省略。"{i, {i_1, i_2, …}}"表示 i 从列表{i_1, i_2, …}中取值；"{j, {j_1, j_2, …}}"表示 j 从列表{j_1, j_2, …}中取值。DiscretePlot3D 函数的典型用法实例如图 7-21 所示。

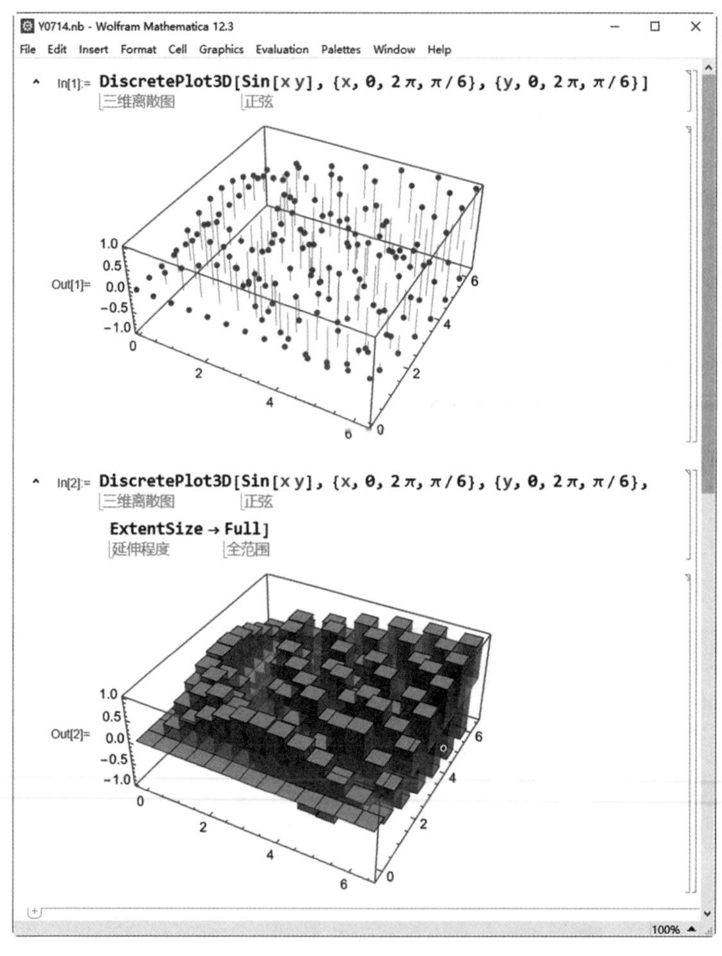

图 7-21　DiscretePlot3D 函数的典型用法实例

在图 7-21 中，绘制了 z=Sin(xy)的离散图形，"In[1]"是标准的散点图，而"In[2]"中添加了常用选项"ExtentSize→Full"，表示每个散离点用以其为中心的矩形区域表示，这种情况下，当所有的散离点位于同一平面时，表示这些点的小矩形区域将覆盖整个平面。显然，

与“Out[1]”中的图形相比，“Out[2]”所示的图形更加形象。

7.2.3 ParametricPlot3D 函数

ParametricPlot3D 函数基于参数方程绘制三维曲线或曲面，典型语法为：

```
ParametricPlot3D[{fx, fy, fz}, {u, umin, umax}]
```

或

```
ParametricPlot3D[{fx, fy, fz}, {u, umin, umax}, {v, vmin, vmax}]
```

这里的 fx、fy 和 fz 分别为 x、y 和 z 方向上的函数。ParametricPlot3D 函数的典型实例如图 7-22 所示。

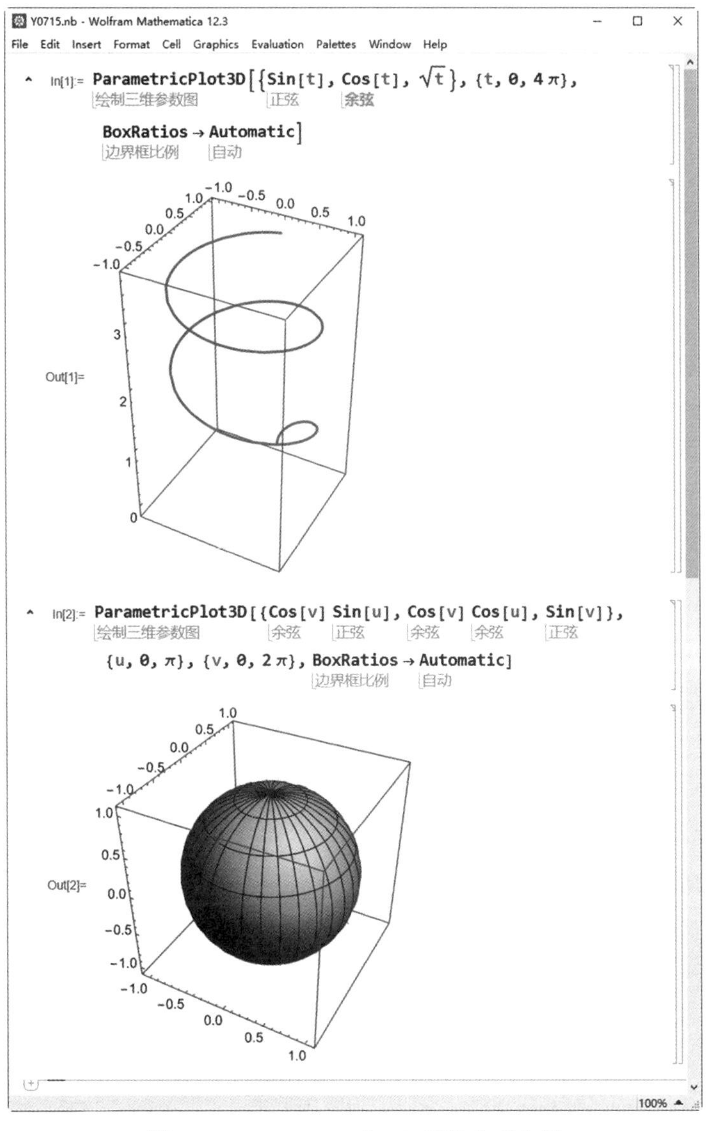

图 7-22 ParametricPlot3D 函数典型实例

在图 7-22 中,"In[1]"调用 ParametricPlot3D 函数绘制了一条三维曲线；而"In[2]"调用 ParametricPlot3D 函数绘制了一个球面。

7.2.4 RevolutionPlot3D 函数

RevolutionPlot3D 函数用绘制绕 z 轴旋转的曲面,其常用语法如下：

(1) RevolutionPlot3D[fz, {x, xmin, xmax}],这里 fz 为 x 的函数。

(2) RevolutionPlot3D[{fx,fz},{t, tmin, tmax}],这里 fx 和 fz 为 t 的参数方程。

(3) RevolutionPlot3D[{fx,fz},{t, tmin, tmax}, {θ,θmin,θmax}],这里的 θ 为绕 z 轴转动的角度。

RevolutionPlot3D 函数的典型用法实例如图 7-23 所示。

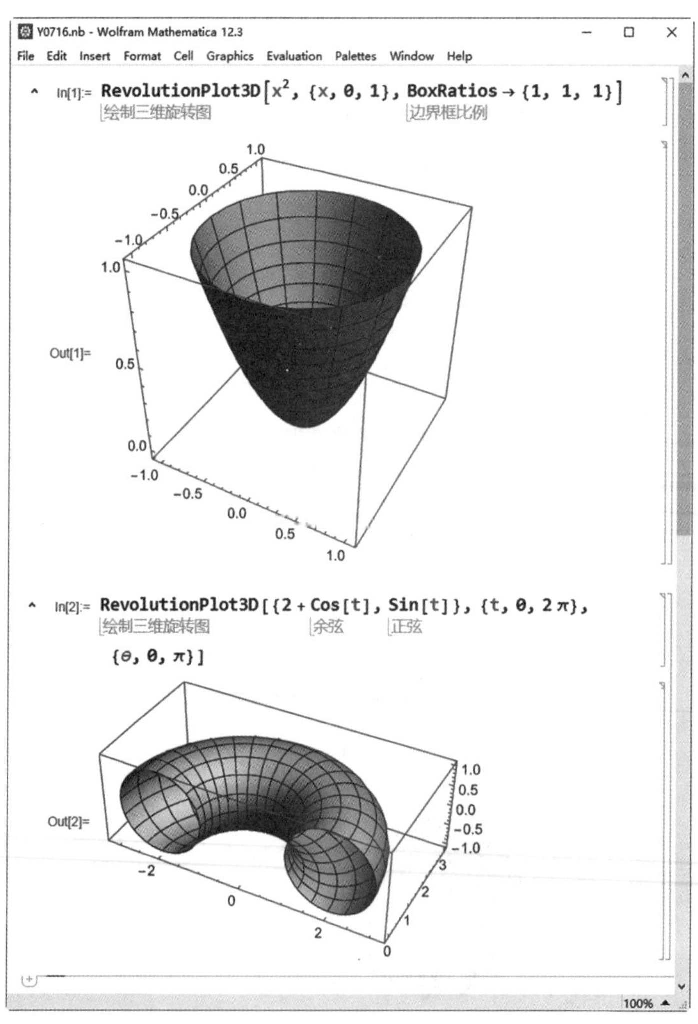

图 7-23 RevolutionPlot3D 函数典型实例

在图 7-23 中,"In[1]"绘制了 $z=x^2$ 绕 z 轴旋转的曲面；而"In[2]"绘制了 $(x-2)^2+z^2=1$(以参数方程形式)绕 z 轴旋转 180°形成的曲面。

7.2.5 SphericalPlot3D 函数

基于球坐标绘制曲面使用函数 SphericalPlot3D,其基本语法为:

```
SphericalPlot3D[r, {θ,θmin,θmax}, { , min, max}]
```

其中,θ 为纬度方向上从 z 轴正方向开始的角度,而 ϕ 为经度方向上从 x 轴正方向开始的角度,逆时针时角度为正。SphericalPlot3D 函数典型实例如图 7-24 所示。

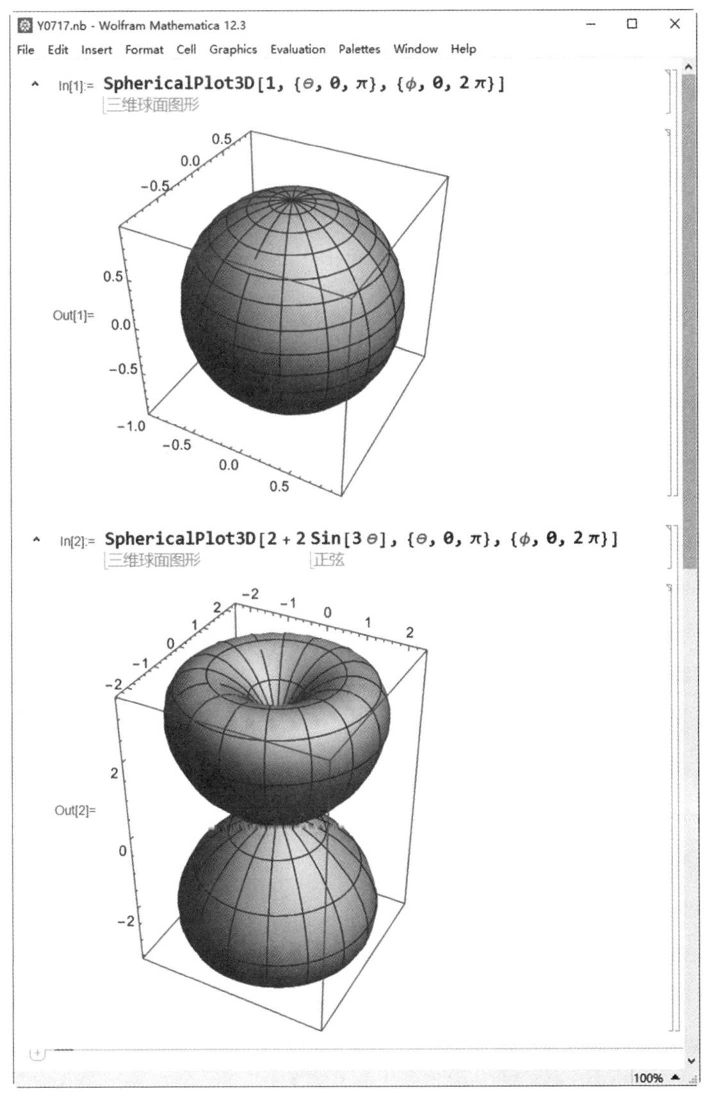

图 7-24 SphericalPlot3D 函数典型实例

在图 7-24 中,ϕ 的输入方法为"Esc+f+Esc"键。"In[1]"绘制了一个半径为 1 的单位球;"In[2]"绘制了 r=2+2Sin(3θ)的立体曲面。

7.2.6 ListPlot3D 函数

ListPlot3D 函数在三维空间中根据点列绘制曲面图，其基本语法为：

```
ListPlot3D[{{x1,y1,z1}, {x2,y2,z2}, …}]
```

即绘制点列(x1,y1,z1)、(x2,y2,z2)等。ListPlot3D 函数的典型用法实例如图 7-25 所示。

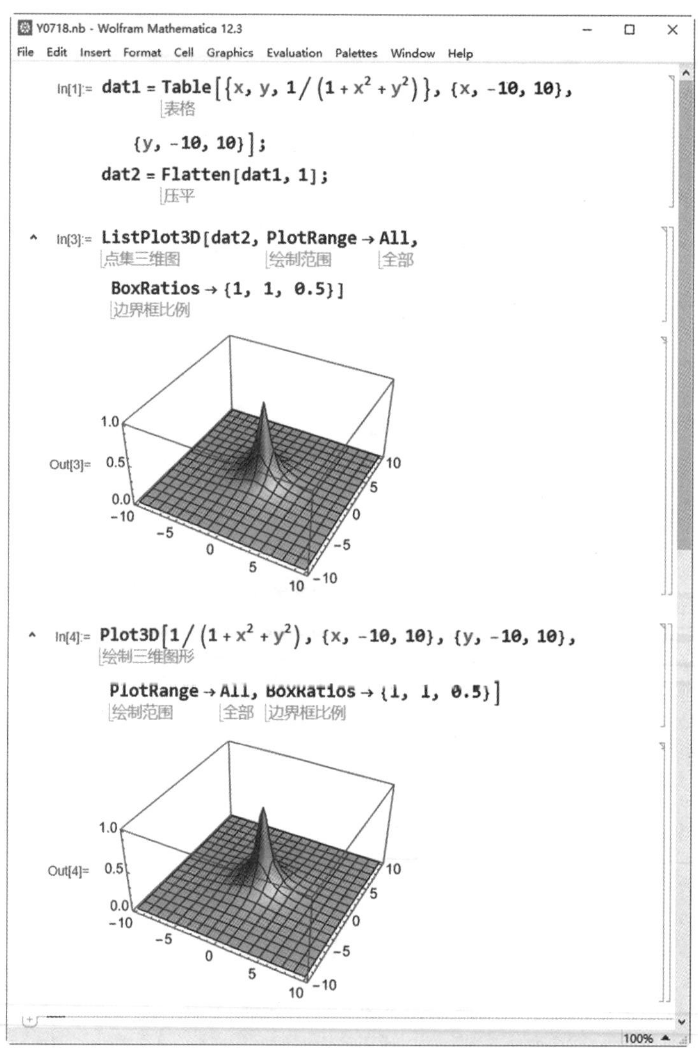

图 7-25　ListPlot3D 函数典型用法实例

在图 7-25 中，"In[1]"生成一个嵌套列表 dat1，然后，将 dat1 的第一层压平，得到列表 dat2，此时 dat2 具有形式{{x1,y1,z1}, {x2,y2,z2}, …}。"In[3]"调用 ListPlot3D 函数基于 dat2 绘制曲面，如"Out[3]"所示。"In[4]"使用 Plot3D 绘制了 $z=1/(1+x^2+y^2)$的图形，如"Out[4]"所示。比较"Out[3]"和"Out[4]"可知，两者相似(由于采样间隔 1 较大，故 Out[3]在曲面突变处更陡峭)。

7.2.7 ContourPlot3D 函数

ContourPlot3D 函数有两种功能：①绘制三维空间的等高面图，即“ContourPlot3D[f，{x，x_{min}，x_{max}}，{y，y_{min}，y_{max}}，{z，z_{min}，z_{max}}]”；②绘制等值面图，即“ContourPlot3D[f==g，{x，x_{min}，x_{max}}，{y，y_{min}，y_{max}}，{z，z_{min}，z_{max}}]”。ContourPlot3D 函数典型用法实例如图 7-26 所示。

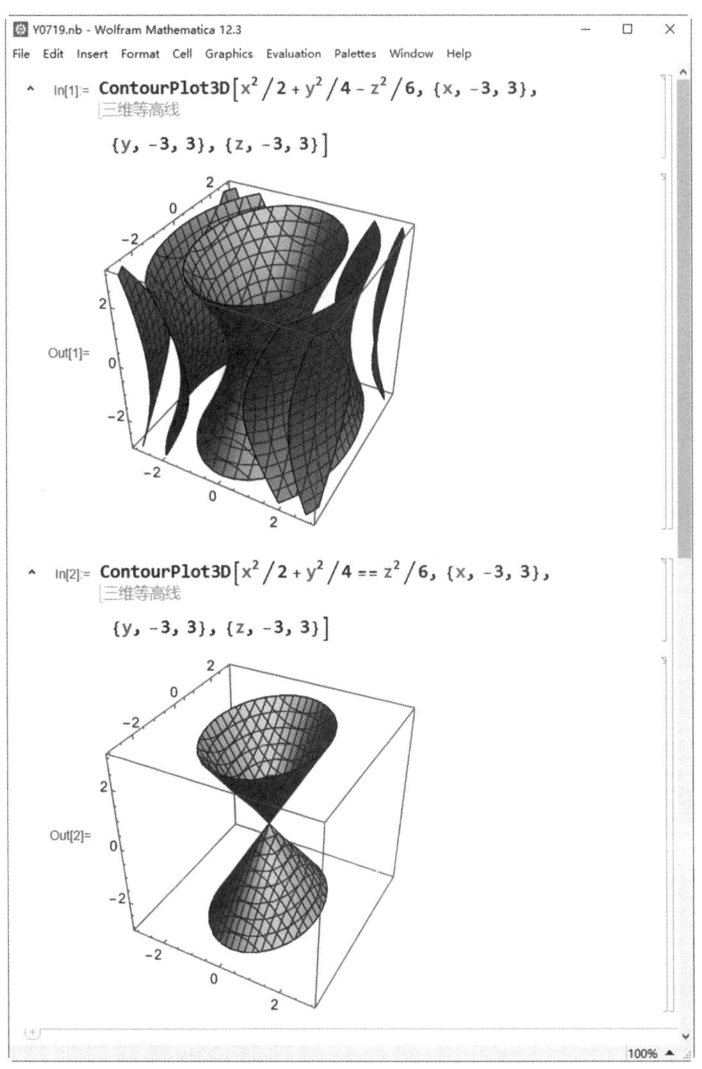

图 7-26 ContourPlot3D 函数典型用法实例

在图 7-26 中，“In[1]”绘制了 $f(x, y, z)=x^2/2+y^2/4-z^2/6$ 的等高面图；而“In[2]”绘制了 $x^2/2+y^2/4=z^2/6$ 的等值面图。

7.2.8 ListContourPlot3D 函数

ListContourPlot3D 函数基于表示离散序列的列表绘制等高面图，其典型语法为：

"ListContourPlot3D[{{x_1, y_1, z_1, f_1}, {x_2, y_2, z_2, f_2}, …}]",其中,f_n 表示 $f_n(x_n, y_n, z_n)$。ListContourPlot3D 函数典型用法实例如图 7-27 所示。

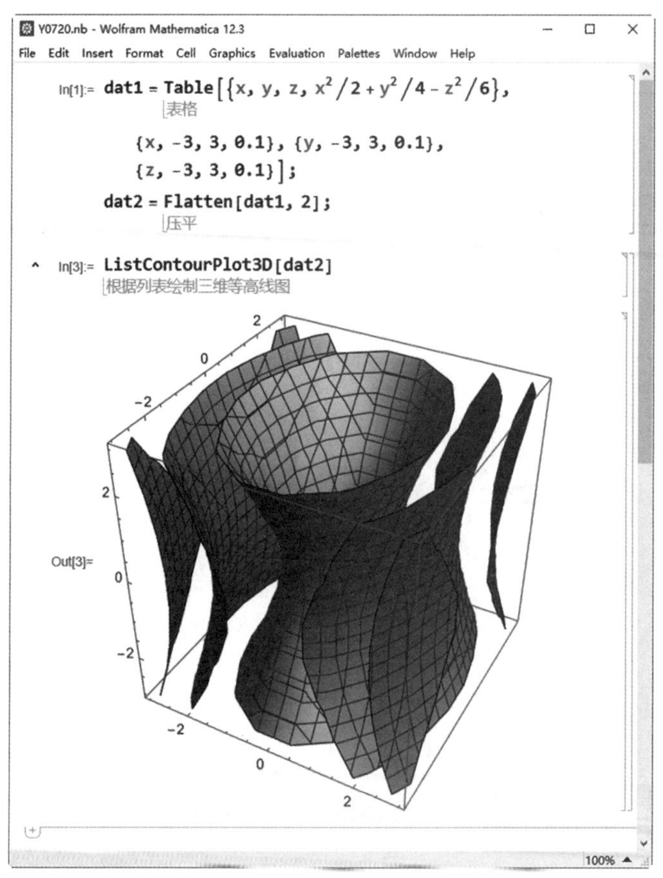

图 7-27　ListContourPlot3D 函数典型用法实例

图 7-27 中"Out[3]"显示的图形与图 7-26 中"Out[1]"中的图形相似,由于在"In[1]"中使用了步长 0.1,使得"Out[3]"中的图形不够平滑。在图 7-27 中,"In[1]"生成离散的三维点列 dat1,并将 dat1 压平为两层的嵌套列表 dat2,使其具有形式{{x_1, y_1, z_1, f_1}, {x_2, y_2, z_2, f_2}, …};"In[3]"调用 ListContourPlot3D 函数绘制列表 dat2 的等高面图。

7.2.9 ListSurfacePlot3D 函数

ListSurfacePlot3D 函数根据三维空间的点列拟合得到其曲面图,其典型语法为"ListSurfacePlot3D[{{x1, y1, z1}, {x2, y2, z2}, {x3, y3, z3}, …}]",典型实例如图 7-28 所示。

在图 7-28 中,"In[1]"生成了半径为 2 的球面列表数据 dat1,并压平 dat1 的第一层得到列表 dat2,使 dat2 具有形式{{x1, y1, z1}, {x2, y2, z2}, {x3, y3, z3}, …}。"In[3]"调用 ListSurfacePlot3D 函数绘制 dat2 的拟合曲面。

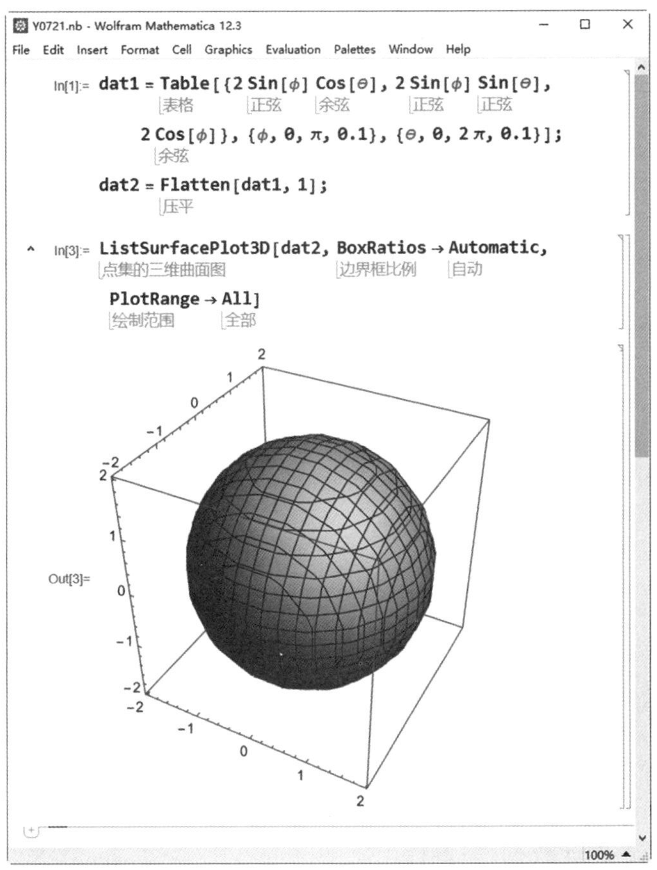

图 7-28 ListSurfacePlot3D 函数典型实例

7.2.10 Graphics3D 函数

Graphics3D 函数将一些三维图元函数产生的图形数据转化为立体图形显示出来，其中常用的三维图形图元函数包括：

1. 点

Point[{x,y,z}]生成在坐标(x,y,z)处的点。

2. 线

Line[{{x1,y1,z1}, {x2,y2,z2},…}]生成连接各个点的线段。

3. 实心三角形

Triangle[{{x1,y1,z1}, {x2,y2,z2}, {x3,y3,z3}}]生成连接三个点的空间填充三角形。

4. 填充多边形

Polygon[{{x1,y1,z1}, {x2,y2,z2}, {x3,y3,z3}, …}]生成连接多个点的空间填充多边形。

5. 文本

Text[表达式，{x，y，z}]在(x,y,z)坐标处以文本形式显示“表达式”。

6. 填充球

Ball[{x，y，z}，r]生成球心在(x,y,z)、半径为 r 的球。

7. 填充立方体

Cube[{x,y,z}，a]生成中心在(x,y,z)、边长为 a 的立方体。

8. 填充四面体

Tetrahedron[{{x1,y1,z1},{x2,y2,z2},{x3,y3,z3},{x4,y4,z4}]生成以四个点为顶点的实心四面体；Tetrahedron[{x,y,z}，a]生成以(x,y,z)为中心、边长为 a 的四面体。

9. 圆锥体

Cone[{{x1,y1,z1},{x2,y2,z2}},r]生成一个圆锥体，底面圆半径为 r，底面中心为(x1,y1,z1)，顶点为(x2,y2,z2)。

10. 圆柱体

Cylinder[{{x1,y1,z1},{x2,y2,z2}},r]生成一个圆柱体，顶面和底面圆的圆心坐标分别为(x1,y1,z1)和(x2,y2,z2)，半径为 r。

上述函数生成的图元数据，需要借助于 Graphics3D 函数展示出来。Graphics3D 函数典型用法实例如图 7-29 所示。

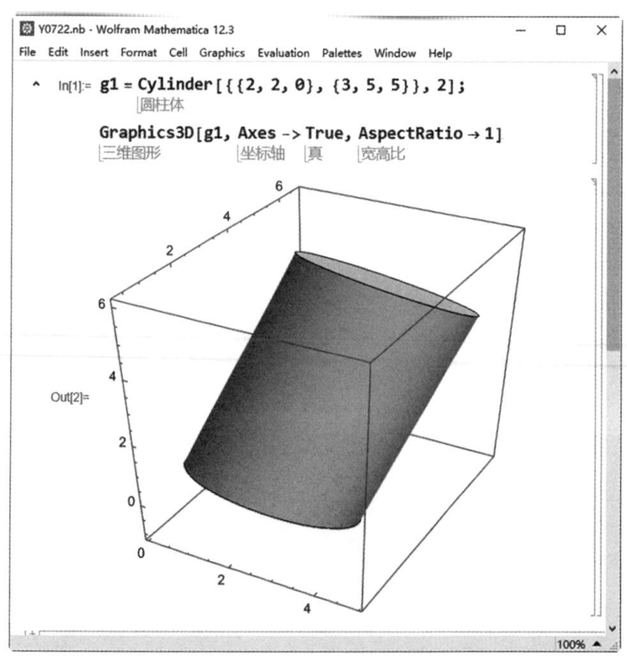

图 7-29 Graphics3D 函数典型用法实例

在图 7-29 中，使用 Graphics3D 函数和 Cylinder 函数绘制了一个圆柱体。

7.3 动画

Mathematica 软件可以创建具有复杂物理学动力特征的动画。本节借助于常用的 Animate 函数和 Manipulate 函数，通过改变绘图函数的参数实现动画效果。

7.3.1 Animate 函数

Animate 函数用于播放动画，其语法为“Animate[绘图表达式，{u，u_{min}，u_{max}，step}]”或“Animate[绘图表达式，{u，{u_1，u_2，…，u_n}}]”。其中，“{u，u_{min}，u_{max}，step}”表示控制参数 u 从 u_{min} 依步长 step 增加到 u_{max}，当步长 step 为 1 时可省略；“{u，{u_1，u_2，…，u_n}}”表示 u 在列表“{u_1，u_2，…，u_n}”中依次顺序取值。同时，Animate 函数还可以有多个控制参量。

Animate 函数的典型用法实例如图 7-30 所示。

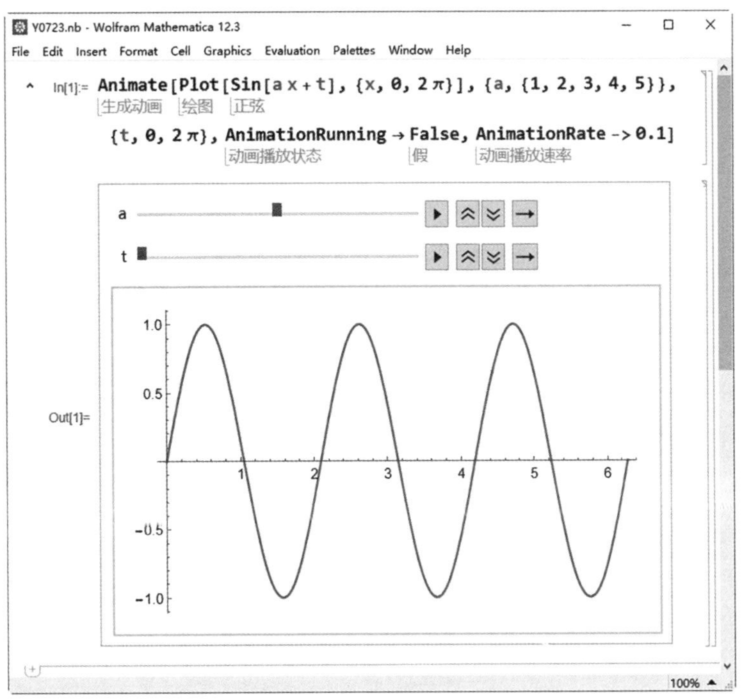

图 7-30 Animate 函数典型用法实例

在图 7-30 中，“绘图表达式”为 Plot[Sin[ax+t]，{x，0，2π}]，具有两个控制参量 a 和 t，其中，a 控制正弦波的频率，t 控制正弦波的位置。a 的取值为离散值，从列表{1，2，3，4，5}中取值；t 的取值为连续值，从 0～2π 取值。选项“AnimationRunning→False”表示动画初始状态为静止态，在图 7-30 中用鼠标左键单击播放按键“▶”启动动画；选项“AnimationRate→0.1”设置播放速度，可以在图 7-30 中动态调整。在图 7-30 中，当 a 固定时，启动动画，t 将从 0 不断增大至 2π，正弦波将连续向左移动。

Animate 函数可以实现多个图形叠加的动画。下面绘制一个小圆球沿圆形轨道运行的动画，如图 7-31 所示。

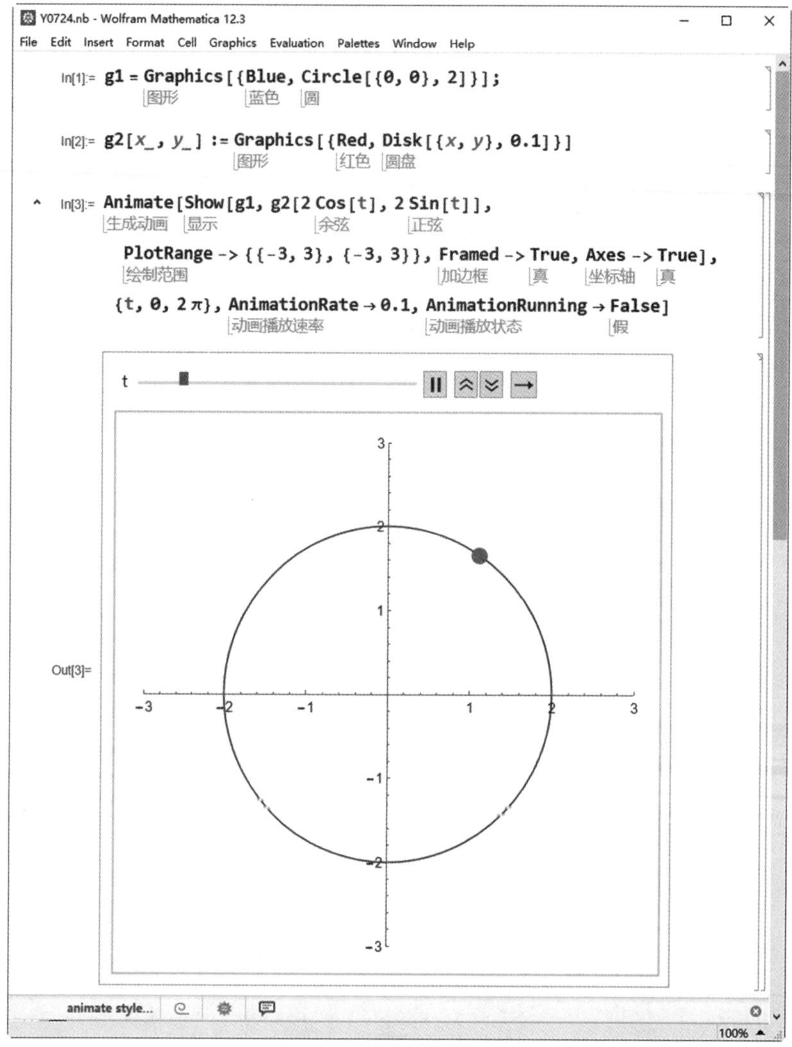

图 7-31　多图像动画实例

在图 7-31 中，“In[1]”绘制了一个圆心在原点、半径为 2 的圆 g1；“In[2]”为自定义函数 g2，表示绘制圆心在(x，y)、半径为 0.1 的圆盘；在“In[3]”中通过 Show 函数，将 g1 和 g2 叠加显示，Animate 函数通过控制参数 t 实现 g2 的动态变化，从而达到小圆盘 g1 沿着 g2 旋转的动画目的。

7.3.2　Manipulate 函数

Manipulate 函数是可以控制参数变化的函数，它与 Animate 函数的区别在于：Animate 函数中控制参数是自动变化的；而 Manipulate 函数中控制参数是可以手动调节的

(也能以播放的方式自动变化)。在 Manipulate 函数中可以查看控制参数在各个取值下的图形形状,Manipulate 函数的输出中带有控件,它的常用语法为“Manipulate[绘图表达式,{u, u_{min}, u_{max}, step}]”或“Manipulate [绘图表达式,{u, {u_1, u_2, …, u_n}}]”,其中,“{u, u_{min}, u_{max}, step}”表示控制参数 u 从 u_{min} 依步长 step 增加到 u_{max},当步长 step 为 1 时可省略;“{u, {u_1, u_2, …, u_n}}”表示 u 在列表“{u_1, u_2, …, u_n}”中依次顺序取值。同时,Manipulate 函数还可以有多个控制参量,并可为控制参数 u 赋初始值 u_0,此时,用{u, u_0}替换 u。Manipulate 函数的典型用法实例如图 7-32 所示。

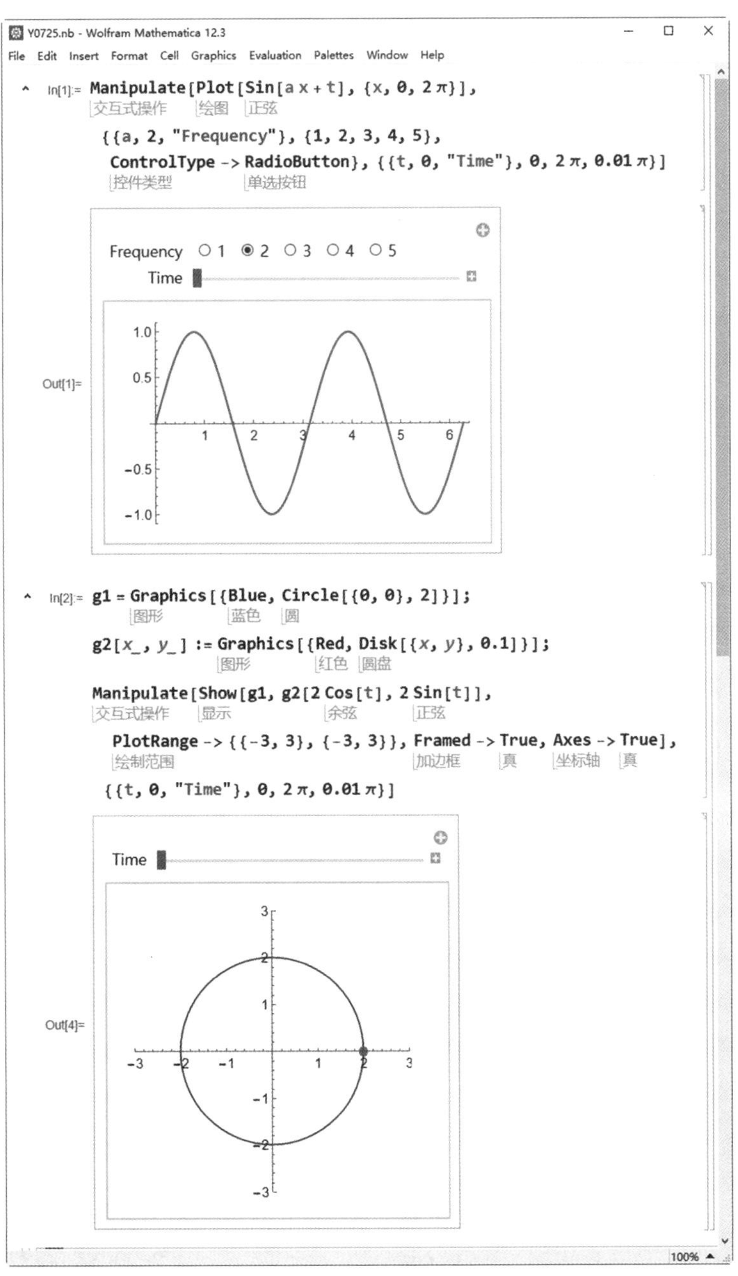

图 7-32 Manipulate 函数的典型用法实例

在图 7-32 中，"In[1]"中{{a, 2, " Frequency"}, {1, 2, 3, 4, 5}, ControlType→RadioButton}表示参数 a 的初始值为 2，显示信息为"Frequency"，取值范围为{1,2,3,4,5}，以单选钮的形式显示；{{t,0," Time"},0,2π,0.01π}表示 t 的初始值为 0，显示信息为"Time"，最小值为 0，最大值为 2π，步长为 0.01π。"In[2]"使用了 Manipulate 函数显示动画，与图 7-31 中的 Animate 动画效果相似，而且 Manipulate 函数还可以手动设置参数值观测图形信息。

7.4 图像处理基础

Mathematica 具有丰富的图像处理函数，本节重点讨论图像与矩阵间的转换，即将矩阵转换为图像的方法和将图像转化为矩阵的方法。

7.4.1 图像转换为矩阵

Mathematica 在线资源库中集成了常用的测试图像，可以通过 ExampleData 函数读取（计算机需要联网），通过 ColorConvert 函数将彩色图像转换为灰度图像，通过 ImageResize 函数调整图像大小，通过 ImageData 函数得到与图像对应的数据矩阵（二维嵌套列表）。

借助于 ExampleData 函数读取 Peppers 图像的方法如图 7-33 所示。

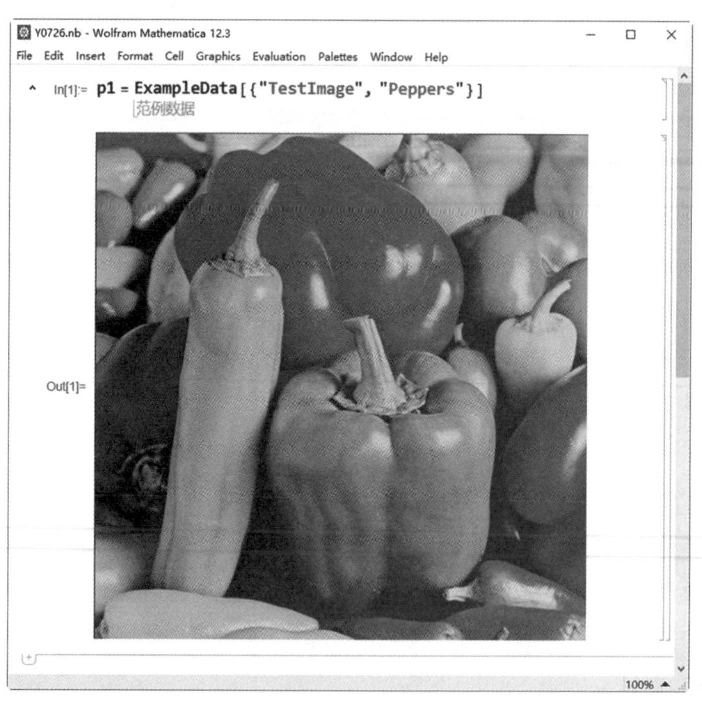

图 7-33　从 Mathematica 在线资源库中读取 Peppers 图像（注：原图为彩色）

可将图 7-33 中的彩色 Peppers 图像转换为灰度图像，如图 7-34 所示。

通过 ImageResize 函数将图 7-34 中的图像转换为 256×256 大小的灰度图像，如图 7-35 所示。

图 7-34　生成灰度图像 Peppers

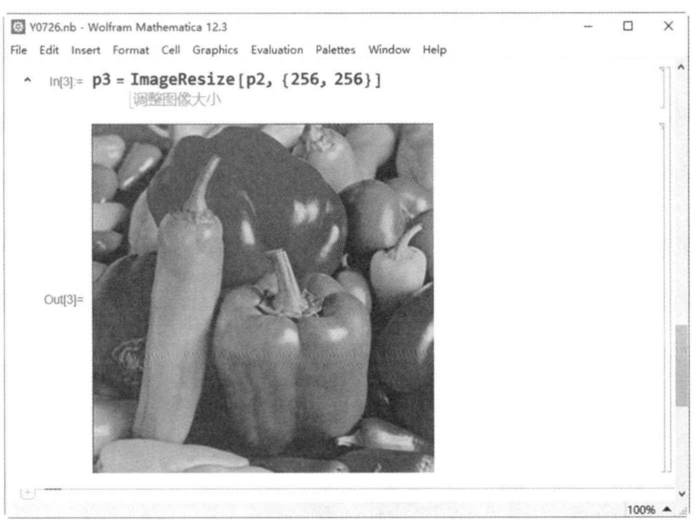

图 7-35　大小为 256×256 灰度图像 Peppers

借助 ImageData 函数获得图像数据，如图 7-36 所示。

在图 7-36 中，p4 为图 7-35 中 p3 图像的数据矩阵，函数 ImageData 从图像的左上角逐行生成矩阵的行，直到图像的右下角，图像每个像素点的值以字节存储。在“In[4]”中，Shallow 函数用于显示部分结果。在“In[5]”中 Dimensions 函数返回矩阵 p4（本质上是二维嵌套列表）的大小，为“{256, 256}”，表明 p4 对应的图像的大小为 256×256；在“In[6]”中“p4[[1,1;;10]]”读取了图像矩阵 p4 第一行的前 10 个元素值。

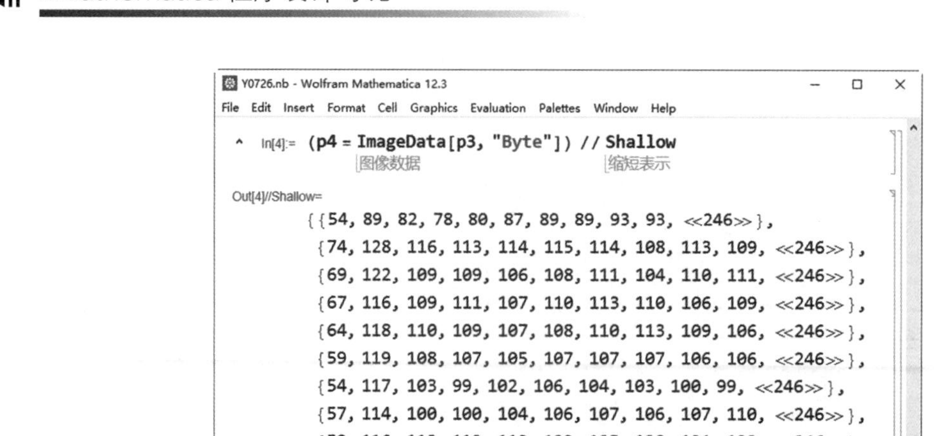

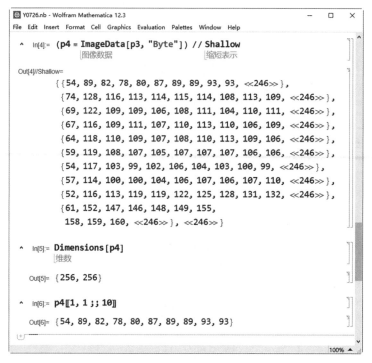

图 7-36 图像数据矩阵

内置函数 ImageData 有两种语法：

(1) ImageData[图像]，读取图像的像素点信息，每个像素点的值为 0～1 的浮点数，这种数据类型的矩阵可直接用于图像压缩算法中，表示像素点的浮点数乘以 256 取整，即得到以字节形式表示的像素点的整型值。

(2) ImageData[图像，类型]，按指定的数据“类型”读取“图像”的像素点信息，这里的数据“类型”可为 Bit、Byte、Bit16、Real32、Real64。当“类型”为“Bit”“Byte”或“Bit16”时，相当于“ImageData[图像]”读出的像素点的浮点数分别乘以 2、2^8 或 2^{16} 后取整得到的整数值；当“类型”为“Real32”或“Real64”时，表示以 32 位或 64 位的浮点数读取像素点的值，分别对应单精度浮点数和双精度浮点数。

内置函数 ImageType 用于获取一个图像的数据类型，对于图 7-35 中的图像 p3，“ImageType[p3]”返回“Byte”，表示图像是以字节形式存储的，这时函数“ImageData[p3, Automatic]”将自动以字节形式读取图像 p3 的像素信息，这里的“Automatic”表示使用图像本身的存储类型读取图像信息。

7.4.2 矩阵转换为图像

借助于 Image 函数可将矩阵转换为图像显示，这里基于图 7-36 中的 p4 进行处理，如图 7-37 所示。

在图 7-37 中，UnitStep 函数为单位阶跃函数，当参数小于 0 时，返回 0；否则，返回 1。因此，“255UnitStep[p4－128]”将 p4 中小于 128 的值转化为 0，大于或等于 128 的值转换为 255。然后，借助于 Image 函数将 p5 转换为图像，如图 7-37 中“Out[8]”所示。p5 是

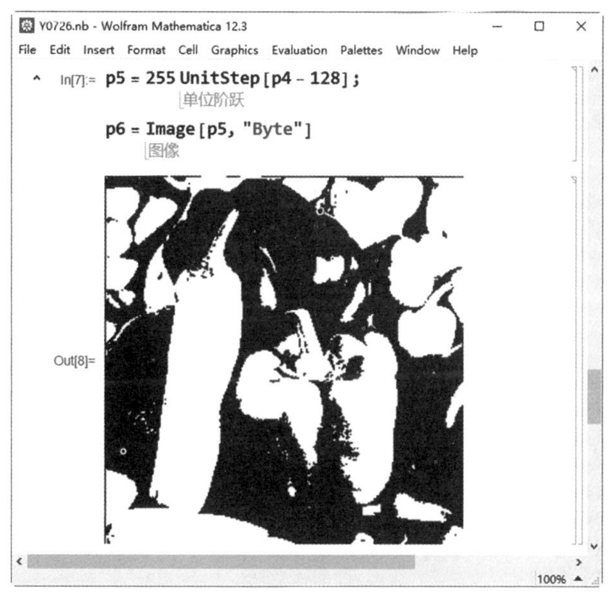

图 7-37 矩阵转换为图像显示

Peppers 图像的“二值”图像矩阵(注：这里的两个值为 0 和 255)。同时,“Image[p3,"Bit"]”也可以得到“Out[8]”所示的结果。

7.5 声音

在 Mathematica 中,内置函数 SoundNote 用于创建音符,其基本用法如下：

```
SoundNote[音符, 持续时间, 乐器]
```

默认“乐器”为钢琴“Piano”,该函数支持众多的乐器,如小提琴“Violin”、大提琴“Cello”和吉他“Guitar”等,“持续时间”以秒为单位,“音符”的定义规则为中央 C 的数字编码为 0,向右以半音为单位加 1,向左以半音为单位减 1；也可以用“A、B、C、D、E、F、G”编码,降记号用“B”表示,升记号用“♯”表示,高低音谱用“音符 n”形式(如“C2”)表示(n 为整数,取－1～9 的整数,部分音符取不到 9),高音谱用“字符＋n”形式(如“C＋2”)表示(n 为整数)。“C4”简记为“C”,同时表示升降记号和高低音谱时,用类似于“F♯5”或“BB4”的形式表示。

内置函数 Sound 用于播放声音,其参数为 SoundNote 创建的音符。

图 7-38 为“十个小印第安人”的音谱及播放情况(需要音箱支持)。

在图 7-38 中,“In[1]”为使用音符表示的音谱,其中,“{"C", 1}”表示 C 音符、持续时间为 1 秒,中央区的“C”为“C4”,可简记为“C”。在“In[2]”中,使用了音符的数字编码形式,中央区的“C”的数字编码为 0,中央 4 区为“C4、C♯4(DB4)、D、D♯4(EB4)、E4、F4、F♯4(GB4)、G4、G♯4(AB4)、A4、A♯4(BB4)、B4”,依次编码为 0～11。在“In3”中,调用“Sound[Apply[SoundNote, littleIndians1, 1]]”生成音乐播放器,如“Out[3]”所示,单击其中的播放按钮“▶”将播放音乐。“In[4]”调用“Sound[Apply[SoundNote, littleIndians2, 1]]”由音符的数字编码生成音乐播放器,如“Out[4]”所示,其波形与“Out[3]”相同。

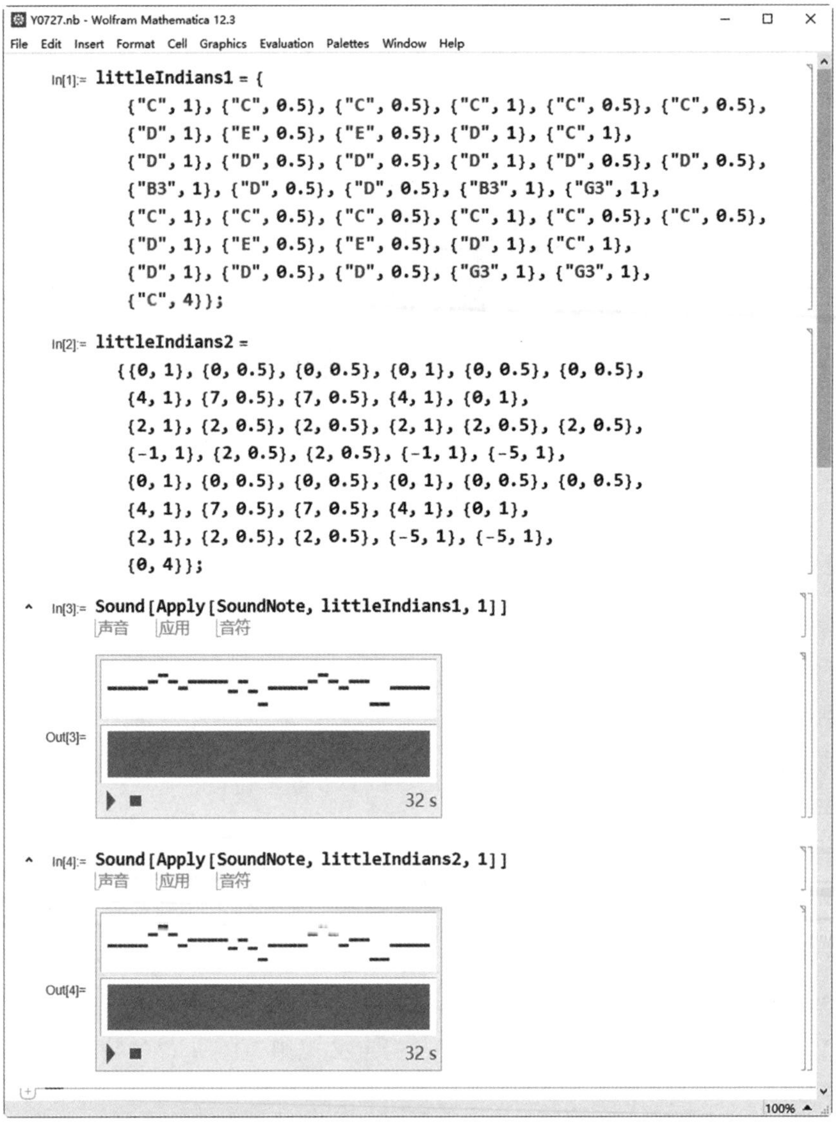

```
Y0727.nb - Wolfram Mathematica 12.3
File Edit Insert Format Cell Graphics Evaluation Palettes Window Help

In[1]:= littleIndians1 = {
    {"C", 1}, {"C", 0.5}, {"C", 0.5}, {"C", 1}, {"C", 0.5}, {"C", 0.5},
    {"D", 1}, {"E", 0.5}, {"E", 0.5}, {"D", 1}, {"C", 1},
    {"D", 1}, {"D", 0.5}, {"D", 0.5}, {"D", 1}, {"D", 0.5}, {"D", 0.5},
    {"B3", 1}, {"D", 0.5}, {"D", 0.5}, {"B3", 1}, {"G3", 1},
    {"C", 1}, {"C", 0.5}, {"C", 0.5}, {"C", 1}, {"C", 0.5}, {"C", 0.5},
    {"D", 1}, {"E", 0.5}, {"E", 0.5}, {"D", 1}, {"C", 1},
    {"D", 1}, {"D", 0.5}, {"D", 0.5}, {"G3", 1}, {"G3", 1},
    {"C", 4}};

In[2]:= littleIndians2 =
   {{0, 1}, {0, 0.5}, {0, 0.5}, {0, 1}, {0, 0.5}, {0, 0.5},
    {4, 1}, {7, 0.5}, {7, 0.5}, {4, 1}, {0, 1},
    {2, 1}, {2, 0.5}, {2, 0.5}, {2, 1}, {2, 0.5}, {2, 0.5},
    {-1, 1}, {2, 0.5}, {2, 0.5}, {-1, 1}, {-5, 1},
    {0, 1}, {0, 0.5}, {0, 0.5}, {0, 1}, {0, 0.5}, {0, 0.5},
    {4, 1}, {7, 0.5}, {7, 0.5}, {4, 1}, {0, 1},
    {2, 1}, {2, 0.5}, {2, 0.5}, {-5, 1}, {-5, 1},
    {0, 4}};

In[3]:= Sound[Apply[SoundNote, littleIndians1, 1]]
        声音  应用  音符

Out[3]=  32 s

In[4]:= Sound[Apply[SoundNote, littleIndians2, 1]]
        声音  应用  音符

Out[4]=  32 s
```

图 7-38 “十个小印第安人”的音谱

本章小结

本章详细讨论了 Mathematica 中二维图形和三维图形的绘图方法。对于二维绘图，重点讨论了 Plot 函数、ListPlot 函数和 Show 函数等 12 种内置函数；对于三维绘图，重点介绍了 Plot3D 函数、ParametricPlot3D 函数和 RevolutionPlot3D 函数等 10 种内置绘图函数。然后，阐述了 Mathematica 实现动画的方法，借助于 Animate 函数和 Manipulate 函数，基于各种绘图函数可实现动画显示。本章还分析了 Mathematica 中图像与矩阵相互转化的常用函数，这些函数广泛应用于数字图像信息处理中。最后，介绍了 Mathematica 软件声音相关的内置函数的用法。

第8章 Mathematica程序包

本章将详细介绍 Mathematica 程序包的设计方法。在 Mathematica 中，有两种设计程序包的途径，其一为借助于 Mathematica 软件的笔记本(Notebook)；其二为基于 Wolfram Workbench 插件使用 Eclipse 软件。本章将使用程序包实现欧几里得算法，故将首先介绍欧几里得算法的实现步骤和自定义函数，然后，将欧几里得算法设计为程序包中的函数。本章还将介绍 Mathematica 软件的自然语言用法和常用程序调试方法。

8.1 欧几里得算法

可以证明：对于两个整数 a 和 b(不妨设 $a>b$)，有 $\gcd(a,b)=\gcd(b,a \bmod b)$，这里的“gcd”表示求最大公约数。

求两个整数的最大公约数的欧几里得算法如下：

输入：两个正整数 a 和 b；

输出：a 和 b 的最大公约数 $\gcd(a, b)$。

算法：

Step 1. 令 $r_0=\max(a, b)$，$r_1=\min(a, b)$。

Step 2. 令 $r_2= r_0 \bmod r_1$。

Step 3. 如果 r_2 为 0，则 $\gcd(a, b)=r_1$，算法结束；否则，令 $r_0= r_1$，$r_1= r_2$，跳转到 Step 2。

使用 Wolfram 语言实现的程序代码如图 8-1 所示。

在图 8-1 中，“In[2]”定义了函数 gcd，具有两个整型参数，在 Module 模块中，定义了三个局部变量 r0、r1 和 r2。将 r0 赋值为 a 与 b 的较大者，r1 赋值为 a 与 b 的较小者。在 While 循环中，当 r2=Mod[r0, r1]大于零时，循环执行 r0 = r1、r1 = r2，直到 r2 等于 0 时退出循环。Module 模块的返回值为 r1，即为 a 与 b 的最大公约数。

在图 8-1 的“In[3]”中语句“{gcd[68, 170], gcd[1200, 256], GCD[68, 170], GCD[1200, 256]}”使用自定义函数 gcd 和内置函数 GCD 计算 68 和 170 的最大公约数以及 1200 和 256 的最大公约数，计算结果为“{34, 16, 34, 16}”，如“Out[3]”所示，通过与内置函数 GCD 的计算结果对比可知，自定义函数 gcd 运行正常。

扩展的欧几里得算法将整数 a 与 b 的最大公约数表示为 a 与 b 的整数系数线性组

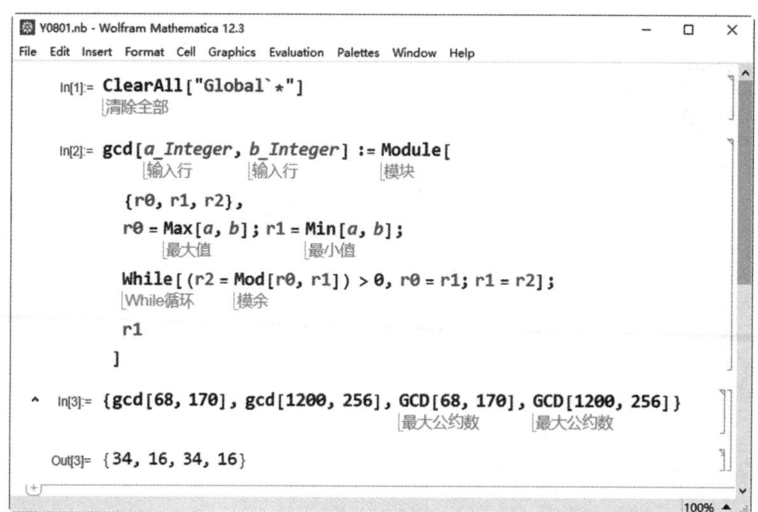

图 8-1　计算最大公约数

合，即

$$\gcd(a,b)=s\cdot a+t\cdot b$$

该等式称为丢番图方程。假设 $a>b$，并进一步假设 a 与 b 互素，即 $\gcd(a,b)=1$，此时，有 $s\cdot a+t\cdot b=1$，两边模 a，得到 $t\cdot b=1 \bmod a$，从而 $t=b^{-1} \bmod a$，即 t 为 b 的逆元(模 a 下)。

扩展的欧几里得算法请参阅文献[3]，这里直接给出其算法实现方法。

扩展的欧几里得算法如下：

输入：两个正整数 a 和 b；

输出：a 和 b 的最大公约数 $r=\gcd(a,b)$，以及丢番图方程的系数 s 和 t，满足 $\gcd(a,b)=s\cdot\max(a,b)+t\cdot\min(a,b)$。

算法：

Step 1. 令 $r_0=\max(a,b)$，$r_1=\min(a,b)$。

Step 2. 令 $s_0=1$，$t_0=0$；$s_1=0$，$t_1=1$。

Step 3. 令 $r_2=r_0 \bmod r_1$。

Step 4. 令 $q=(r_0-r_2)/r_1$，$s_2=s_0-q\cdot s_1$，$t_2=t_0-q\cdot t_1$。

Step 5. 如果 $r_2>0$，则 $r_0=r_1$，$r_1=r_2$，$s_0=s_1$，$s_1=s_2$，$t_0=t_1$，$t_1=t_2$，跳转到第 3 步；否则，令 $r=r_1$，$s=s_1$，$t=t_1$，算法结束。

扩展的欧几里得算法如图 8-2 所示。

在图 8-2 中，“In[2]”的自定义函数 euclid 为扩展的欧几里得算法，输入为两个正整数 a 和 b，返回一个列表“{r,s, t}”，其中 r 为 a 和 b 的最大公约数，s 和 t 满足 s · max(a, b) + t · min(a, b) = gcd(a, b) = r。在 Module 模块中，定义了局部变量列表“{r0, r1, r2, r, q, s0=1, s1=0, s2, s, t0=0, t1=1, t2, t}”，然后，令“r0=Max[a, b]; r1=Min[a, b];”，即 r0 为 a 和 b 中的较大者，r1 为 a 和 b 中的较小者。在“While”循环体中，语句“(r2 = Mod[r0, r1]; q = (r0 − r2)/r1; s2 = s0 − q * s1; t2 = t0 − q * t1; r2 > 0)”的返回值为“r2 > 0”返回的逻辑值，在这个语句中，计算了 r2、q、s2 和 t2，这些符号与算式的含义请参考上述的扩展的欧几里得算法描述，当这个语句返回真时，执行语句组“r0=r1; r1=

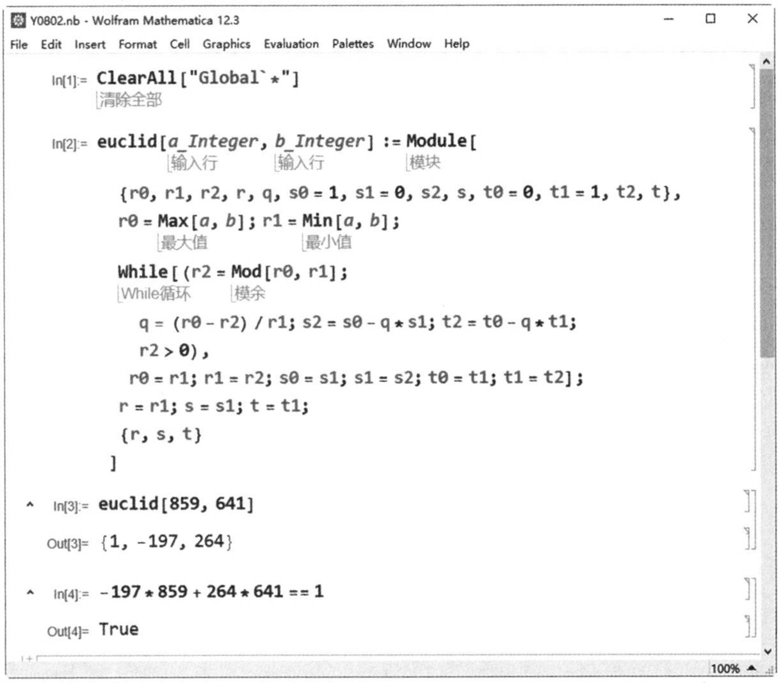

```
In[1]:= ClearAll["Global`*"]

In[2]:= euclid[a_Integer, b_Integer] := Module[
          {r0, r1, r2, r, q, s0 = 1, s1 = 0, s2, s, t0 = 0, t1 = 1, t2, t},
          r0 = Max[a, b]; r1 = Min[a, b];
          While[(r2 = Mod[r0, r1];
             q = (r0 - r2) / r1; s2 = s0 - q * s1; t2 = t0 - q * t1;
             r2 > 0),
            r0 = r1; r1 = r2; s0 = s1; s1 = s2; t0 = t1; t1 = t2];
          r = r1; s = s1; t = t1;
          {r, s, t}
        ]

In[3]:= euclid[859, 641]

Out[3]= {1, -197, 264}

In[4]:= -197 * 859 + 264 * 641 == 1

Out[4]= True
```

图 8-2　扩展的欧几里得算法

r2； s0=s1； s1=s2； t0=t1； t1=t2”，以更新 r0、r1、s0、s1、t0 和 t1 的值。最后，Module 模块的返回结果为“{r， s， t}”，即程序中的“r=r1； s=s1； t=t1；”。

在图 8-2 中，“In[3]”语句“euclid[859， 641]”计算结果为“{1， −197， 264}”，如“Out[3]”所示，表示 859 和 641 的最大公约数为 1，两者互素，且满足“In[4]”中的条件“−197 * 859 + 264 * 641 == 1”。

8.2　程序包

Wolfram 语言程序包类似于自定义函数库。良好的编程习惯是将经常使用的已成熟的算法集合设计为程序包，供算法开发团队调用。程序包的标准框架如下所示：

```
BeginPackage["程序包名`"]        这里的"程序包名"应使用"小骆驼"命名法，后接"`"
函数名 1:: usage = 字符串 1
函数名 2:: usage = 字符串 2
…
函数名 n:: usage = 字符串 n  将程序包中的函数声明为公有函数，即可被外部函数调用
Begin["`Private`"] 私有函数定义部分，外部不可见(当省略时，所有函数定义外部可见)
函数名 1[参数列表 1] = 函数体 1
函数名 2[参数列表 2] = 函数体 2
…
函数名 n[参数列表 n] = 函数体 n   函数的定义部分
End[]            与"Begin["`Private`"]"对应
EndPackage[]     程序包结束，将"程序包名"指定的程序包添加到当前工作环境中
```

上述的程序包框架中,“程序包名”将作为上下文环境名,将程序包装入笔记本中的语句为“Needs["程序包名`"]”、Get["程序包名`"]或“<<程序包名`”,此时,应保证被调用的程序包位于当前工作目录或 Mathematica 系统搜索目录(用“$Path”查看)下;否则,在调用“Needs["程序包名`"]”或“Get["程序包名'"]”时,应使用完整的路径名。这里,将程序包保存在笔记本所在的目录,即“E:\ZYMaths\YongZhang”,借助于以下语句

```
SetDirectory[NotebookDirectory[]];
```

将笔记本所在目录设置为当前工作目录,从而可以直接使用“Needs["程序包名'"]”将程序包配置到当前环境中,通过语句“$ContextPach”或“$Packages”可查看已读入当前上下文环境的程序包。

在编写程序包时,可以直接使用系统环境“System`”中的内置函数,如果需要使用其他程序包(包含自定义的程序包)中的函数,需要引用那些程序包,即在程序包的头

```
"BeginPackage["程序包名`"]"
```

中添加这些程序包的引用,即:

```
"BeginPackage["程序包名`", {"引用的程序包名 1'", "引用的程序包名 2'", …}]"
```

这样在自定义程序包中可以使用这些被引用的程序包中的函数。

下面设计两个程序包,实现 8.1 节的欧几里得算法。在任意打开的笔记本中,单击如图 8-3 所示的菜单“File|New|Package/Script|Wolfram Language Package (.wl)”。

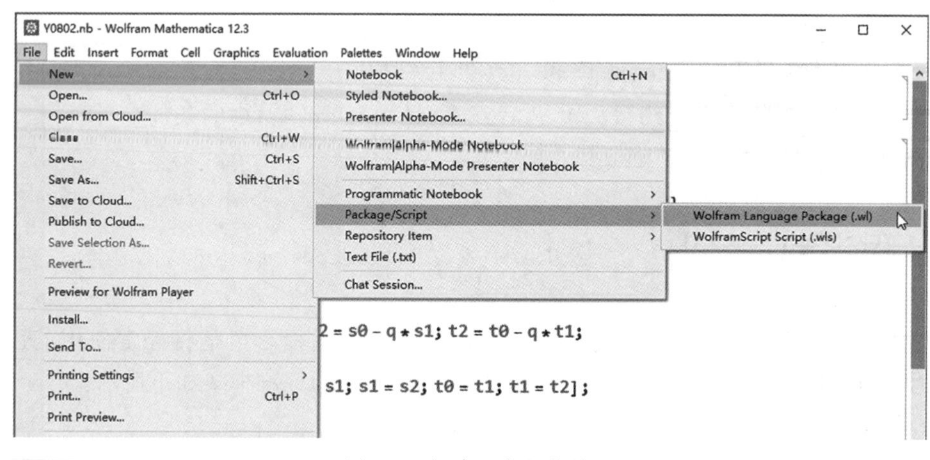

图 8-3 新建程序包菜单

在图 8-3 的在笔记本“Y0802.nb”中,单击菜单“File|New|Package/Script|Wolfram Language Package (.wl)”打开一个程序编程窗口,输入程序包代码,如图 8-4 所示。

在图 8-4 中定义了程序包“gcdPk”,其中定义了公有函数 gcd,其作用为“Calculate the greatest common divisor of multiple integers.”(计算多个整数的最大公约数)。在私有体内部,定义了 gcd 函数的实现方法,根据参数个数和样式的不同,定义了 6 个 gcd 函数,调用 gcd 函数时将根据参数情况自动从最特殊的情况开始调用。当只有一个整型参数时,调用“gcd[a_Integer]:=a”返回整型参数本身;当两个参数均为 0 时,调用“gcd[0,0]:=0”得到 0;

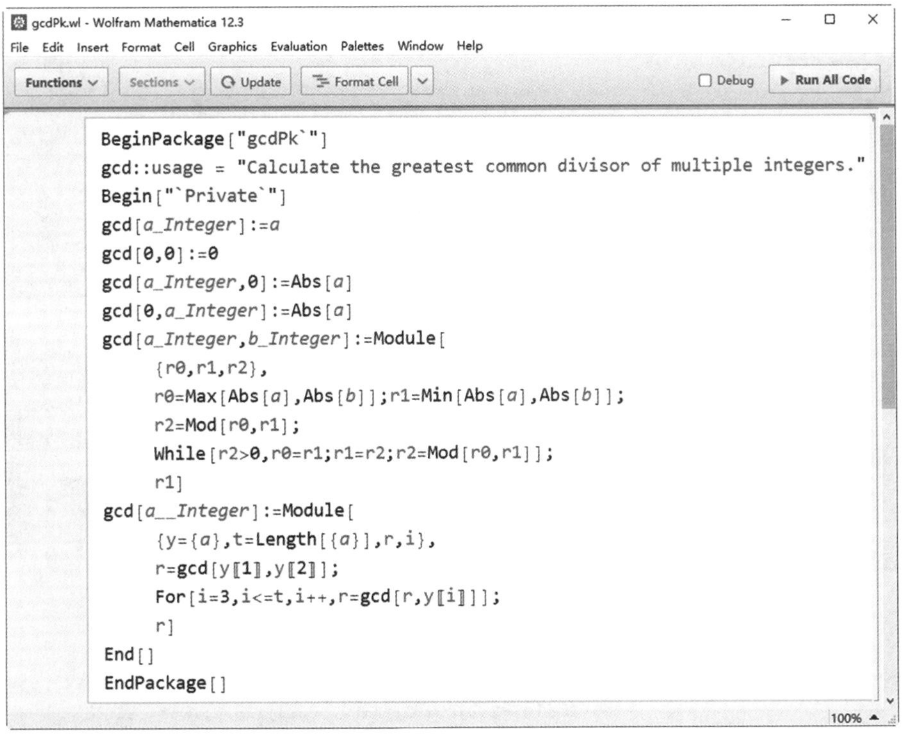

gcdPk.wl - Wolfram Mathematica 12.3

```
BeginPackage["gcdPk`"]
gcd::usage = "Calculate the greatest common divisor of multiple integers."
Begin["`Private`"]
gcd[a_Integer]:=a
gcd[0,0]:=0
gcd[a_Integer,0]:=Abs[a]
gcd[0,a_Integer]:=Abs[a]
gcd[a_Integer,b_Integer]:=Module[
    {r0,r1,r2},
    r0=Max[Abs[a],Abs[b]];r1=Min[Abs[a],Abs[b]];
    r2=Mod[r0,r1];
    While[r2>0,r0=r1;r1=r2;r2=Mod[r0,r1]];
    r1]
gcd[a__Integer]:=Module[
    {y={a},t=Length[{a}],r,i},
    r=gcd[y[[1]],y[[2]]];
    For[i=3,i<=t,i++,r=gcd[r,y[[i]]]];
    r]
End[]
EndPackage[]
```

图 8-4 计算最大公约数程序包 gcdPk

当两个参数中有一个为 0 时，调用“gcd[a_Integer, 0]:=Abs[a]”或“gcd[0, a_Integer]:=Abs[a]”，得到非零参数的绝对值；当有两个非零参数时，调用“gcd[a_Integer, b_Integer]:=Module[此处省略]”；当有三个或三个以上整型参数时，调用“gcd[a__Integer]:=Module[此处省略]”（参数中的下画线为双下画线），得到输入的整型参数的最大公约数。

在笔记本中调用程序包 gcdPk 的方法如图 8-5 所示。

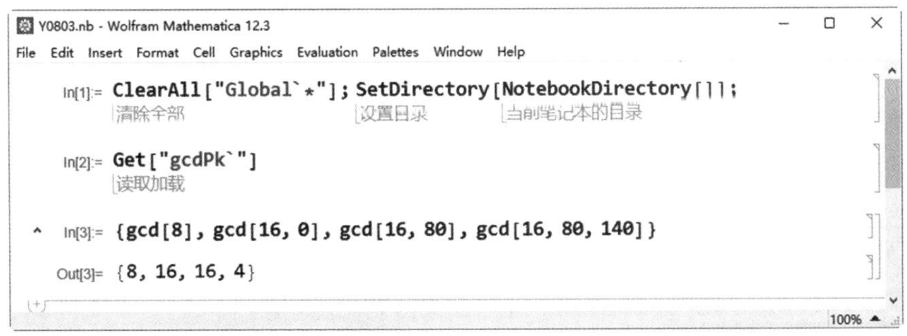

图 8-5 调用程序包 gcdPk 中的函数 gcd

在图 8-5 的“In[1]”中语句“SetDirectory[NotebookDirectory[]];”将该笔记本所在目录（即 gcdPk.wl 所在目录）设为工作目录。“In[2]”语句“Get["gcdPk`"]”装入 gcdPk 到工作环境中，其中的公有函数可以被调用。在“In[3]”中，语句“{gcd[8], gcd[16, 0], gcd[16, 80], gcd[16, 80, 140]}”调用 gcd 函数计算各种情况下的最大公约数，得到

“{8, 16, 16, 4}”,如“Out[3]”所示。图 8-6 为扩展的欧几里得算法程序包。

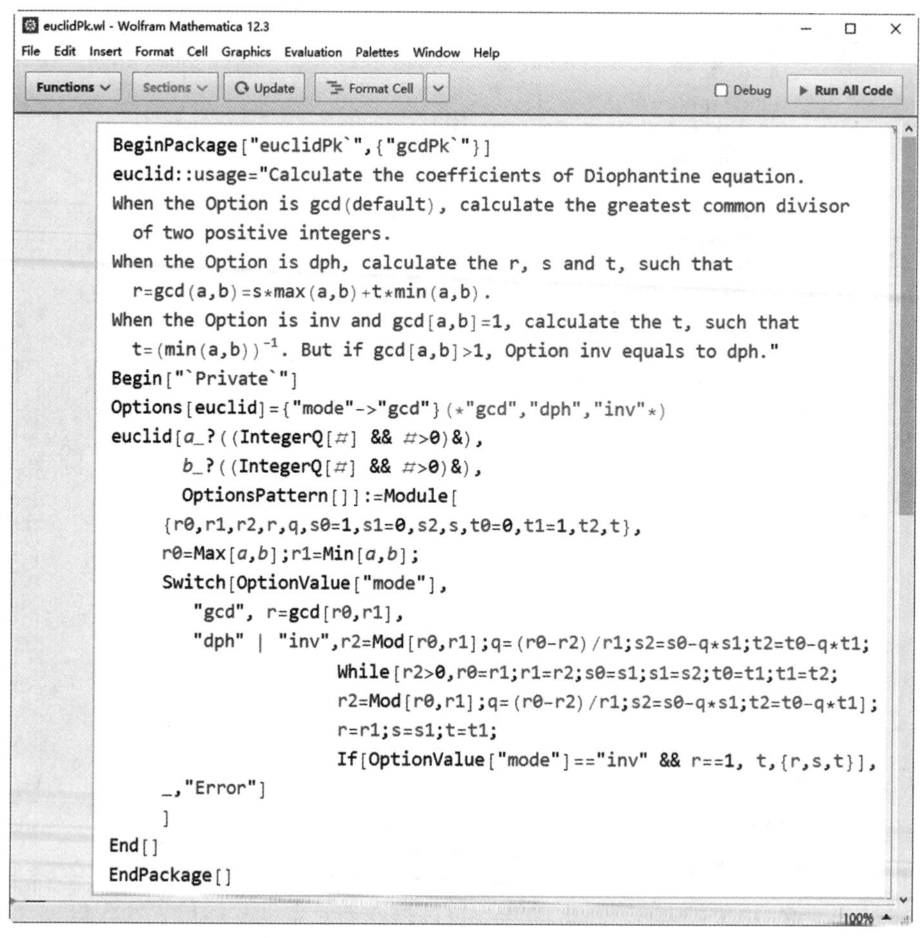

```
BeginPackage["euclidPk`",{"gcdPk`"}]
euclid::usage="Calculate the coefficients of Diophantine equation.
When the Option is gcd(default), calculate the greatest common divisor
  of two positive integers.
When the Option is dph, calculate the r, s and t, such that
  r=gcd(a,b)=s*max(a,b)+t*min(a,b).
When the Option is inv and gcd[a,b]=1, calculate the t, such that
  t=(min(a,b))^-1. But if gcd[a,b]>1, Option inv equals to dph."
Begin["`Private`"]
Options[euclid]={"mode"->"gcd"}(*"gcd","dph","inv"*)
euclid[a_?((IntegerQ[#] && #>0)&),
       b_?((IntegerQ[#] && #>0)&),
       OptionsPattern[]]:=Module[
    {r0,r1,r2,r,q,s0=1,s1=0,s2,s,t0=0,t1=1,t2,t},
    r0=Max[a,b];r1=Min[a,b];
    Switch[OptionValue["mode"],
       "gcd", r=gcd[r0,r1],
       "dph" | "inv",r2=Mod[r0,r1];q=(r0-r2)/r1;s2=s0-q*s1;t2=t0-q*t1;
                       While[r2>0,r0=r1;r1=r2;s0=s1;s1=s2;t0=t1;t1=t2;
                       r2=Mod[r0,r1];q=(r0-r2)/r1;s2=s0-q*s1;t2=t0-q*t1];
                       r=r1;s=s1;t=t1;
                       If[OptionValue["mode"]=="inv" && r==1, t,{r,s,t}],
    _,"Error"]
    ]
End[]
EndPackage[]
```

图 8-6 扩展的欧几里得算法程序包

在图 8-6 中,定义了程序包“euclidPk”,其中使用了程序包“gcdPk”,在“euclid::usage”中对“euclid”函数的使用方法进行了说明。在“Begin["'Private`"]”和“End[]”之间定义了 euclid 函数的实现体。这里,首先定义了函数 euclid 的选项“Options[euclid] = {"mode" -> "gcd"}”,可用选项共有三种,即“"mode" -> "gcd"”(默认选项)“"mode" -> "dph"”“"mode" -> "inv"”,依次表示 euclid 函数计算两个正整数的最大公约数 r、最大公约数 r 和丢番图方程的 s 与 t(满足 gcd(a,b) = s * max(a,b)+t * min(a,b))的列表、min(a,b)的逆元 t(模 max(a,b))。在选项“"mode" -> "inv"”下,如果 gcd(a,b)> 1,则返回结果为{r, s, t},与选项“"mode" -> "dph"”的意义相同。在函数“euclid”定义中,具有两个参数 a 和 b,这两个参数必须为正整数,还有一个选项参数,在模块“Module”中,使用分支语句“Switch[OptionValue["mode"]”对选项进行判断,当为“gcd”(默认情况)时,调用语句“r=gcd[r0,r1]”计算输入参数的最大公约数;当为“dph”或“inv”时,计算 r、s 和 t 的值,与图 8-2 的方法相同,进一步通过 If 语句“If[OptionValue["mode"]=="inv" && r==1, t,{r,s,t}]”,如果选项为“inv”且输入参数的最大公约数 r 为 1 时,返回 t;否则,返回{r, s, t}。

图 8-7 为调用 euclidPk 程序包中函数的实例。

```
Y0804.nb - Wolfram Mathematica 12.3
File Edit Insert Format Cell Graphics Evaluation Palettes Window Help

In[1]:= ClearAll["Global`*"];
        清除全部
        SetDirectory[NotebookDirectory[]];
        设置目录     当前笔记本的目录
        Get["euclidPk`"]
        读取加载

In[2]:= {euclid[859, 641],
         euclid[859, 641, "mode" -> "gcd"],
         euclid[859, 641, "mode" -> "inv"],
         euclid[859, 641, "mode" -> "dph"]}

Out[2]= {1, 1, 264, {1, -197, 264}}

In[3]:= {euclid[320, 850],
         euclid[320, 850, "mode" -> "gcd"],
         euclid[320, 850, "mode" -> "dph"],
         euclid[320, 850, "mode" -> "inv"]}

Out[3]= {10, 10, {10, -3, 8}, {10, -3, 8}}

In[4]:= -3*850+8*320 == 10

Out[4]= True
                                                100%
```

图 8-7 程序包 euclidPk 中的函数调用实例

在图 8-7 中，“In[1]”调用语句“SetDirectory[NotebookDirectory[]];”将当前笔记本所在的目录(即 euclidPk. wl 所在的目录)设为工作目录，由于在程序包 euclidPk 中调用了 gcdPk 程序包，故应保证 gcdPk. wl 与 euclidPk. wl 在同一目录下。然后，调用语句“Get["euclidPk`"]”装入程序包 euclidPk。在“In[2]”中，语句“euclid[859, 641]”和“euclid[859, 641, "mode"->"gcd"]”含义相同，计算 859 和 641 的最大公约数，均得到 1；由于最大公约数为 1，故语句“euclid[859, 641, "mode"->"inv"]”得到 641 的逆元 264(模 859)；语句“euclid[859,641, "mode"->"dph"]”得到“{1,−197,264}”，即“1=gcd(859,641)=−197 * 859+264 * 641”。

在图 8-7 的“In[3]”中，语句“euclid[320, 850]”和“euclid[320, 850, "mode"->"gcd"]”含义相同，均为计算 320 和 850 的最大公约数，得到 10；由于最大公约数大于 1，所以语句“euclid[320, 850, "mode"->"dph"]”和“euclid[320, 850, "mode"->"inv"]”含义相同，均得到“{10,−3,8}”，满足丢番图方程“10 = gcd(320, 850) = −3 * 850 + 8 * 320”，如“In[4]”和“Out[4]”所示。

8.3 Wolfram Workbench 开发

Wolfram Workbench 是基于开源编辑器 Eclipse 的插件，通过这个插件 Eclipse 与 Mathematica 软件实现了无缝交互，使得 Wolfram Workbench + Eclipse 成为开发基于 Wolfram 语言程序包或编写大型 Wolfram 语言程序的集成开发环境。

8.3.1 Wolfram Workbench 安装

在 Windows 10 64 位操作系统下，安装 Wolfram Workbench 的步骤如下。

(1) 登录到"https://www.eclipse.org/downloads/"，下载最新版本的 Eclipse 集成开发环境，并安装在计算机系统上。Eclipse 软件有两种安装方式，其一，使用绿色安装包，将 Eclipse 软件解压到一个目录下，并将该目录下的 eclipse.exe 发送为系统桌面快捷方式，后续双击该桌面快捷方式便可以启动 Eclipse 软件；其二，使用 Eclipse 完整安装包，双击安装包后，按提示完成安装过程，并将在系统桌面上自动创建 Eclipse 软件启动快捷方式。

(2) 登录到"https://www.oracle.com/java/technologies/javase-downloads.html"，下载最新版本的 Java JDK。将 Java SE 安装到计算机系统上。请使用 Java SE 完整安装包，该安装包可以自动配置 Java 编译环境，安装成功后，在"命令提示符"窗口中输入指令"java-version"将得到如图 8-8 所示界面(通过单击 Windows 系统"开始"菜单的"Windows 系统|命令提示符"打开"命令提示符"窗口)。

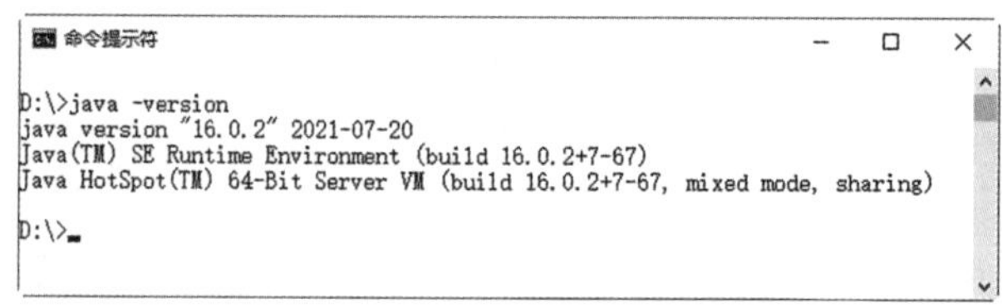

图 8-8　Java SE 版本显示

由图 8-8 所示的"命令提示符"窗口可知，这里安装的 Java SE 版本为 16.0.2，建议读者安装该版本或更高的 Java SE 版本。

(3) 计算机系统上必须已安装有 Mathematica 12.3 以上的版本，并保证 Mathematica 软件工作正常。

(4) 双击计算机桌面上 Eclipse 图标启动 Eclipse 软件。第一次运行 Eclipse 集成开发环境时，将弹出如图 8-9 所示对话框，要求设定工作区保存的路径。

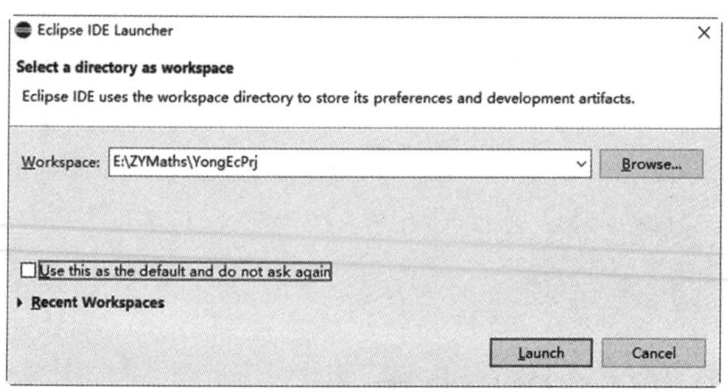

图 8-9　选择工作区目录

在图 8-9 中，选择工作区保存的目录为"E:\ZYMaths\YongEcPrj"，需要事先在计算机 E 盘上创建好这个目录。工作区目录下还将保存一些项目的配置信息，目录名建议全为英文字母(不能使用空格或汉字)。

(5) 在图 8-9 中,单击"Launch"按钮,进入如图 8-10 所示的 Eclipse 主界面。

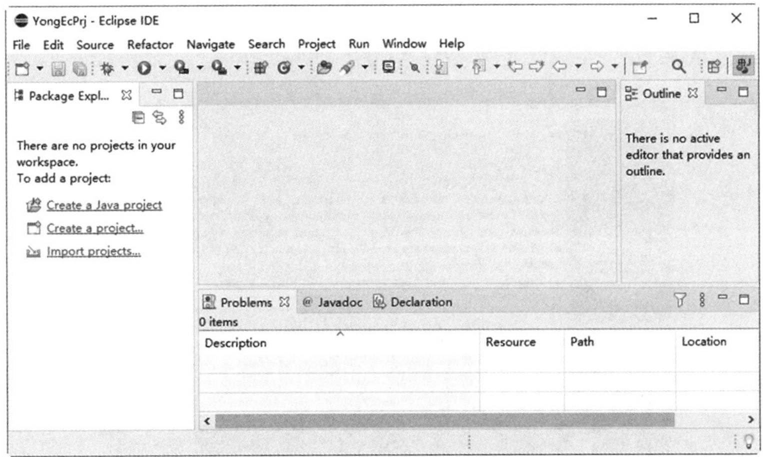

图 8-10　Eclipse 主界面

在如图 8-10 所示的 Eclipse 主界面单击菜单"Help|Install New Software…",将弹出如图 8-11 所示的窗口。

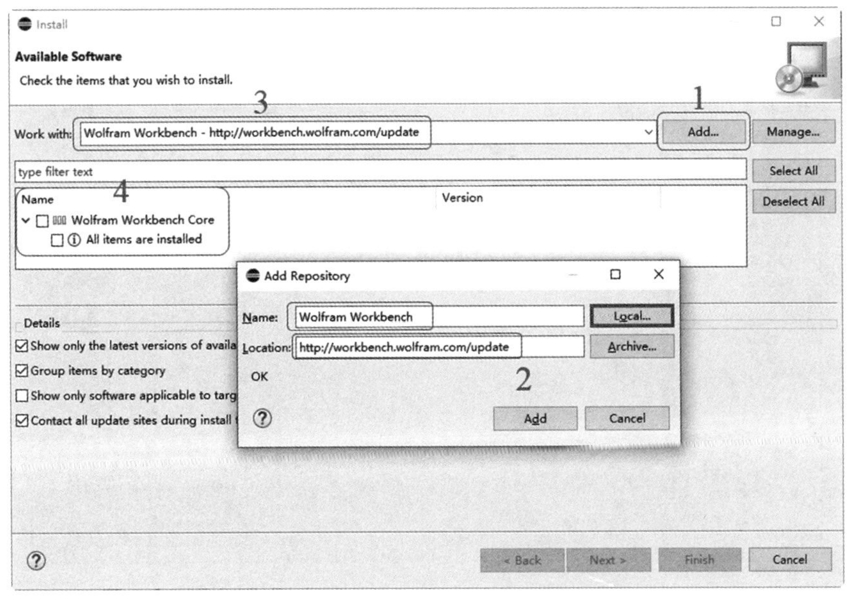

图 8-11　安装 Wolfram Workbench 插件

在图 8-11 中,首先单击"Add…"按钮,弹出"Add Repository"对话框;然后,在弹出的"Add Repository"对话框"Name:"处输入"Wolfram Workbench"(这个名称可自定义),"Location:"处输入网址"http://workbench.wolfram.com/update",单击"Add"按钮将关闭"Add Repository"对话框;其次,在"Work with:"处选择刚添加的信息"Wolfram Workbench - http://workbench.wolfram.com/update";最后,安装"Wolfram Workbench Core"的全部内容。如果在安装过程中遇到安全警告"Security Warning",选择"Install anyway”进行安装。安装完成后，单击“Finish”按钮回到图 8-10 所示主界面。

然后，在 Eclipse 主界面下单击“Help|About Eclipse IDE”，弹出如图 8-12 所示对话框，在图 8-12 的左下角处将出现“Wolfram Research”插件标志。

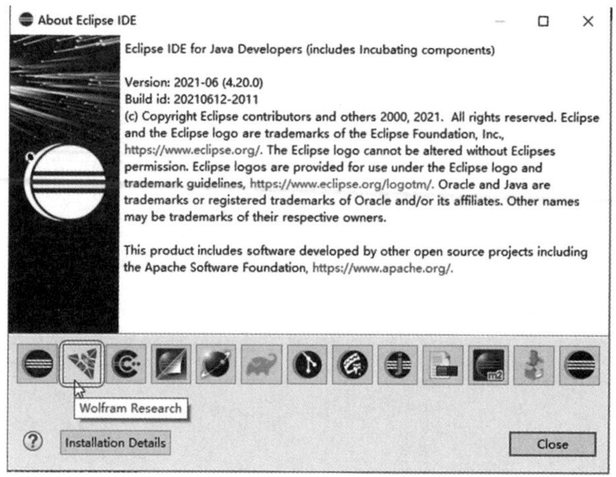

图 8-12　Wolfram Workbench 插件标志

(6) 在图 8-10 所示的 Eclipse 主界面上，单击“Windows|Preferences”进入如图 8-13 所示窗口。

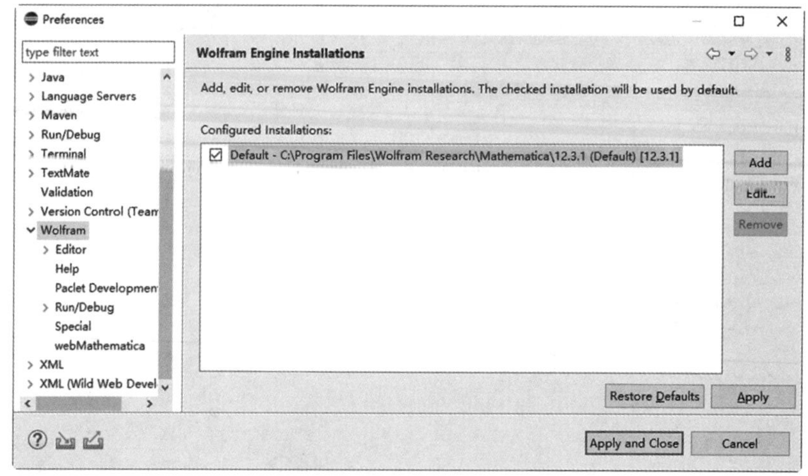

图 8-13　Preferences 窗口

在图 8-13 所示窗口的左侧选中“Wolfram”，在右侧通过按钮“Add”或“Edit”将系统已安装的 Mathematica 软件配置好，这里选择了 Mathematica 12.3.1 作为 Wolfram Workbench 的插件“引擎”。

至此，Wolfram Workbench 集成开发环境安装完毕。

8.3.2　创建程序包

在 Eclipse 集成开发环境主界面下，如图 8-14 所示，单击菜单“File|New|Project…”。

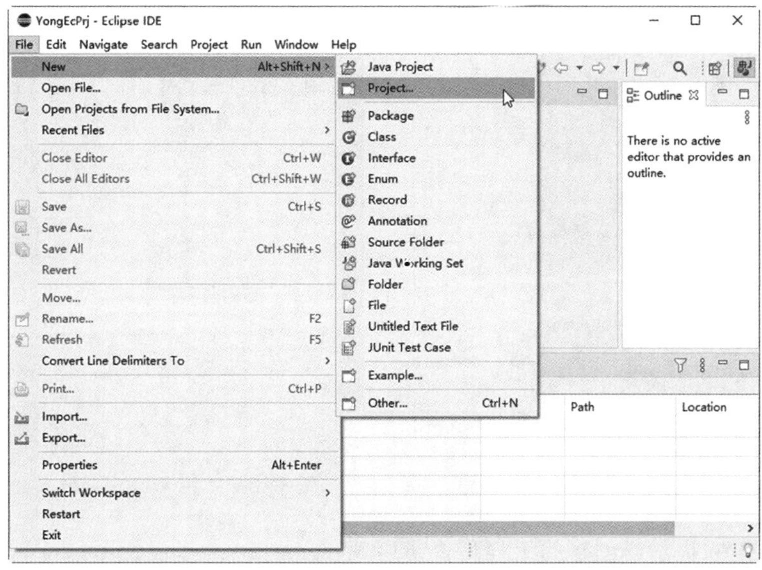

图 8-14 Eclipse 软件 File 菜单

通过在图 8-14 中单击菜单“File|New|Project…”进入如图 8-15 所示对话框。

在图 8-15 中可选择“Application Project”或“Basic Project”。一般地，“Basic Project”更像是一个容器，可以自由地添加程序文件；而“Application Project”一般用于构建 Wolfram 语言应用程序，特别适合于开发 Wolfram 程序包。这里选择了“Application Project”，然后，单击“Next”按钮，进入图 8-16 所示窗口。

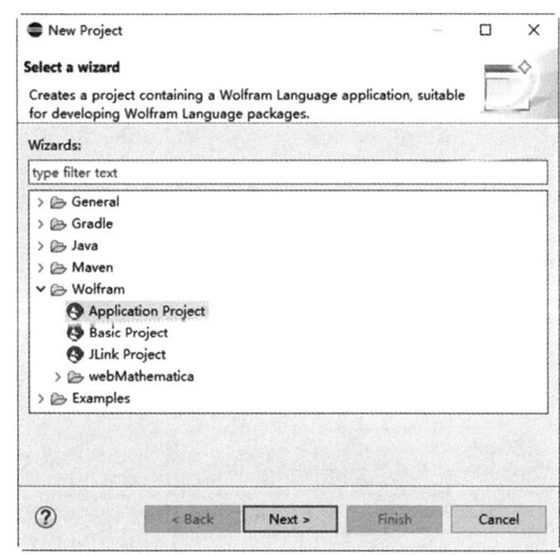

图 8-15 创建新工程对话框

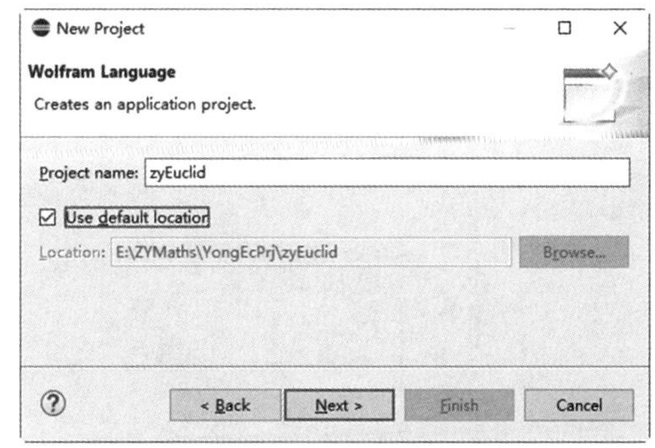

图 8-16 新工程命名对话框窗口

在图 8-16 中的“Project name:”处输入“zyEuclid”，并选中“Use default location”(使用默认的目录)，然后，单击“Next”按钮进入图 8-17 所示窗口。

在图 8-17 中，输入“Application name:”为“appEuclid”，同时，将“Create application:”“Create test notebook:”和“Create PacletInfo. m”三个复选框都选中。其中，“Create test notebook:”将创建测试文档(实际上将创建一个空白的. nb 文档，文档名为项目名；当程序

包设计完成后，通过菜单“File|New|Test File”创建测试文档），而“Create PacletInfo. m”将创建工程信息和帮助文档，将在下一节详细讨论。

然后，单击图 8-17 中的“Finish”按钮将弹出如图 8-18 所示对话框。

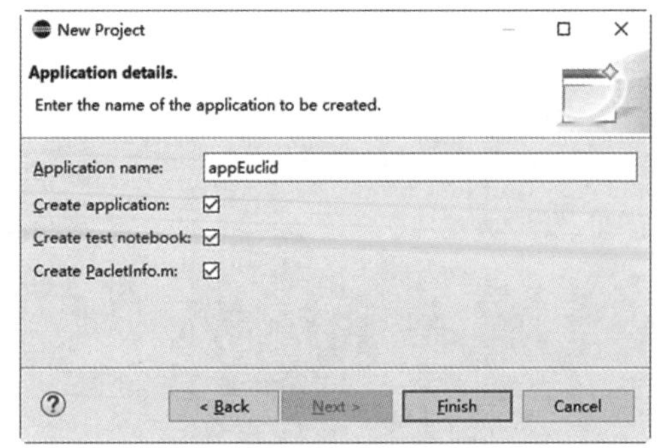

图 8-17　应用名设定窗口

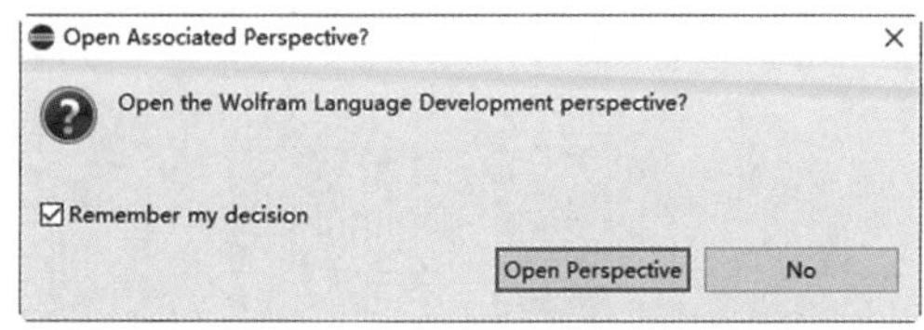

图 8-18　使用 Wolfram 样式视图提示框

在图 8-18 中，提示新创建的工程是否使用 Wolfram 语言开发视图结构，推荐使用这种视图结构。在图 8-18 中，选中“Remember my decision”（记住选择），然后，单击“Open Perspective”（打开视图），将进入基于 Eclipse 的 Wolfram Workbench 开发主界面，如图 8-19 所示。此时，Eclipse 主界面默认有 4 个区：①工程结构浏览区；②编辑大纲显示区；③编辑区；④控制台与调试信息显示区。在图 8-19 的右上角将显示 Wolfram Workbench 标志“ ”。

在某种程度上，可以将图 8-19 所示的 Eclipse 开发环境界面视为 Mathematica 软件的另一种形式的笔记本。

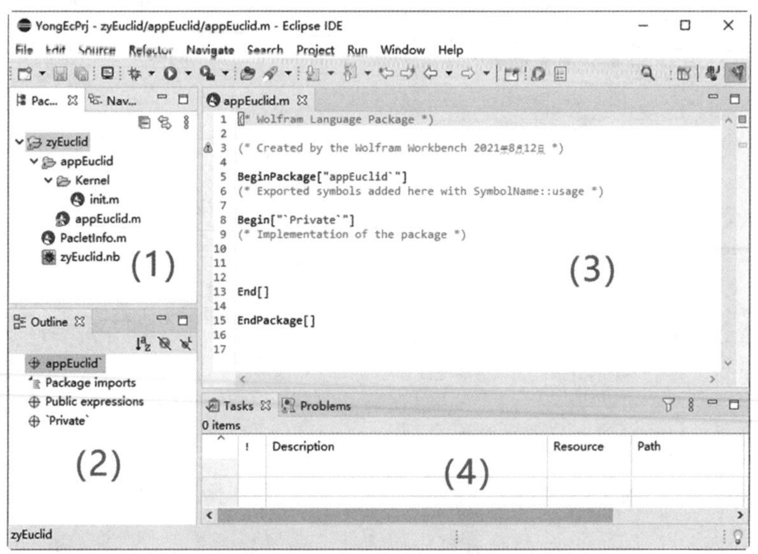

图 8-19　Wolfram Workbench 开发主界面

在图 8-19 中，工程结构浏览区显示了创建的项目结构，其中，“zyEuclid”为工程名，是在图 8-16 中设定的，对应硬盘上的目录“E:\ZYMaths\YongEcPrj\zyEuclid”，该目录下包含

了文件“PacletInfo. m”和“zyEuclid. nb”以及目录“appEuclid”；“appEuclid”为应用名，是在图 8-17 中设定的，对应硬盘上的目录“E:\ZYMaths\YongEcPrj\zyEuclid\appEuclid”，该目录下包含文件“appEuclid. m”和子目录“Kernel”(该目录下只有一个文件“init. m”)。这里，“appEuclid. m”为程序包文件，由图 8-19 可知，该文件中已默认配置了程序包的框架，注意，这里程序包的扩展名为. m，而非. wl。“zyEuclid. nb”为空的 Mathematica 笔记本，鼠标右键单击该文件，在弹出菜单中单击“Run As|1 Wolfram”将启动 Mathematica 软件，并在 Mathematica 软件中显示该笔记本。此时，可以调用“appEuclid. m”程序包中的函数。

现在，在图 8-19 中，向文件“appEuclid. m”中输入程序包代码如下：

```
( * Wolfram Language Package * )

( * Created by the Wolfram Workbench 2021.08.12 * )

BeginPackage["appEuclid'"]
( * Exported symbols added here with SymbolName::usage * )
gcd::usage = "Calculate the greatest common divisor of multiple integers."
euclid::usage = "Calculate the coefficients of Diophantine equation.
 When the Option is gcd(default), calculate the greatest common divisor
 of two positive integers.
 When the Option is dph, calculate the r, s and t, such that
 r = gcd(a,b) = s * max(a,b) + t * min(a,b).
 When the Option is inv and gcd[a,b] = 1, calculate the t, such that
 t = (min(a,b)\!\(\ * SuperscriptBox[\()\), \( - 1\)]\).
 But if gcd[a,b]> 1, Option inv equals to dph."

Begin["'Private'"]
( * Implementation of the package * )
gcd[a_Integer] : =
    a
gcd[0,0] : =
    0
gcd[a_Integer,0] : =
    Abs[a]
gcd[0,a_Integer] : =
    Abs[a]
gcd[a_Integer,b_Integer] : =
    Module[ {r0,r1,r2},
        r0 = Max[Abs[a],Abs[b]];
        r1 = Min[Abs[a],Abs[b]];
        r2 = Mod[r0,r1];
        While[r2 > 0,r0 = r1;
                    r1 = r2;
                    r2 = Mod[r0,r1]];
        r1
    ]
gcd[a__Integer] : =
    Module[ {y = {a},t = Length[{a}],r,i},
        r = gcd[y[[1]],y[[2]]];
        For[i = 3,i <= t,i++,r = gcd[r,y[[i]]]];
```

```
            r
        ]

    Options[euclid] = {"mode"->"gcd"}(*"gcd","dph","inv"*)
    euclid[a_?((IntegerQ[#] && #>0)&),b_?((IntegerQ[#] && #>0)&),OptionsPattern[]] :=
        Module[ {r0,r1,r2,r,q,s0 = 1,s1 = 0,s2,s,t0 = 0,t1 = 1,t2,t},
            r0 = Max[a,b];
            r1 = Min[a,b];
            Switch[OptionValue["mode"],
              "gcd", r = gcd[r0,r1],
              "dph" | "inv",r2 = Mod[r0,r1];
                             q = (r0-r2)/r1;
                             s2 = s0-q*s1;
                             t2 = t0-q*t1;
                             While[r2>0,r0 = r1;
                                         r1 = r2;
                                         s0 = s1;
                                         s1 = s2;
                                         t0 = t1;
                                         t1 = t2;
                                         r2 = Mod[r0,r1];
                                         q = (r0-r2)/r1;
                                         s2 = s0-q*s1;
                                         t2 = t0-q*t1];
                             r = r1;
                             s = s1;
                             t = t1;
                             If[ OptionValue["mode"]=="inv" && r==1,
                                t,
                                {r,s,t}
                             ],
            _,"Error"]
        ]

    End[]

    EndPackage[]
```

输入代码后的 Eclipse 界面如图 8-20 所示。

文件“appEuclid. m”的代码来自上一节的两个文件“gcdPk. wl”和“euclidPk. wl”，这里不再赘述。在如图 8-20 所示的 Eclipse 主界面上输入代码后，可以选中代码，用鼠标右键单击选中的代码，在弹出菜单中单击“Source|Format”可将代码格式化为易读的格式；此外，单击函数名前面的“⊕”号可以展开函数体；单击函数名前的“⊖”号可以隐藏函数体。

在图 8-20 中，鼠标右键单击文件“zyEuclid. nb”，在右键弹出菜单中，单击“Run As|1 Wolfram”，或者选中文件“zyEuclid. nb”，单击快捷按钮“▶”，将启动 Mathematica，在图 8-20 的控制台中显示如图 8-21 所示信息；同时，在笔记本中打开文件“zyEuclid. nb”，如图 8-22 所示，其中输入了一些调用程序包“appEuclid”中函数的语句。

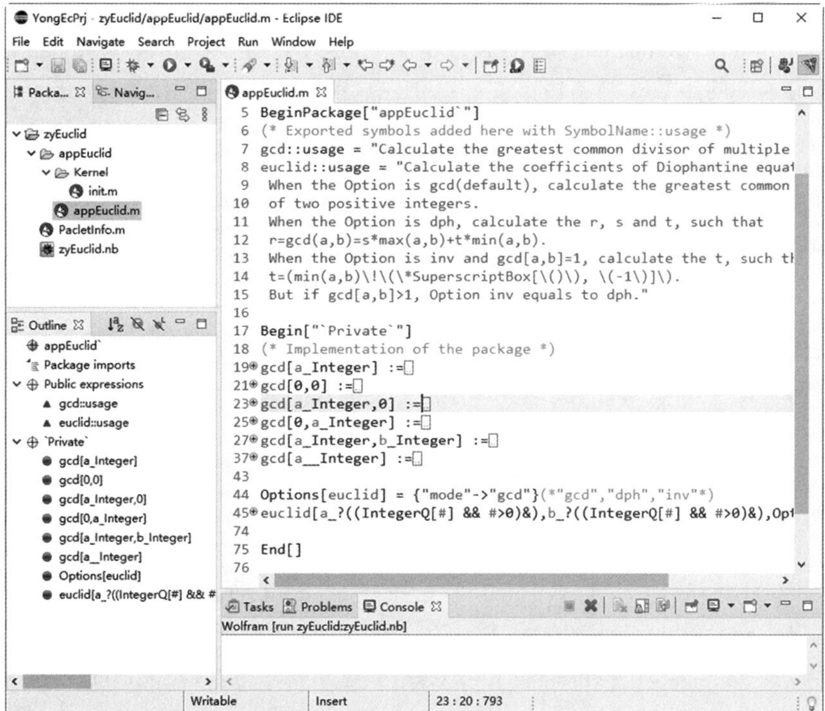

图 8-20　程序包 appEuclid. m 输入代码后的 Eclipse 主界面

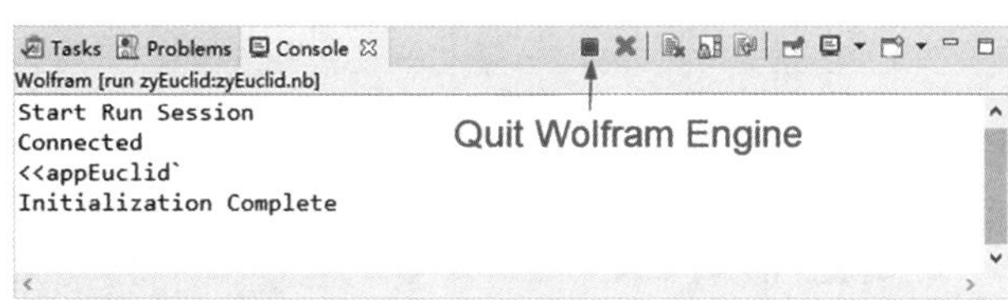

图 8-21　Eclipse 控制台中自动装入程序包“appEuclid`”

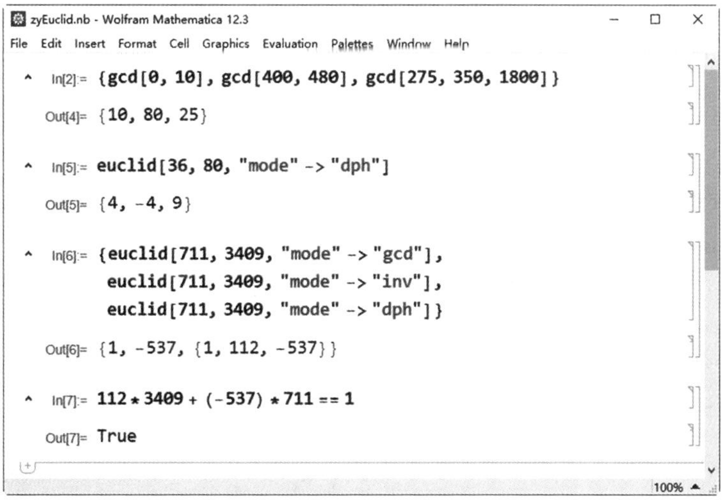

zyEuclid.nb - Wolfram Mathematica 12.3

File Edit Insert Format Cell Graphics Evaluation Palettes Window Help

```
In[2]:= {gcd[0, 10], gcd[400, 480], gcd[275, 350, 1800]}
Out[4]= {10, 80, 25}

In[5]:= euclid[36, 80, "mode" -> "dph"]
Out[5]= {4, -4, 9}

In[6]:= {euclid[711, 3409, "mode" -> "gcd"],
         euclid[711, 3409, "mode" -> "inv"],
         euclid[711, 3409, "mode" -> "dph"]}
Out[6]= {1, -537, {1, 112, -537}}

In[7]:= 112 * 3409 + (-537) * 711 == 1
Out[7]= True
```

100%

图 8-22　文件 zyEuclid. nb

由图 8-21 可知，在 Eclipse 主界面上运行文件 zyEuclid. nb，将自动装入程序包“appEuclid'”到 Mathematica 软件当前运行环境中，这样，程序包“appEuclid'”中的自定义函数可以被笔记本中的函数直接调用。在图 8-21 中，单击“Quit Wolfram Engine”按钮，将终止 Eclipse 主界面与 Mathematica 软件的连接，此时，程序包“appEuclid'”中的自定义函数不能被笔记本中的函数使用。

在图 8-21 所示的情况下，即在 Eclipse 主界面与 Mathematica 软件笔记本相连接的情况下，图 8-22 所示的笔记本文件 zyEuclid. nb 可以调用程序包“appEuclid'”中的公有函数，事实上，此时，任一个笔记本均可以调用程序包“appEuclid'”中的公有函数。

在图 8-22 中，“In[2]”语句“{gcd[0,10], gcd[400,480], gcd[275,350,1800]}”调用程序包“appEuclid`”中的函数 gcd 计算了 0 和 10、400 和 480 以及 275、350 和 1800 的最大公约数为“{10, 80, 25}”，如“Out[4]”所示。“In[5]”语句“euclid[36, 80, "mode"->"dph"]”调用了程序包“appEuclid`”中的函数 euclid，计算结果为“{4, −4, 9}”，如“Out[5]”所示。在“In[6]”中“{euclid[711, 3409, "mode"->"gcd"], euclid[711, 3409, "mode"->"inv"], euclid[711, 3409, "mode"->"dph"]}”调用 euclid 函数计算了三种情况下的结果，为“{1, −537, {1, 112, −537}}”，如“Out[6]”所示，由“In[7]”和“Out[7]”可知上述计算结果正确。这里，711 的逆元为−537(模 3409)。一般地，当逆元结果为负整数时，常将其加上模值(这里为 3409)得到一个正整数值，即 2872。可以验证：112 * 3409+2872 * 711 == 1 (mod 3409)。

现在，将文件“appEuclid. m”中的第 69 行代码(原来为“t,”)修改为“If[t > 0, t, t+Max[a,b]],”。此时，再次执行文件 zyEuclid. nb，将得到如图 8-23 所示结果。

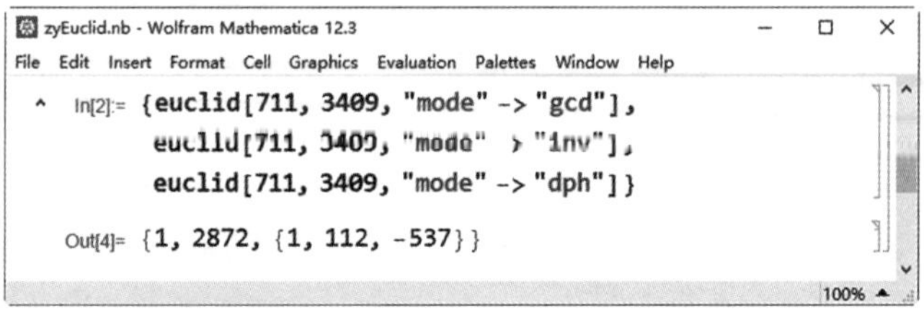

```
zyEuclid.nb - Wolfram Mathematica 12.3
File Edit Insert Format Cell Graphics Evaluation Palettes Window Help
In[2]:= {euclid[711, 3409, "mode" -> "gcd"],
         euclid[711, 3409, "mode" -> "inv"],
         euclid[711, 3409, "mode" -> "dph"]}
Out[4]= {1, 2872, {1, 112, -537}}
100%
```

图 8-23　改进元素逆元取值范围后的 euclid 函数

在图 8-23 中，“euclid[711, 3409, "mode"->"inv"]”得到 711 的逆元为 2872，而“euclid[711, 3409, "mode"->"dph"]”中显示的丢番图方程中 711 的系数仍为−537。

使用 Wolfram Workbench 插件的最大优势在于可以在线调试。在图 8-20 中，展开第 45 行的函数“euclid”，然后，在第 63 行的左侧边栏中双击鼠标左键设置一个断点。

然后，在图 8-20 中，鼠标右键单击文件“zyEuclid. nb”，在弹出菜单中单击菜单“Debug As|1 Wolfarm”，将弹出“zyEuclid. nb”窗口，如图 8-24 所示，其中的代码为在图 8-22 中输入的。在图 8-24 所示的“zyEuclid. nb”文件中，运行“In[2]”。

此时将弹出进入调试视图的提示框，确认后 Eclipse 主界面如图 8-25 所示。

在图 8-25 中，可以单步运行程序，可查看内存中局部变量的值，方便程序设计者纠错和改进算法。

```
zyEuclid.nb (Running...) - Wolfram Mathematica 12.3
File Edit Insert Format Cell Graphics Evaluation Palettes Window Help

In[•]:= {gcd[0, 10], gcd[400, 480], gcd[275, 350, 1800]}
Out[•]= {10, 80, 25}

In[•]:= euclid[36, 80, "mode" -> "dph"]
Out[•]= {4, -4, 9}

In[2]:= {euclid[711, 3409, "mode" -> "gcd"],
         euclid[711, 3409, "mode" -> "inv"],
         euclid[711, 3409, "mode" -> "dph"]}
Out[•]= {1, 2872, {1, 112, -537}}

In[•]:= 112 * 3409 + (-537) * 711 == 1
Out[•]= True
```

图 8-24 在 zyEuclid. nb 文件中执行“In[2]”

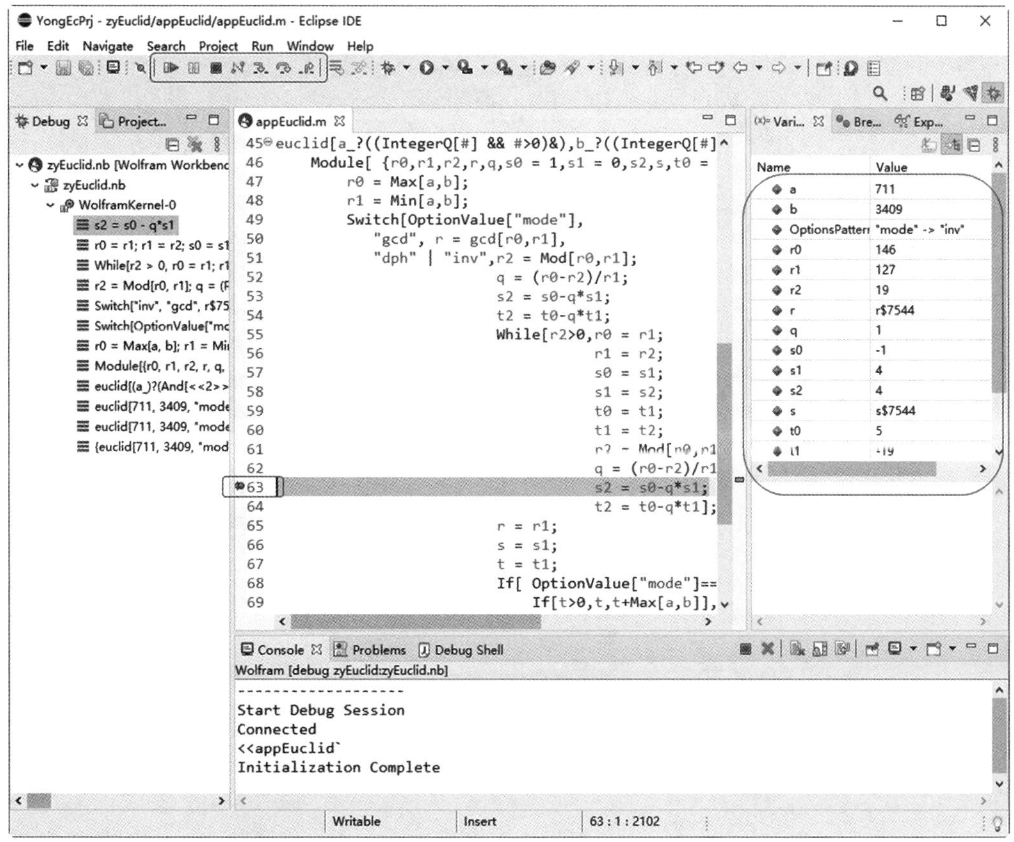

图 8-25 Eclipse 调试窗口

8.3.3 创建测试文档

测试创建的程序包中的自定义函数是否工作正常的常用方法有两种，其一，通过在笔记本中调用程序包的自定义函数，测试各种可能的极端情况，或者通过 Wolfram Workbench 插件的调试功能测试函数的各种应用场合；其二，通过 Wolfram Workbench 环境的测试文档，检验程序包中各个自定义函数的正确性。8.3.2 节中已经介绍了第一种方法，本节将介绍创建测试文档的方法。在图 8-20 所示 Eclipse 主界面上，单击菜单“File|New|Test File”，弹出如图 8-26 所示窗口。

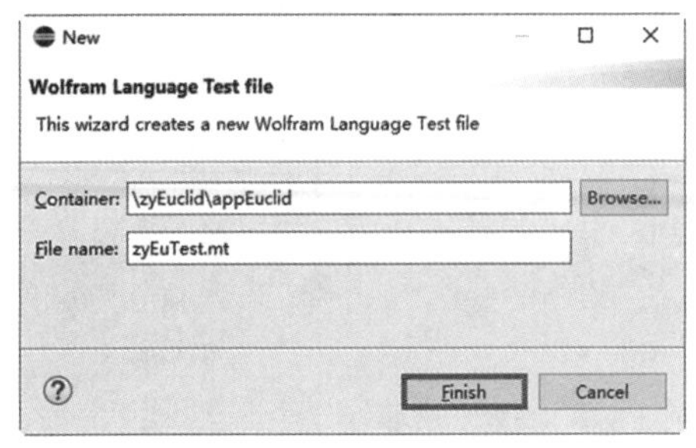

图 8-26 创建测试文档

在图 8-26 的“Container:”中输入当前应用所在目录，可通过“Browse…”按钮选择；在“File name:”中输入文件名，这里设为“myEuTest.mt”。单击“Finish”按钮关闭该对话框，进入如图 8-27 所示 Eclipse 主界面，在 myEuTest.mt 中输入测试代码。

图 8-27 测试文档 zyEuTest.mt

在图 8-27 中，文件“zyEuTest.mt”中使用函数“VerificationTest”测试了自定义函数“gcd”的各种情况，这里函数“VerificationTest”的语法为：VerificationTest[测试语句，测试语句的正确结果，测试号]，其中，测试号用规则“TestID—>字符串”表示，每个测试号的字符串必须不同,用于标记该测试项目。例如,图 8-27 中第 2~5 行的语句"VerificationTest[gcd[0,10], 10, TestID->"No. 001"]",表示测试号为"No. 001",测试"gcd[0,10]"的执行情况,测试语句的正确结果为"10"。

鼠标右键单击图 8-27 的文件"zyEuTest. mt",在弹出菜单中单击"Run As|1 Wolfram Language Test"运行测试文档。在图 8-27 的右下部显示了"Passed Tests (5)",表明文档"zyEuTest. mt"中的 5 项测试均通过。如果某个测试号对应的测试没有通过,则将在"Failed Tests"中报错,然后,根据错误信息检查测试文档和程序包中的相应函数。

8.3.4 创建帮助文档

在图 8-27 所示 Eclipse 主界面下,双击"PacletInfo. m"文件,如图 8-28 所示。

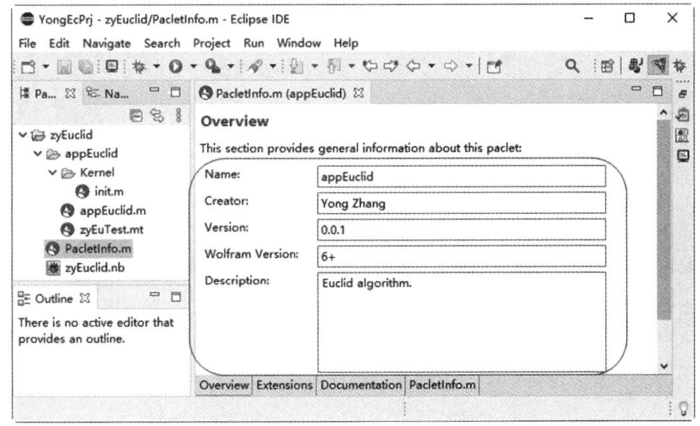

图 8-28　文件"PacletInfo. m"概况

在图 8-28 中,输入应用名"Name:"为"appEuclid";输入设计者"Creator:"为"Yong Zhang"(根据实际情况输入);设定版本号"Version:"为"0. 0. 1";设定该应用的最低可用 Mathematica 版本号"Wolfram Version:"为"6+",表示应用至少需要 Mathematica 6. 0 以上版本;在描述"Description:"中输入"Euclid algorithm. "(根据实际情况输入)。

然后,在图 8-28 中单击"Documentation"选项卡,进入如图 8-29 所示界面。

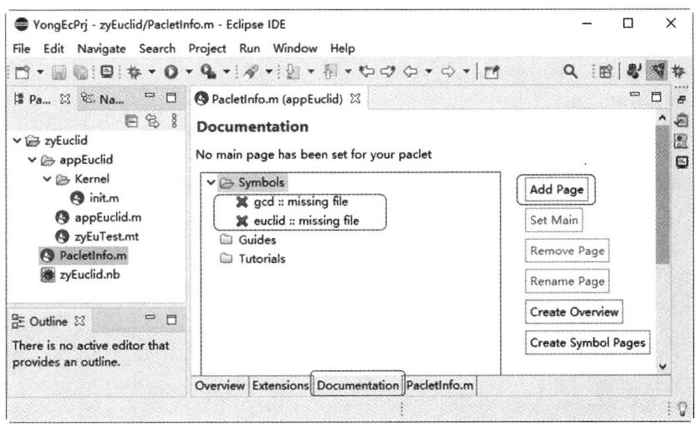

图 8-29　文件"PacletInfo. m"的"Documentation"页面

在图 8-29 中，用鼠标单击“gcd :: missing file”以选中它，然后，单击“Add Page”按钮；接着，用鼠标单击“euclid :: missing file”以选中它，然后，单击“Add Page”按钮。此时，Eclipse 主界面如图 8-30 所示。

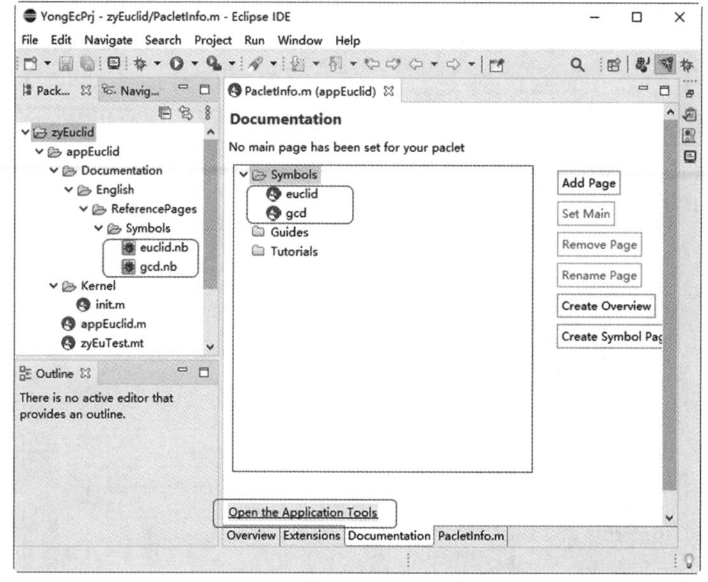

图 8-30　添加了文档组件“Documentation”的 Eclipse 主界面

在图 8-30 中，双击“gcd. nb”文件，弹出如图 8-31 和图 8-32 所示的窗口。

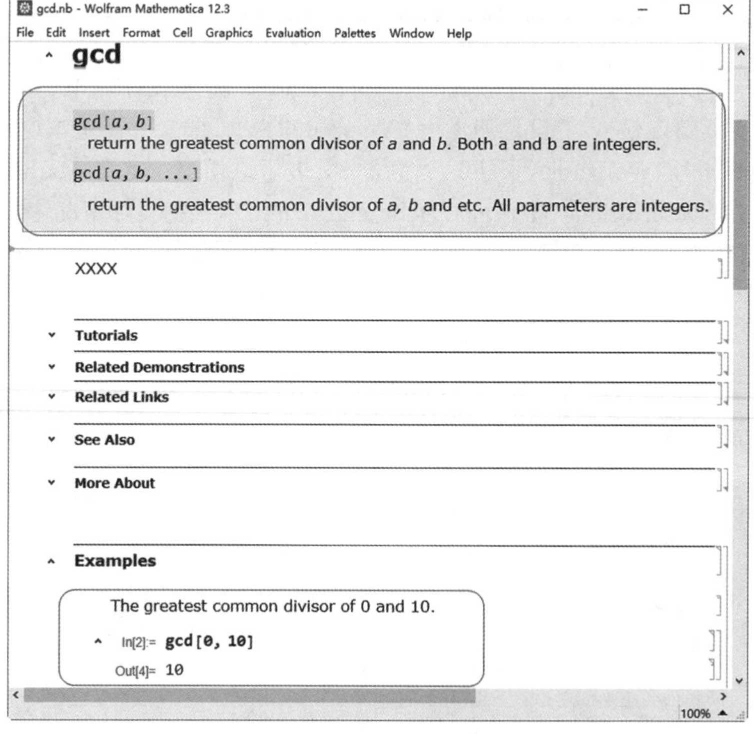

图 8-31　“gcd. nb”文档编辑窗口

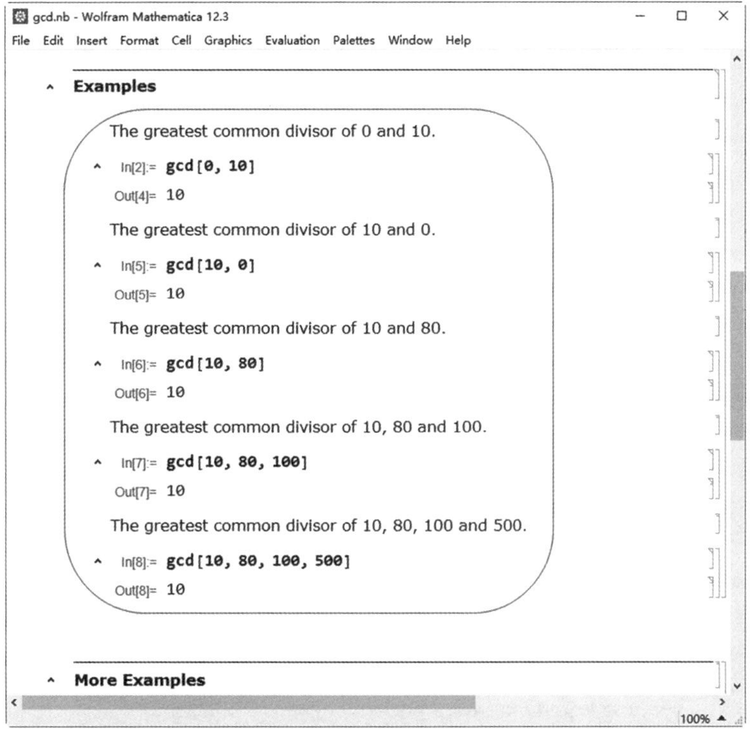

图 8-32　"gcd.nb"文档编辑窗口

在图 8-31 和图 8-32 中，线框框住的部分为新输入的内容，这些内容为函数 gcd 的用法说明和典型实例。为了节省篇幅，"gcd.nb"文档中的其他内容都留空了。

在图 8-30 中，双击"euclid.nb"文件，弹出如图 8-33 和图 8-34 所示的窗口。

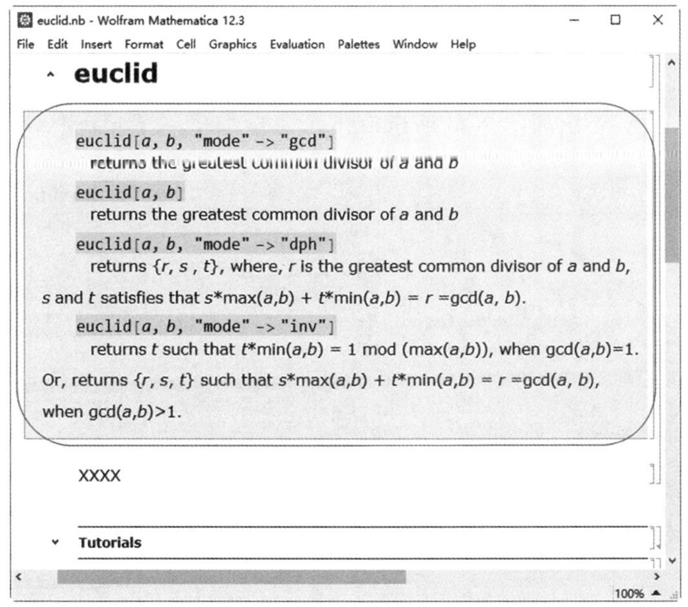

图 8-33　"euclid.nb"文档编辑窗口

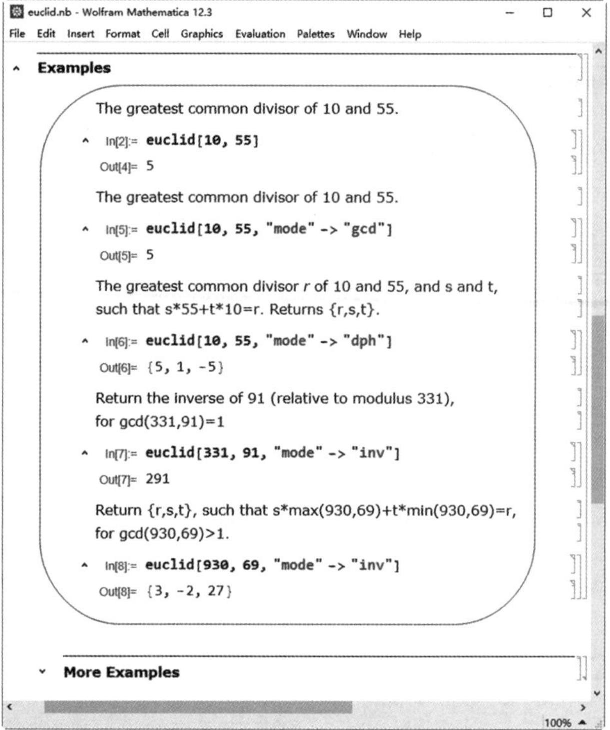

图 8-34 “euclid. nb”文档编辑窗口

图 8-33 和图 8-34 都是同一个文档“euclid. nb”，这里在图 8-33 中输入了 euclid 函数的用法说明部分，在图 8-34 中向“Examples”中添加了典型应用实例。

回到图 8-30，单击“Open the Application Tools”，在图 8-30 的左下角将出现“Application Tools”窗口，如图 8-35 所示。

在图 8-35 中，在“Project：”处输入工程名“zyEuclid”；然后，单击“Build”按钮，编译通过后，可以单击“Preview”按钮预览文档（注意，编译时间比较长）；之后，单击“Deploy Application”部署文档，弹出如图 8-36 所示窗口。

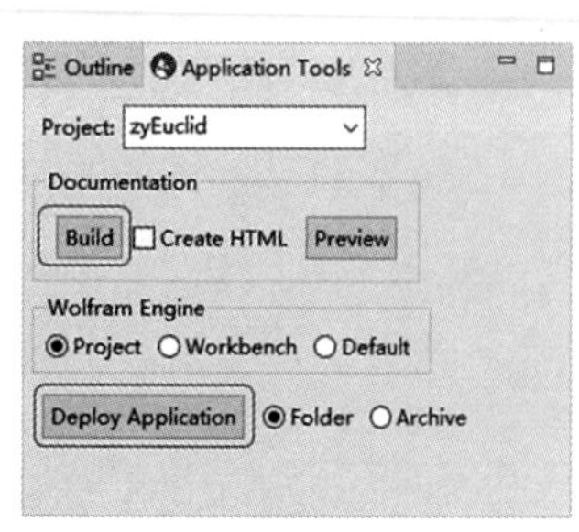

图 8-35 编译和部署帮助文档

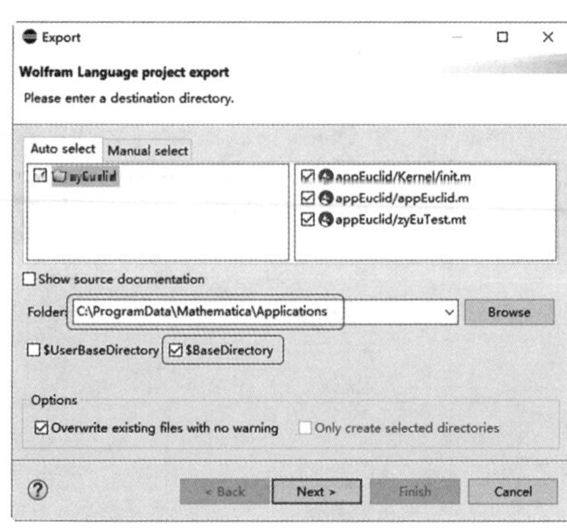

图 8-36 部署文档窗口

在图 8-36 中，选中复选框“ $BaseDirectory”，表示部署到 Mathematica 系统目录“C:\ProgramData\Mathematica\Applications”下。然后，单击“Next”按钮完成部署工作（单击“Next”按钮后，还将弹出一个窗口，这个窗口的内容无须修改，直接单击窗口中的“Finish”按钮完成即可）。此时，目录“C:\ProgramData\Mathematica\Applications\appEuclid”如图 8-37 所示。

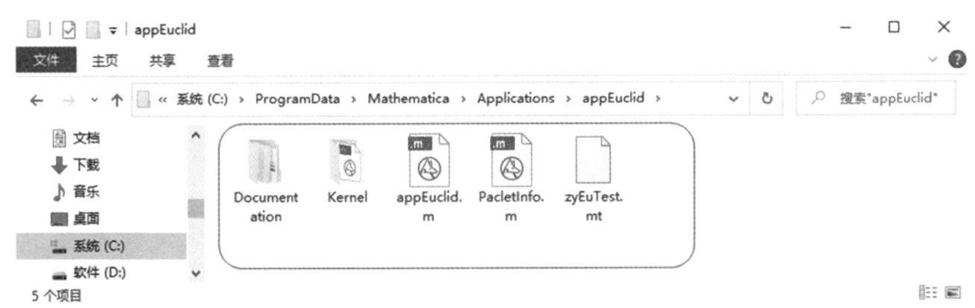

图 8-37 目录“C:\ProgramData\Mathematica\Applications\appEuclid”

在图 8-37 中，基于 Wolfram Workbench + Eclipse 软件设计的文件均被复制到 Mathematica 系统目录“C:\ProgramData\Mathematica\Applications\”下的子目录“appEuclid”下，这里的程序包文件可以被 Mathematica 笔记本通过 Get 或 Needs 函数直接调用。程序包“appEuclid'”的两个函数的说明文档（即帮助文档）位于目录“C:\ProgramData\Mathematica\Applications \appEuclid\Documentation\English\ReferencePages\Symbols”下，这些文档为“euclid. nb”和“gcd. nb”。以文档“euclid. nb”为例介绍文档内容，双击“euclid. nb”文件，弹出如图 8-38 所示窗口。

在图 8-38 中，文档 euclid. nb 展示了自定义函数 euclid 的用法和典型实例，这个文档类似于 Wolfram 语言内置函数的帮助文档。将目录“C:\ProgramData\Mathematica\Applications \”下的子目录“appEuclid”复制到目录“C:\ProgramData\Mathematica\”下，可以在 Mathematica 软件的“Document Center”（文档中心，通过菜单“Help|Wolfram Documentation”进入）直接输入“gcd”或“euclid”查看这两个函数的帮助文档。这里的目录“C:\ProgramData \Mathematica\”为 Mathematica 软件的基础目录，在笔记本中用系统常量“ $BaseDirectory”查看，也可以将子目录“appEuclid”复制到用户基础目录（即在笔记本中输入“ $UserBaseDirectory”后显示的目录）。

至此，整个工程 zyEuclid（即应用 appEuclid）设计完成，现在可关闭 Eclipse 软件。这一过程经历了设计程序包、使用笔记本测试程序包中的函数、使用测试文档测试程序包中的函数和编写工程文档以及部署工程项目。

除了可以在 Eclipse 环境下部署应用外，也可以在 Mathematica 笔记中安装应用。在 Mathematica 软件的笔记本界面中，单击菜单“File|Install…”，弹出如图 8-39 所示界面。

在图 8-39 中，在“Type of Item to Install:”（安装的类型）中可以选择“Application”（应用）或“Package”（程序包）等。这里选择安装“Application”；在“Source:”中选择安装的应用所在的目录，在弹出的窗口中选择目录“E:\ZYMaths\YongEcPrj\zyEuclid\appEuclid”，这里将显示“appEuclid”，然后，在“Install Name”中自动显示“appEuclid”。接着，选中“Install for all users that share this computer”单选钮，表示应用将被安装在目录“C:\

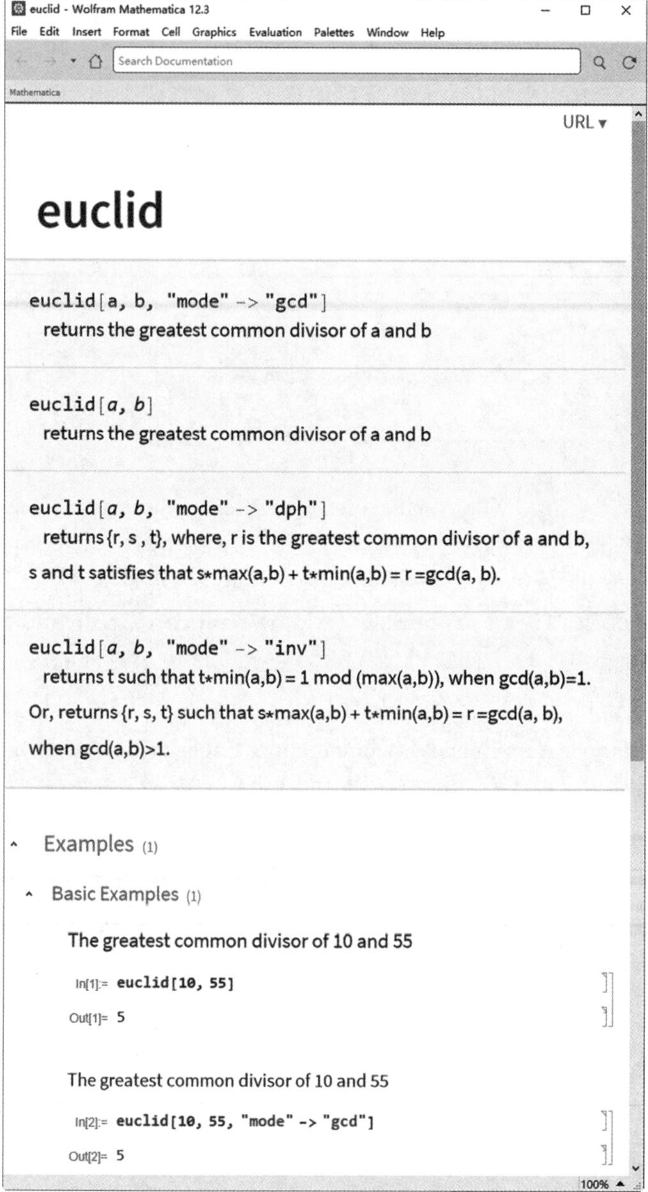

图 8-38　euclid 函数说明文档

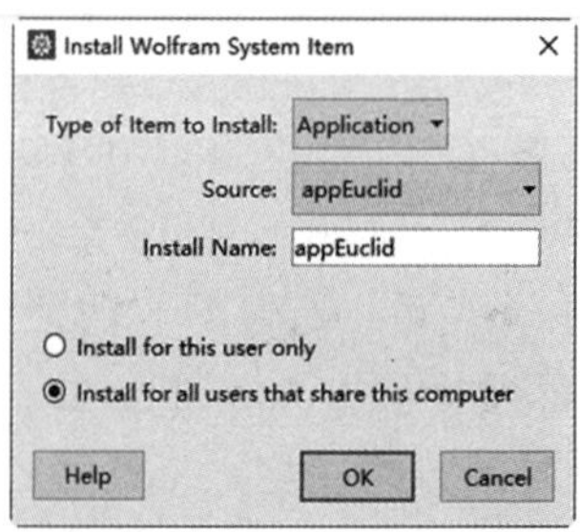

图 8-39　安装应用到 Mathematica 软件中

ProgramData\Mathematica\Applications”目录下，该目录为 Mathematica 软件的系统工作目录，其中的程序包可以使用 Get 或 Needs 函数直接装入笔记本环境中。在图 8-39 中单击“OK”按钮完成安装。

现在，可在 Mathematica 系统中，随时使用刚设计的程序包“appEuclid'”，如图 8-40 所示。

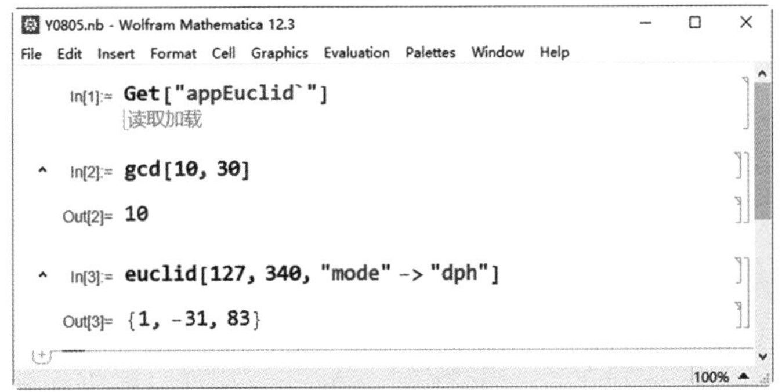

图 8-40 程序包“appEuclid`”应用实例

在图 8-40 的“In[1]”中语句“Get["appEuclid`"]”将自定义程序包“appEuclid`”装入当前笔记本的工作环境中。然后，“In[2]”执行语句“gcd[10, 30]”，使用了自定义函数 gcd 计算 10 和 30 的最大公约数，得到“10”，如“Out[2]”所示。在“In[3]”中调用“euclid[127, 340, "mode"->"dph"]”，得到“{1, −31, 83}”，即 127 和 340 的最大公约数为 1，且(−31) * 340 + 83 * 127 = 1。

8.4 自然语言

Mathematica 软件可以识别一些自然语言输入。在笔记本中输入自然语言的方式有两种，一种是使用“等号”输入，另一种是借助于“Ctrl + =”(Ctrl 键和“等号”键同时按下)输入，如图 8-41 所示。

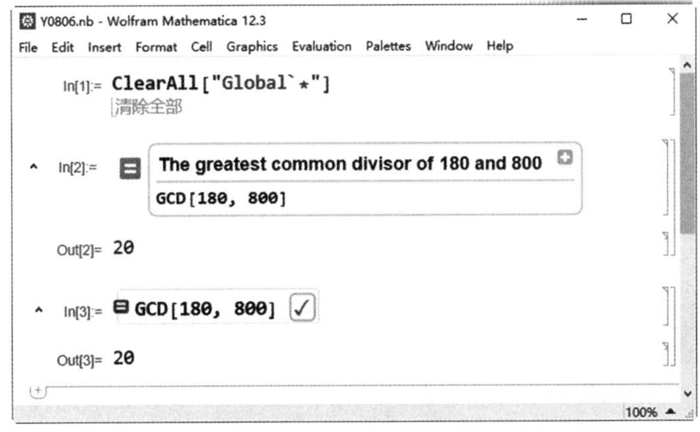

图 8-41 自然语言输入

在图 8-41 中，“In[2]”中先输入“等号”，然后，输入文本“The greatest common divisor of 180 and 800”，然后，按下“Shift＋Enter”快捷键执行该语句，Mathematica 软件将解析输入的文本，并将其转化为内置函数，然后，给出结果。单击“In[2]”的右上角的“⊞”，可以展开大量关于该文本相关的信息。这里，将输入文本解析为“GCD[180，800]”，并给出执行结果“20”，如“Out[2]”所示。

在“In[3]”中，按下“Ctrl＋＝”快捷键后，再输入文本“The greatest common divisor of 180 and 800”，输入样式为：

⊟ The greatest common divisor of 180 and 800

此时，有一个框将“等号”和输入的文本框在其中。当光标离开这个框时，输入样式自动变换为图 8-41 中“In[3]”所示样式。如果输入文本解析的正确，可以单击“☑”确认。在“In[3]”中按下“Shift＋Enter”快捷键将执行该语句，得到结果“20”，如“Out[3]”所示。

两种自然语言输入的区别在于，使用“Ctrl＋＝”快捷键的自然语言输入可以直接用于表达式中，这种方式的自然语言输入当光标离开输入框时，Mathematica 立即进行语言解析，将自然语言的文本转化为内置函数，并提供参考选项。

输入“等号”方式的自然语言输入，可以作为一种查询或检索操作。拟实现一种运算但又不知道 Mathematica 中相应的内置函数形式时，可以使用这种形式的自然语言输入，从而由 Mathematica 系统提供与自然语言最匹配的内置函数，并提供大量相关的算法处理信息，帮助操作人员深入了解算法的运算情况。

例如，拟画一个等边三角形，可以使用输入“＝”方式的自然语言输入，如图 8-42 所示。

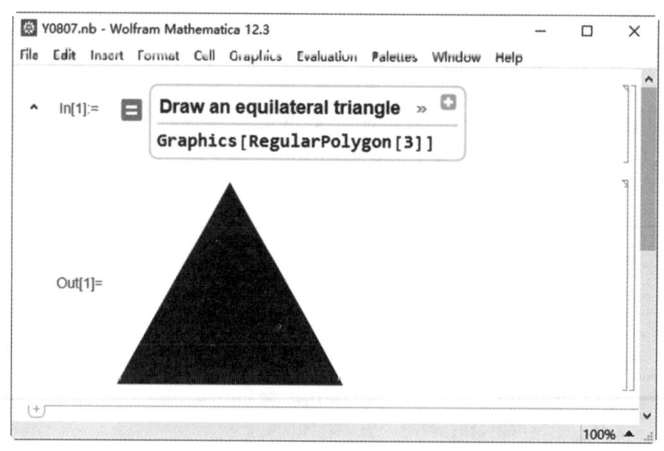

图 8-42　自然语言输入实例

在图 8-42 中单击“In[1]”右上角的“⊞”，可展开更多信息，如图 8-43 所示。

在图 8-43 中，展示了自然语言输入“Draw an equilateral triangle”的部分信息，在图 8-43 的下方，显示了等边三角形的一些属性等，例如，边长为 s 时(未显示信息为“assuming center (x_0，y_0) and edge length s”)，等边三角形的高为 0.866025s，面积为 0.433013s^2。

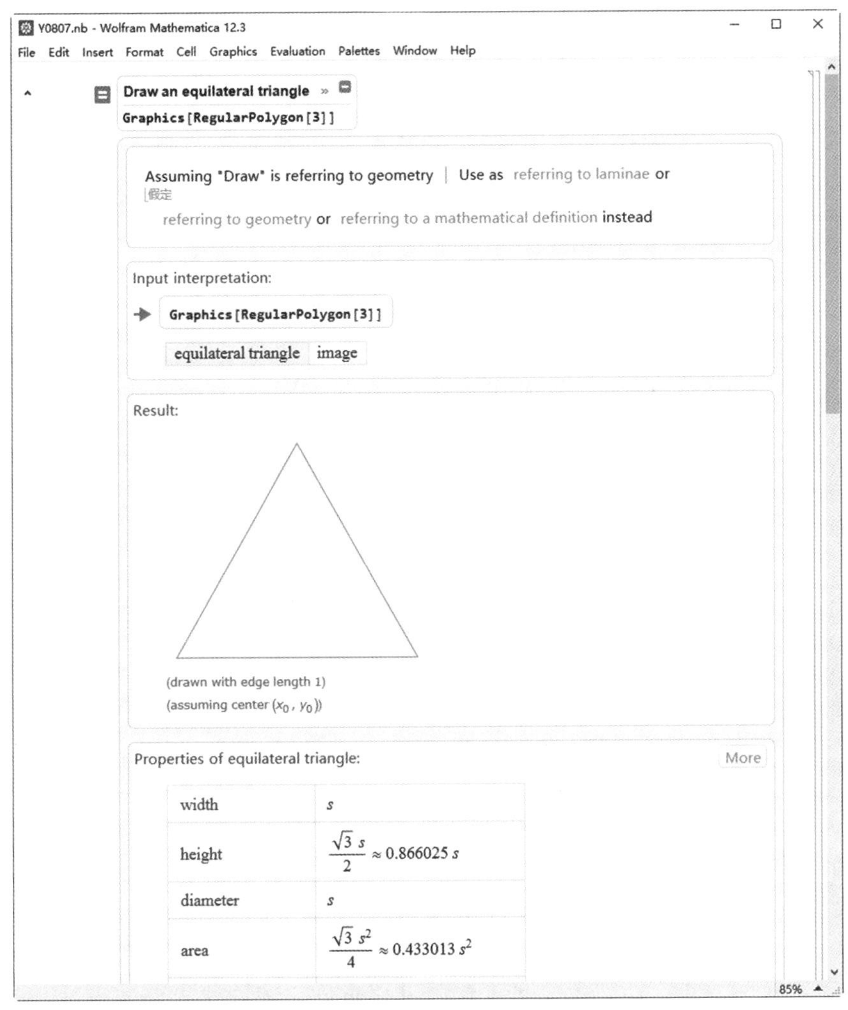

图 8-43 自然语言输入展开后的部分信息

8.5 程序调试

在 Mathematica 软件笔记本中的程序是由一组函数组成，在笔记本中可以观测每个函数的执行情况，这使得基于笔记本中的程序调试方式与传统的程序调试方法不同。Wolfram 语言中，笔记本程序中函数执行情况的调试主要由内置函数 Echo、Trace 和 Sow 与 Reap 实现。下面以实例的方式展示这些调试函数的基本用法，如图 8-44 所示。

在图 8-44 中，"In[2]"使用了 Echo 函数，Echo 函数的作用仅为将其参数输出，Echo 函数的存在不影响表达式的计算，这里语句"Table[Echo[i^2]+1, {i,1,5}]"和语句"Table[i^2+1, {i,1,5}]"的输出完全相同，前者由于带有 Echo 函数，将输出"Echo[i^2]"中"i^2"的值，如图 8-44 所示，最后结果为"{2, 5, 10, 17, 26}"，如"Out[2]"所示。

在"In[3]"中使用了 Trace 函数，"Trace[表达式]"将输出"表达式"按先后执行顺序的每一步计算过程，例如，"In[3]"中语句"Trace[Table[i^2+1,{i,1,5}]]"将输出"Table[i^2+1,

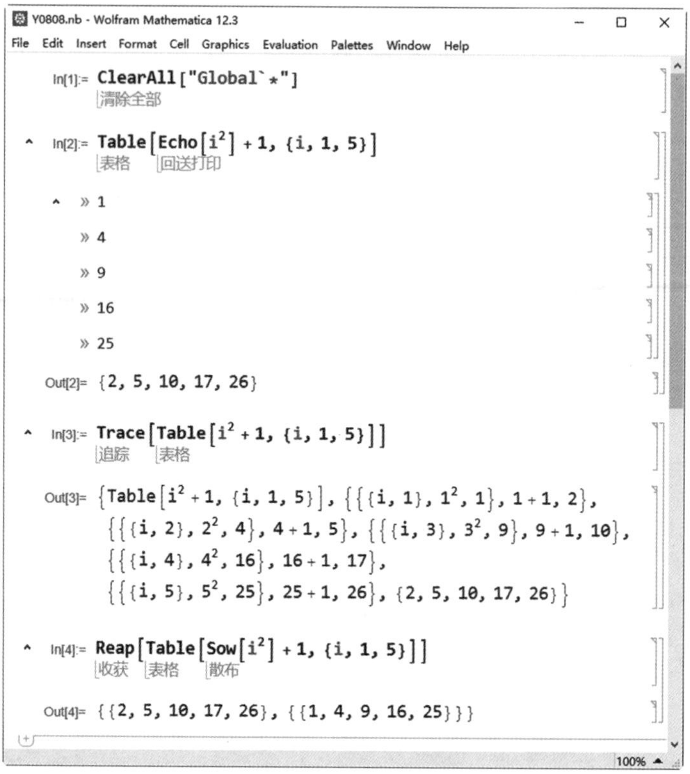

```
Y0808.nb - Wolfram Mathematica 12.3
File Edit Insert Format Cell Graphics Evaluation Palettes Window Help

In[1]:= ClearAll["Global`*"]
        清除全部

In[2]:= Table[Echo[i^2] + 1, {i, 1, 5}]
        表格   回送打印

   » 1
   » 4
   » 9
   » 16
   » 25

Out[2]= {2, 5, 10, 17, 26}

In[3]:= Trace[Table[i^2 + 1, {i, 1, 5}]]
        追踪  表格

Out[3]= {Table[i^2 + 1, {i, 1, 5}], {{{i, 1}, 1^2, 1}, 1 + 1, 2},
         {{{i, 2}, 2^2, 4}, 4 + 1, 5}, {{{i, 3}, 3^2, 9}, 9 + 1, 10},
         {{{i, 4}, 4^2, 16}, 16 + 1, 17},
         {{{i, 5}, 5^2, 25}, 25 + 1, 26}, {2, 5, 10, 17, 26}}

In[4]:= Reap[Table[Sow[i^2] + 1, {i, 1, 5}]]
        收获 表格   散布

Out[4]= {{2, 5, 10, 17, 26}, {{1, 4, 9, 16, 25}}}

100%
```

图 8-44　调试函数 Echo、Trace 和 Sow 与 Reap 实例

{i,1,5}]"的计算过程,首先 i=1,计算"{{{i, 1}, 1^2, 1}, 1+1, 2}",得到"2";接着,i=2,计算"{{{i, 2}, 2^2, 4}, 4+1, 5}",得到"5";以此类推至 i=5,计算"{{{i, 5}, 5^2, 25}, 25+1, 26}",得到"26";最后,得到结果"{2, 5, 10, 17, 26}"。整个过程如"Out[3]"所示。

函数 Sow 和 Reap 是一对函数,也是最常用的函数调试方式。Sow 函数类似于 Echo 函数,它的存在与否不影响其所在的表达式的计算,Sow 函数包括的内容将显示在结果中,前提条件是:Sow 函数所在的表达式必须作为 Reap 函数的参数。"Sow-Reap 函数对"直译为"播种—收获"函数。在图 8-44 的"In[4]"中,整个表达式是一个 Reap 函数,即"Reap[Table[Sow[i^2]+1, {i, 1, 5}]]",Reap 和 Sow 函数不影响表达式的执行,Reap 函数的作用是将 Sow 函数包括的表达式的计算结果显示出来,供程序员检查。这里"Sow[i^2]"随着循环变量 i 从 1 递增至 5,将得到"{1, 4, 9, 16, 25}"。"In[4]"的执行结果为"{{2, 5, 10, 17, 26}, {{1, 4, 9, 16, 25}}}",其中,前一个列表"{2, 5, 10, 17, 26}"为去掉 Reap 和 Sow 函数的执行结果,而后一个列表"{{1, 4, 9, 16, 25}}"为 Sow 函数包含的表达式的计算结果。

本章小结

本章主要介绍了 Mathematica 软件中自定义程序包的设计方法,具体阐述了基于 Mathematica 软件和基于 Wolfram Workbench+Eclipse 集成开发环境两种设计程序包的

方法,其中,基于 Wolfram Workbench 的方法是专业的设计程序包的方法。通过在 Eclipse 集成开发环境中新建应用,添加应用的说明文档,然后编译工程并部署应用,使得自定义函数像内置函数一样,可以在“Documentation Center”(文档中心)查看函数的用法和典型实例,并可通过 Get 和 Needs 函数装入自定义程序包,在笔记本中随意使用自定义程序包中的函数。

本章还介绍了欧几里得算法和扩展的欧几里得算法,并使用程序包详细实现了这两个算法。此外,还介绍了 Mathematica 自然语言输入方法和笔记本中程序的常用调试方法。

第9章 神经网络

本章将介绍 Mathematica 软件在神经网络方面的应用技术，重点讨论 Rosenblatt 感知器和基于 BP 算法的多层感知器的实现方法。Rosenblatt 感知器，即单层感知器，是学习神经网络的入门模型。神经网络的模型参数建立在历史数据的基础上，这些历史数据被称为样本数据，分为训练样本集和测试样本集。本章将首先介绍样本数据的预处理工作，然后，详细阐述单层感知器的学习算法与程序设计，在此基础上，深入讨论 BP 神经网络的学习和预测算法。本章内容主要讨论有监督学习（即有教师学习）的神经网络模型及其实现技术。

9.1 数据预处理

输入数据预处理方法有以下三种：

(1) 将输入数据变换到相同尺度下。一般地，使用线性方法将数据归一化到区间[0,1]或[−1,1]上。如果原始数据具有明显的概率分布特征，例如，服从正态分布，则将其按所服从的概率分布函数变换为均值为 0、方差为 1 的序列。

(2) 消除输入数据的相关性，同时降低输入数据的维数。首先计算输入数据的协方差矩阵的特征值，然后，将特征值按从大至小的顺序排序，最大的特征值对应的特征向量称为第一主成分，次大的特征值对应的特征向量称为第二主成分，以此类推。最后，保留较大的特征值对应的主成分向量，并由这些主成分向量与原始输入数据向量做点积得到新的数据。这种方法称为主成分分析(Principle Component Analysis，PCA)。

(3) 调整数据使其协方差矩阵为（近似）单位阵，消除不同维度数据的尺度差异。

下面以鸢尾花数据为例，依次介绍上述三种数据预处理方法。

在 Mathematica 中集成了鸢尾花数据，首先读入鸢尾花数据，如图 9-1 所示；然后，在 9.1.1 节中对数据进行归一化。

为了节省空间，图 9-1 中仅显示了输入语句。“In[2]”调用函数“ResourceData”从 Mathematica 线上数据库读入鸢尾花数据（计算机需要联网），读入的鸢尾花数据为一个数据集，包括了 Setosa、Versicolor 和 Virginica 三种类型花的四个特征数据，即 SepalLength（花萼长度）、SepalWidth（花萼宽度）、PetalLength（花瓣长度）和 PetalWidth（花瓣宽度），这里仅使用了 SepalLength（花萼长度）和 PetalLength（花瓣长度）。

```
Y0901.nb - Wolfram Mathematica 12.3
File Edit Insert Format Cell Graphics Evaluation Palettes Window Help

In[1]:= ClearAll["Global`*"]
        清除全部

In[2]:= irises = ResourceData[ResourceObject["Sample Data: Fisher's Irises"]]
                 资源数据     资源对象

In[3]:= setosa = irises[Select[(#Species == "setosa") &], {"SepalLength", "PetalLength"}]
                        选择

In[4]:= versicolor = irises[Select[ (#Species == "versicolor") &],
                            选择
          {"SepalLength", "PetalLength"}]

In[5]:= datSetosa =
         QuantityMagnitude[
         数量大小
          Normal[setosa] /. {<|"SepalLength" -> x_, "PetalLength" -> y_|> :> {x, y}}]
          转换为普通表达式

In[6]:= datVersicolor =
         QuantityMagnitude[
         数量大小
          Normal[versicolor] /. {<|"SepalLength" -> x_, "PetalLength" -> y_|> :> {x, y}}]
          转换为普通表达式
100%
```

图 9-1 鸢尾花数据

图 9-1 中“In[3]”从鸢尾花数据集 irises 中读取 Setosa 花的 SepalLength(花萼长度)和 PetalLength(花瓣长度)数据,赋给变量 setosa,此时 setosa 仍然为数据集。“In[4]”从鸢尾花数据集 irises 中读取 Versicolor 花的 SepalLength(花萼长度)和 PetalLength(花瓣长度)数据,赋给变量 versicolor,此时 versicolor 仍然为数据集。“In[5]”提取 setosa 数据集中的数据,以列表的形式保存在变量 datSetosa 中。“In[6]”提取 versicolor 数据集中的数据,以列表的形式保存在变量 datVersicolor 中。

9.1.1 数据归一化

在图 9-1 的基础上,Setosa 花和 Versicolor 花的数据如图 9-2 所示。

在图 9-2 中,“In[7]”和“Out[7]”显示了 Setosa 花的数据 datSetosa,其每个子列表包含两个元素,对应每个 Setosa 花样本的 SepalLength(花萼长度)和 PetalLength(花瓣长度);“In[8]”和“Out[8]”显示了 Versicolor 花的数据 datVersicolor,其每个子列表包含两个元素,对应每个 Versicolor 花样本的 SepalLength(花萼长度)和 PetalLength(花瓣长度)。在“In[9]”中,以 SepalLength(花萼长度)为横坐标、以 PetalLength(花瓣长度)为纵坐标绘制了 Setosa 花的数据 datSetosa 和 Versicolor 花的数据 datVersicolor,如“Out[9]”所示。在“Out[9]”中,“△”表示 Versicolor 花的数据;“o”表示 Setosa 花的数据,从“Out[9]”所示图中可知,这两种花是可区分的。由“In[10]”可知,这两种花的样本数据各有 50 个。

现在做归一化处理,具体步骤如下:

(1) 把 Setosa 花的样本数据分成两个数据集合,其中一个数据集合包含 40 个样本,作为训练用,给每个样本数据添加标签“1”;另一个数据集合包含 10 个样本,作为测试用,也为其添加标签“1”(这些标签仅用于与预测结果对比)。同理,把 Versicolor 花的样本数据分成两个数据集合,其中一个数据集合包含 40 个样本,给每个样本添加标签“−1”,作为训练

```
Y0901.nb - Wolfram Mathematica 12.3
File Edit Insert Format Cell Graphics Evaluation Palettes Window Help

In[7]:= datSetosa

Out[7]= {{5.1, 1.4}, {4.9, 1.4}, {4.7, 1.3}, {4.6, 1.5}, {5., 1.4}, {5.4, 1.7},
  {4.6, 1.4}, {5., 1.5}, {4.4, 1.4}, {4.9, 1.5}, {5.4, 1.5}, {4.8, 1.6},
  {4.8, 1.4}, {4.3, 1.1}, {5.8, 1.2}, {5.7, 1.5}, {5.4, 1.3}, {5.1, 1.4},
  {5.7, 1.7}, {5.1, 1.5}, {5.4, 1.7}, {5.1, 1.5}, {4.6, 1.}, {5.1, 1.7},
  {4.8, 1.9}, {5., 1.6}, {5., 1.6}, {5.2, 1.5}, {5.2, 1.4}, {4.7, 1.6}, {4.8, 1.6},
  {5.4, 1.5}, {5.2, 1.5}, {5.5, 1.4}, {4.9, 1.5}, {5., 1.2}, {5.5, 1.3},
  {4.9, 1.4}, {4.4, 1.3}, {5.1, 1.5}, {5., 1.3}, {4.5, 1.3}, {4.4, 1.3}, {5., 1.6},
  {5.1, 1.9}, {4.8, 1.4}, {5.1, 1.6}, {4.6, 1.4}, {5.3, 1.5}, {5., 1.4}}

In[8]:= datVersicolor

Out[8]= {{7., 4.7}, {6.4, 4.5}, {6.9, 4.9}, {5.5, 4.}, {6.5, 4.6}, {5.7, 4.5},
  {6.3, 4.7}, {4.9, 3.3}, {6.6, 4.6}, {5.2, 3.9}, {5., 3.5}, {5.9, 4.2}, {6., 4.},
  {6.1, 4.7}, {5.6, 3.6}, {6.7, 4.4}, {5.6, 4.5}, {5.8, 4.1}, {6.2, 4.5},
  {5.6, 3.9}, {5.9, 4.8}, {6.1, 4.}, {6.3, 4.9}, {6.1, 4.7}, {6.4, 4.3},
  {6.6, 4.4}, {6.8, 4.8}, {6.7, 5.}, {6., 4.5}, {5.7, 3.5}, {5.5, 3.8},
  {5.5, 3.7}, {5.8, 3.9}, {6., 5.1}, {5.4, 4.5}, {6., 4.5}, {6.7, 4.7},
  {6.3, 4.4}, {5.6, 4.1}, {5.5, 4.}, {5.5, 4.4}, {6.1, 4.6}, {5.8, 4.}, {5., 3.3},
  {5.6, 4.2}, {5.7, 4.2}, {5.7, 4.2}, {6.2, 4.3}, {5.1, 3.}, {5.7, 4.1}}

In[9]:= ListPlot[{datSetosa, datVersicolor}, PlotMarkers → "OpenMarkers",
        绘制点集                                 绘制点的标记
          PlotLegends → {"Setosa", "Versicolor"}]
          绘图的图例

Out[9]=
  5 |
  4 |
  3 |                                             o Setosa
  2 |                                             △ Versicolor
  1 |
     4.5    5.0    5.5    6.0    6.5    7.0

In[10]:= {Length[datSetosa], Length[datVersicolor]}
          长度               长度

Out[10]= {50, 50}
```

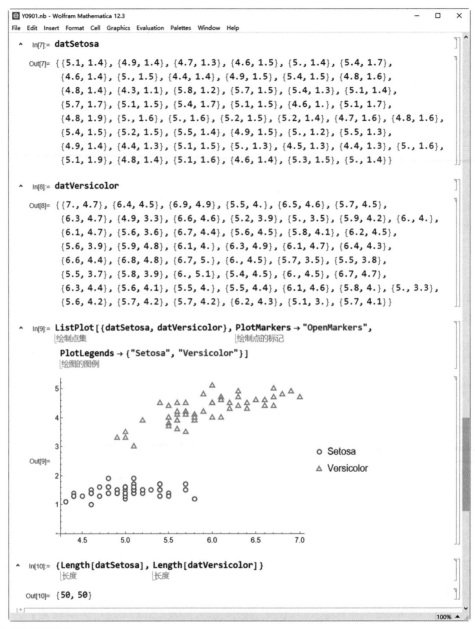

图 9-2　Setosa 花和 Versicolor 花的数据

用；另一个数据集合包含 10 个样本，作为测试用，也为其添加标签"－1"(这些标签仅用于与预测结果对比)。然后，把两种花的训练用的数据合并为一个集合，并随机打乱顺序，接着，分离数据和标签部分成为两个列表，作为训练样本集；把两种花的测试用的数据合并为一个集合，也随机打乱顺序，之后，分离数据和标签部分成为两个列表，作为测试样本集。上述过程如图 9-3 所示。事实上，Setosa 花的数据中只有 35 种不同的样本；Versicolor 花的数据中有 46 种不同的样本。这里没有合并相同的样本。

在图 9-3 中，"In[11]"实现的工作包括："lab1＝Table[{1},50]"生成一个长度为 50 的

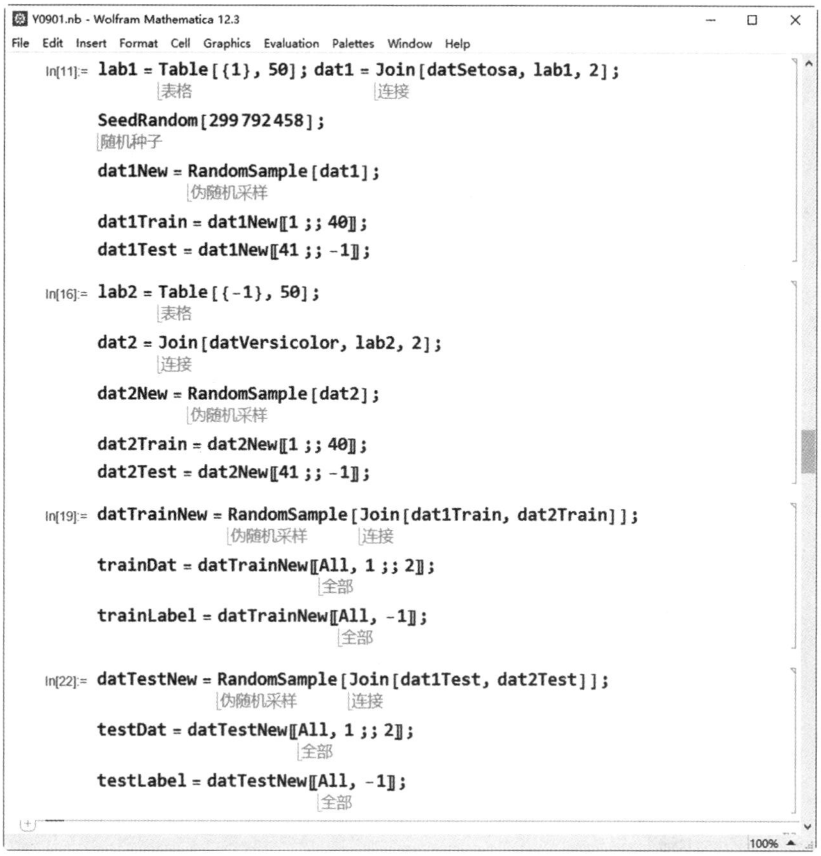

```
Y0901.nb - Wolfram Mathematica 12.3
File Edit Insert Format Cell Graphics Evaluation Palettes Window Help

In[11]:= lab1 = Table[{1}, 50]; dat1 = Join[datSetosa, lab1, 2];
         SeedRandom[299792458];
         dat1New = RandomSample[dat1];
         dat1Train = dat1New[[1 ;; 40]];
         dat1Test = dat1New[[41 ;; -1]];

In[16]:= lab2 = Table[{-1}, 50];
         dat2 = Join[datVersicolor, lab2, 2];
         dat2New = RandomSample[dat2];
         dat2Train = dat2New[[1 ;; 40]];
         dat2Test = dat2New[[41 ;; -1]];

In[19]:= datTrainNew = RandomSample[Join[dat1Train, dat2Train]];
         trainDat = datTrainNew[[All, 1 ;; 2]];
         trainLabel = datTrainNew[[All, -1]];

In[22]:= datTestNew = RandomSample[Join[dat1Test, dat2Test]];
         testDat = datTestNew[[All, 1 ;; 2]];
         testLabel = datTestNew[[All, -1]];
```

图 9-3 制备训练样本集合和测试样本集合

列表,每个元素为"{1}",用作 Setosa 花的标签;"dat1 = Join[datSetosa,lab1,2]"为 Setosa 花的每个样本添加标签"1";"SeedRandom[299792458]"用于设置伪随机数发生器的种子值,为了后面的 RandomSample 函数每次执行都生成相同的随机数(这是指每次执行 SeedRandom 和 RandomSample 的组合时,后者将生成相同的伪随机数),这条语句用于保证数据样本的训练集合和测试集合在每次执行时是相同的;"dat1New = RandomSample[dat1]"随机排序 dat1;"dat1Train = dat1New[[1;;40]]"选取 dat1New 的前 40 个数据作为 Setosa 花的训练数据;"dat1Test = dat1New[[41;;-1]]"选取 dat1New 的后 10 个数据作为 Setosa 花的测试数据。

图 9-3 中"In[16]"实现的工作包括:"lab2=Table[{-1},50]"生成一个长度为 50 的列表,每个元素为"{-1}",用作 Versicolor 花的标签;"dat2 = Join[datVersicolor,lab2,2]"为 Versicolor 花的每个样本添加标签"-1";"dat2New=RandomSample[dat2]"随机排序 dat2;"dat2Train = dat2New[[1;;40]]"选取 dat2New 的前 40 个数据作为 Versicolor 花的训练数据;"dat2Test = dat2New[[41;;-1]]"选取 dat2New 的后 10 个数据作为 Versicolor 花的测试数据。

"In[19]"中"datTrainNew = RandomSample[Join[dat1Train,dat2Train]]"将两种花的训练数据合并为一个集合,并对合并后的数据随机排序,赋给变量 datTrainNew;

“trainDat = datTrainNew[[All,1;;2]]”读取 datTrainNew 的每个元素的前两个数值，得到完整的训练数据集合，保存在 trainDat 中；训练数据 trainDat 对应的标签保存在 trainLabel 中，即“trainLabel = datTrainNew[[All,−1]]”。

“In[22]”中“datTestNew=RandomSample[Join[dat1Test,dat2Test]]”将两种花的测试数据合并为一个集合，并对合并后的数据随机排序，赋给变量 datTestNew；“testDat = datTestNew[[All,1;;2]]”读取 datTestNew 的每个元素的前两个数值，得到完整的测试数据集合，保存在 testDat 中；测试数据 testDat 对应的标签保存在 testLabel 中，即“testLabel = datTestNew[[All,−1]]”。

(2) 将训练样本集合和测试样本集合中的数据(不含标签)统一进行归一化处理，执行算法如图 9-4 所示。

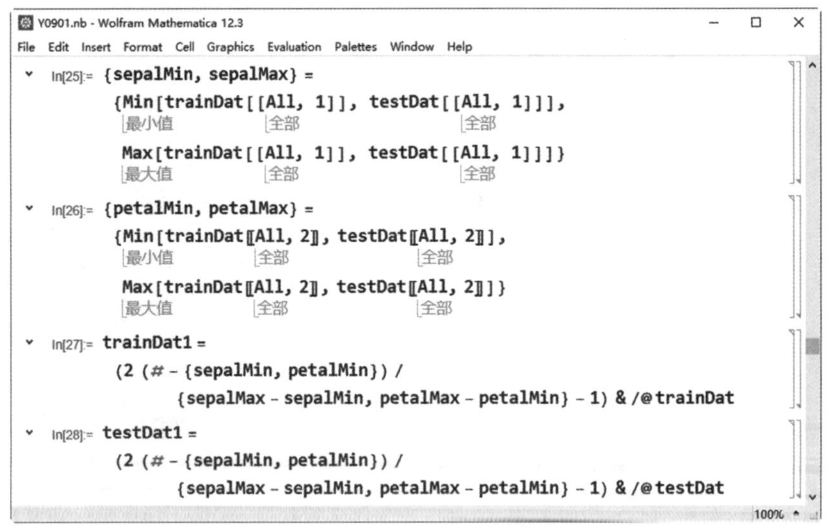
```
In[25]:= {sepalMin, sepalMax} =
           {Min[trainDat[[All, 1]], testDat[[All, 1]]],
            Max[trainDat[[All, 1]], testDat[[All, 1]]]}
In[26]:= {petalMin, petalMax} =
           {Min[trainDat[[All, 2]], testDat[[All, 2]]],
            Max[trainDat[[All, 2]], testDat[[All, 2]]]}
In[27]:= trainDat1 =
           (2 (# - {sepalMin, petalMin}) /
              {sepalMax - sepalMin, petalMax - petalMin} - 1) & /@trainDat
In[28]:= testDat1 =
           (2 (# - {sepalMin, petalMin}) /
              {sepalMax - sepalMin, petalMax - petalMin} - 1) & /@testDat
```

图 9-4　数据归一化

在图 9-4 中，“In[25]”取得训练数据 trainDat 和测试数据 testDat 中花萼数据(即每个子列表的第 1 个元素)的最小值和最大值，分别保存在变量 sepalMin 和 sepalMax 中；“In[26]”取得训练数据 trainDat 和测试数据 testDat 中花瓣数据(即每个子列表的第 2 个元素)的最小值和最大值，分别保存在变量 petalMin 和 petalMax 中。“In[27]”对训练数据集合进行归一化，使用的公式为：2 ×(当前值 − 最小值)/(最大值 − 最小值) − 1，将“当前值”归一化到区间[−1,1]内。“In[28]”对测试数据集进行归一化，归一化的数据处于区间[−1,1]中。

图 9-5 中绘制了归一化后的训练数据和测试数据。

在图 9-5 中，“△”表示测试数据，共有 20 个样本；“o”表示训练数据，共有 80 个样本。

9.1.2　数据白化

数据白化处理针对训练样本数据和测试样本数据同时进行，一般借助于 PCA 方法，降低训练数据和测试数据的维数，并消除数据的相关性。由于这里的每个数据样本为二维向量，没有进行降维处理。若样本为高维向量，可选取数据的协方差矩阵中占绝对优势的主

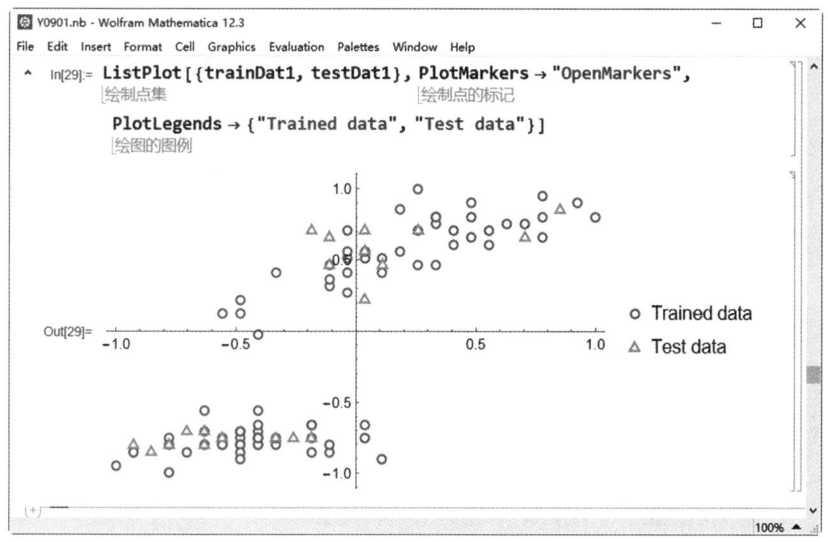

图 9-5　归一化的训练数据和测试数据

成分。

这里需要做数据白化的样本数据为 trainDat1 和 testDat1，如图 9-4 中"In[26]"和"In[27]"所示。为了使算法具有普遍意义，这里令 $\boldsymbol{X}=\{\text{trainDat1, testDat1}\}$，表示为 $\boldsymbol{X}=\{X_i\}, i=1,2,\cdots,N$（这里 $N=100$），每个 X_i 为一个向量，设其维数为 p（这里 p 为 2），对 $\boldsymbol{X}$ 进行数据白化处理的步骤如下：

(1) 计算训练样本数据 $\boldsymbol{X}$ 的样本均值，记为 $\overline{X}$，即

$$\overline{X}=\frac{1}{N}\sum_{i=1}^{N}X_i \tag{1}$$

式(1)为一个向量表达式，其中，每个 X_i 为一个 p 维向量。将样本数据 $\boldsymbol{X}$ 转换为零均值样本 $\boldsymbol{Y}$，即

$$\boldsymbol{Y}=\boldsymbol{X}-\overline{X} \tag{2}$$

(2) 计算零均值样本数据 $\boldsymbol{Y}$ 的协方差矩阵 $\boldsymbol{S}$，即

$$\boldsymbol{S}=\frac{1}{N-1}\boldsymbol{Y}\boldsymbol{Y}^{\mathrm{T}} \tag{3}$$

协方差矩阵 $\boldsymbol{S}$ 为实对称矩阵。

(3) 求协方差矩阵 $\boldsymbol{S}$ 的特征值，并将特征值按从大到小的顺序排列，忽略那些数值相对很小或趋于 0 的特征值，将剩余的特征值对应的特征向量记录下来，这些特征向量按其对应的特征值的大小排序，依次为第一主成分、第二主成分和第三主成分等，记这些特向量为 $v_i, i=1,2,\cdots,q(q\leqslant p)$。将这些特征向量单位化后，记为 $u_i, i=1,2,\cdots,q$。通过下式将 p 维的样本数据 $\boldsymbol{Y}$ 降维为 q 维的样本数据 $\boldsymbol{Z}=\{Z_i\}, i=1,2,\cdots,N$，每个 Z_i 为 q 维向量：

$$\boldsymbol{z}_{ij}=\boldsymbol{u}_j^{\mathrm{T}}\boldsymbol{Y}_i, \quad Z_i=\{z_{i,j}\}, \quad j=1,2,\cdots,q \tag{4}$$

上述步骤的实现方法如图 9-6 所示，这里由于每个训练样本为二维向量，故没有对数据样本进行降维处理，即 $q=p=2$。

在图 9-6 中，"In[30]"进行的计算包括："x = Join[trainDat1, testDat1]"将训练数据

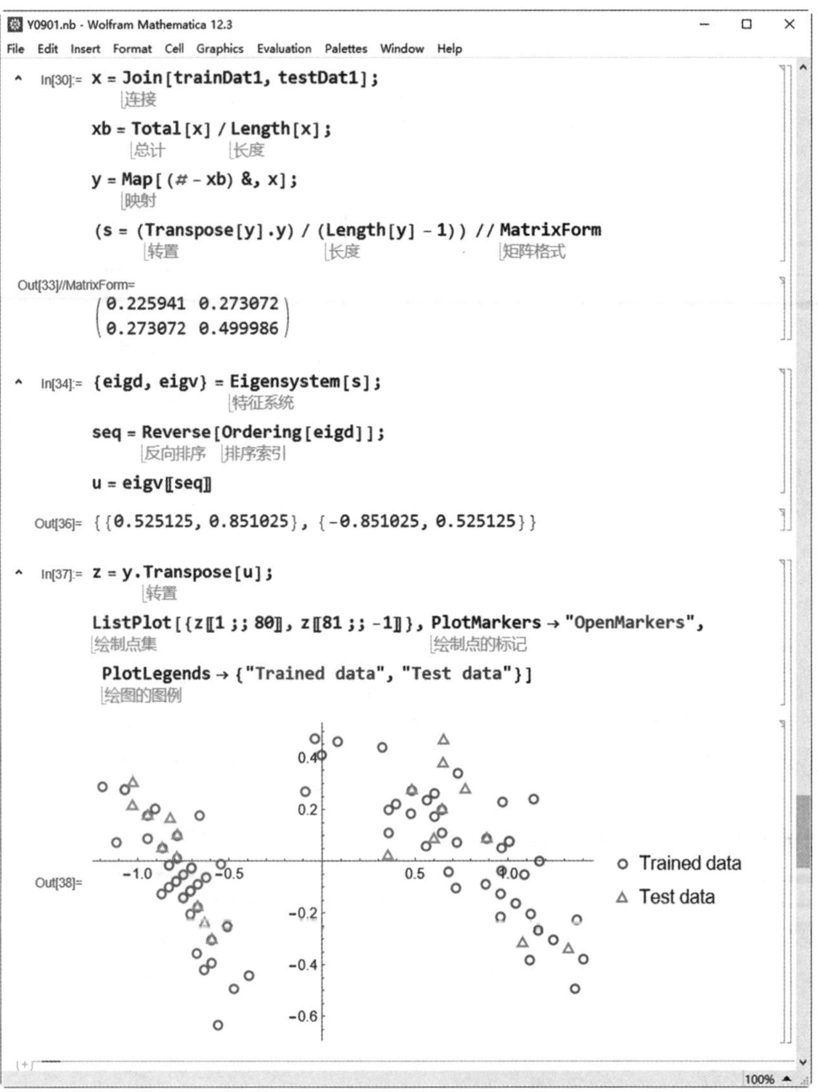

图 9-6　数据白化处理过程

trainDat1 和测试数据 testDat1 合并为数据 x；“xb=Total[x]/Length[x]”计算数据 x 的均值 xb，这是一个向量表达式，x 的每个元素为一个二维向量，xb 也是一个二维向量，xb 的第一个元素是 x 的全部子列表的第一个元素的平均值，xb 的第二个元素为 x 的全部子列表的第二个元素的平均值。“y=Map[(#−xb)&,x]”计算了 x 的零均值数据 y；“(s=(Transpose[y].y)/(Length[y]−1))//MatrixForm”计算了 y 的协方差矩阵 s，如“Out[33]”所示。

图 9-6 中，“In[34]”进行的计算包括：“{eigd,eigv}=Eigensystem[s]”计算了协方差矩阵 s 的特征值和其对应的特征向量，特征值保存在 eigd 中，特征向量保存在 eigv 中，特征向量已经是归一化的特征向量，即向量的范数为 1(否则，借助于 Normalize/@eigv 归一化)；“seq=Reverse[Ordering[eigd]]”从大到小排序特征值序列，记录了排序后的特征值序列的原索引号，保存在 seq 中；“u=eigv[[seq]]”按照特征值由大到小的顺序排序其对应的特征

向量，排序后的特征向量保存在 u 中，如“Out[36]”所示，这里“{0.525125，0.851025}”为第一主成分，“{－0.851025，0.525125}”为第二主成分。

图 9-6 中，“In[37]”的语句“z = y.Transpose[u]”得到了 y 白化处理后的数据 z，白化后的数据分布如“Out[38]”中的图所示，其中，“△”表示测试数据，共有 20 个样本；“o”表示训练数据，共有 80 个样本。

9.1.3 协方差均衡

一般地，经过白化处理后的数据可以直接用作神经网络的输入数据。当神经网络用于数据预测或分类时，常常还需对白化后的数据作协方差均衡。白化处理后的数据的协方差矩阵(近似)为对角矩阵，对角线元素为原数据协方差矩阵的特征值(按从大到小排序)，针对 9.1.2 节，即 z 的协方差矩阵的对角线元素为 y 的协方差矩阵的特征值(由大到小的排列)。协方差均衡通过调整 z 中各个元素的值，使得 z 的协方差矩阵(近似)为单位矩阵。

协方差均衡的具体处理方法如图 9-7 所示。

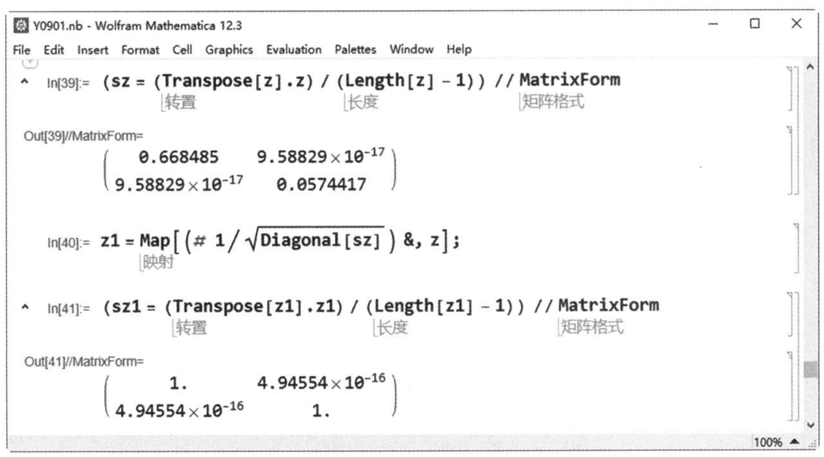

图 9-7 协方差均衡

在图 9-7 中，“In[39]”计算了数据 z 的协方差矩阵 sz，sz 近似为对角矩阵，两个对角线元素相差 1 个数量级，将 z 的每个子列表的第一个元素乘以 $1/\sqrt{0.668485}$，z 的每个子列表的第二个元素乘以 $1/\sqrt{0.0574417}$，之后，得到的 z 的协方差矩阵将近似为单位阵，“In[40]”中对 z 进行了上述处理，z 处理后的数据保存在变量 z1 中。“In[41]”中计算了 z1 的协方差矩阵，如“Out[41]”所示，近似为单位矩阵。

将协方差均衡后的数据 z1 呈现出来，如图 9-8 所示。协方差均衡后的数据即为数据预处理完成后的数据，这些数据将被用于神经网络的学习和测试中。

在图 9-8 中，“In[42]”绘制了数据预处理后的训练数据和测试数据，其中，“△”表示测试数据，共有 20 个样本；“o”表示训练数据，共有 80 个样本。然后，“In[43]”中，“trainDat2 = z1[[1;;80]]”得到数据预处理后的训练数据 trainDat2；而“In[44]”中“testDat2 = z1[[81;;－1]]”得到数据预处理后的测试数据 testDat2。

上述给出了数据预处理的典型步骤为：数据归一化、数据白化和协方差均衡。事实上，

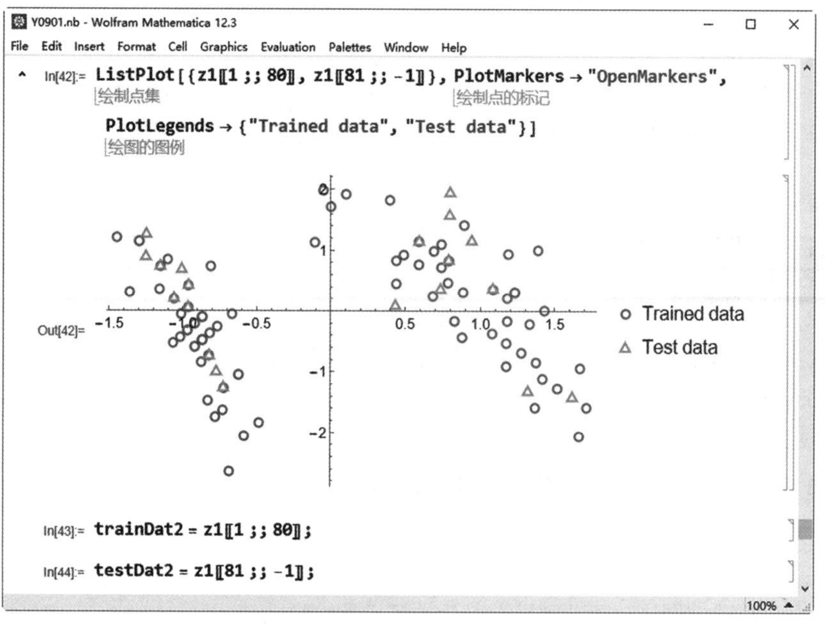

图 9-8　数据预处理后的训练数据和测试数据集合

经过这些预处理的数据还可以再作一次数据归一化处理，这里没有进行该步处理。

9.1.4　数据还原

结合图 9-3 的“In[19]”和“In[22]”可知，最开始的训练数据集合为 trainDat，训练数据集合的标签为 trainLabel；最开始的测试数据集合为 testDat，测试数据集合的标签为 testLabel。经过数据预处理，即经过数据归一化、数据白化和协方差均衡后，最后送入神经网络学习和测试的数据集合为：①训练数据集合是 trainDat2，其标签仍然为 trainLabel；②测试数据集合是 testDat2，其标签仍然为 testLabel。

神经网络的主要功能在于预测和分类，很多情况下，特别是神经网络用于预测时，常需要把最后的预测结果还原到原始数据空间中。针对这里的情况就是将 trainDat2 还原到 trainDat，将 testDat2 还原到 testDat，同时把预测结果同比例还原到原始数据空间中。

这里以将 trainDat2 还原到 trainDat、将 testDat2 还原到 testDat 为例，介绍数据还原的方法，其步骤如下：

（1）协方差均衡的逆处理。将 trainDat2 和 testDat2 合并为 z2，然后，乘以 $\sqrt{\text{Diagonal[sz]}}$（见图 9-7 中的“In[40]”）得到 z3（这里 z3 即为图 9-6 中“In[37]”中的 z）。

（2）数据白化的逆处理。将 z3 乘以 u（见图 9-6 的“In[34]”）得到数据 y1（这里的乘法为矩阵乘法，且这里的 y1 为图 9-6 中的 y），然后，y1 的每个元素加上 xb（见图 9-6 的“In[30]”）得到 x1（这里的 x1 为图 9-6 中“In[30]”中的 x）。

（3）归一化的逆处理。使用图 9-4 的“In[27]”和“In[28]”的逆操作，可将 x1 变换为原始数据，其中的前 80 个数据为 trainDat，后 20 个数据为 testDat。

为了能够实现数据还原，在数据预处理时，需要记录以下数据：

（1）设原始样本数据为 p 维向量，需要记录所有原始样本的每一维的最大值、最小值和

归一化样本的每一维的平均值，表示为 p 行 3 列的矩阵。

（2）设原始样本数据为 p 维向量，记录原始数据的零均值数据的协方差矩阵的特征值和特征向量，按特征值从大至小的顺序记录。特征值可表示为长度为 p 的向量，特征向量表示为 p 行 p 列的矩阵。

由上述可知，为了实现数据还原，需要记录的数据个数为 p^2+4p 个。

将 trainDat2 还原到 trainDat 和将 testDat2 还原到 testDat 的实现算法如图 9-9 所示。

```
Y0901.nb - Wolfram Mathematica 12.3
File Edit Insert Format Cell Graphics Evaluation Palettes Window Help

In[45]:= z2 = Join[trainDat2, testDat2];
              连接
         z3 = Map[(# √Diagonal[sz]) &, z2];
              映射
         y1 = z3.u;
         x1 = Map[(# + xb) &, y1];
              映射
         x2 =
           ((# + 1) {sepalMax - sepalMin, petalMax - petalMin} / 2 +
              {sepalMin, petalMin}) & /@ x1;

In[50]:= trainRec = x2[[1 ;; 80]];
         testRec = x2[[81 ;; -1]];

In[52]:= {Max[Abs[trainRec - trainDat]], Max[Abs[testRec - testDat]]}
                  绝对值                           绝对值

Out[52]= {8.88178×10^-16, 8.88178×10^-16}
```

图 9-9 数据还原实现算法

在图 9-9 中，“In[45]”实现的算法为：“z2 = Join[trainDat2,testDat2]”将预处理好的训练数据和测试数据合并为 z2；“z3 = Map[(# Sqrt[Diagonal[sz]])&,z2]”把 z2 还原为做协方差均衡前的 z3；“y1 = z3.u”将 z3 还原为做数据白化处理前的 y1；“x1=Map[(#+xb)&,y1]”将 y1 还原为去均值前的 x1；“x2=((#+1){sepalMax−sepalMin,petalMax−petalMin}/2 + {sepalMin, petalMin})&/@x1”将 x1 还原为做归一化前的 x2，这里的 x2 即为原始的训练数据和测试数据的集合。“In[50]”中“trainRec = x2[[1;;80]]”得到还原后的训练数据集合，赋给 trainRec；“testRec = x2[[81;;−1]]”得到还原后的测试数据集合，赋给 testRec。“In[52]”中对比了还原后的数据样本和原来的数据样本的绝对误差，在 10−16 数量级，说明还原后的数据与原始数据相同。

9.1.5 数据预处理模块程序

本节将上述数据预处理方法和数据还原方法做成两个函数模块，为下文的感知器和 BP 神经网络提供训练数据样本和测试数据样本。

数据预处理函数命名为 dataPreprc，输入为：①带标号的原始分析数据 dat；②测试集合大小 n；③随机数发生器的种子值 seed。输出为：①预处理后的训练样本集合 trainData 及其对应的标签 trainLabel；②预处理后的测试样本集合 testData 及其对应的标签 testLabel；③数据样本(含测试样本)每一维的最大值组成的向量 max；④数据样本(含测试样本)每一维的最小值组成的向量 min；⑤归一化的数据样本(含测试样本)每一维的平均值组成的向量 mean；⑥去中心(即去均值)后数据样本(含测试样本)的协方差矩阵的特征值(由大至小)组成的向量 eigd 及其对应的特征向量 eigv。注意,这里没有对输出数据做降维处理,读者可根据需要添加降维处理。一般地,对于高维样本而言,特征值相对贡献小于 1%的主成分可以忽略,从而起到降维的效果。

数据预处理函数 dataPreprc 如图 9-10 所示。

```
Y0902.nb - Wolfram Mathematica 12.3
File Edit Insert Format Cell Graphics Evaluation Palettes Window Help

In[1]:= dataPreprc[dat_, n_, seed_] := Module[
          {dat1 = dat, dat2, dat3, dat4, dat5, dat6, dat7, len, row, col,
           max, min, mean, s, eigd1, eigd, eigv1, eigv, seq, trainData,
           trainLabel, testData, testLabel},
          SeedRandom[seed]; dat2 = RandomSample[dat1];
          len = Length[dat1]; dat3 = dat2[[All, 1 ;; -2]];
          {row, col} = Dimensions[dat3];
          max = ConstantArray[0, col]; min = ConstantArray[0, col];
          Table[max[[i]] = Max[dat3[[All, i]]];
           min[[i]] = Min[dat3[[All, i]]], {i, 1, col}];
          dat4 = (2 (# - min) / (max - min) - 1) & /@ dat3;
          mean = Total[dat4] / row;
          dat5 = Map[(# - mean) &, dat4];
          s = (Transpose[dat5].dat5) / (row - 1);
          {eigd1, eigv1} = Eigensystem[s];
          seq = Reverse[Ordering[eigd1]];
          eigd = Reverse[Sort[eigd1]]; eigv = eigv1[[seq]];
          dat6 = dat5.Transpose[eigv];
          dat7 = Map[(# 1/ √eigd) &, dat6];
          trainData = dat7[[1 ;; len - n]];
          trainLabel = dat2[[1 ;; len - n, -1]];
          testData = dat7[[len - n + 1 ;; -1]];
          testLabel = dat2[[len - n + 1 ;; -1, -1]];
          {trainData, trainLabel, testData, testLabel, max, min, mean, eigd, eigv}
         ]
```

图 9-10　数据预处理函数 dataPreprc

图 9-10 中的函数是总结了 9.1.1～9.1.3 节的算法,不同的是这里选择测试样本是从所有数据样本中随机选取,而不像前面章节中那样"从标签为'1'的样本中选 10 个,从标签为'－1'的样本中选 10 个"。图 9-11 展示了数据预处理函数 dataPreprc 的调用实例。

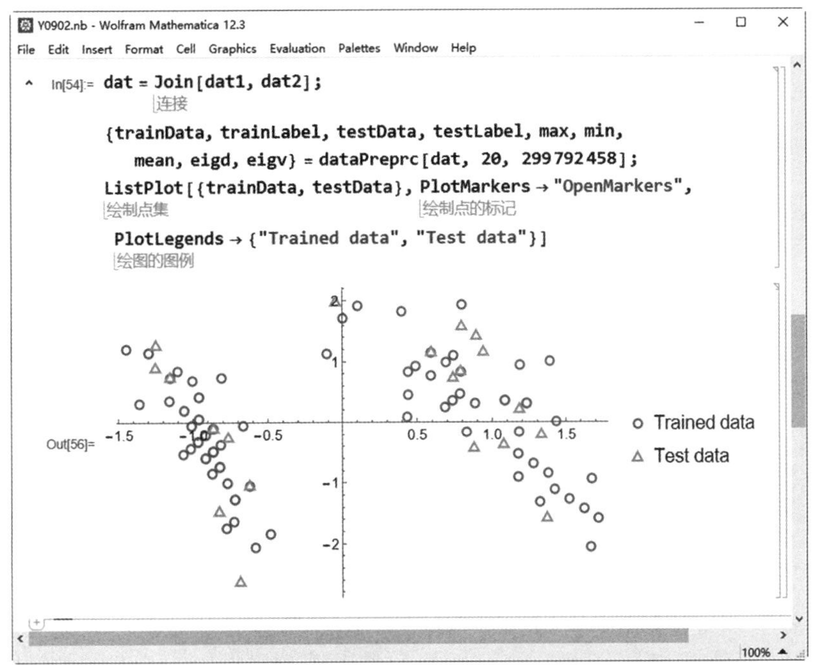

图 9-11 数据预处理函数 dataPreprc 的调用实例

在图 9-11 中，“In[54]”执行的处理为：“dat=Join[dat1,dat2]”生成原始的带标签的样本数据，这里的 dat1 和 dat2 分别来自图 9-3 中的“In[11]”和“In[16]”。然后，执行“{trainData, trainLabel, testData, testLabel, max, min, mean, eigd, eigv} = dataPreprc[dat, 20, 299792458]”，输入原始带标签样本数据 dat、测试样本数据大小为 20 个、随机数种子为 299792458，输出为训练样本数据 trainData 及其标签 trainLabel、测试数据 testData 及其标签 testLabel、原始数据各个样本的最大值向量 max、原始数据各个样本的最小值向量 min、归一化样本数据各个样本的均值向量 mean、去中心后的样本数据的协方差矩阵的特征值(按从大到小排列)eigd 和其对应的归一化特征向量 eigv。最后，语句“ListPlot[{trainData, testData}, PlotMarkers -> "OpenMarkers", PlotLegends -> {"Trained data","Test data"}]”使用 ListPlot 函数绘制了训练样本数据和测试样本数据，如“Out[56]”所示，其中，“△”表示测试数据，共有 20 个样本；“o”表示训练数据，共有 80 个样本。

数据还原函数命名为 dataRecover，输入为：①不带标号的预处理后的数据 adat；②来自数据预处理函数 dataPreprc 的输出量，包括：数据样本(含测试样本)每一维的最大值组成的向量 max；数据样本(含测试样本)每一维的最小值组成的向量 min；数据样本(含测试样本)每一维的平均值组成的向量 mean；去中心(即去均值)后数据样本(含测试样本)的协方差矩阵的特征值(由大至小)组成的向量 eigd 及其对应的特征向量 eigv。输出为：还原到数据预处理前的原始空间的数据 rdat。

数据还原函数 dataRecover 如图 9-12 所示。

在图 9-12 中，“In[57]”中的数据还原函数 dataRecover 的算法来自 9.1.4 节，这里不再赘述。“In[58]”中的“trainData”和“testData”来自图 9-11 中的“In[54]”的输出，这里“adat = Join[trainData, testData]”表示预处理后的数据保存在 adat 中；然后，调用语句“rdat=

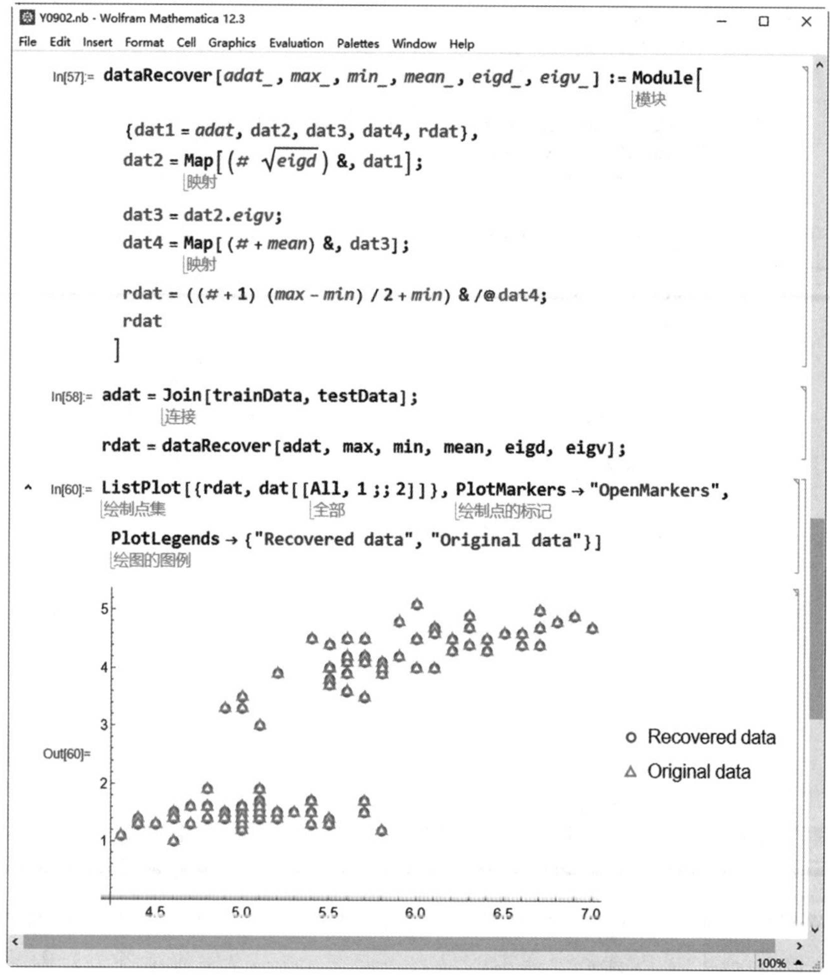

图 9-12 数据还原函数 dataRecover 及其实例

dataRecover[adat，max，min，mean，eigd，eigv]”将 adat 还原为原始数据 rdat。在“In[60]”中绘制了还原后的数据 rdat 和原始数据 dat 的图像，如“Out[60]”所示，可见，两者的数据点是重合的，说明还原后的数据是正确的。

9.2 感知器

本节将首先介绍感知器模型及其工作原理，讨论感知器的学习算法。然后，基于鸢尾花数据集的 Setosa 花和 Versicolor 花的数据，使用感知器根据它们的花萼和花瓣数据对这两种鸢尾花进行分类。

9.2.1 感知器原理

McCulloch－Pitts 神经元模型如图 9-13 所示。

在图 9-13 中，$w_0=b$ 称为神经元的偏置，对应的固定输入记为 $x_0=1$，神经元的其他

图 9-13 神经元模型

"突触"连接的输入信号记为 $x_i, i=1,2,\cdots,p$,对应的突触权值记为 $w_i, i=1,2,\cdots,p$。求和节点的输出给 ν,ν 称为诱导局部域,即

$$\nu=\sum_{i=0}^{p} w_i x_i \tag{5}$$

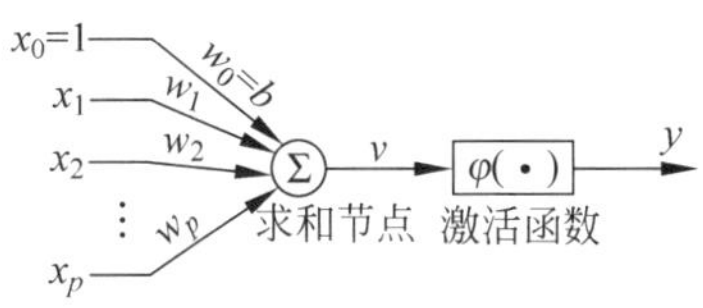

图 9-13 中,激活函数 $\varphi(\cdot)$可取有界的非线性函数,例如,如下所示 sigmoid 函数

$$\varphi(\nu)=\frac{1}{1+\exp(-a\nu)} \tag{6}$$

其中,a 为 sigmoid 函数的倾斜参数,sigmoid 函数在原点的斜率为 $a/4$。

在图 9-13 中,诱导局部域 ν 经激活函数后得到神经元的输出,记为 y,即 $y=\varphi(\nu)$。神经元的所有信息保存在突触权值中。

Rosenblatt 感知器基于图 9-13 所示的 McCulloch-Pitts 神经元模型,使用的激活函数为符号函数,即

$$\varphi(\nu)=\mathrm{sgn}(\nu)=\begin{cases}+1, & \nu>0\\ -1, & \nu<0\end{cases} \tag{7}$$

当 $\nu=0$ 时,令 $\varphi(\nu)=-1$,或者舍弃 $\nu=0$ 的输入样本。

Rosenblatt 感知器的学习算法如下:

输入:

(1) $\boldsymbol{x}(n)$及其标签 $d(n)$,标签只能取值 1 或−1,用于区分两种类别。n 为输入数据的样本个数,每个样本为一个向量,例如,第 i 个样本为 $\boldsymbol{x}(i)=\{1, x_1(i), x_2(i), \cdots, x_p(i)\}$,$p$ 为样本向量的维数,这里的"1"对应着固定输入 $x_0(i)=1$。

(2) m 表示循环学习的轮数,全部 n 个样本学习一次称为一轮学习。常常根据误差信号终止感知器的学习。

(3) 学习率 η,取小于 1 的正数。

输出:权值向量 $\boldsymbol{w}=\{w_0, w_1, w_2, \cdots, w_p\}$,其中 $w_0=b$ 表示神经元的偏置。

初始化:权值向量 $\boldsymbol{w}$ 初始化为 $\boldsymbol{w}(0)=\{1,0,0,\cdots,0\}$。

算法实现步骤:

这里以第 1 轮为例介绍算法实现过程,因为后续的 $m-1$ 轮使用第 1 轮得到的权值向量替代初始化的权值向量再次循环执行即可。

Step 1. 令循环变量 $i=1$。这里的 i 与样本索引号含义相同。

Step 2. 计算感知器的实际输出,即响应

$$y(i)=\mathrm{sgn}(\boldsymbol{w}^{\mathrm{T}}(i-1)\boldsymbol{x}(i)) \tag{8}$$

Step 3. 更新权值向量

$$\boldsymbol{w}(i)=\boldsymbol{w}(i-1)+\eta(d(i)-y(i))\boldsymbol{x}(i) \tag{9}$$

其中,η 为学习率,取小于 1 的正数。

Step 4. 循环变量 i 加 1,即 $i=i+1$。如果 $i>n$,则第 1 轮学习结束,将 $\boldsymbol{w}(n)$赋给 $\boldsymbol{w}(0)$,回到第 1 步开始下一轮学习,然后,循环 m 轮后结束;如果 $i\leqslant n$,则跳转到第 2 步执行。

上述算法得到的 $w(n)$ 即为感知器学习后的权重。

感知器在训练样本得到权值向量 w 后，分类的方法为：对于任一测试样本 z，若 $w^{T}z>0$，则测试样本 z 属于标签为"1"的一类；若 $w^{T}z<0$，则测试样本 z 属于标签为"－1"的一类。

9.2.2 感知器实例

这里以鸢尾花数据的 Setosa 花和 Versicolor 花为例，Setosa 花的标签记为"1"，Versicolor 花的标签记为"－1"，现在使用 9.1 节的方法对这些数据进行预处理，如图 9-14 所示。图 9-14 实际上是整理了 9.1 节的内容，得到训练样本和其标签、测试样本及其标签。

```
Y0903.nb - Wolfram Mathematica 12.3
File  Edit  Insert  Format  Cell  Graphics  Evaluation  Palettes  Window  Help

In[1]:= irises = ResourceData[ResourceObject["Sample Data: Fisher's Irises"]];
                 资源数据      资源对象
        setosa = irises[Select[(#Species == "setosa") &],
                        选择
           {"SepalLength", "PetalLength"}];
        versicolor = irises[Select[ (#Species == "versicolor") &],
                            选择
           {"SepalLength", "PetalLength"}];
        datSetosa = QuantityMagnitude[
                    数量大小
           Normal[setosa] /.
           转换为普通表达式
            {<|"SepalLength" -> x_, "PetalLength" -> y_|> :> {x, y}}];
        datVersicolor =
          QuantityMagnitude[
          数量大小
           Normal[versicolor] /.
           转换为普通表达式
            {<|"SepalLength" -> x_, "PetalLength" -> y_|> :> {x, y}}];
        lab1 = Table[{1}, 50]; dat1 = Join[datSetosa, lab1, 2];
               表格                   连接
        lab2 = Table[{-1}, 50]; dat2 = Join[datVersicolor, lab2, 2];
               表格                    连接
        dat = Join[dat1, dat2];
              连接
In[9]:= dataPreprc[dat_, n_, seed_] := Module[…] +

In[10]:= {trainData, trainLabel, testData, testLabel, max, min, mean, eigd, eigv} =
           dataPreprc[dat, 20, 299792458];
         fig1 = ListPlot[{trainData, testData}, PlotMarkers → "OpenMarkers",
                绘制点集                        绘制点的标记
           PlotLegends → {"Trained data", "Test data"}]
           绘图的图例
100%
```

图 9-14　数据预处理

在图 9-14 中，"In[1]"的内容在 9.1 节做了详细介绍，这里不再赘述，其中的"dat"为带标签的全体样本空间。"In[9]"为自定义数据预处理函数 dataPreprc，这里使用了图标显示（选中函数体，在鼠标右键弹出菜单中选择"Un/Iconize Selection"），函数内容参见图 9-10。"In[10]"调用 dataPreprc 函数，生成训练样本 trainData 及其标签 tainLabel、测试样本 testData 及其标签 testLabel；这里的"fig1"为训练样本 trainData 和测试样本 testData 的图形，如前面的图 9-11 所示。

下面使用 Rosenblatt 感知器学习训练数据 trainData 及其标签 trainLabel，得到感知器的权值向量 **w**，如图 9-15 所示。

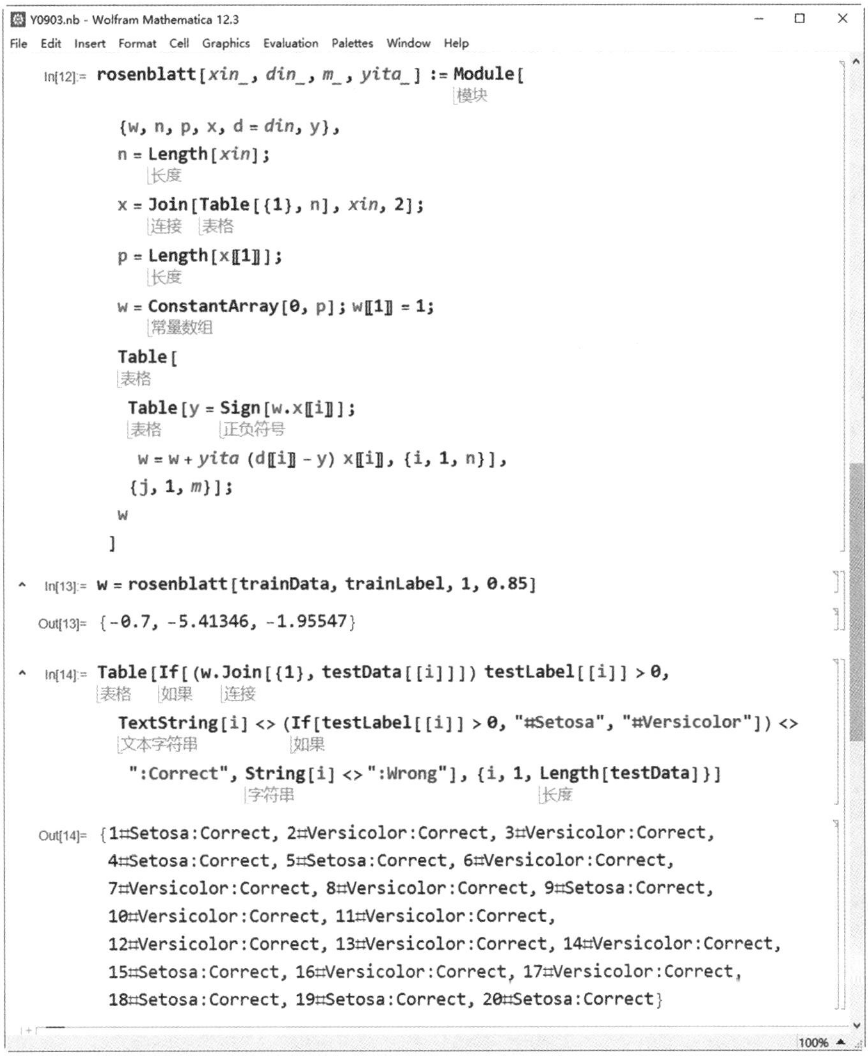

```
Y0903.nb - Wolfram Mathematica 12.3
File Edit Insert Format Cell Graphics Evaluation Palettes Window Help

In[12]:= rosenblatt[xin_, din_, m_, yita_] := Module[
           {w, n, p, x, d = din, y},
           n = Length[xin];
           x = Join[Table[{1}, n], xin, 2];
           p = Length[x[[1]]];
           w = ConstantArray[0, p]; w[[1]] = 1;
           Table[
            Table[y = Sign[w.x[[i]]];
             w = w + yita (d[[i]] - y) x[[i]], {i, 1, n}],
            {j, 1, m}];
           w
          ]

In[13]:= w = rosenblatt[trainData, trainLabel, 1, 0.85]

Out[13]= {-0.7, -5.41346, -1.95547}

In[14]:= Table[If[(w.Join[{1}, testData[[i]]]) testLabel[[i]] > 0,
           TextString[i] <> (If[testLabel[[i]] > 0, "#Setosa", "#Versicolor"]) <>
            ":Correct", String[i] <> ":Wrong"], {i, 1, Length[testData]}]

Out[14]= {1#Setosa:Correct, 2#Versicolor:Correct, 3#Versicolor:Correct,
          4#Setosa:Correct, 5#Setosa:Correct, 6#Versicolor:Correct,
          7#Versicolor:Correct, 8#Versicolor:Correct, 9#Setosa:Correct,
          10#Versicolor:Correct, 11#Versicolor:Correct,
          12#Versicolor:Correct, 13#Versicolor:Correct, 14#Versicolor:Correct,
          15#Setosa:Correct, 16#Versicolor:Correct, 17#Versicolor:Correct,
          18#Setosa:Correct, 19#Setosa:Correct, 20#Setosa:Correct}
```

图 9-15 感知器学习算法

在图 9-15 中，“In[12]”的函数 rosenblatt 实现了感知器学习算法，函数输入为训练样本 xin 及其标签 din、学习的轮数 m、学习率 yita。在“Module”模块内部，n 记录了训练样本的个数，x 为带固定输入 1 后的训练样本，p 为每个样本的维数，w 为权值向量，其第一个值初始化为 1，其余初始化为 0（也可以使用随机数函数 RandomReal 初始化 w）。在嵌套的 Table 函数中，外层 Table 函数用于控制轮数，内层的 Table 函数用于控制样本个数。Module 模块返回权值向量 w。

图 9-15 中，“In[13]”调用 rosenblatt 函数，赋的参数为：训练样本 trainData 及其标签 trainLabel（这两个数据来自图 9-14 的“In[10]”的执行结果）、轮数（m=1）、学习率为 0.85。

“In[13]”的执行结果如“Out[13]”所示，表示权值向量 w = {−0.7，−5.41346，−1.95547}。这里权值向量 w 只需要一轮就可以收敛，但是随着学习率的不同，w 的值将不同，即 w 的取值不是唯一的。

图 9-15 中，“In[14]”使用“Out[13]”的 w 值，计算了测试样本的情况，显示结果如“Out[14]”所示，所有 20 个测试样本均分类正确。

下面借助于图形的方式直观地显示感知器分类的正确性，如图 9-16 所示。

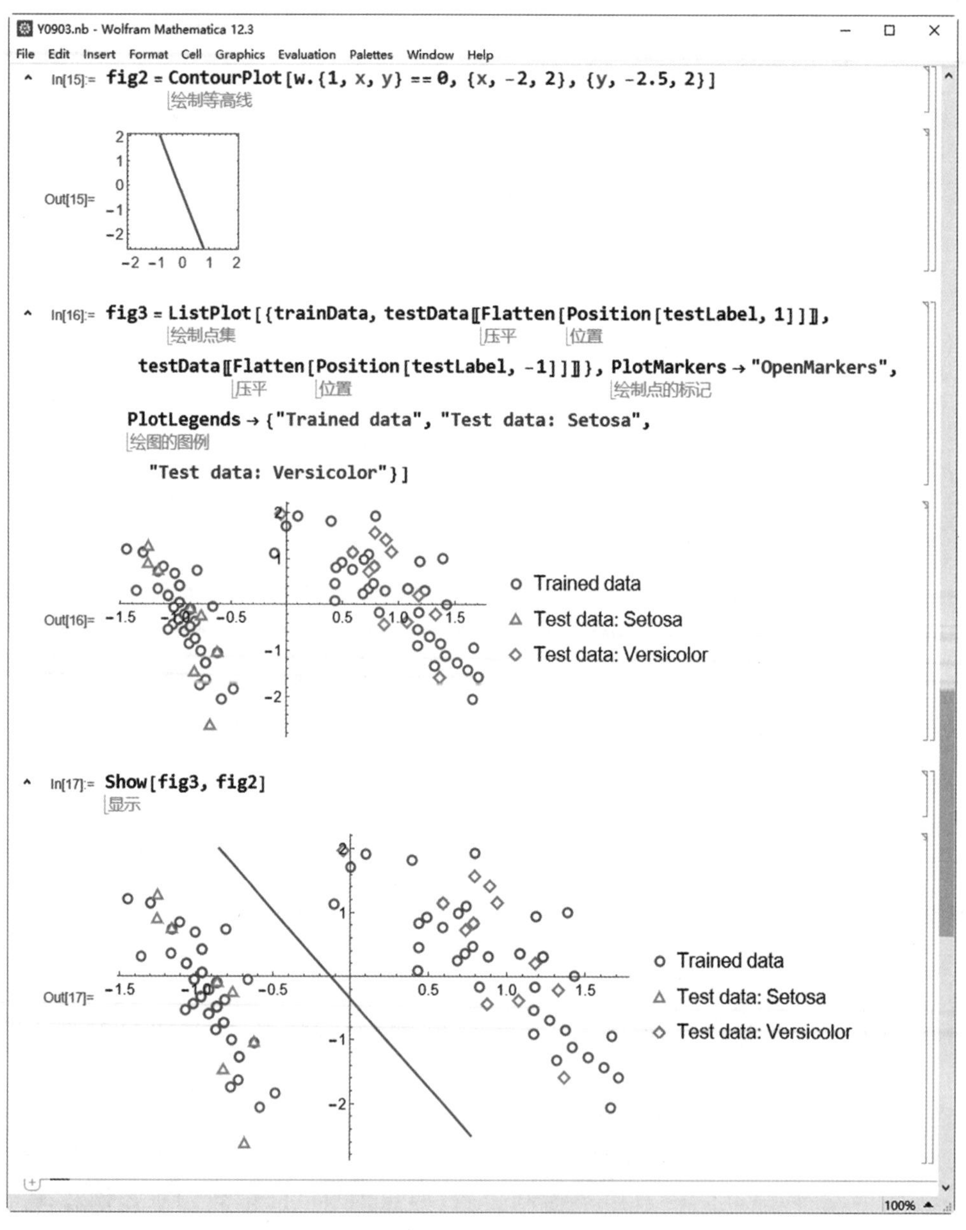

图 9-16　感知器分类显示

在图 9-16 中，“In[15]”绘制了感知器响应为 0 时的输入，如“Out[15]”所示，图中的直线为由感知器得到的分类线。“In[16]”绘制了训练数据、Setosa 测试数据和 Versicolor 测试数据，如“Out[16]”所示，其中，“o”表示训练数据，共有 80 个样本；“△”表示 Setosa 测试数据，“◇”表示 Versicolor 测试数据，两者共 20 个样本。在“In[17]”中将 fig3 和 fig2 合并，如“Out[17]”所示，可见测试数据位于“分类线”正确的一侧。

下面将训练数据和测试数据还原到原始空间，如图 9-17 所示。

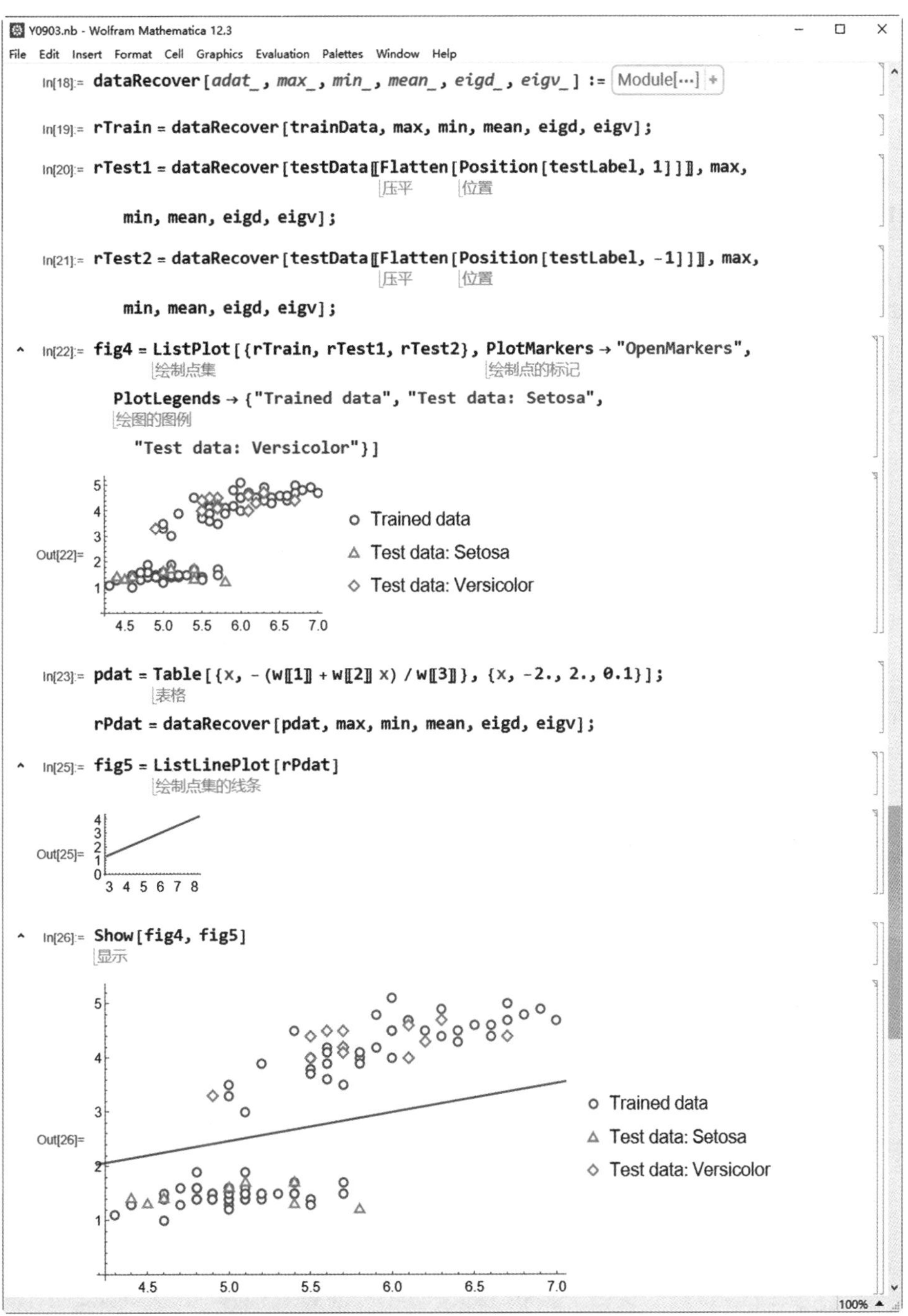

图 9-17　感知器分类结果(在原始数据空间上显示)

在图 9-17 中,“In[18]”为数据恢复函数 dataRecover,其内容参见图 9-12。“In[19]”将训练样本 trainData 恢复为原始数据空间的 rTrain;“In[20]”将测试样本中的 Setosa 数据恢复为原始数据空间的 rTest1;“In[21]”将测试样本中的 Versicolor 数据恢复为原始数据空间的 rTest2;“In[22]”绘制了恢复后的训练数据和测试数据,如“Out[22]”所示,其中,“o”表示训练数据,共有 80 个样本;“△”表示 Setosa 测试数据,“◇”表示 Versicolor 测试数据,两者共 20 个样本。“In[23]”计算了“分类线”上的数据 pdat,并将这些数据恢复为原始数据空间中的 rPdat。“In[25]”绘制了 rPdat 的曲线。“In[26]”将 fig4 和 fig5 合并显示,可见,同类的测试数据位于分类线正确的一侧。

9.2.3 Wolfram 实现方法

在 Wolfram 语言中集成了神经网络建模和训练的内置函数。这里仅使用其神经网络建模函数 NetChain 构造 Rosenblatt 感知器,如图 9-18 所示。

```
Y0903.nb - Wolfram Mathematica 12.3
File Edit Insert Format Cell Graphics Evaluation Palettes Window Help

In[27]:= rosenblattex[xin_, din_, m_, yita_] := Module[
           {w, w1, b, n, p, x = xin, d = din, y, linear, chain},
           n = Length[x]; p = Length[First[x]];
           linear = LinearLayer[1, "Input" -> p, "Biases" -> {1.},
             "Weights" -> {ConstantArray[0, p]}];
           chain = NetChain[{linear, ElementwiseLayer[(Sign[#]) &]}];
           Table[Table[y = chain[x[[i]]];
              w1 = First[Normal[chain[[1, "Weights"]]]];
              b = First[Normal[chain[[1, "Biases"]]]];
              w = Flatten[{b, w1}];
              w = w + yita (d[[i]] - First[y]) Flatten[{1, x[[i]]}];
              chain[[1, "Weights"]] = {Rest[w]};
              chain[[1, "Biases"]] = {First[w]}, {i, 1, n}],
            {j, 1, m}];
           w
          ]

In[28]:= w = rosenblattex[trainData, trainLabel, 1, 0.85]
Out[28]= {-0.7, -5.41346, -1.95547}

In[29]:= w = rosenblatt[trainData, trainLabel, 1, 0.85]
Out[29]= {-0.7, -5.41346, -1.95547}
```

图 9-18 神经网络建模函数 NetChain 用法

在图 9-18 中，“In[27]”为自定义函数 rosenblattex，输入参数为：训练数据样本 xin 及其标签 din、学习的轮数 m(这里只需令 m=1)和学习率 yita。在“Module”模块内部，“n”为训练样本的个数；“p”为每个样本的维数；“linear=LinearLayer[1, "Input"-> p, "Biases"->{1.}, "Weights"->{ConstantArray[0,p]}]”使用函数 LinearLayer 创建了个具有“1”个输出、“p”个输入、偏置值为“1.”且权重全为“0”的线性网络，这个网络用于实现图 9-19 中的“求和节点”完成的工作，即实现了 $\nu=b+w_1x_1+w_2x_2+\cdots+w_px_p$。

然后，语句“chain=NetChain[{linear, ElementwiseLayer[(Sign[#])&]}]”将上述的线性网络 linear 与“激活函数”相连接，构成完整的如图 9-19 所示的 Rosenblatt 模型，这里的“激活函数”为符号函数，用网络层“ElementwiseLayer[(Sign[#])&]”表示，其中，ElementwiseLayer 为连通层，这里，“ElementwiseLayer[(Sign[#])&]”表示符号函数作用于连接线的数据上，对应于图 9-19 中的“激活函数”，实现了 $y=\varphi(\nu)$的运算。因此，chain 对应着图 9-19 所示的 Rosenblatt 网络。

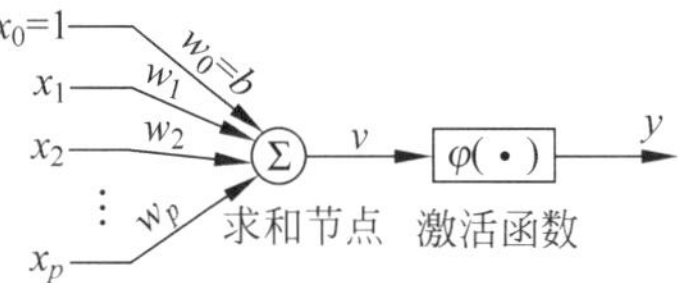

图 9-19　Rosenblatt 感知器模型

在“Module”模块的嵌套 Table 函数中，外层 Table 为轮数循环控制，这里 m=1，即外层 Table 只执行一次；内层 Table 函数执行一轮学习任务，具体完成的工作如下：

(1) “y=chain[x[[i]]]”，向感知器 chain 输入样本 x[[i]]，得到响应 y。y 的形式为“{响应的值}”。

(2) “w1=First[Normal[chain[[1,"Weights"]]]]”，读出感知器 chain 的权值向量 w1(不含偏置)。w1 的形式为“{{第一个神经元的权值},{第二个神经元的权值},…,{最后一个神经元的权值}}”，这里只有一个神经元，故 w1 的形式为“{{神经元的权值}}”。

(3) “b=First[Normal[chain[[1,"Biases"]]]]”，读出感知器 chain 的偏置 b，b 的形式为“{偏置的值}”。

(4) “w=Flatten[{b,w1}]”将偏置 b 和权值向量 w1 合并为一个向量 w(含偏置的权值向量)；

(5) “w = w + yita (d[[i]] - First[y]) Flatten[{1,x[[i]]}]”，执行权值向量的更新算法；

(6) “chain[[1,"Weights"]]={Rest[w]}”，将新的权值向量赋给感知器 chain，这里 w 的第 2 个元素至最后一个元素作为感知器的权值，而 w 的第一个元素为偏置。

(7) “chain[[1,"Biases"]]={First[w]}”，将 w 的第一个元素赋给感知器 chain 的偏置。

上述 7 步循环执行 n 次作为一轮，n 为样本的个数，循环完后得到的 w 为感知器 chain 含有偏置的权值向量。

接着，在图 9-18 的“In[28]”中调用 rosenblattex 函数，输入参数为：训练样本 trainData 及其标签 trainLabel、轮数 m=1、学习率为 0.85，执行结果如“Out[28]”所示，即权值向量 w 为“{-0.7,-5.41346,-1.95547}”。在“In[29]”中，使用 9.2.2 节的函数 rosenblatt 得到的权值向量的值如“Out[29]”所示，与“Out[28]”的结果相同，说明新设计的 rosenblattex 函数是正确的。

9.3 BP神经网络

神经网络的核心问题在于网络权值向量的学习与更新问题。BP算法(反向传播算法)是解决神经网络核心问题的核心算法,最早由Werbos提出。鉴于BP算法的极端重要性,本节将详细地讨论BP算法的理论知识,然后,基于鸢尾花数据借助BP神经网络对鸢尾花进行分类。

这里把问题具体化到鸢尾花的分类问题。使用了100组鸢尾花数据(参见图9-2),共有Setosa和Versicolor两类花,每个花取两个特征,即每个样本是一个含有2个数据的输入向量。按样本个数100乘以10%(即10)的方法配置神经网络的神经元个数,使得权值向量个数约为10。这里使用了图9-20所示的神经网络(实际权值向量个数为13),网络结构为"2—3—1",即输入层有两个输入节点(这里的节点只表示输入关系,不是神经元);只有一个隐藏层,具有3个神经元;输出层具有一个神经元。

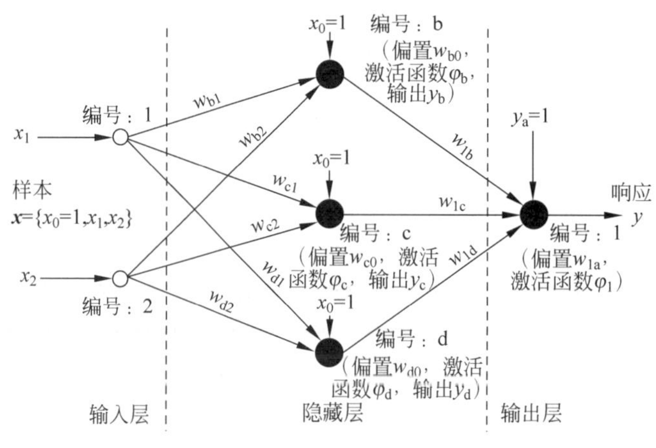

图9-20 使用的神经网络

在图9-20中,"○"表示输入节点(非神经元),"●"表示神经元。隐藏层的神经元的编号使用了"b""c"和"d"(这里正体的"d"表示编号,而斜体的"d"表示期望响应;正体的"b"表示编号,而斜体的"b"表示偏置),使用"b""c"和"d"对神经元进行编号的原因在于展示权值向量的表示方式,例如,"w_{b1}"表示连接输入节点"1"和隐藏层神经元"b"的权值,而"w_{1b}"表示连接输出神经元"1"和隐藏层神经元"b"的权值,这样图9-20中没有相同的权值。权值的索引号的第1个编号为权值对应的输出单元,第2个编号为权值对应的输入单元。

图9-20展示了输入一个样本 $\boldsymbol{x}=\{x_1, x_2\}$、神经网络响应为 y 的情况。下面基于图9-20讨论BP算法。

9.3.1 BP算法

基于图9-20的"2-3-1"结构的神经网络讨论BP算法,下面的讨论可以推广到任意结构的网络。

神经网络的学习(或训练)的基本目的在于找到它的一组权值向量,使其对于所有训练样本都能正确分类或预测（或称识别），同时，还能有效地识别新的测试样本（又称具有良好的泛化能力）。BP算法的出发点在于，寻找一组权值向量，使得神经网络对所有训练样本的综合误差最小。神经网络的有监督学习有两种方式，其一为批量学习方式，将所有训练样本学习之后，再通过综合评价调整网络权值；其二为在线学习方式，即每个样本学习完成后，都将调整一次网络权值，全部训练样本学习一次称为一轮学习。这里针对在线学习方式，介绍BP算法。在BP算法中，神经网络的全部权值视为变量。

对于图9-20所示的神经网络，对输入样本 $\boldsymbol{x}=\{x_0=1,\ x_1,\ x_2\}$，其实际响应输出 y 为

$$y=\varphi_1(\nu_1)=\varphi_1\left(\sum_{i=a}^{d} w_{1i}y_i\right) \tag{10}$$

式中，

$$\nu_1=\sum_{i=a}^{d} w_{1i}y_i,\quad y_a=1,\quad y_i=\varphi\left(\sum_{j=0}^{2} w_{ij}x_j\right),\quad i=b,c,d \tag{11}$$

设样本 $\boldsymbol{x}=\{x_0=1,\ x_1,\ x_2\}$ 的期望响应为 d，则误差函数（或称损失函数）e 为

$$\begin{aligned} e&=e(w_{b0},w_{b1},w_{b2},w_{c0},w_{c1},w_{c2},w_{d0},w_{d1},w_{d2},w_{1a},w_{1b},w_{1c},w_{1d}) \\ &=\frac{1}{2}(d-y)^2 \end{aligned} \tag{12}$$

这里的1/2有两层含义，一是在求导时被归一化；二是有能量的概念（与物理学的动能公式类比）。误差函数 e 是全部网络权值的函数，显然，理论上可以列方程组求得所有网络权值的最优解，即

$$\begin{cases} \dfrac{\partial e}{\partial w_{bk}}=0, & k=0,1,2 \\ \dfrac{\partial e}{\partial w_{ck}}=0, & k=0,1,2 \\ \dfrac{\partial e}{\partial w_{dk}}=0, & k=0,1,2 \\ \dfrac{\partial e}{\partial w_{1k}}=0, & k=a,b,c,d \end{cases} \tag{13}$$

式(13)对于图9-20所示的神经网络似乎是可行的，但是对于具有结构复杂而权值众多的神经网络而言，解一个如式(13)所示的超定线性方程组是困难的。BP算法求解网络权值的方法为从输出层开始，按神经网络结构的反向顺序，即依次考查输出层、最后一层隐藏层、倒数第二层隐藏层、……、第一层隐藏层的权值，使用数值方法“分层”逼近式(13)的最优解。针对图9-20所示的网络，具体方法如下：

1. 对于输出层的考查方法（即求隐藏层至输出层的权值）

假设输出层前面的所有隐藏层的权值都是已知的，对于图9-20也可以这样理解，即 y_i，$i=a,b,c,d$ 是已知的。这个假设的目的在于屏蔽掉输出层前面的所有隐藏层的权值变量，从而只需考查输出层相关的权值变量，即这里的 w_{1i}，$i=a,b,c,d$，这样大幅减小了方程中的权值变量。请注意，尽管这个假设是合理的，而且有助于快速求解，但有一个不良后果，因为前面网络的权值都不可能是最优的，这些“不良”的权值将影响输出层权值的考查。这类

似于“大脑”中的既定模式可能是错误的，要改变这些“大脑”中的错误模式，往往需要通过大量的学习“矫枉过正”。同样道理，BP 算法的特点就决定了神经网络必须通过大量的学习才能逐步得到总体“良好”的权值。

现在，式(12)成为

$$e=e(w_{1a},w_{1b},w_{1c},w_{1d})=\frac{1}{2}(d-y)^2 \tag{14}$$

将其视一个四元函数，按梯度下降法求解使 e 最小时变量 w_{1i}，$i=a,b,c,d$ 的近似“最优”解。对于给定的一组权值数据 $\mathbf{w}_1(k)=\{w_{1a}(k),\ w_{1b}(k),\ w_{1c}(k),\ w_{1d}(k)\}$(这里的 k 表示这是一个具体的权值向量数据，后面用 k 表示样本的编号)，式(14)这组权值处的梯度向量为

$$\mathbf{grad}_1=\left\{\frac{\partial e}{\partial w_{1a}},\frac{\partial e}{\partial w_{1b}},\frac{\partial e}{\partial w_{1c}},\frac{\partial e}{\partial w_{1d}}\right\}\Bigg|_{w_{1a}=w_{1a}(k),w_{1b}=w_{1b}(k),w_{1c}=w_{1c}(k),w_{1d}=w_{1d}(k)} \tag{15}$$

梯度是一个矢量，其反方向是函数值减小最快的方向(注意：不是“最优”)，将权值向量 $\{w_{1a},\ w_{1b},\ w_{1c},\ w_{1d}\}$沿着式(15)所示的梯度方向的负方向变化，将使其接近“最优”解。这样，在权值向量 $\mathbf{w}_1(k)=\{w_{1a}(k),\ w_{1b}(k),\ w_{1c}(k),\ w_{1d}(k)\}$和式(15)的基础上，得到一个比“$\mathbf{w}_1(k)$”更“好”的权值向量，记为 $\mathbf{w}_1(k+1)$，且令

$$\mathbf{w}_1(k+1)=\mathbf{w}_1(k)+\Delta\mathbf{w}_1=\mathbf{w}_1(k)-\mu\cdot\mathbf{grad}_1 \tag{16}$$

其中，μ 称为学习率，取为小于 1 的正数。

将式(16)写成标量形式如下：

$$\begin{cases} w_{1a}(k+1)=w_{1a}(k)-\mu\dfrac{\partial e}{\partial w_{1a}} \\ w_{1b}(k+1)=w_{1b}(k)-\mu\dfrac{\partial e}{\partial w_{1b}} \\ w_{1c}(k+1)=w_{1c}(k)-\mu\dfrac{\partial e}{\partial w_{1c}} \\ w_{1d}(k+1)=w_{1d}(k)-\mu\dfrac{\partial e}{\partial w_{1d}} \end{cases} \tag{17}$$

设样本 $\boldsymbol{x}$ 的期望输出(即标签)为 d，结合式(10)～式(13)可得

$$\frac{\partial e}{\partial w_{1a}}=\frac{\mathrm{d}e}{\mathrm{d}y}\frac{\partial y}{\partial w_{1a}}=-(d-y)\frac{\mathrm{d}\varphi_1(\nu_1)}{\mathrm{d}\nu_1}\frac{\partial \nu_1}{\partial w_{1a}}=-(d-y)\frac{\mathrm{d}\varphi_1(\nu_1)}{\mathrm{d}\nu_1}y_a \tag{18}$$

式(18)中，正体的“d”表示微分符号，斜体的“d”为样本 $\boldsymbol{x}$ 的期望输出。

同理可得

$$\frac{\partial e}{\partial w_{1b}}=\frac{\mathrm{d}e}{\mathrm{d}y}\frac{\partial y}{\partial w_{1b}}=-(d-y)\frac{\mathrm{d}\varphi_1(\nu_1)}{\mathrm{d}\nu_1}\frac{\partial \nu_1}{\partial w_{1b}}=-(d-y)\frac{\mathrm{d}\varphi_1(\nu_1)}{\mathrm{d}\nu_1}y_b \tag{19}$$

$$\frac{\partial e}{\partial w_{1c}}=\frac{\mathrm{d}e}{\mathrm{d}y}\frac{\partial y}{\partial w_{1c}}=-(d-y)\frac{\mathrm{d}\varphi_1(\nu_1)}{\mathrm{d}\nu_1}\frac{\partial \nu_1}{\partial w_{1c}}=-(d-y)\frac{\mathrm{d}\varphi_1(\nu_1)}{\mathrm{d}\nu_1}y_c \tag{20}$$

$$\frac{\partial e}{\partial w_{1d}}=\frac{\mathrm{d}e}{\mathrm{d}y}\frac{\partial y}{\partial w_{1d}}=-(d-y)\frac{\mathrm{d}\varphi_1(\nu_1)}{\mathrm{d}\nu_1}\frac{\partial \nu_1}{\partial w_{1d}}=-(d-y)\frac{\mathrm{d}\varphi_1(\nu_1)}{\mathrm{d}\nu_1}y_d \tag{21}$$

式(18)～式(21)中，函数 $\varphi_1(\cdot)$为输出层神经元的激活函数，当函数 $\varphi_1(\cdot)$可导时，$\dfrac{\mathrm{d}\varphi_1(\nu_1)}{\mathrm{d}\nu_1}$

的值是已知的，这里的 ν_1 为输出层神经元（编号为“1”）的诱导局部域。这样，式(17)～式(21)中，只有 $w_{1i}(k+1)$，$i=a,b,c,d$ 是未知的，从而可以求出 $w_{1i}(k+1)$，$i=a,b,c,d$ 的值，即完成了图 9-20 中隐藏层至输出层的权值向量的求解。

下面总结一下图 9-20 中隐藏层至输出层的权值向量由 $w_{1i}(0)$ 更新为 $w_{1i}(1)$，$i=a,b,c,d$ 的求解过程如下：

Step 1. 在图 9-20 中，为网络的全部权值设定一个初始值（可以赋 0～1 间的随机数），这样，此时全部的网络权值 $\{w_{bj}(0),\ j=0,1,2, w_{cj}(0),\ j=0,1,2, w_{dj}(0),\ j=0,1,2\}$ 和 $\{w_{1i}(0),\ i=a,b,c,d\}$ 都是已知量。

Step 2. 向神经网络中输入第 1 个样本 $\boldsymbol{x}(1)$，在图 9-20 中从左向右计算出以下数据（称为前向计算过程）：

(i) 计算隐藏层的输出向量 $\{y_a(1)=1,\ y_b(1),\ y_c(1),\ y_d(1)\}$，计算公式参考式(11)；

(ii) 计算输出层神经元的诱导局部域 $\nu_1(1)$，计算公式参考式(11)；

(iii) 将 $\nu_1(1)$ 代入输出层神经元的激活函数 $\varphi_1(\cdot)$ 的导函数，求得 $\left.\dfrac{\mathrm{d}\varphi_1(\nu_1)}{\mathrm{d}\nu_1}\right|_{\nu_1=\nu_1(1)}$；

(iv) 计算输出层神经元的输出 $y(1)$，计算公式参考式(10)；

Step 3. 根据式(17)～(21)由第 2 步的数据计算 $\{w_{1i}(1), i=a,b,c,d\}$。

上述过程实际上是针对第 1 个样本的情况。针对第 k 个样本的情况是：对于前面的 $k-1$ 个样本，计算得到输出层的全部新的权值向量，以及隐藏层的全部新的权值向量（见下文），然后，将上述第 1 步中的全部网络权值设为前面 $k-1$ 个样本训练后得到的网络权值，即将网络的全部权值设为 $\{w_{bj}(k-1),\ j=0,1,2, w_{cj}(k-1),\ j=0,1,2, w_{dj}(k-1),\ j=0,1,2\}$ 和 $\{w_{1i}(k-1),\ i=a,b,c,d\}$；这样，上述第 3 步将计算得到第 k 个样本下的隐藏层至输出层的权值 $\{w_{1i}(k), i=a,b,c,d\}$。

回到式(18)至(21)，令

$$\delta_1=(d-y)\frac{\mathrm{d}\varphi_1(\nu_1)}{\mathrm{d}\nu_1} \tag{22}$$

称 δ_1 为局域梯度，这里的索引号“1”对应着输出层神经元的编号“1”，则权值更新方程可以写为

$$\begin{aligned}\boldsymbol{w}_1(k)&=\boldsymbol{w}_1(k-1)+\Delta\boldsymbol{w}_1\\&=\boldsymbol{w}_1(k-1)+\mu\cdot\delta_1(k)\cdot\{y_a(k),y_b(k),y_c(k),y_d(k)\}\end{aligned} \tag{23}$$

其中，$\{y_a(k)=1,y_b(k),y_c(k),y_d(k)\}$ 为输入第 k 个样本后得到的隐藏层的输出向量，$\delta_1(k)$ 为输入第 k 个样本后计算得到的输出层的局域梯度，这里的索引号“1”和 $\boldsymbol{w}$ 的索引号“1”都对应着输出层的神经元的编号“1”。

2. 对于隐藏层的考查方法（这里图 9-20 只有一层隐藏层，即求输入层至隐藏层的权值）

在图 9-20 中，只有一层隐藏层，这个隐藏层中有 3 个神经元，每个神经元有三个权值（含偏置）。需要依次求解各个神经元的权值，在求解时，要将除与该神经元相关联的权值视为变量外，网络中其余的全部权值均视为常量，已经更新的权值（例如隐藏层至输出层的权值）使用新的权值作为常量。下面以隐藏层中编号为“b”的神经元为例，求解其权值 $\{\mathrm{w}_{b0}, \mathrm{w}_{b1}, \mathrm{w}_{b2}\}$ 的更新方程。

在图 9-20 中，隐藏层中编号为“b”的神经元的输出为

$$y_b=\varphi_b(\nu_b)=\varphi_b\left(\sum_{i=0}^{2}w_{bi}x_i\right) \tag{24}$$

式中，ν_b 为该神经元的诱导局部域。

现在拟求权值$\{w_{b0},\ w_{b1},\ w_{b2}\}$使得式(12)所示的误差函数 e 最小化，按上述分析，只有这三个权值是变量，故此时的误差函数 e 成为

$$e=e(w_{b0},w_{b1},w_{b2})=\frac{1}{2}(d-y)^2 \tag{25}$$

给定一组权值 $\boldsymbol{w}_b(k)=\{w_{b0}(k),\ w_{b1}(k),\ w_{b2}(k)\}$时，式(25)对这组权值的梯度向量为

$$\mathbf{grad}_b=\left\{\frac{\partial e}{\partial w_{b0}},\frac{\partial e}{\partial w_{b1}},\frac{\partial e}{\partial w_{b2}}\right\}\Bigg|_{w_{b0}=w_{b0}(k),w_{b1}=w_{b1}(k),w_{b2}=w_{b2}(k)} \tag{26}$$

为使函数 e 的值减小，权值 $\boldsymbol{w}_b(k+1)$向负梯度方向变化，即

$$\boldsymbol{w}_b(k+1)=\boldsymbol{w}_b(k)+\Delta\boldsymbol{w}_b=\boldsymbol{w}_b(k)-\mu\cdot\mathbf{grad}_b \tag{27}$$

式中，μ 为学习率参数。

以$\dfrac{\partial e}{\partial w_{b0}}$为例介绍式(26)所示的梯度向量 $\mathbf{grad}_b$ 的计算方法。结合式(24)～式(25)和式(10)～式(11)可知

$$\begin{aligned}\frac{\partial e}{\partial w_{b0}}&=\frac{\mathrm{d}e}{\mathrm{d}y}\frac{\partial y}{\partial w_{b0}}=-(d-y)\frac{\mathrm{d}\varphi_1(\nu_1)}{\mathrm{d}\nu_1}\frac{\partial\nu_1}{\partial w_{b0}}=-(d-y)\frac{\mathrm{d}\varphi_1(\nu_1)}{\mathrm{d}\nu_1}w_{1b}\frac{\partial y_b}{\partial w_{b0}}\\&=-(d-y)\frac{\mathrm{d}\varphi_1(\nu_1)}{\mathrm{d}\nu_1}w_{1b}\frac{\mathrm{d}\varphi_b(\nu_b)}{\mathrm{d}\nu_b}\frac{\partial\nu_b}{\partial w_{b0}}\\&=-(d-y)\frac{\mathrm{d}\varphi_1(\nu_1)}{\mathrm{d}\nu_1}w_{1b}\frac{\mathrm{d}\varphi_b(\nu_b)}{\mathrm{d}\nu_b}x_0\end{aligned} \tag{28}$$

同理，可知

$$\frac{\partial e}{\partial w_{b1}}=-(d-y)\frac{\mathrm{d}\varphi_1(\nu_1)}{\mathrm{d}\nu_1}w_{1b}\frac{\mathrm{d}\varphi_b(\nu_b)}{\mathrm{d}\nu_b}x_1 \tag{29}$$

$$\frac{\partial e}{\partial w_{b2}}=-(d-y)\frac{\mathrm{d}\varphi_1(\nu_1)}{\mathrm{d}\nu_1}w_{1b}\frac{\mathrm{d}\varphi_b(\nu_b)}{\mathrm{d}\nu_b}x_2 \tag{30}$$

于是，由式(27)～式(30)可由 $\boldsymbol{w}_b(k)$得到 $\boldsymbol{w}_b(k+1)$。一般地，记

$$\delta_b=(d-y)\frac{\mathrm{d}\varphi_1(\nu_1)}{\mathrm{d}\nu_1}w_{1b}\frac{\mathrm{d}\varphi_b(\nu_b)}{\mathrm{d}\nu_b}=\delta_1\cdot w_{1b}\cdot\frac{\mathrm{d}\varphi_b(\nu_b)}{\mathrm{d}\nu_b} \tag{31}$$

式中，δ_1 来自式(22)，这里的 δ_b 也是局域梯度。式(31)是 BP 算法中最重要的递推公式，对于多个隐藏层而言，隐藏层神经元的局域梯度的递推公式的完整形式为

$$\delta_j^{(l)}=\left(\sum_i\delta_i^{(l+1)}\cdot w_{ij}^{(l+1)}\right)\cdot\frac{\mathrm{d}\varphi_j(\nu_j^{(l)})}{\mathrm{d}\nu_j^{(l)}} \tag{32}$$

式中，$\delta_j^{(l)}$ 表示第l层网络(必须属于隐藏层)的第j个神经元的局域梯度，$w_{ij}^{(l+1)}$ 表示连接第 l 层的第 j 个神经元和第 $l+1$ 层的第 i 个神经元的权值(可以认为该权值位于第 $l+1$ 层)，“$\sum_i\delta_i^{(l+1)}$”中的“求和”表示对所有与第 l 层的第j个神经元相连接的第$l+1$层的神经元(这里用索引号 i 表示)的局域梯度求和，“$\dfrac{\mathrm{d}\varphi_j(\nu_j^{(l)})}{\mathrm{d}\nu_j^{(l)}}$”表示第 l 层的第j 个神经元的激活函数的

导数。对于输出层而言，其局部梯度的完整形式为

$$\delta_j^{(L)} = (d_j - y_j^{(L)}) \cdot \frac{\mathrm{d}\varphi_j(\nu_j^{(L)})}{\mathrm{d}\nu_j^{(L)}} \tag{33}$$

式中，“L”表示输出层，$\delta_j^{(L)}$ 表示输出层的第 j 个神经元的局域梯度，$y_j^{(L)}$ 表示输出层的第 j 个神经元的输出，而 d_j 表示 $y_j^{(L)}$ 对应的期望输出，$\frac{\mathrm{d}\varphi_j(\nu_j^{(L)})}{\mathrm{d}\nu_j^{(L)}}$表示输出层的第 j 个神经元的激活函数的导数。

现在，回到求权值$\{w_{b0}, w_{b1}, w_{b2}\}$的问题上。由式(26)～式(31)可得

$$\boldsymbol{w}_b(k) = \boldsymbol{w}_b(k-1) + \Delta\boldsymbol{w}_b = \boldsymbol{w}_b(k-1) + \mu \cdot \delta_b(k) \cdot \{x_0(k), x_1(k), x_2(k)\} \tag{34}$$

同理可得隐藏层神经元编号为“c”和“d”的权值更新公式为

$$\boldsymbol{w}_c(k) = \boldsymbol{w}_c(k-1) + \Delta\boldsymbol{w}_c = \boldsymbol{w}_c(k-1) + \mu \cdot \delta_c(k) \cdot \{x_0(k), x_1(k), x_2(k)\} \tag{35}$$

$$\boldsymbol{w}_d(k) = \boldsymbol{w}_d(k-1) + \Delta\boldsymbol{w}_d = \boldsymbol{w}_d(k-1) + \mu \cdot \delta_d(k) \cdot \{x_0(k), x_1(k), x_2(k)\} \tag{36}$$

式中，$\boldsymbol{w}_c(k) = \{w_{c0}(k), w_{c1}(k), w_{c2}(k)\}$，$\boldsymbol{w}_d(k) = \{w_{d0}(k), w_{d1}(k), w_{d2}(k)\}$，$\mu$ 为学习率，即

$$\delta_c = (d-y)\frac{\mathrm{d}\varphi_1(\nu_1)}{\mathrm{d}\nu_1}w_{1c}\frac{\mathrm{d}\varphi_c(\nu_c)}{\mathrm{d}\nu_c} = \delta_1 \cdot w_{1c} \cdot \frac{\mathrm{d}\varphi_c(\nu_c)}{\mathrm{d}\nu_c} \tag{37}$$

$$\delta_d = (d-y)\frac{\mathrm{d}\varphi_1(\nu_1)}{\mathrm{d}\nu_1}w_{1d}\frac{\mathrm{d}\varphi_d(\nu_d)}{\mathrm{d}\nu_d} = \delta_1 \cdot w_{1d} \cdot \frac{\mathrm{d}\varphi_d(\nu_d)}{\mathrm{d}\nu_d} \tag{38}$$

下面针对图 9-20 的神经网络，总结一下隐藏层各个神经元的权值更新方法。这里只有一个隐藏层，其权值由$\{w_{bi}(0), w_{ci}(0), w_{di}(0), i=0,1,2\}$更新为$\{w_{bi}(1), w_{ci}(1), w_{di}(1), i=0,1,2\}$的算法如下：

Step 1. 在图 9-20 中，为网络的全部权值设定一个初始值(可以赋 0～1 间的随机数)，这样，此时全部的网络权值$\{w_{bj}(0), w_{cj}(0), w_{dj}(0), j=0,1,2\}$和$\{w_{1i}(0), i=a,b,c,d\}$都是已知量。

Step 2. 向神经网络中输入第 1 个样本 $\boldsymbol{x}(1)$，在图 9-20 中从左向右计算出以下数据(称为前向计算过程)：

(i) 按前述介绍的更新输出层的权值向量的方法，计算得到输出层的新的权值向量$\{w_{1i}(1), i=a,b,c,d\}$，并计算得到输出层的神经元(这里只有一个编号为“1”的神经元)的局域梯度 δ_1。

(ii) 计算隐藏层各个神经元的诱导局部域 $\nu_b(1)$、$\nu_c(1)$、$\nu_d(1)$，参考式(24)。

(iii) 计算隐藏层各个神经元的激活函数 $\varphi_i(\cdot)$，$i=b,c,d$ 的导数值，即 $\left.\frac{\mathrm{d}\varphi_i(\nu_i)}{\mathrm{d}\nu_i}\right|_{\nu_i=\nu_i(1)}$，$i=b,c,d$。

(iv) 计算隐藏层各个神经元的局域梯度 δ_i，$i=b,c,d$，参考式(31)、式(37)和式(38)。

Step 3. 根据式(34)～式(36)更新隐藏层各个神经元的权值向量。

上述过程是针对第 1 个样本的情况，这一过程可以迭代至最后一个输入样本，每次迭代时，上述步骤的第 1 步中用更新的权值作为网络的权值。当输入为第 K 个样本时，需要计算根据前 $K-1$ 个样本更新的网络的全部权值，然后，按上述步骤计算得到第 K 个样本输入后更新的权值向量。

3. 完整的 BP 算法的实现步骤

这里针对“$p-N_1-N_2-\cdots-N_{L-1}-N_L$”结构的神经网络，这里“$p-N_1-N_2-\cdots-N_{L-1}-N_L$”表示输入层具有 p 个节点(仅为输入节点，不含神经元)，一共有 L 层，第 L 层为输出层，第 $1\sim L-1$ 层为隐藏层，第 i 层具有 N_i 个神经元，$i=1,2,\cdots,L$。

设输入样本数据及其标签共 n 组，记为$\{\boldsymbol{x}(k),\boldsymbol{d}(k)\}$，$k=1,2,\cdots,n$，每个样本为 $p+1$ 维的向量，例如 $\boldsymbol{x}(k)$表示为$\{1\triangleq x_0(k),x_1(k),x_2(k),\cdots,x_p(k)\}$，“$1\triangleq x_0(k)$”表示“将 1 记为 $x_0(k)$”，即对于任意 k，$x_0(k)$始终为 1，对应着神经元偏置的固定输入“1”。每个标签为 N_L 维的向量，例如，$\boldsymbol{d}(k)$表示为$\{d_1(k),d_2(k),\cdots,d_{N_L}(k)\}$。

对于网络“$p-N_1-N_2-\cdots-N_{L-1}-N_L$”(假设为全连接网络)，BP 算法需要更新的权值有：① 输入层到第 1 层隐藏层的网络权值，记为 $w_{ji}^{(1)}$，$j=1,2,\cdots,N_1$，$i=0,1,2,\cdots,p$；② 从第 l 层隐藏层至第 $l+1$ 层隐藏层的网络权值，记为 $w_{j,i}^{(l+1)}$，$j=1,2,\cdots,N_{l+1}$，$i=0,1,2,\cdots,N_l$，这里，$l=1,2,\cdots,L-2$；③ 从第 $L-1$ 层隐藏层至输出层(即第 L 层)的网络权值，记为 $w_{j,i}^{(L)}$，$j=1,2,\cdots,N_L$，$i=0,1,2,\cdots,N_{L-1}$。因此，全连接网络“$p-N_1-N_2-\cdots-N_{L-1}-N_L$”共有权值 $(p+1)N_1+\sum_{l=1}^{L-1}N_{l+1}(N_l+1)$ 个。例如，对于 9-20 所示的“2－3－1”网络，则共有权值 13 个。

针对全连接网络“$p-N_1-N_2-\cdots-N_{L-1}-N_L$”的 BP 算法如下：

Step 1. 初始化权值。

一般地，使用区间[0,1]上的均匀分布随机函数为全部网络权值赋初始值，初始化后的网络权值记为 $\boldsymbol{w}(0)$，其中，$\boldsymbol{w}(0)=\{\{w_{ji}^{(1)}(0),j=1,2,\cdots,N_1,i=0,1,2,\cdots,p\},\{w_{j,i}^{(l+1)}(0),j=1,2,\cdots,N_{l+1},i=0,1,2,\cdots,N_l\},\{w_{j,i}^{(L)}(0),j=1,2,\cdots,N_L,i=0,1,2,\cdots,N_{L-1}\}\}$。设经过数据预处理后的训练集数据和其标签为$\{\boldsymbol{x}(k),\boldsymbol{d}(k)\}$，$k=1,2,\cdots,n$。

Step 2. 轮处理。

(i) 令 $k=1$，此时网络权值为 $\boldsymbol{w}(0)$。

(ii) 将$\{\boldsymbol{x}(k),\boldsymbol{d}(k)\}$送入神经网络。

(iii) 前向计算。

沿着神经网络从输入层至输出层的前进方向，依次计算每层(不含输入层)的神经元的诱导局部域和输出：

对于第 1 层隐藏层，有

$$\nu_j^{(1)}(k)=\sum_{i=0}^{p}w_{ji}^{(1)}(k-1)x_i(k),\quad j=1,2,\cdots,N_1 \tag{39}$$

$$y_0^{(1)}(k)\triangleq 1,y_j^{(1)}(k)=\varphi_j^{(1)}(\nu_j^{(1)}(k)),\quad j=1,2,\cdots,N_1 \tag{40}$$

其中，上标“(1)”表示神经元的第 1 层，脚标“j”表示第 j 个神经元，“k”既是样本的组号，也是一轮学习中的循环变量。这些符号的含义在下述公式中意义相同。

对于第 l 层隐藏层，$l=2,3,\cdots,L-1$，有

$$\nu_j^{(l)}(k)=\sum_{i=0}^{N_{l-1}}w_{ji}^{(l)}(k-1)y_i^{(l-1)}(k),\quad j=1,2,\cdots,N_l \tag{41}$$

$$y_0^{(l)}(k) \triangleq 1, \quad y_j^{(l)}(k) = \varphi_j^{(l)}(\nu_j^{(l)}(k)), \quad j = 1,2,\cdots,N_l \tag{42}$$

对于输出层(即第 L 层),有

$$\nu_j^{(L)}(k) = \sum_{i=0}^{N_{L-1}} w_{ji}^{(L)}(k-1) y_i^{(L-1)}(k), \quad j = 1,2,\cdots,N_L \tag{43}$$

$$y_j^{(L)}(k) = \varphi_j^{(L)}(\nu_j^{(L)}(k)), \quad j = 1,2,\cdots,N_L \tag{44}$$

(iv) 反向计算。

沿着网络从输出层至输入层的反向方向,依次更新各个层的神经元的权值。

首先,对于输出层(即第 L 层),有

$$\delta_j^{(L)}(k) = (d_j(k) - y_j^{(L)}(k)) \frac{\mathrm{d}\varphi_j^{(L)}(\nu_j^{(L)}(k))}{\mathrm{d}\nu_j^{(L)}(k)} \tag{45}$$

$$w_{ji}^{(L)}(k) = w_{ji}^{(L)}(k-1) + \eta \delta_j^{(L)}(k) y_i^{(L-1)}(k), \quad j = 1,2,\cdots,N_L, \quad i = 0,1,\cdots,N_{L-1} \tag{46}$$

其中,$\delta_j^{(L)}(k)$为第 L 层第 j 个神经元的局域梯度。

对于第 l 层隐藏层,$l=L-1,L-2,\cdots,2$,有

$$\delta_j^{(l)}(k) = \left(\sum_{i=1}^{N_{l+1}} \delta_i^{(l+1)}(k) \cdot w_{ij}^{(l+1)}(k)\right) \frac{\mathrm{d}\varphi_j^{(l)}(\nu_j^{(l)}(k))}{\mathrm{d}\nu_j^{(l)}(k)} \tag{47}$$

$$w_{ji}^{(l)}(k) = w_{ji}^{(l)}(k-1) + \eta \delta_j^{(l)}(k) y_i^{(l-1)}(k), \quad j = 1,2,\cdots,N_l, \quad i = 0,1,\cdots,N_{l-1} \tag{48}$$

对于第 1 层隐藏层,有

$$\delta_j^{(1)}(k) = \left(\sum_{i=1}^{N_2} \delta_i^{(2)}(k) \cdot w_{ij}^{(2)}(k)\right) \frac{\mathrm{d}\varphi_j^{(1)}(\nu_j^{(1)}(k))}{\mathrm{d}\nu_j^{(1)}(k)} \tag{49}$$

$$w_{ji}^{(1)}(k) = w_{ji}^{(1)}(k-1) + \eta \delta_j^{(1)}(k) x_i(k), \quad j = 1,2,\cdots,N_1, i = 0,1,\cdots,p \tag{50}$$

(v) 令 $k=k+1$。如果 $k>n$,则执行下面的第 3 步;如果 $k\leqslant n$,则跳转到第(ii)步执行。

Step3. 迭代处理。

将第 2 步得到的权值 $\boldsymbol{w}(n)$赋给 $\boldsymbol{w}(0)$,再次执行第 2 步。第 2 步为一轮操作,循环执行轮操作直到满足终止条件。终止条件可取梯度向量的范数足够少或损失函数的变化率足够小等。

9.3.2 BP 神经网络实例

在将要讨论的 BP 神经网络中,每个神经元的激活函数都相同,均设为

$$\varphi(\nu) = 2\tanh(\nu) = 2\frac{e^{2\nu}-1}{e^{2\nu}+1} \tag{51}$$

其图形如图 9-21 所示,其导数为 $\varphi'(\nu) = 2\,\mathrm{sech}^2(\nu)$。

BP 神经网络实例使用的数据集为鸢尾花数据的 Setosa 花和 Versicolor 花,共 100 个样本,每个花取两个特征,即花萼长度和花瓣长度。从样本集合中随机选出 20 个样本组成测试数据集合,剩余的 80 个样本组成训练数据集合。采用 9.1 节的方法对数据集进行预处理后,再进行一次归一化处理,即将数据限制于区间[−1,1]上,处理算法如图 9-22 和图 9-23 所示。

图 9-22 与图 9-14 中的“In[1]”作用相同,这里再次列举,强调 Setosa 花的标签为“1”,

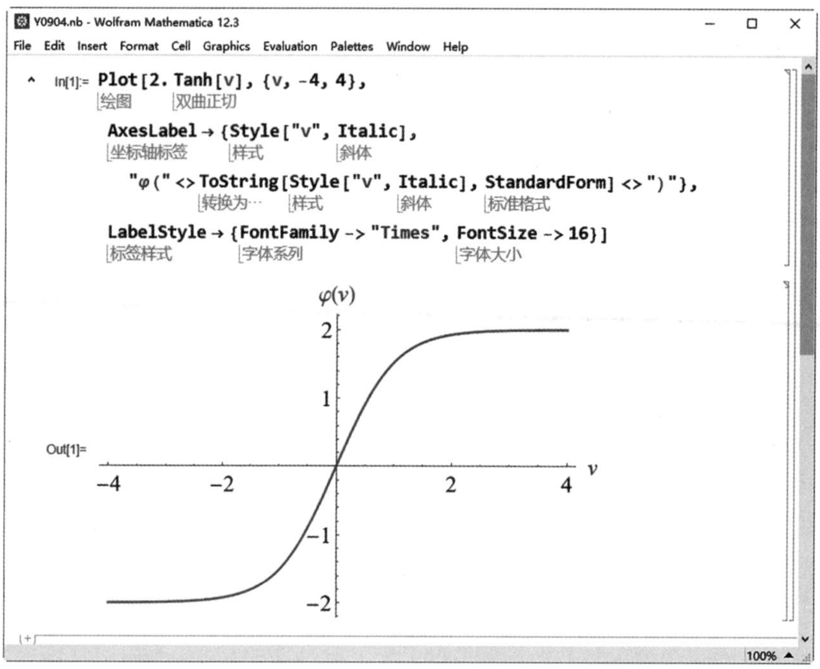

图 9-21　激活函数图形

```
Y0905.nb - Wolfram Mathematica 12.3
File Edit Insert Format Cell Graphics Evaluation Palettes Window Help

In[1]:= irises =
    ResourceData[ResourceObject["Sample Data: Fisher's Irises"]];
    资源数据      资源对象
  setosa = irises[Select[ (#Species == "setosa") &],
                   选择
     {"SepalLength", "PetalLength"}];
  versicolor = irises[Select[ (#Species == "versicolor") &],
                       选择
     {"SepalLength", "PetalLength"}];
  datSetosa = QuantityMagnitude[Values[Normal[setosa]]];
              数量大小          获取值  转换为普通表达式
  datVersicolor = QuantityMagnitude[Values[Normal[versicolor]]];
                  数量大小          获取值  转换为普通表达式
  lab1 = Table[{1}, 50]; dat1 = Join[datSetosa, lab1, 2];
         表格                   连接
  lab2 = Table[{-1}, 50]; dat2 = Join[datVersicolor, lab2, 2];
         表格                    连接
  (dat = Join[dat1, dat2]) // Short[#, 5] &
         连接                  简短形式
Out[8]//Short=
  {{5.1, 1.4, 1}, {4.9, 1.4, 1}, {4.7, 1.3, 1},
   {4.6, 1.5, 1}, {5., 1.4, 1}, <<90>>, {5.7, 4.2, -1},
   {5.7, 4.2, -1}, {6.2, 4.3, -1}, {5.1, 3., -1}, {5.7, 4.1, -1}}
100%
```

图 9-22　获取样本数据集合

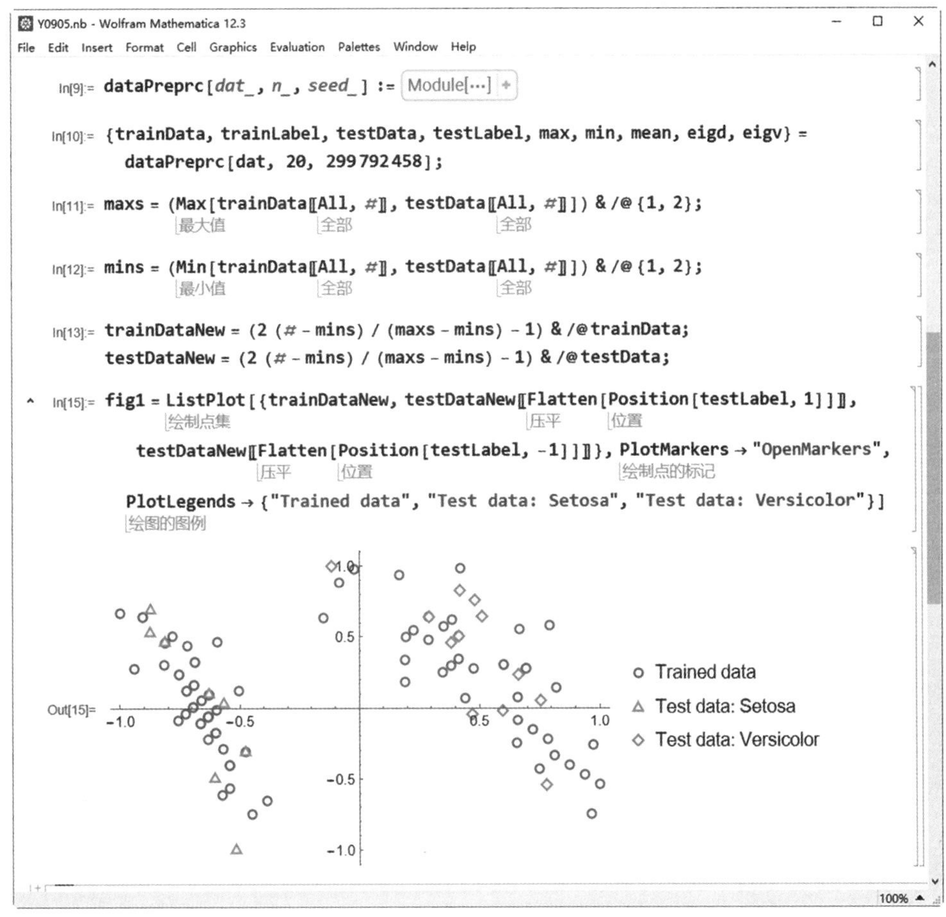

图 9-23　训练样本集合和测试样本集合

"Versicolor"花的标签为"−1"。图 9-22 中的"dat"为带有标签的样本数据集合。

图 9-23"In[9]"中的函数 dataPreprc 请参考图 9-10 的代码。"In[10]"生成了数据预处理后的训练样本 trainData 及其标签 trainLabel、测试样本 testData 及其标签 testLabel。"In[11]"计算了训练样本和测试样本中所有样本的各个特征(即样本的每个维度)的最大值向量 maxs;"In[12]"计算了训练样本和测试样本中所有样本的各个特征(即样本的每个维度)的最小值向量 mins。"In[13]"对训练样本 trainData 和测试样本 testData 进行归一化,得到新的训练样本 trainDataNew 和新的测试样本 testDataNew。"In[15]"绘制了训练样本和测试样本的分布图,如"Out[15]"所示,其中,"o"表示训练数据,共有 80 个样本;"△"表示 Setosa 测试数据,"◇"表示 Versicolor 测试数据,两者共 20 个样本。

现在,将分类问题完整表述一下:

上述图 9-22 和图 9-23 生成了鸢尾花的训练样本 trainDataNew,样本个数为 $n=80$,每个样本包含 2 个数据(花萼长度和花瓣长度),即 $p=2$。训练样本对应的标签为 trainLabel,共有 80 个标签,第 i 个标签对应着第 i 个训练样本,若第 i 个训练样本为 Setosa,则第 i 个标签为 1;否则为−1。使用图 9-20 所示的神经网络对训练样本 trainDataNew 及其标签 trainLabel 进行循环学习,以更新网络的权值,这里设定学习轮数为 10 轮。然后,使用训练好的网络对测试样本 testDataNew 进行分类，分类结果与测试样本的标签进行对比，以评价图 9-20 所示神经网络的分类效果。

图 9-20 所示神经网络的学习算法如图 9-24～图 9-28 所示。这些算法比较复杂的原因在于它们对任意全连接网络结构的 BP 神经网络具有通用性。

```
Y0905.nb - Wolfram Mathematica 12.3
File Edit Insert Format Cell Graphics Evaluation Palettes Window Help

In[16]:= netInit[net_, seed_] := Module[
           {numLayer, w},
           numLayer = Length[net] - 1; SeedRandom[seed];
           w = ConstantArray[0, numLayer];
           Table[w[[i]] = RandomReal[1, {net[[i + 1]], net[[i]] + 1}],
            {i, 1, numLayer}];
           w
          ]

In[17]:= net = {2, 3, 1}
Out[17]= {2, 3, 1}

In[18]:= weight = netInit[net, 299792458]
Out[18]= {{{0.410568, 0.342819, 0.310755},
          {0.0866832, 0.640997, 0.720375}, {0.419244, 0.955692, 0.882173}},
         {{0.576092, 0.67737, 0.767986, 0.277381}}}
```

图 9-24 神经网络结构与权值初始化

在图 9-24 中，函数 netInit 具有两个参数，net 表示网络结构，seed 用作伪随机数发生器的种子。对于网络结构为“$p-N_1-N_2-\cdots-N_{L-1}-N_L$”的网络，网络结构 net 的输入形式为：“$\{p,N_1,N_2,\cdots,N_{L-1},N_L\}$”，例如，如图 9-20 所示的网络结构“2－3－1”，net 的输入形式为：{2,3,1}。“In[16]”中的 Module 模块中，“numLayer”保存神经网络的层数(不算输入层)，“w”保存网络 net 的所有权值，权值使用三维列表存储，第二维度的子列表对应着神经网络的一层，最内层的子列表对应着该层某个神经元的所有全部权值。例如，对于网络结构“2－3－1”，其权值 w 的形式为：“{{{0.1,0.2,0.3},{0.4,0.5,0.6},{0.7,0.8,0.9}},{{1.0,1.1,1.2,1.3}}}”，其中，“{{0.1,0.2,0.3},{0.4,0.5,0.6},{0.7,0.8,0.9}}”为第 1 层隐藏层的三个神经元的权值，“{{1.0,1.1,1.2,1.3}}”对应着输出层的唯一一个神经元的权值。结合图 9-20，可知，$w_{b0}=0.1$，$w_{b1}=0.2$，$w_{b3}=0.3$，$w_{c1}=0.4$，依此类推。

在图 9-24 中，使用语句“w = ConstantArray[0, numLayer]; Table[w[[i]] = RandomReal[1, {net[[i+1]], net[[i]]+1}], {i,1,numLayer}];”将网络的权值 w 使用随机数进行初始化。例如，对于“2－3－1”的网络而言，这里 numLayer 为 2，net = {2,3,1}，先将 w 赋为{0, 0}，然后，Table 循环体中，将 w[[1]]赋为 3 行 3 列的随机阵，将 w[[2]]赋为 1 行 4 列的随机阵，从而得到完整的 w 权值。

在图 9-24 中，“In[17]”针对图 9-20 所示的网络，给出了 net 的形式，即“net={2,3,1}”表示网络结构为“2－3－1”，即输入层为 2 个节点(只是输入节点，不含神经元)；只有一个隐藏层，具有 3 个神经元；输出层只有 1 个神经元。

在“In[18]”中调用 netInit 函数，返回将 net 网络用随机数初始化后的权值 weight，这是网络“2－3－1”权值的典型形式。

在图 9-25 中，函数 netProc 有 3 个函数：net 表示网络结构；input 为与输入层维数相同的列表，表示输入网络中的数据；weight 为网络的权重。函数 netProc 的输出为网络各层的神经元的诱导局部域和输出的值，其形式为三层列表，第二层子列表对应着网络的层数，第三层子列表(最内层)对应着某个具体的神经元的诱导局部域和输出值。在“In[20]”中给出了一个输入数据 trainDataNew[[1]]，由于 net 网络具有 2 个输入节点，所以在“In[21]”中，执行语句“netProc[net, trainDataNew[[1]], weight]”，得到了此输入对应的网络中各个神经元的输出，为“{{{0.585659, 1.05353}, {0.338865, 0.652928}, {0.898791, 1.43142}}, {{1.48235, 1.80382}}}”，对应图 9-20 可知，编号为“b”的神经元的诱导局部域为

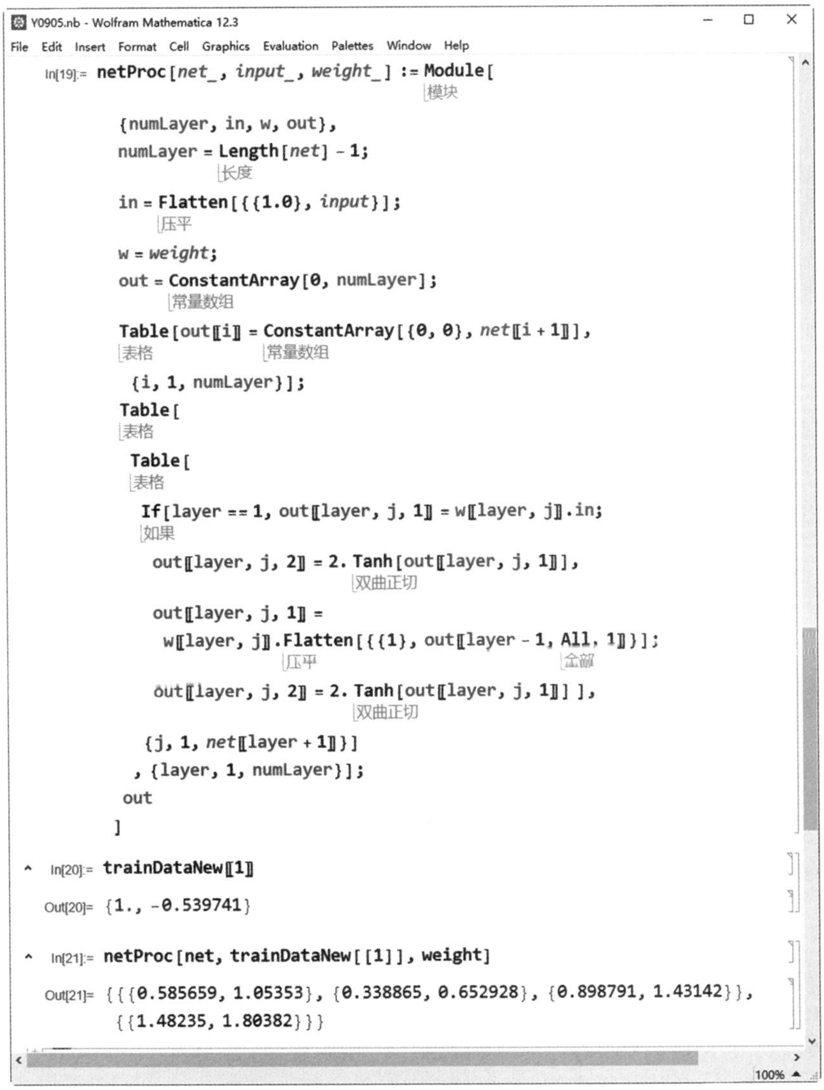
Y0905.nb - Wolfram Mathematica 12.3
File Edit Insert Format Cell Graphics Evaluation Palettes Window Help
In[19]:= netProc[net_, input_, weight_] := Module[
模块
{numLayer, in, w, out},
numLayer = Length[net] - 1;
长度
in = Flatten[{{1.0}, input}];
压平
w = weight;
out = ConstantArray[0, numLayer];
常量数组
Table[out⟦i⟧ = ConstantArray[{0, 0}, net⟦i + 1⟧],
表格
常量数组
{i, 1, numLayer}];
Table[
表格
Table[
表格
If[layer == 1, out⟦layer, j, 1⟧ = w⟦layer, j⟧.in;
如果
out⟦layer, j, 2⟧ = 2. Tanh[out⟦layer, j, 1⟧],
双曲正切
out⟦layer, j, 1⟧ =
w⟦layer, j⟧.Flatten[{{1}, out⟦layer - 1, All, 1⟧}];
压平
全部
out⟦layer, j, 2⟧ = 2. Tanh[out⟦layer, j, 1⟧]],
双曲正切
{j, 1, net⟦layer + 1⟧}]
, {layer, 1, numLayer}];
out
]
In[20]:= trainDataNew⟦1⟧
Out[20]= {1., -0.539741}
In[21]:= netProc[net, trainDataNew[[1]], weight]
Out[21]= {{{0.585659, 1.05353}, {0.338865, 0.652928}, {0.898791, 1.43142}},
{{1.48235, 1.80382}}}
100%

图 9-25　神经网络前向计算

“0.585659”、输出为“1.05353”，编号为“c”的神经元的诱导局部域为“0.338865”、输出为“0.652928”，以此类推。神经网络的后向计算如图 9-26 所示。

```
In[22]:= netBack[net_, weight_, input_, output_, target_, miyou_] := Module[
    {numLayer, w1 = weight, w2, delta, out, dout},
    numLayer = Length[net] - 1;
    out = output; dout = target;
    delta = ConstantArray[0, numLayer];
    Table[delta[[i]] = ConstantArray[0, net[[i + 1]]], {i, 1, numLayer}];
    w2 = ConstantArray[0, numLayer];
    Table[w2[[i]] = ConstantArray[0, {net[[i + 1]], net[[i]] + 1}],
     {i, 1, numLayer}];
    Table[ Table[
      If[layer == numLayer,
       delta[[layer, j]] = (dout[[j]] - out[[layer, j, 2]]) 2.0
         Sech[out[[layer, j, 1]]]^2;
       w2[[layer, j]] = w1[[layer, j]] +
         miyou * delta[[layer, j]]
          Flatten[{{1}, out[[layer - 1, All, 2]]}],
       If[layer == 1,
        delta[[layer, j]] = (delta[[layer + 1]].w2[[layer + 1, All, j]])
          2.0 Sech[out[[layer, j, 1]]]^2;
        w2[[layer, j]] = w1[[layer, j]] +
          miyou * delta[[layer, j]] Flatten[{{1}, input}],
        delta[[layer, j]] = (delta[[layer + 1]].w2[[layer + 1, All, j]])
          2.0 Sech[out[[layer, j, 1]]]^2;
        w2[[layer, j]] = w1[[layer, j]] +
          miyou * delta[[layer, j]]
           Flatten[{{1}, out[[layer - 1, All, 2]]}]
      ]], {j, 1, net[[layer + 1]]}], {layer, numLayer, 1, -1}];
    w2
   ]
```

图 9-26 神经网络后向计算

在图 9-26 中，函数 netBack 具有 6 个参数，其中，net 表示网络结构；weight 为网络的全部权值；input 为输入数据；output 表示神经网络的计算输出，为 netProc 返回的结果；target 表示输入 input 后的期望输出，为列表形式；miyou 为学习率。输出 w2 为更新后的权值。netBack 的调用形式如图 9-27 所示。

```
In[23]:= input = trainDataNew[[1]]
Out[23]= {1., -0.539741}

In[24]:= output = netProc[net, input, weight]
Out[24]= {{{0.585659, 1.05353}, {0.338865, 0.652928}, {0.898791, 1.43142}},
          {{1.48235, 1.80382}}}

In[25]:= target = {trainLabel[[1]]}
Out[25]= {-1}

In[26]:= w = netBack[net, weight, input, output, target, 0.15]
Out[26]= {{{0.315516, 0.247768, 0.362058},
           {-0.056895, 0.497419, 0.79787}, {0.317362, 0.85381, 0.937162}},
          {{0.419165, 0.512043, 0.665524, 0.0527538}}}
```

图 9-27 反向计算的调用形式

在图 9-27 中,“In[23]”为一个样本数据 input;“In[24]”调用 netProc 计算了 input 样本的网络输出 ouput;“In[25]”为样本 input 对应的标签,必须为列表。“In[26]”调用 netBack 得到更新后的权值,如“Out[26]”所示。

在图 9-24～图 9-26 的基础上的 BP 算法如图 9-28 所示。

```
In[27]:= networkBP[net_, weight_, input_, target_, round_, miyou_] := Module[
      {n, w1 = weight, w2, in = input, dout = target, out},
      n = Length[input];
      Table[
       Table[
        out = netProc[net, in[[k]], w1];
        w2 = netBack[net, w1, in[[k]], out, dout[[k]], miyou];
        w1 = w2
        , {k, 1, n}]
       , {r, 1, round}];
      w2
     ]
```

图 9-28 BP 算法

在图 9-28 中,函数 networkBP 实现了 BP 算法,该函数具有 6 个参数,其中,net 表示网络结构;weight 为网络的初始权值;input 为网络的输入样本数据,为二维列表,每个子列表为一个样本;target 为样本对应的标签,为二维列表,每个子列表对应着一个样本的标签;round 为循环的轮数;miyou 为学习率。函数 networkBP 输出训练后的网络权值 w2。

函数 networkBP 的调用方法如图 9-29 所示。

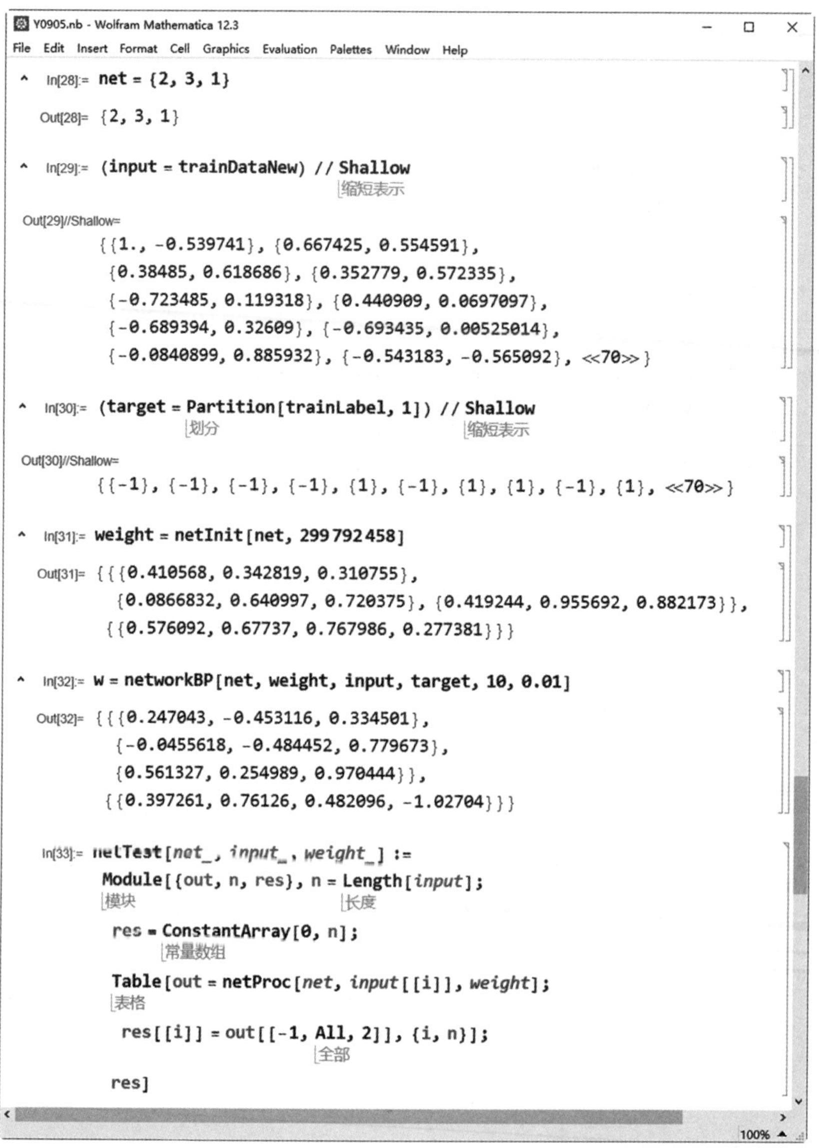

Y0905.nb - Wolfram Mathematica 12.3
File Edit Insert Format Cell Graphics Evaluation Palettes Window Help
In[28]:= net = {2, 3, 1}
Out[28]= {2, 3, 1}
In[29]:= (input = trainDataNew) // Shallow
缩短表示
Out[29]//Shallow=
{{1., -0.539741}, {0.667425, 0.554591}, {0.38485, 0.618686}, {0.352779, 0.572335}, {-0.723485, 0.119318}, {0.440909, 0.0697097}, {-0.689394, 0.32609}, {-0.693435, 0.00525014}, {-0.0840899, 0.885932}, {-0.543183, -0.565092}, <<70>>}
In[30]:= (target = Partition[trainLabel, 1]) // Shallow
划分
缩短表示
Out[30]//Shallow=
{{-1}, {-1}, {-1}, {-1}, {1}, {-1}, {1}, {1}, {-1}, {1}, <<70>>}
In[31]:= weight = netInit[net, 299792458]
Out[31]= {{{0.410568, 0.342819, 0.310755}, {0.0866832, 0.640997, 0.720375}, {0.419244, 0.955692, 0.882173}}, {{0.576092, 0.67737, 0.767986, 0.277381}}}
In[32]:= w = networkBP[net, weight, input, target, 10, 0.01]
Out[32]= {{{0.247043, -0.453116, 0.334501}, {-0.0455618, -0.484452, 0.779673}, {0.561327, 0.254989, 0.970444}}, {{0.397261, 0.76126, 0.482096, -1.02704}}}
In[33]:= netTest[net_, input_, weight_] :=
Module[{out, n, res}, n = Length[input];
模块
长度
res = ConstantArray[0, n];
常量数组
Table[out = netProc[net, input[[i]], weight];
表格
res[[i]] = out[[-1, All, 2]], {i, n}];
全部
res]
100%

图 9-29 函数 networkBP 的调用方法及测试函数

在图 9-29 中,"In[28]"中 net 为列表{2,3,1},对应着图 9-20 所示的网络结构;"In[29]"中 input 为鸢尾花的 80 个训练样本数据,为二维列表的形式,每个子列表表示一个样本数据;"In[30]"中 target 为鸢尾花训练样本的标签数据,为二维列表,每个子列表对应着一个样本的标签;"In[31]"初始化网络 net 的权值 weight。"In[32]"中调用函数 networkBP 得到训练后的网络权值 w,这里执行了 10 轮循环,学习率为 0.01。

在"In[33]"中,函数 netTest 用于测试网络的性能,具有 3 个参数,其中,net 为网络结构;input 为输入的测试样本数据,为二维列表的形式;weight 表示网络的权值。测试情况如图 9-30 所示。

在图 9-30 中,"In[34]"中的 testInput 为鸢尾花的 20 个测试样本;"In[35]"调用

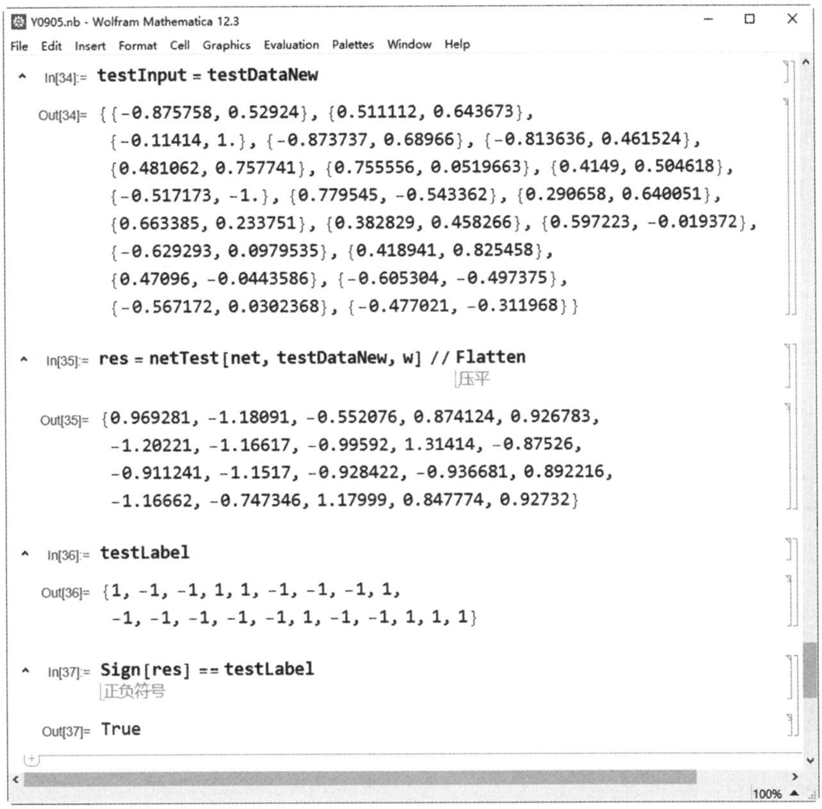

```
In[34]:= testInput = testDataNew

Out[34]= {{-0.875758, 0.52924}, {0.511112, 0.643673},
  {-0.11414, 1.}, {-0.873737, 0.68966}, {-0.813636, 0.461524},
  {0.481062, 0.757741}, {0.755556, 0.0519663}, {0.4149, 0.504618},
  {-0.517173, -1.}, {0.779545, -0.543362}, {0.290658, 0.640051},
  {0.663385, 0.233751}, {0.382829, 0.458266}, {0.597223, -0.019372},
  {-0.629293, 0.0979535}, {0.418941, 0.825458},
  {0.47096, -0.0443586}, {-0.605304, -0.497375},
  {-0.567172, 0.0302368}, {-0.477021, -0.311968}}

In[35]:= res = netTest[net, testDataNew, w] // Flatten
                                                压平

Out[35]= {0.969281, -1.18091, -0.552076, 0.874124, 0.926783,
  -1.20221, -1.16617, -0.99592, 1.31414, -0.87526,
  -0.911241, -1.1517, -0.928422, -0.936681, 0.892216,
  -1.16662, -0.747346, 1.17999, 0.847774, 0.92732}

In[36]:= testLabel

Out[36]= {1, -1, -1, 1, 1, -1, -1, -1, 1,
  -1, -1, -1, -1, -1, 1, -1, -1, 1, 1, 1}

In[37]:= Sign[res] == testLabel
         正负符号

Out[37]= True
```

图 9-30 BP 神经网络测试样本结果

netTest 函数生成 testInput 的测试结果 res，如“Out[35]”所示。“In[36]”和“Out[36]”为鸢尾花测试样本的标签数据。对照“Out[35]”和“Out[36]”可知，标签“1”对应着 res 中正的测试结果；标签“−1”对应着 res 中负的测试结果。在“In[37]”中，将测试结果 res 使用符号函数转化为 1 或−1，并与标签数据对比，由“Out[37]”可知，两者相同，说明测试正确率为 100%。

9.3.3 Wolfram 实现方法

Wolfram 语言集成了神经网络和深度学习相关的内置函数。下面介绍借助于内置函数 NetChain 和 NetTrain 实现 BP 神经网络的具体算法，如图 9-31 所示。

在图 9-31 中，“In[38]”创建了网络结构为“2−3−1”的神经网络 net，且使用 NetInitialize 函数对网络的所有权值进行了随机初始化。NetChain 函数将神经网络的各层连接成一个整体；“LinearLayer[3,"Input"−> 2]”表示生成一个具有 2 个输入和 3 个输出的线性层，其后的“ElementwiseLayer[2Tanh[#]&]”表示神经元的激活函数，这两者共同组成一个具有 2 个输入和 3 个神经元的隐藏层；“LinearLayer[1,"Input"−> 3]”和“ElementwiseLayer[2Tanh[#]&]”共同组成一个具有 3 个输入和 1 个神经元的输出层。因此，神经网络 net 具有“2−3−1”所示的结构。

在“In[39]”中，使用 Thread 函数生成训练数据 data，这里使用了图 9-23“In[10]”中和

```
Y0905.nb - Wolfram Mathematica 12.3
File  Edit  Insert  Format  Cell  Graphics  Evaluation  Palettes  Window  Help

In[38]:= net =
           NetInitialize@
            NetChain[{LinearLayer[3, "Input" -> 2],
              ElementwiseLayer[2 Tanh[#] &], LinearLayer[1, "Input" -> 3],
              ElementwiseLayer[2 Tanh[#] &]}]

Out[38]= NetChain[ Input port:   vector (size: 2)
                   Output port:  vector (size: 1) ]

In[39]:= (data = Thread[trainDataNew -> Partition[trainLabel, 1]]) //
           Short[#, 15] &

Out[39]//Short=
         {{1., -0.539741} → {-1}, {0.667425, 0.554591} → {-1},
          {0.38485, 0.618686} → {-1}, {0.352779, 0.572335} → {-1},
          {-0.723485, 0.119318} → {1}, <<70>>, {-0.571213, -0.290603} → {1},
          {0.695455, 0.280103} → {-1}, {-0.719445, 0.440159} → {1},
          {-0.601263, -0.176535} → {1}, {0.813636, -0.33659} → {-1}}

In[40]:= trained = NetTrain[net, data, Method -> "SGD", MaxTrainingRounds → 20,
           LearningRate → 0.01]

Out[40]= NetChain[ Input port:   vector (size: 2)
                   Output port:  vector (size: 1) ]

In[41]:= result = (trained[testDataNew] // Flatten)

Out[41]= {0.902506, -1.28063, -0.847327, 0.787703, 0.9039, -1.32714, -1.13034,
          -1.05337, 1.48189, -0.528373, -1.0148, -1.1522, -0.956735,
          -0.79294, 1.04065, -1.31777, -0.481304, 1.32652, 1.05726, 1.23267}

In[42]:= testLabel

Out[42]= {1, -1, -1, 1, 1, -1, -1, -1, 1, -1, -1, -1, -1, -1, 1, -1, -1, 1, 1, 1}

In[43]:= Sign[result] == testLabel

Out[43]= True
```

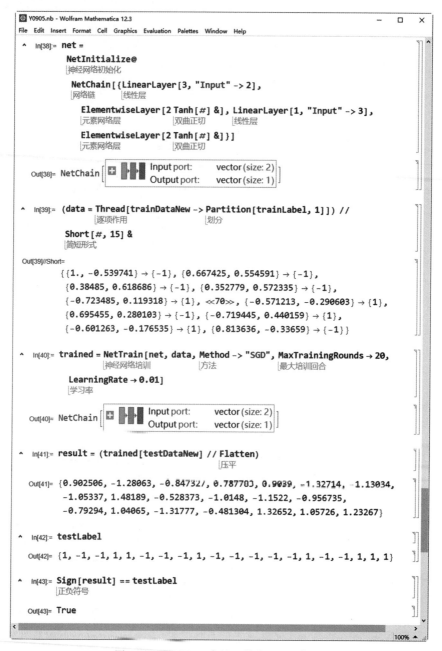

图 9-31　Wolfram 内置函数实现 BP 算法

“In[13]”中生成的训练样本 trainDataNew 及其标签 trainLabel，还将使用测试样本 testDataNew 及其标签 testLabel。测试数据 data 如“Out[39]”所示，为一个包含规则的列表，每个规则都是由样本数据指向其标签。

在“In[40]”中，调用 NetTrain 函数对训练样本数据进行学习，语句“trained=NetTrain[net, data, Method->"SGD", MaxTrainingRounds->20, LearningRate->0.01]”中，trained 保存训练好的网络；net 为执行“In[38]”后得到的网络；data 为“In[39]”生成的包

含训练数据及其标签的规则列表；“Method->"SGD"”表示学习方法为“SGD”，NetTrain 支持 4 种学习方法，其中“SGD”这种方法与经典的 BP 算法最为接近；“MaxTrainingRounds->20”表示循环轮数为 20 轮，每轮都将 80 个样本数据学习一遍，20 轮将学习 1600 次样本及其标签数据；“LearningRate->0.01”表示初始的学习率为 0.01。

在“In[41]”中，使用训练好的网络 trained 预测测试样本数据 testDataNew，计算结果 result 如“Out[41]”所示。在“In[42]”中列举了测试样本的标签 testLabel。在“In[43]”中，比较了计算结果 result 和真实的标签 testLabel，两者符号相同，说明神经网络的分类正确率为 100%。

本章小结

本章内容是 Mathematica 在神经网络方面的应用专题。在这个专题中，深入讨论了数据预处理方法，使用 Mathematica 设计了数据预处理程序；然后，在此基础上，详细研究了单神经元感知器的学习与分类技术，编写了感知器网络的训练与分类程序；最后，阐述了多层感知器 BP 算法的实现理论，推导了 BP 算法的学习方法，并基于 Wolfram 语言和 Wolfram 内置函数介绍了 BP 算法的具体实现。神经网络和人工智能应用日益广泛，本章的神经网络专题内容对普及深度学习和神经网络的学习与应用具有重要参考价值。

附录A Mathematica笔记本目录管理和显示样式

笔记本 Notebook 中常用目录管理语句如附表 1 所示。

附表 1　笔记本常用目录管理语句

序号	语　　句	作　　用
1	NotebookDirectory[]	显示当前笔记本所在的路径
2	Directory[]	显示当前 Mathematica 软件的工作路径
3	SetDirectory[NotebookDirectory[]]	将当前笔记本所在路径设为工作路径
4	FileNames[]	显示工作路径下的所有文件名
5	FileNames["*.nb"]	显示工作路径下以.nb 为扩展名的所有文件名
6	FileNames["Y08*.nb"]	FileNames 函数支持通配符"*",这里用于显示以"Y08"开头且以.nb 作为扩展名的所有文件名
7	DeleteFile["ZYTest.nb"]	删除工作路径下的文件"ZYTest.nb"
8	DeleteFile[{"ZYTest01.nb", "ZYTest02.nb"}]	使用文件名列表可删除多个文件,这里删除文件"ZYTest01.nb"和"ZYTest02.nb"
9	$ContextPath	全局变量,显示笔记本装入的上下文环境,在这些上下文环境中定义了的符号(或函数)可以直接在笔记本中使用
10	$Context	全局变量,显示当前的上下文环境(或工作环境),一般地,返回"Global'"
11	$Packages	全局变量,显示笔记本装入的全部程序包
12	Quit 或 Quit[]	Quit 是 Quit[]的简化形式,退出当前计算内核,清除内核中的全部计算结果

为了使笔记本内容显示整洁有序,在笔记本的"Format | Style"菜单下常用的菜单命令如附表 2 所示。

附表 2 笔记本显示样式常用命令

序号	菜单命令	快捷键	含义
1	Format | Style | Title	Alt+1	将当前单元内容设为标题
2	Format | Style | Subtitle	Alt+2	将当前单元内容设为子标题
3	Format | Style | Chapter	Alt+3	将当前单元内容设为章标题
4	Format | Style | Section	Alt+4	将当前单元内容设为节标题
5	Format | Style | Subsection	Alt+5	将当前单元内容设为子节标题
6	Format | Style | Subsubsection	Alt+6	将当前单元内容设为子节子标题
7	Format | Style | Text	Alt+7	将当前单元内容设为文本
8	Format | Style | Code	Alt+8	将当前单元内容设为"代码",此时输入的单元内容可计算
9	Format | Style | Input	Alt+9	将当前单元内容设为"输入"(默认),此时输入的单元内容可计算

在附表 2 中,序号 1~7 设置的单元内容均不可计算,仅用于内容显示,而序号 8、9 设置的单元内容为可计算的。一般地,只需使用"节标题"(Alt+4)、"子节标题"(Alt+5)、"子节子标题"(Alt+6)、和"文本"(Alt+7)以及"输入"(默认或 Alt+9)五种样式,即可使笔记本的输入内容具有层次感,且易于复习回顾与交流,如附图 1 所示。

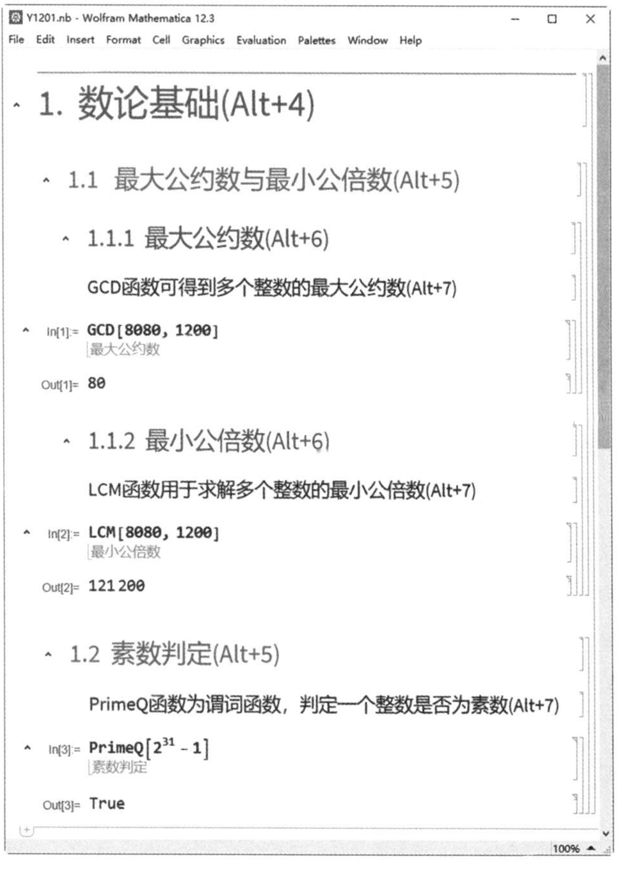

附图 1 笔记本样式实例

在附图1中，标记在括号中的内容为快捷键，例如“(Alt+4)”表示该样式为快捷键“Alt+4”得到的样式。附图1中展示了“节标题”(Alt+4)、“子节标题”(Alt+5)、“子节子标题”(Alt+6)和“文本”(Alt+7)以及“输入”(默认)等样式，单击标题前面的“^”可将其下的内容(表示为附图1中的右侧中括号括住的内容)缩进到标题下。附图1这种笔记本样式，类似于科技书的版式，是Mathematica程序设计常用的方式。

参 考 文 献

[1] S. Wolfram. Wolfram 语言入门[M]. Wolfram 传媒汉化小组 译. 北京：科学出版社，2017.

[2] 张勇，陈爱国，胡永生，等. Mathematica 科学计算与程序设计[M]. 西安：西安电子科技大学出版社，2021.

[3] C. Paar，J. Pelzl. 深入浅出密码学[M]. 马小婷 译. 北京：清华大学出版社，2013.

[4] 张勇. 高级图像加密技术——基于 Mathematica[M]. 西安：西安电子科技大学出版社，2020.

[5] C. Hastings，等. Wolfram Mathematica 实用编程指南[M]. Wolfram 传媒汉化小组 译. 北京：科学出版社，2020.

图书资源支持

感谢您一直以来对清华版图书的支持和爱护。为了配合本书的使用，本书提供配套的资源，有需求的读者请扫描下方的“书圈”微信公众号二维码，在图书专区下载，也可以拨打电话或发送电子邮件咨询。

如果您在使用本书的过程中遇到了什么问题，或者有相关图书出版计划，也请您发邮件告诉我们，以便我们更好地为您服务。

我们的联系方式：

地　　址：北京市海淀区双清路学研大厦 A 座 714

邮　　编：100084

电　　话：010-83470236　010-83470237

客服邮箱：2301891038@qq.com

QQ：2301891038（请写明您的单位和姓名）

资源下载：关注公众号“书圈”下载配套资源。

资源下载、样书申请

书圈

获取最新书目

观看课程直播